成中英文集

第九卷

伦理与美学

Ethics and Esthetics

成中英 著

中国人民大学出版社

·北京·

总　　序

2006 年，湖北人民出版社出版了我的四卷本文集。在此四卷本文集中，我整合了获得博士学位后所写的一些中文著作。彼时是吾之哲学体系化的酝酿期，是吾之哲学体系化的第一阶段。为充实此四卷本文集，为将更多应收入的文章放进去，如部分英文著作，就有了出版十卷本文集的构想。整理十卷本得到了私淑于我的学生奚刘琴博士的帮助。奚刘琴博士帮助编辑了八本，加上我的两本英文著作的译稿，一起构成了现在所看到的十卷本。

通过这个十卷本，我回顾自己思想的发展性和完整性，有下面两个感想：第一，我的思想在不断发展中，思考面向繁多复杂，对很多问题都有自己的看法，但时间有限，没办法加以发挥。另外，我在海外教学四十余年，有很多发表过的和未发表的英文著述，由于种种原因目前还无法全部翻译，所以这十卷本未能包含我绝大部分英文著作。第二，我的思想近年来有很大的整合性发展，我努力想把自己的思想整合为一个更完整的整体。尽管还没有达到我的理想，但这些整合性的发展使我对中国哲学未来的发展有莫大的信心，这一信念见诸我在 2015 年写的《中国哲学再创造的个人宣言》一文。在这篇文章中，我这样说：

> 我个人对中国哲学再发展的宏图与愿景具有充分的理由和信心，或可名此为哲学自信。基于我的哲学心路历程建立的哲学自信，我提出下列个人宣言：
>
> （1）中国哲学是人类精神传承与世界哲学发展最根本、最重要的成分之一。
>
> （2）中国哲学的发展体现出，也透视出人类多元核心价值的开放统一性格。
>
> （3）中国哲学与西方哲学或其他重要哲学与宗教必须形成一个相互依存的本体诠释圆环。
>
> （4）中国哲学在其根源与已发展的基础上必须发展成为更为完善的本、体、知、用、行体系。
>
> （5）中国哲学的发展关系着人类存亡的命运以及人类生命共同体与和平世界的

建立使命。①

这个十卷本文集体现了我将自身思想加以体系化的第二阶段之发展。其与四卷本相异之处在于：

第一，十卷本的系统性相当完整，是迄今为止我的学术论著出版规模最为全面的一次，收录了最能代表我思想的各类中文论著，特别是我近十年来发表的论文，包括一部分重要英文论著的中文译稿。因此，本次出版更好地补充了四卷本文集一些衍生的意念，体现出我自己的哲学已更为系统化、一贯化。从四卷本到十卷本，不仅是量的增加，而且是质的系统呈现。

第二，十卷本收入了两部能够代表我学术成就的英文著作的译稿——《皮尔士和刘易斯的归纳理论》与《儒家与新儒家哲学的新向度》，这是有异于四卷本的一大特点，能够使读者对我的英文著作有所了解。

第三，一些个别新论述，包括美学论述及对其他问题的新认识，都被整合了进来。这些整合工作是由奚刘琴博士帮助我完成的。

十卷本文集的出版是我思想的一个里程碑，为以后的整合奠定了基础，同时作为一个比较完整的文献，使我的思想有更好的发展，并与过去的思想有更好的融合。这一过程，我名之为超融，即超越的融合。我希望在今后发展出更多超融的工夫，便于以后的学术研究，促使中国哲学进一步发展。这是我最大的宏愿，希望中国哲学有新的发展和再创造，并能够再辉煌，尤其在今天的世界里面不断地发挥影响，促进中国的发展，促进世界文化的发展与和平。

这个十卷本亦在更广泛的基础上彰显了我哲学体系的规模、结构和内涵，表达了我的思想发展过程，从中能够看到我的重要思想如中国逻辑学的发展、儒学思想的发展、中国管理哲学的发展、中国本体诠释学的发展、中国形而上学的发展、中国政治哲学的发展、知识论的发展、伦理学的发展、美学的发展，其中也提出了很多问题，这是中国哲学当前需要面对和审视的，是对当代中国哲学的一种促进、推动和激励，希望引申出更好的未来。

一、深契西方哲学

我从 1985 年在北京大学哲学系讲学时，就抱定一个宗旨，即古典的中国哲学和现代的西方哲学应能够建立一个彼此理解的关系。自 1965 年起，我即开始在美国讲授中国哲学，亦讲西方当代哲学，遂能有此判断。我做这样的努力，就是要把中国哲学从历史的含义激活成为现代的含义，使它能够在知识论、方法论、本体论的观照之下进行一种真

---

① 成中英：《中国哲学再创造的个人宣言》，见潘德荣、施永敏主编：《中国哲学再创造：成中英先生八秩寿庆论文集》，8 页，上海，上海交通大学出版社，2015。

理的意识、现实的所指。当然，我注意到过去有些学者喜欢将西方古典哲学与中国哲学对照，将古希腊哲学与儒家哲学甚至道家哲学对照。但我觉得实际上这是远远不够的，我们的后期中国哲学，从宋明到近现代，实际上也不一定要和西方古典流派对比。若能有针对性地用力，最终我们或许可以有一个全方位的现代对古典、中国现代对西方古典、中国古典对西方现代之对比，并把这个意义展开——这是三言两语无法做到的。欲达致于兹，必须先了解一套诠释的理论、诠释的哲学。

　　1985 年之际，我已在北京大学哲学系讲诠释学的概念和方法。我们这一代学人注意到一个清楚的事实：西方哲学的发展在于理论和方法的交相利用。理论的发展需要方法的意识，方法的意识又是理论逐渐发展的基础。理论的重要性在于它能够说明现象，能够更进一步地说明现象中有生的发展之可能性。方法意识是一个指导原则，而且比较具体地告诉我们应该怎样去形成一个整合理念，它有一种逻辑的内涵，是程序、概念的集合。当然，理论和方法在某种意义上是一而二、二而一的，是一个整体。从认识的过程来讲，这是一个方法；从对象来说，这是一种理论。由此观之，西方哲学基本上是从对自然哲学的关注、观察，发展到苏格拉底之"内省"的、对人心理价值观的看法。苏格拉底致力于所谓的"诘问"，以此把人的思想挖掘出来。他看到人的灵魂里面包含着一些隐秘的真理，所以他考察一个奴隶的小孩能否认识几何的真理，此即苏格拉底的"内部启蒙法"。到了柏拉图，提出了"理念世界"之逻辑界定法，形成了将现象与真实一分为二的分野，这样就更有利于掌握真实之为何物。柏拉图之后，就是亚里士多德之观察与推论结合的定义法。到中世纪，是一种权威信仰的方法；其后期，乃有皮尔士所说的形上学之概念和范畴构建法。到近代，最主要的就是笛卡儿的怀疑方法、斯宾诺莎的公理规范法、莱布尼茨的逻辑可能性创建法。至康德，形成了本质概念批判的方法。于黑格尔处，则有"正反合"的辩证法。"正反合"特别有意义之处在于，在"正""反""合"里面，"反"把"正"取消掉了，呈现出一个和过去几乎没有关系的新层次，谓之超验，超越出来。在此以后，最大的改变，就德国学者而言，即是胡塞尔的现象括除法，然后便是海德格尔的内省体验法。这之后，伽达默尔的哲学诠释则是非方法的方法，见其《真理与方法》。最后，是导向后现代主义的德里达之所谓"解构方法"。这些方法的引进，即是理论的引进；理论的引进，也带有新的方法。两者相互为因为果——这实际上是一种"能指"与"所指"间的关系。

　　英国哲学的传统是以洛克哲学作为基础，探求一种印象，有联想法、建构法。尔后休谟持怀疑主义，完全走向心理经验的印象主义建构法、上帝直觉认知的方法。到近代，随着科学的发展，乃有逻辑失真论的意义鉴定法，要消除形上学、伦理学甚至美学，只能按科学方法、逻辑方法——这是意义的保证，超过此方法则没有意义。这是很极端的。其后，奎因即重新建构，讲"经验的世界"，尤其谓是语言在表达经验，重构科学的知识，通过语言分析和逻辑分析来构建科学真理。总而言之，如今的西方哲学方法愈来愈复杂。

二、反思中国哲学

方法对于理论有其重要性。其实，西方哲学的一大要点就是欲寻求方法之突破，而方法往往要求一种逻辑对思想形式之规范，以及对此种思想形式达到目标之规范，比如胡塞尔的现象法要求"括除"，形式上就要排除联想领域的心理印象，此后方能达到真实存在之显露。任何方法皆同此理，最重要的是外在之规定，以达致对象化的真理目标。问题是，我们的经验往往不能完全排除，不能完全为一个规定好的目标重建，故必须永远寻找新的方法来创造新的理论。新的理论有时而穷，所以必须反复重新规范目的、起点与过程间的关系。

中国哲学重视人在整体感受与对外在世界之观察时所形成的内在之整体真实直观。所谓"真实"，是基于观察而感受、反之而再观察所形成的自然之"真实"，以现有的经验为主体、为要点。其从不排斥现实的经验，而是要从现实的经验当中体验出观察的成果，以去摸索、掌握感受之意义，并形诸文字。这种文字不一定是最精确的，但相对于语境和经验而言，它具有一定的内涵，且因为此内涵是针对现实所呈现出来的现象，故可以没有界限，也可以引申到达无尽，故中国的终极概念均可以被深化、广化，也可以被显身成道家之"太极""无极"，儒家之"本心""本体"，佛家之"菩提""大圆镜智"——此皆是从内在显身到外在的理念。此处所说的是中国化后受儒、道之影响的佛教，其呈现的终极理念，与儒、道的终极理念在逻辑上具有一致性，即其均既无尽、终极而又可说明现象，不把本体和现象看作真实画等的关系，而是将其看作舍远取近、幻中作幻之经验。在这样的传统中，其重点在于以开放的心态来掌握真实，其方法为在观察、感受、沉思等心灵活动中以及在深化、广化过程中整合、融合我们的经验，使它形成对真实世界的观照、投射，引发出创造性活动。在这个思维内，方法已经消融于本体的思维之中，这和西方之方法独立于理论对象真实之外形成明显的对照。

故我认为，中国哲学若要让哲学思想者表达、传播、沟通人与人心灵中之意义，就必须强调大家内在之概念具有沟通性，具有指向的对象性，必须要有方法学以达致此。方法学的重要性在于把已经获得的经验、要融合的经验，用清晰明白的概念（至少）在形式上说得相当清楚；同时，也能将其各层次、步骤、方面、范畴、范围、过程说清楚。当然，兹方法系基于本体思想本身的超融性、丰富性。此方法可以是分析的、逻辑的、语言的、语义的，但必须要能把错综复杂的关系说清楚，说明其包含性和开放性。在这个意义上，方法的提出并不一定要影响到本体的思想。但吾人并不能因为方法消除在本体的体悟、经验中，就忘记方法的重要性。尤其在人类生活实践已非常频繁、交错的今天，现实中有多种不同的生活之功能性活动，故而要把我们重视的概念与所对应的实际生活之界域疏导得足够清楚。这就是一种基本的本体诠释。此基本的本体诠释，亦即"对本体的诠释"，就是基于分析的、系统的方法，强调分析、系统、概念，并且将本体之概念逻辑地、清楚地表达出来。比如孔子的心性之学，我们固然可以引经据典而论其概念之内涵，但为了说明斯者，还应该深化出孔子对生命之体验为何。唯有在生活的了解中才能掌握孔子之语的内涵，否则其一贯之道就无从彰显。我对早期儒家哲学的认识，即在于对《论语》《大学》《中庸》《孟子》《荀子》《易传》等文本进行深度的解读，以掌握其最深刻的、真实呈现的真善美经验与价值规范。表达出的语言结构还须符合系统性、层次性、整体性、发展性，尤其既重其根源，又重其从根源到系统之间的发展过程。此即对本体发生过程之研究，即诠释本体之进程（onto-generative approach）。之所以称本体是方法，是因为它包含着一种为方法而呈现出来的形式。而它又是本体，所谓"即体即用""工夫所至即是本体"。此处"工夫"指进一步深刻地掌握本体经验，到深处去融合、甄定各种差异，以回应现实的需要，以进行更细腻的表达。故我认为，"工夫"是对本体的"工夫"，不等于"方法"，也不等于"应用"。

　　在本体学里，我们通过工夫来深化本体，此之谓"即工夫即本体"。而如果能深刻地掌握本体学，也能有工夫。因此，工夫是人的心性活动过程之实质体验。而心性又是很复杂的概念，涉及朱子以后的性体情用、感体知用、心体思用、意体志用之整合。斯更开拓出心灵所整体感受到的真实内涵，更能呈现出吾人所能体验的真实。[①] 夫心智者，既可用以掌握性情，又能面对外在的世界，乃将性情与外在宇宙世界进行整合。这种工夫，可谓之"涵养"。此"涵养"是整体的，酝酿在心中，既不离开对外在世界的观察，也不离开内心的活动。苟将"涵养"与"格物穷理"对照观之，则"格物穷理"更是一种对象化的认知活动，而"涵养"则是将此认知感受加以整合与内在体验之举。需要特别强调的是，过去未能把"涵养"说得很清楚，故吾人作此深度分析，加以经验的认识。进一步地，我们可以对人之存在的自我同一性有所认识。心智是整合性情与宇宙现象的认知活动，开拓了性情和世界共存之终极认识、真实显露。故"工夫所至即是本体"，而此之谓"本体"，系假设我们能真正掌握之。若我们真正掌握了本体之真实感，那么就可以据此进行新知识活动、进行观察。但本体与工夫的密切关联并不代表斯是方法或应用，我所提到的中国传统思考当中，一方面要强调"本体""工夫"之关系是整体的、内在的，另一方面还要强调更外在化的概念分析、逻辑分析、语言分析——此即方法。这些其实也被包含在整体思维活动之中。我认为中国哲学需要进行方法的革新。要建立方法之意识，以帮助我们更好地将传统本体哲学彰显出来，使别人能参与、能认知。不一定能取代别人的真实，但至少能让传统被更好地认识。故曰中国哲学需要方法。

① 蔡清《四书蒙引》："意与情不同。意者心之发，情者性之动。情出于性，随感而应，无意者也；意则吾心之所欲也，视情为著力矣。心之所之谓之志，心之所念谓之怀，心之所思谓之虑，心之所欲谓之欲，此类在学者随所在而辨别之，然亦有通用者。"

三、揭橥本体诠释

我在上文中提到西方之方法，斯是一种辩证的过程，方法、理论相互超越而产生新的方法、理论。在科学理论方面，其化出了自然主义的知识论；在心灵整合方面，则化出了历史主义之心灵哲学、诠释哲学。此二者有对立的一面，以伽达默尔为代表的内在心灵主义论者要把科学知识、方法也纳入诠释体系里面，奎因、哈贝马斯则分别想把心灵哲学、社会哲学纳入基于概念的理论建设中。西方的这些哲学活动重在表达中的概念之建造、整合，而对终极的本体性之真实缺乏深入的探讨。其长期处在二元论、宗教哲学之上帝论的架构中，故难以深入思考"本体"之类问题，而陷入理论与方法的辩证发展、冲突中。在这个意义上，它们很需要一种本体的深化之革新，恰似中国需要一种方法扩大的革新一样。这是因为，西方与中国的传统只有在此转向中才能更好地融合。并不是说完成这种转向就必须要放弃原来的历史经验或哲学思考，而是要建立一个平台、一个层面，以更好地说明人类共同的经验、找到一种共同的语言，通过彼此沟通，形成一个更能解决问题、取消矛盾冲突的生活世界。以上这些是我在 1985 年到 1995 年间所进行的基本思考，思考结果就是本体诠释学。兹在我别的著作中已多有谈及，此处仅是说明其发展之过程。

在这之前，我在从哈佛大学到夏威夷大学执教将近十年的过程当中，于西方哲学方面也做了很多研究。我有一个很鲜明的立场：想确立一个真实的自然世界和一个真实的人生世界。这也许是当时我作为一位具有中国哲学背景之年轻思考者的基本倾向。面对西方那些怀疑论者，我首先是无动于衷，然后是进一步思考其所以怀疑，最后，我的倾向总在于化解此怀疑，而重新建立一种信念，来肯定真实性、生命性。这是一个中国的出发点。在这个意义上，我是非常中国哲学的。在我的根本经验上面，有中国哲学强烈的真实论、生命论、发展论、根源论、理想论之思想。在西方哲学方面，我其实很重视西方的知识论基础问题，为了要强调基础的重要性，我在大学里一直重视康德和休谟的辩论，举例来说，我在写作博士论文时，就进一步用逻辑的辩论来说明知识经验之可能，说明归纳法的有效性。当然，我的这个论证是一个逻辑论证，到今天依然具有其逻辑与科学之价值。面对一个变化多端、内容复杂的世界，我们要理出一个秩序，就必须先凝练出基本的概念，如对事物的质、量、模式之认识，这样我们才能认识具有真实性的世界。我们不能只把世界看成约化的，更不能仅将之看成一个平面物质。在长期的观察与经验当中，显然可以认为：物质世界之上有一生命世界，再上则有一心灵世界。物质世界即是我们看到的万事万物。生命世界是我们对动植物之生长、遗传、再生现象的认识，动植物均有这样的生命周期，在进化论之基础上可以见其变化，而《易传》亦固有"品物流形"之说；我们亦能观察、感觉、思考自身之生命世界。这种思考与感觉是否如笛卡儿所说需要上帝来保证呢？我认为不需要，因为我们整体的思维呈现出相互一致、前后贯穿之整体性,我们对非抽象的具体整体性之认识,使吾生之真实具有高度的必然性。或问:这个世界是否建立在一个虚幻的"空"上?是否处在魔鬼设计的圈套中?或谓生命本就是无常多变的,生死变幻,瞬息而化。但我们也看到,生命之生生不已者前仆后继,如长江后浪推前浪一般。或曰宇宙在科学上有极限,会因"熵"而熄灭——兹前提在于假设宇宙是封闭的。但今人尚无法证明宇宙之封闭性,恰恰相反,其变化性启发我们视之为一个发展的、开放的宇宙。我们假如心胸更开阔一点,就能进行基本的、长期的观察,一如当年中国先哲观天察地而认识到生命之变动不居、生生不息。斯则是真实论之基础。虽有品类参差,我们亦能感受到这种参差,故能在此基础上掌握个别事物之集体性存在特征,由此推演出未来事物、更大领域内事物之相应。

我们不能离开生命观察而单独谈逻辑,所以在成为一个抽象的"世界"概念之前,世界是真实存在的,故据此能从哲学上了解生死关系之可能性推理。诚然,这种推理有主观性,是主观认识之抽象平衡,但在有其他反证来否定这种认识的现象性、规范性之前,它依然是可以被初步接受的。因此,我提到,归纳逻辑需要在大数原则之下、在真实世界之下、在真实论之基础上取得证明,这是我当初的重要论证。我认为,传统乃至近代科学之知识论,多是基于归纳法来认识知识,而不是基于知识来认识归纳法,这是一个倒置。我们若一定要说得更深刻一点,则此二者系相互为用,会形成一个动态的、平衡的关系。归纳法支持知识,知识支持归纳法,由是形成了知识的可能性,我们的世界在这样的保证下,是一个真实的世界。故曰,我的哲学体系既结合了西方哲学之所长,又为西方哲学开辟了一条重要的路线。在这个意义上,我的本体诠释学是一个结合逻辑推理的知识哲学。

另外,正如休谟所关心的,人类的道德价值、社会价值有没有客观性?故而我们会问:人的存在及人存在之现象有没有客观性?在西方,人们还是很强调人性的,柏拉图、亚里士多德、康德、黑格尔均有这样的对人性之认识。但他们认识的深度远不如中国,故在康德之前,休谟对人性之"知"的能力,对人能否建立道德而产生终极之价值观、行为观乃至宗教哲学,保有高度的警惕与怀疑。在某个意义上讲,休谟也许受到启蒙时代所传之中国儒家哲学的影响,认为人是基于感情、感觉的生物,所以虽然在知识上无法建立真实性,但基于本能的感情与感觉,我们可以产生对人之关怀,我们的感觉往往能够透过一种"同情"的机制来感受他人。当然,主观感情投射的基础何在,休谟并没有对此加以说明。但他认为人存在一种对正义的感知、知觉(sense of justice),我们的正义感使我们基于自己能感受到他人,而观察他人复能反思自己,在"观察他人"与"感受自己"、"观察自己"与"感受他人"间产生呼应,在真实世界的归纳与演绎中建立人之价值的一般性、普遍性,从而获得真实的根本。故必须假设人性拥有这样的能力,即观、感、知、整合、思维,亦即谓人能做此种兼内外经验为一的综合判断。有意思的是,在道德哲学处,休谟反而是真实论的;在科学哲学、自然哲学处,他又是怀疑论的。而观西方哲学，直到康德才能对此有所补充，以回答休谟的怀疑论。我很早就接触并研究康德，早在华盛顿大学攻读硕士时就接触到康德的《判断力批判》（第三批判），在哈佛大学时接触到其《纯粹理性批判》（第一批判）、《实践理性批判》（第二批判）。从"第三批判"开始着手有一个好处，因为康德在其中说明了人有先行决定的判断能力，即直观的判断能力。此判断能力并非缘于某种现实的需要或某种先存的概念，而是直觉观察所呈现出来的情感上之喜悦或目的性认知，它具有内在普遍性；当然，前提是假设"人同此心，心同此理"。但康德对人性的认识，一方面比较形式化、结构化，另一方面比较缺少一种活动的内涵。康德之人性的哲学和中国的心性哲学有相当大的差异，据此形成的道德哲学也有相当大的差异。但正如我一再强调的，我几乎可以证明：康德受到了儒家的影响，主张人之理性的自主性，以此作为道德哲学的基础，从而避开了宗教之"他律"的要求。西方伦理学往往离不开上帝的指令，但可以说康德在西方近代哲学中最早提出人具有自主理性。此自主理性表现在人的自由意志可为自己的行为立法，把道德看作一种内在普遍的道德律，据此道德律以决定行为之充分理由、必要理由。我对康德哲学之述备矣，于此便不再细说。

2006 年，我在《中国哲学季刊》出版了一期专刊，即谓《康德哲学与儒家的关系》，我有一篇论文说明此观点不仅是理论的，而且是历史的。2009 年，香港浸会大学举办了"康德在亚洲学术研讨会"，我在会上作为主讲，特别强调了康德道德哲学和儒家哲学的相同与相异，尤其强调其相异部分，以说明康德没有充分认识到"仁爱"之普遍的价值性、基础性、必要性，他只要求人"自爱"，而没有强调人必然去关切他人，这与儒家有相当的不同。这也表明，他的人性论基本上是理性主义的，是以自我为中心的，与儒家把理性看成人性的一部分，将人的情性、感性、悟性、知性结合为一体的人性论不一样。基于复杂的人性对人之普遍关怀能力的需要，儒家强调"仁义"的重要性，康德亦与此不同。当时我即指出，这一基本差异反映在康德哲学中"完全责任"和"不完全责任"的分别上。以上既是我对康德的批评，同时亦是希望儒家能补充康德，甚至建立新的伦理学，兹遂变成我本体哲学中的一个重要部分。这也说明，我在面对西方哲学时，引申出了我对中国哲学之本体性的新肯定。我们可以发现西方哲学的问题性和缺陷性，但中国哲学中潜存着一种能发之作用，不但在中西沟通上能本体地补足西方（相应地，西方的方法意识、语言意识亦更好地补足了中国），且在此补充发展中也形成了我对世界哲学、整体哲学的认识。我的哲学在自然、宇宙、本体、形而上方面走向了一种动态的而又生态的真实（dynamic and vital reality），在道德哲学方面则走向了强调人性的真实、发展之可能和整体的道德哲学。整体的本体宇宙哲学、整体的道德伦理哲学能更好地展开我对西方哲学的认识。

此外，我于 1959 年到 1963 年在哈佛大学攻读博士学位期间，从事西方哲学研究，对逻辑、知识论、本体学都有一些基本的表达，斯亦成为我的思想基础。我有一个本质上属于中国经验的传统，即对真实和生命的体验，故我对真实性所包含的价值性之坚持是有根源的。在对西方哲学所做的观察下，我亦重新审察中国哲学，正如我在具中国哲学之前理解的背景下审察西方哲学的发展潜力及其面对之困境。同样，在西方哲学之方法意识、问题意识的要求下微观中国哲学，可以发现其表达之不完备性、意念之模糊性、用法之含蓄性、建构之被动接受性，从一开始就是现象学的、建构论的。比如其特别要找寻一个理论的建构，异乎柏拉图、亚里士多德、康德、黑格尔；其对生命的体验产生了一些不断强化、延伸的终极之知识概念，其逻辑是一种扩充的逻辑，而不是一种"正反合"的超越逻辑。关于这方面的逻辑思维，我曾将其表达为"和谐辩证法"，其表达的逻辑思维不是否定并超越、创新，而是在否定中看到新的、差异的真实，再看如何将此新的真实和原有的真实融合起来，形成一个更新的事件。故，兹是五段式的，而非三段式的。三段式的"正反合"变成五段式，则是 a→-a→b→a+b→c。黑格尔的辩证逻辑与五段式不同，省掉了 b 与 a+b，而谓系 a→-a→c。我曾著文专门讨论过此五段式之问题。

总而言之，对西方哲学的认识使我更好地认识了中国哲学，对中国哲学的认识亦使我更好地认识了西方哲学。据西方哲学而观察中国哲学，可知中国哲学的优点在于其本体学，缺点在于其方法学；据中国哲学而观察西方哲学，可知西方哲学的优点在于其方法学，缺点在于其本体学。本体学能否在其二元结构基础上更好地考虑到一种整体的结构，尚未得到一个最根本的回答。我想，以后中西哲学应相互激荡、彼此互补、在不消除对方之前提下形成对西哲之本体、中哲之方法的革新。唯其如此，才能平等地认识彼此，通过对彼此的欣赏产生彼此间的共感、共识，使概念、行为、观念、价值的矛盾之问题得到解决。

四、建构理论体系

基于我对中国哲学之追求本体性所包含的根源性、发展性、体系性（即本体创生过程）之认识，我提出了本体诠释学。本体诠释学建立在本体学之基础上。夫本体学，即把"存有"的概念扩大为"本体"的概念，此即我所谓吾人之本体学不能用存有论（ontology）来替代，而应包含存有论；西方应认识到"存有"变成"本体"的可能性——怀特海已有此种认知。在此基础上，我才逐渐发展出一套更完整的中国哲学体系。对于这一体系，我简述如下：

1. 本体学。直接面对"本""体"之整体结构。完全从经验的反思、经验的观察、经验的自我认知及经验的不断整合，形成一有丰富经验之内涵，其至少应包含本、体、知、用、行五种活动。吾人可以把"性情"当作人的本体，把"心智"当作知之活动所致，然后再以"用行"来表达本体的实践。

2. 本体诠释学。夫诠释学，即在反思当中找寻意义，在整体中找寻部分的意义，在部分中整合整体的意义。它运用概念、理念，并讲究逻辑之一贯，以归纳、演绎、组合、建造。斯是一种理解、表达，故当然重视语言之结构、寻求语言之意义。其目标是：使我能自我认知，使他人亦能认知——兹体现了一种沟通性、共通性之需要。在此意义上，诠释学即知识学，是知识的一种展开。而我将其整合称为本体诠释学。简单地说，本体诠释学包含自然主义外在化之科学知识论——这是诠释之基层。因为宇宙开放、发展、具多层次，故可据之而有生命哲学的语言，以表达一种生命的体验——生之为生、生生之为生生的体验。对于此"生生"精神，我们有心灵、心理、心性之经验，以保证欲望、欲念和意志都在人的整体里面实现，这是一个心性结构，也在诠释学之范围里面。若谓之前所言关乎如何组成宇宙，此处则关乎如何组成自我。再一个层次：这些心灵、心性、心理活动怎样创造出一个价值活动，产生对真实、道德价值、审美、和谐、正义的认识？这样就变成了一种价值哲学。此价值哲学在我们的行为层面上又变成了一套伦理学——斯是一种规范性之基础，即其能化成一套标准，以规范行为，并导向一种道德哲学。这就是我所说的整体伦理哲学。

3. 整体伦理哲学。我在其建构当中，以德性主义为主，从德性伦理延伸至责任伦理和权利伦理，在此二者之基础上，说明功利主义的可能性与发展性之基础。权利和责任必须要以德性作为基础，功利必须要以权利和责任为基础。任何一个行为必然要求是有德的，必须要满足责任的需要，必须要维护个人的权利，在满足了权利和责任之后，才能谈功利——这样功利才不会影响到人的基本价值。现在的功利主义，最大的问题就是漠视了责任主义，漠视了权利意识，更漠视了根源性的德性意识。这就是我对伦理学的重建，其涵盖中西，具有普遍性的世界意识。

4. 管理哲学。现代化、工业化社会的生活具有组织性、集体性，虽然这并不否定个人存在权利之重要，但是人的基本权利还是要整合成群体，人终究离不开社会，社会也离不开个别之利益的、非利益的群体性组织。利益的群体必须有非利益的道德作为基础。在这种情况下，我们需要一套管理哲学。我对管理哲学的定义是：管理是群体的、外在的伦理，正像伦理是个人的、内在的管理。在此基础上，我科学化了中国的管理，也赋予伦理一种管理之框架。伦理是一种管理，管理亦是一种伦理，重点均在建立秩序、维护秩序。在这种意义上，我们才能谈政治的架构、法律的架构。管理其实涵盖着一种道德和法律的意识。我在写《"德""法"互补》这篇长文时，强调了康德哲学、孟子哲学、荀子哲学的相互关系。最近我在北京大学做了题为"中国政治哲学探源"的学术系列讲座，共十一讲。讲座中，我特别强调了一个自己长期坚持的观点，即孔子所曰"道之以政，齐之以刑"与"道之以德，齐之以礼"是一种立体结构，此二者非但不是彼此排除的，而且是相互整合的。也就是说，我们对他人和社会应有"德"与"礼"之结构，但维护"德"与"礼"则需要"政"与"刑"之结构，唯其如此，乃能达致一个更好的组织。我在即将出版的书里对此亦有新的发挥。

5. 本体美学。在对本体学的认识基础上，我发展出了一套本体美学。在人的观感之下，本体性、本体宇宙、本体生命在感觉上本身就具备一种快乐，能给人带来一种欣喜；当它出现问题，它就变成一种痛苦；当它被扭曲，它就变成一种伤害。所以，本体美学就是说我们要维护我们在本体体验中的整体性、自然性，让它能呈现出一种自然的快乐。一切美好的东西都可能具有这样的特性，一个真实的美便反映出一种本体的存在，而本体的存在又同样反映出真实的美。这样的美也导向一种善的行为、真的认识。所以，美是"在"和"真"的起点，另外也可以说，知道本体的美需要善之人性的基础、真之宇宙的基础。这也可以说是一种本体诠释之循环。美具有启发性。美代表一种理想、一种最根本的认识。

以上就是我的哲学之基本内涵。

需要说明的是，本文集的结构及主要内容如下：

第一、二卷题名为《本体诠释学》（一）、（二），主要从"何为本体诠释学""本体诠释学与东西方哲学"两方面收录了我的相关学术论文 22 篇，又从"《易经》与本体诠释学""本体诠释学与中西会通"两方面收录学术论文 19 篇。作为十卷本的首卷，还收录了我的"人生哲思"4 篇，以帮助读者更好地理解我的思想发展历程。

第三卷收录了我的一部重要著作《儒家哲学的本体重建》，汇集包括代序在内的与儒学相关的文章 19 篇。

第四卷着重阐述我的儒学思想，由"古典儒家研究""新儒学与新新儒学""儒家精神论""儒家的现代转化"四部分组成，共收录论文 32 篇。

第五卷题名为《儒家与新儒家哲学的新向度》，收录了我写于不同时期的 21 篇论文，涉及中国哲学的向度、儒家的向度、新儒家的维度。

第六卷首先收录了我分论和比较中西哲学的专著：《世纪之交的抉择——论中西哲学的会通与融合》，还收录了另外 6 篇重要文章，内容涉及我在中西哲学的会通与融合方面的思考。

第七卷题名为《中国哲学与世界哲学》，既是对有关内容的补充与深化，亦表达了我的思想中中国化的根源、特质与世界化的指向、眼光。主要内容涉及中国哲学的特性、西方哲学的特性、中西哲学比较、中国哲学与世界哲学，共 24 篇文章。

第八卷内容是我的管理哲学思想的重要呈现，主要收录了我的专著《C 理论：中国管理哲学》。除此之外，本卷附录部分还收录了关于 C 管理理论的 2 篇重要论文。C 理论的创立与发展，对中国管理学的发展乃至世界宏观管理学都具有重要的借鉴意义。

第九卷主题为"伦理与美学"，主要收录我在伦理学与美学方面的重要文章，涉及中国伦理精神、伦理现代化、本体美学，以求将我的伦理学与道德哲学以及"本体美学"思想展示给读者。

第十卷题名为《皮尔士和刘易斯的归纳理论》，是我在哈佛大学博士论文的基础上撰写而成的，主要探讨归纳法能否得到逻辑证明的问题。

当然，即便这次的十卷本也未能涵盖我的所有著述，比如 2010 年我的《本体学与本体诠释学》30 万字之手稿、部分英文著述，乃至正在写作的著述。这些尚未得到整合的思想，有待在第三阶段被纳入整个体系中。

最后，这次十卷本出版，有太多人需要感谢，首先要衷心感谢中国人民大学原副校长冯俊博士对我出版此十卷本文集的支持。其次要特别感谢淮阴师范学院奚刘琴博士为我收集及整合大量的论文，并进行编纂。可以说，没有她的时间投入，这个工程不可能顺利完成。最后，我要十分感谢中国人民大学出版社杨宗元编审的精心安排与鼓励以及相关责任编辑的认真努力，他们在不同阶段提供了不同的订正帮助。

目　录

美的深处——本体美学*

自 序

　　2008年春季，我应杨成寅教授之邀，到杭州中国美术学院做客座教授，主讲中西美学。我住在中国美术学院紧靠西湖南岸的优美的院落中，用了两周的时间向一个二十余人的研究生班讲述了我的美学体系，一共是十讲。班上的几位博士生做了笔记，然后整理出原稿，最后由我修订定稿。2009年元月，我又应邀赴台北大学做"本体诠释学与美学"的专题讲座，由该校中文系主任兼东西哲学与诠释学研究中心主任赖贤宗教授主持，演讲涵盖两大部分：从本体到诠释，从诠释到本体。

　　这两个讲座包含着共同的内涵，其主旨均是为中西美学开拓出一个本体的基础，因此导向了"本体美学"的概念。其实，此一"本体美学"的概念我在十多年前就用过，是继"本体诠释学"提出之后，与"本体伦理学""本体知识论"等共同衍生出来的。

　　"本体美学"主要说明：美学的建立有一个包含与衍生中西美学的理论根源，发展而为体系，称为"本体"；可以经我们广泛的观察与细密的反思建构出来；可以说明现实的差异，更可以统合差异而为一开放的整体思想；具有理想性与规范性，用以说明及评论现实的美学经验与个例现象，提供真切的灼见，启发创新的智慧，开拓人类美学发展与应用的新蹊径。

　　但我对此一定稿仍有保留，觉得基于时间因素，未能尽兴发挥，因之很想好好补充一番。但这一良好意愿一直未能实现，主要原因是上课忙碌、开会忙碌，而关注与研究的时间也涉及了其他哲学领域的课题。基于这些因素，我最后乃决定将此一定稿先行付梓，保留以后加以充实的计划。

---

　　*　录自《美的深处：本体美学》，杭州，浙江大学出版社，2011。

在此期间，上海社会科学院哲学所杨宏声君对我的讲稿很感兴趣，为我校读并订正了原稿，进而建议把中国美院的十讲原稿，与我在台北大学的两场演讲，以及我早期、近期发表的中英文美学论文集合为一体一起出版。我很高兴这个建议并感谢他所做的初步编辑工作，可说为此书定下了一个新的规模结构，也因此统合了历年写的相关内涵。

我也必须指出，从早期到今天，我对美学一向关注，但却只能在其他哲学兴趣中断断续续发挥，有些令我激动的思考未能趁势写出，实在令人遗憾。由于有些稿件可能有所流失，现在所包含的也不一定是完全的，并且因为是在不同时段写的，也不一定能理想地统合为一体。但我仍然觉得这是一个非常有意义的整合。

为了完整地表述我关于"本体美学"思考的内涵、创发方向及原则，我写了一篇《本体美学与中国美学的本体性》作为本书导引。此文与书中他文一些概念密切相应，但其体现的层次与秩序却不尽相同。此文也可以看作对学者中不明"本体学"与"本体诠释学"为何物的一个简短与另一方式的说明。

我们固然处在一个哲学概念创新的时代，本体诠释学不但不反对哲学创新，反而是创新的必经之路。只是有学者对"本体"一词有所敏感，以为只是类似西方传统的一套本质形上学。这是混淆的错误。本体非本质，本质非本体。用《中庸》的方式说，本体也者，不可须臾离于天地与人者也；可离，非本体也。当然，本体可以用道来说明，而道也可以用本体来说明。因之，本体是一个兼含动静的概念，而非仅从静态来理解。

在此，我首先要感谢中国美术学院的资深教授——杨成寅教授，是他与许江院长邀请我来美院做客座教授，并为研究生开课。杨教授是知名的雕塑家、画家与美学家。他著作等身，教书超过五十年，到今天仍然精神抖擞、孜孜不倦地作画与写书。他对我的易经哲学很感兴趣，为此他写了30万字的考著，名为《成中英太极创化论》。我在美院期间，经常和他以及他的夫人王老师相聚，成为了他们最好的朋友。

其次，我还要感谢赖贤宗教授，他为我的台北之行做了周到的安排。赖贤宗教授是我以往在台湾大学指导研究的学生，也是"本体诠释学"最有创意的研究者和阐释者之一，他富有艺术才华，故对我所倡导的"本体美学"热烈响应，付诸实践。

最后，我要再次感谢杨宏声君。杨君是上海社科院的哲学研究员，对易学、道家哲学都有深厚的学养。他还是一个地道的现代诗人，兼具中国古代诗人屈原的情操与现代德国哲学家海德格尔的哲学气质，更热衷于对我的早期诗作的解读。我很庆幸有这么一位理解我性格与文学背景的朋友。同时，我也要感谢浙江大学东西方文化与管理中心的孔令宏教授，他也做了多方面的联络工作。

本书原名《本体美学》，浙江大学出版社陈佩钰编辑提出是否加上一个更直观的书名，我最后决定采用她建议中"美的深处"一词，形成了现在的书名《美的深处——本体美学》。美的深处是心的深处，自然的深处，自然是美的本体。我要感谢陈佩钰编辑美好的建议，以及她为出版本书所付出的辛劳。

成中英

美国檀香山　夏威夷大学

2011.8.15

引子　本体美学与中国美学的本体性

西方美学基础与康德对美的界定

美学，作为哲学的一部分，在当前的哲学研究中面临着边缘化的危机。但我也注意到，近年来在国内，虽然中国美学史与中国传统画家的研究有长足的发展，然而美的特质、美学的特质以及中国美学的特质却未能生动地展开来讨论，使其呈现活力。这自然是一个现象。但这一现象不只涉及了一个地区的学术兴趣问题，而且反映了整个世界在哲学的思考中，美学所占据的位置与发展问题。

很明显地，美学越来越变成实用的学问了，越来越结合环境问题、生活问题、科学技术问题与艺术设计问题，来维持其活动空间了。美学的实用化当然不是一件坏事，但如果美学不能与哲学上的根本问题一起联系起来思考，它的生命活力也就自然受到限制。

从这个角度来检讨美学的问题，仍然要面对美所以为美、美学何以为美学以及美学的观感思辨基础等本体学与本体诠释学的问题。由此也可以得出，美学的失落就是美学本体基础的失落。在此一失落中，即使我们可以谈论环境美学的问题，但却不能正视环境的存在与发展问题，以及为何我们必须维护环境本体内在价值意义的问题。而此一意义正是我们作为人，发现了人与环境的密切关系后才建立的；而此一关系也即是依靠人与自然相通的自然美感的管道来建立的。

在这一反本思源的理解下，我们显然可以从近代西方美学的奠基者——康德，就他关于美学的内涵与意义，来提出问题和表明看法。① 康德美学的中心问题是：美感是如何决定的？其代表的意义又为何？要回答这个问题，我们必须注意到，美的经验是感觉经验，但不是任何感觉经验，它是一种引发个人喜悦的感觉经验。

康德更深入地提出，此一令人喜悦的感觉经验之所以为美的经验或美感，还必须符

---

① 关于康德的美学哲学，主要参考康德《判断力批判》一书，我于 1959 年在美国华盛顿大学最早读的是 1951 年 J. H. Bernard 的英文翻译本，由 New York, Hafner Publishing Company 出版。我近年在夏威夷大学开康德哲学研究生班用的是 2000 年 Paul Guyer 的英文翻译本，由 New York, Cambridge University Press 出版。另有两个有名的英译本，在此不另列了。Guyer 本纳入了所有康德德文版的专用名词，并讨论了康德原文用词用字的含义与两个德文本的差异。

合两个重要条件：其一，它必须不是达到某一外在目的的一种手段或过程，它所引发喜悦的美感对象是直接在我心中引发的，而不是我的心智基于实用或道德的要求而引发的。其二，它是极为具体的感觉经验，是理解与想象力相互作用（interplay）的自由探索，并未设定任何概念；相反，它可以导向一个普遍概念，但却不受此概念的限定。

当然，从理论上说，此一经验并非必有一相应概念与之相应。因为它可以成为不可全面诠释的经验事件。事实上，我们体验到一朵花的美、一幅画的美、一个景的美或一个人的美，我们亦能说明美感的对象为何，但却不必也不能完全表明对象的客观美学特质，因为此一特质更属于我们自己。

那所谓我们"自己"又是什么呢？对此问题，康德在其第三批判中并无清晰确定的回答。他提出了"决定性判断"与"反思性判断"的差别：认知是基于范畴来决定特殊经验的合法性，故为决定性判断；美感则由特殊经验来寻求普遍性，显示心灵的自由反思的能力，故属于反思性判断。当然我们也可以把美感看成一种认知，但如果不受任何先验概念的约束，反而能自由地展开思维与想象力的活动。从这个角度看，美感应该是艺术创作的原始起点，甚至是任何创新思维的起点。美是一种释放出来的自由。

在此处我们可以探讨两个引申问题：一是美感的客观性问题，一是美感的本体性问题。就第一个问题，我们可以一方面确认美感经验的直觉性与美感判断的反思性，说它是主观的；另一方面却可从不同人的趣味（taste）修养来检验一个美感直觉与美感判断的相对客观性。"趣味"是可以客观培养与主观修养的，它代表了一个标准与尺度或者范围，故我们可以从美感者或美感判断者的趣味取向，来理解其美感或美感判断的客观性。

当然，当我们面对一个天才的艺术创造者时，我们难以用任何尺度，但却可以让天才自己界定、提出他的尺度，使我们对他的创造有客观的认识。当然我们也可以设身处地地同感于一个美感判断的提出，从我们对人性、人心的相互认同上，去理解甚至建立美感的客观性及相互主体性（inter-subjectivity）。

美的双向关系：情与性的主客两义

从这个角度看，我们也许能更好地解决康德美学的二律背反（antinomy）难题："美感可以以独特的无概念相应"对立于"美感可以建立起相应的概念以说明之、诠释之、论证之（如此艺术批评方为可能）"。根据我的分析，正反两命题可以同时为真，而不必此真则彼假，此假则彼真。两者同时为真，显示了美感的两个界面以及两个界面的密切关系。

在这两个界面中，美感是物与我、现象与心灵的相互感应作用，是一个事件的"发生"与一种关系的"发现"，甚至是人的一种参与世界、宇宙的方式和创造活动；故而，既能从主体体验，又可以从客观对象认知其有关的、相应的形式上或内容上的性能。

我们还可以主观地认定，美感所代表的快乐之感，也不是单纯地由快乐或喜悦来描述的感受，更不可说它只是感觉而不是感情或情感；相反，这种主观的"感"不可离开人的性情来理解，因为它本身就是性，就是情，它可以很深刻多样，而且涵盖面也很广。

不但如此，此情此性也是宇宙万物各如其性、各如其情的表现，因而具有客观存在的性质。是故，我们可以客观地谈和谐之美，主观地谈和谐之情。同样，我们可以谈静谧之美、静谧之情，崇高之美、崇高之情，幽玄之美、幽玄之情，刚健之美、刚健之情，轻柔之美、轻柔之情等。所谓美，都是双指主客相应的状态与关系。康德区分了优美（beautiful）与崇美（sublime）两类，并分析与界定了两种不同的内涵与发生过程；同样，我们也可以从我们自身的美感体验中，界定不同的美感性质与其发生过程，及其重大的道德、精神与本体意义。

我们对美的理解是多样的，但同时也是秩然有序的，因此，可以就阴阳的本体宇宙经验来进行分野与分殊。显然，康德的"优美"应属于现实的、我的心智能接受的感情与形态，是喜是忧都在我的一般生活情感之中。然而在强烈的力量存在的刚强之美方面，客观的状态必然带动、转化感受者的自我提升与扩大，透露出人的主体存在及自我内涵可能蕴含的精神深度、广度或高度。

当然我们也不必忘记黑格尔对康德正确的批评：美感对象仍然有其客观的性质，而所谓美并非由主体的感觉所单独决定。对黑格尔来说，美是自由精神在感性物质或媒介中的表达。但不可否认的是：美感仍是由人的主体的心来感知的。因此，我们也不必走向黑格尔的极端绝对精神主义，认为自然缺乏精神意识与自由，故无所谓美，并认为艺术尤其是表现人体的古希腊雕像，或象征地表述基督教上帝存在的绘画才是纯正的美的典型，故而呈现出一个狭隘的美学与艺术眼光。如此推演，黑格尔美学反不如康德美学更开放，以及更有创造性。

从一个本体美学的观点来看，美感是经由感性心灵与美感对象两者自由互动所产生的，表现了主客相应的相互制约性与激发性，并能相互创化，形成一个中国美学中所说的意境的整体。此一过程也可称为对美感理解的本体诠释过程。而此美感理解的本体诠释过程，显然可以将康德的分析美学与黑格尔的辩证美学，纳入两种分别诠释美的价值理想与美的体验的方式，而且都必须建立在"本体美学"的"本"与"体"的创化认知上面。

在近代的美学传统中，美国美学的开创者乔治·桑塔亚纳偏向于物质层面与心理层面美感对象载体的表述，而杜威则偏向于艺术创作者心灵主体经历激荡发展达句最高统一的高潮体验，他名之为"整体实现的经验"（consummating experience）。

而在中国，五四以来影响中国当代美学发展的，较为集中在有黑格尔哲学传统的克罗齐的"心灵哲学"理念上，也就是朱光潜提出的文艺心理学的美学界定与人生美学的基础。对康德只有较早的王国维关注过。而后来的马克思主义社会实践美学，以及当代的环境美学，都可以在这些不同偏向的美学认知上，建立其相关论题与行为模式。

我们应该认知这些与美学本体论有关的框架，将其作为达到不同目标的不同行动方案；但却不可局限于其中，尤其不可因此轻视或丢失作为本体美学范本的中国美学，认为不必用心去索根求源，开启整体创造的本体美学内涵。

所谓本体美学，就是回到美感直觉、美感体验与美感判断的内外在基础上，去体验、认识、发现与创造美的价值，并统一于具体的生命意识与生活实践；认识到生命自体、心灵自体的根源动力和整体观感的形成，是从本到体的一个创新过程，无论在感觉情感上还是在客观变化的宇宙体验上，其内在目的都是激发生命，创造价值并成为价值。而所谓价值，也不必理解为心身分离的精神自由，而是活生生的具体而全面的生命实现，包含着丰富的自然与自由的内涵及形式。

中国美学的发展：从问题美学到本体美学

从这个角度来看，中国美学的发展，不能不站在中西哲学发源的高峰上，对中国哲学中的本体宇宙哲学的易之道或易的哲学有所会通与解悟，尤其不能不理解易学开启的"道的自然"（道家）与"道的仁心"（儒家）之精神为何，其语言与形象的表达方式何在，其分歧与会合又何在，其整体与各自在世界哲学中的定位如何；也就不能不同时对中国艺术传统中的绘画、书法、音乐、舞蹈、雕塑、建筑，与中国文学中的美文诗词以及作者背景，进行探索与会通。这必然能把中国美学带到一个世界美学新发展的高点。

就这点来说，也许20世纪30年代到60年代中期，宗白华与方东美倡导的生命美学，以及对中国易儒道释传统的重视，更具有当前的重要性。当然，我们也不能忘怀同一时代中，朱光潜、徐复观与较后的李泽厚所做出的理论与历史贡献，他们代表且生动地体现了那一时代的美学精神。

从本体美学出发，或许更能解决当前世界美学面临的"问题美学"问题。什么是"问题美学"？什么是"问题美学"的问题？我们又将如何对待"问题美学"的问题？在此我要做出一个解答，并借此凸显本体美学的重要性，也借此凸显发展中国本体美学的重要性。

我所谓的"问题美学"，乃是指人类社会各种失序现象的表露，而为人们注意并作为强烈感受的对象，甚至作为突出的"艺术品"来加以注目沉思；所感受者、所注目者、所沉思者却是一个形象化的生命问题或一个生命问题的形象化。

我曾不止一次提到1997年我在柏林大学讲学期间的经历。当时我参加 Martin Gropius Bau 博物馆的新作品夜展，同时出席他们的一个盛大酒会。在展厅，参与者看到展出的巨作居然是置于大厅中心的一个破落肮脏的厕所。人们环行这间厕所一周，口中嘘嘘而语，不知是因不解而惊叹，还是因不满而谴责。

　　但我的反思是：这正是一个生命问题、一个存在问题与一个社会问题，因而形成了一个艺术问题、一个美学问题。这个问题让我思索至今，也让我逐步理解到艺术并非只是呈现美感，而美感也已不是必要正面地朗然呈现。如果美以"问题"呈现，美就不在问题之中，而是在对问题的深刻认识与对问题解答的殷切关注之中——但我们必须首先认识到"问题"。

　　任何问题都会以对现实的扭曲与丑恶的掌握表达出来，但人们不一定能够看到问题。作为表露者的艺术家，他甚至不必一定知道是什么问题或是不是问题，而可能以猎奇者或搜索者的敏锐眼光将之看待。但问题总是问题，问题将以不同的方式透露出与其有关的问题性；而具有敏锐意识与心灵的观察者与思索者，最后总有所发现，乃能用大胆的笔法与行为将之表露出来。这也可以用人之有病痛来做比喻，病痛有时明显表征出来，有时却难知难闻，人们有时视而不见，但却不能说它不存在；但若得名医，真相也就容易暴露出来。

如果美以"问题"呈现，美就不在问题之中，而是在对问题的深刻认识
与对问题解答的殷切关注之中——但我们必须首先认识到"问题"。

　　由于地球的暖化、生态的变化，我看到一幅满布海豚死尸的海滩照片，我也看到饥饿待哺的非洲幼儿的图像，我更注意到汶川大地震带来千万无辜生命的垂死挣扎，我也常常回忆儿时日本飞机炸死的田间农民的血迹，这都是问题美学可能展开的体裁。

　　在西方传统绘画里，我注意到用彩色描述狮子口中咬住兔子头部的鲜明画面，以及其他显示大自然中阴暗面的景象。这都是不同种类的问题美学。在西方，美学乃是后起的哲学创生学问，代表了整体的生存本体与人文活动的生命观点的再发现与再肯定。

在西方当代的后现代美学中，由于未能寻求整体生态的和谐与持续动态的均衡，或寻求不可得而流于一偏，只得用方生方死的心灵直感表达出、凸显出光怪陆离、非日常的形象，更反映出一个多元多向、驳杂混乱、失序不宁的生活世界，体现了现代生活的权宜性、危机性及浑沦性。

但我们也不能否认，此类美学形象似乎仍有一个潜存的愿望，即在现象的表露中，诉求启示的曙光、整体的秩序、太和的安详，以面对与解决这些问题所透露的灾难、痛苦、失落与不幸，寻求一个理想的美好的世界秩序与生活世界。但往往由于不可得，故而形成问题。如何面对与解决问题亦为问题，此即形成了我所称的"问题美学"。

我认为，只有重新认识宇宙、面对心灵、体会道德、建立礼乐、研思工艺与科技设计，在不断的学习与改良中，我们才能找到生命的出路，因而找到问题美学的出路。只有在现实中发现与认识本体的自由与自制的并存，才能从现实中趋向理想，在创造中趋向秩序，达到人类本体的美感意识所代表的生命价值的整体再现与提升。因而，我所说的"本体美学"对研治当代后现代的问题美学，其启迪价值应是不言而喻的。

在此问题美学的启发下，我们无法不面对一个生命体的诉求，要求回到本原，要求追求理想，要求以义愤、慷慨与热情，去寻求理想的美、生命的美、奋发的美、希望的美、爱心的美、慈善的美、正义的美、勇敢的美，等等。这是问题美学所带来的美学情操与生命激情；同时也启发了一份人生的智慧，要我们走向德性、理性与至善。

本体美学，是从我们自身亲切的感受体会，来开拓我们对这个世界的理解，也同时开拓我们内在心灵的思考与意志能力。

从这个角度来看，显然中国美学所包含的本体深度与层面是值得我们积极探索的；这也是一个从本体认知与分析的层面，来探讨中国美学与中国艺术特质的心灵活动、情感活动及思考活动。我一向以"观"与"感"两个基本象限，作为起点与动力来分析、综合此等活动的可能与实在；也就是，要理解此一活动的特质，就必须理解"本体"的意涵，以及基于本体思考发生、发展的诠释思考。

"本体"之动态的理解，形成本体意识中"体"的意识，体是整体，具有包含整合与融合创生等意思，同时也包含了感受、体会、体认与体行等功能，进而产生理解与整合的理解，表露为概念性的话语，即诠释。从本到体，从体到知，从知到理解，既是一种本体系统地应用于他者的活动，也是本体自身求其一致的生命实践，可名之为行，故诠释包含了理解、应用与实践三项含义，同时也是本体之为开放动态与发展创新的表明。

必须指明，我说的本体并非西方形上学中的"本质"，更非脱离现实与真实的人的存在；但它也不限于现实的物体，而必然涉及内在的心灵情性与理智的活动，而此一活动又必然导向内在心灵与外在情势的互动，及其所引发的变化与创造，故形成道器一体的、形上参同形下的心灵生命的体现活动。英文中我用"generative ontology"以及"onto-generative"两词来表述此一动态开放的本体发生与发现，由此导向本体的诠释与理解，也就极为自然。

李存山教授论张岱年天人合一论涉及我的本体诠释学①，他说得极好，就此可以说，我的本体即是"以人释天"与"以天释人"的认知与理解：以天为本体，人可以理解天，以理解人的本体；以人为本体，天可以理解人，以理解天的本体；天人互为本体，而本体自显。从天人合一的本体原点到天人合一的理想境界，即是本体生命的追求。

诠释本体以使本体现象化，对之进行直观；诠释现象以使现象本体化，对之进行理解。本体是要诠释的，而现象是要直观的。故一般说，诠释本体，直观现象；但在诠释的基础上，我们也可以直观现象化的本体，也可理解诠释化的现象。

对此，我们可以发挥之为本体美学与诠释美学：本体美学是直观现象化的本体之美，诠释美学是理解本体化的现象之美。两者互生而共进，形成美学的本体诠释与现象直观的融通。

体悟易学五美的本体宇宙

基于以上对本体美学的说明，我提出《周易》美学为中国本体美学的滥觞。基于对《周易》本体宇宙哲学的分析与理解②，我揭示出了中国美学的五个本体存在向面（five phases of Chinese Aesthetics）：宇宙（观察天地乾坤与阴阳生生之易，发为生命创化本体哲思），心灵（感受人类性灵精神境界、品赏万物风格姿态，发为诗歌文学艺术），道德（体觉仁义礼智信之志行与人格风范），礼乐（创立礼仪文明制度与言行的教化世界），工技（构建殿庭居室庙宇园林的生活空间）。

五者经过太和的生化条理，在五个本体的存在层面上体现了涵容之美、刚健之美、高明之美、平衡之美、和乐之美，也分别展现了不易之美、变易之美、简易之美、交易之美，以及和易之美。在此等美中，充分展示了天人相应之位、天人开拓之象、天人性向之善、天人互参之情、天人交融之体，而且表现为中国文化传统所呈现的多彩多姿的理、思、文、赋、诗、画、歌、舞等形式，目的在明己感人、率道继善、成德成己、成人成物，实现人类生命与人类文明的丰富内涵、充实价值与自然活力。

显然，此一易学本体美学与西方的现象主体美学或环境客体美学有相应、有不相应。而此一美学的丰富内涵，非要经过一个本体化的过程不能理解与把握，非要经过一个本体诠释化的过程不能说明与表述。这在西方美学的发展过程来说，也是如此。我已

---

① 见李存山：《天人新论与本体诠释学》，见《本体与诠释》第五辑，上海，上海人民出版社，2005。

② 可参考我的《易学本体论》一书，北京，北京大学出版社，2006。

论述的康德、桑塔亚纳、杜威是如此，而在同时代的海德格尔、怀特海等人的美学观点更是如此。

由于篇幅的限制，我在此不拟展开讨论易学本体美学作为本体美学的基本形态的内涵。但我却想把易学中的易之五义（不易、变易、简易、交易与和易）的美学层次的内涵揭示出来，作为分析、综合与解说美感经验的基本参考体系，尤其作为体现美之创造性与实现艺术的创造性的本体基础。

首先，当我们认识到美的基本内容是这个变化多端的世界时，我们必须学会用开放的胸襟来观察与认识这个生生不已、变化不已的时间过程，以及事件发生、发展过程；并进行不断的反思，认识到在此一广大的观察中任何事件，有与无、实与虚、美与丑、吉与凶、善与恶，都是可能发生的。不能否定的是，我们的心灵与性能，同时具有内在性与外在性、不变性与变化性，因而必须从一个现象学的观点，进行不断的涵括或撤除。让美感自然地发生，此一发生是生生不息的，也是创新不已的，因为它包含了所有所无的可能性与不可能性。这是一个符合逻辑却又超越逻辑的变易的发生过程。美就是自然，自然就是美。但此自然的美是一个宏观与微观的对象，也是一个创化重现的过程，其所指可远观、可近察、可沉思，也可以进行分解，但却不必涉及任何规范性的问题。

其次，美感是深入对生命与变化考察引发的睿智、慧见与灼见，发而为振聩启蒙的金石之声，有如晨钟与暮鼓，也有如临济禅中的狮子吼，动人心弦，成为超越生死的悟觉。当然此一美感是重大的，应该与自然的风雷速变的大型转换有密切关系，是对生命潜力突发的挑战，意图使之流向无常、归于无明。但它也能激发生命大彻大悟的决断力与意志力，用以坚持包含受创的生命，并使之疗愈重振，复原更新，考验人对生命与价值的再生信念与智慧。这一大智大慧往往体现在世界宗教与重大历史事件中重大人物坚贞忠诚的磨炼过程中，引发千古的赞叹，或万世的感伤。作为文学作品的故事，也能荡尽你我心中的块垒与成见，面对赤裸裸的生命原始情怀而坚毅自强。这是一种刚健自强之美，与高明简易之美显然不同，当然也不同于混沌变化之美。

再次，美感在追求一个永恒的对象或意向，是在众多的观察对象与心灵感受状态中选择美之为美、善之为善、真之为真，并以之为变化着的宇宙中不变的尺度与原理。这种价值观的建立是必要的，是主客可以持续互动与互成的基础，同时也说明了理在气中的基本角色与目的性。这种美的认识同时是表述的，也可以是规范的。可说此一认知是自觉的心灵的活动，本身就具有直觉性与反思性，而且同时具有现实的知与规范的（普遍化的）知的内涵；更重要的是，此一理解的美感可以有完美的理想价值，作为表露与追求的对象。在此一理解下，即使是恶、丑、怪力，也都可以纳入一个美感的形式和处理方式的考虑之中，进而形成艺术创造的诱力（即怀特海所说的 lure）与动力。包含人生百态的诗歌、文学、戏剧之所以都着上了美的彩色，是因为它们已成为"美学之为美学"的形式与媒介，在一定的形式与方式下，呈现生命的苦痛与困境，以及生命的憧憬与理想。

又次，美感显示美感最通行与最人性化的生命体验，亦即阴阳分野对立而又相依互动的微妙变化，这是一种参与生命自然创生却又自然提升的美感过程，也是一个现实世界中个体与群体、个体间及群体间相互摄取营养与支持的发展模式。其模式交换互易、互通有无，以达到创新改革以晋于善的目标。美感体现在不同复杂的阴阳结合与平衡之中，而此一美感需要有充足的经验与智慧才得以持续发展或维护下去。目前生态系统的破坏就是对此一美感的破坏。又如，世界金融秩序的动态不宁，以及经济违背伦理与道德的发展危机，也都可以看作自私愚蠢与贪念越过了理性正直与公平的阴阳失衡；即使利用技术的手段维持了成长，最后仍将离析崩溃。在这里提出的是平衡交易之美的建立，我们对人的生存环境与经济环境的维护太重要了。

最后，我提出超融的和谐之美的理解与实践。以上从本体的混沌创造力体现的多元包含宇宙之美，到价值建立的不变与提升之美，到价值超越变化促使生命坚定发展的简易之美，再到超越变化中对立互化的平衡交易之美，显示了人类心灵的不断发展与充实的过程，在整个人类社会中或在一个地区、社区中，都成为人类文明与文化建立与进步的象征。在此基础上，人类个体与群体才能以一定的速度，持续地向前、向上发展与绵延；此一发展与绵延的价值程度，则倚靠多元差异自然整合为一体共源的体系，来实现其更大范围与更多种类或更多差别的整合；此一整合是多元化的包含与调和，非在消弭紧张与冲突，而是在导引紧张与冲突成为创造更大包含与整合的整体。此一过程是超融的过程，也即是我说的和谐化的过程，同时也是一个个体与群体美感共同发生、发展与成就的过程，故名为超融的和谐之美。这可说是人类追求的最大极限的美感。此一超融的和谐之美，是所有社群以及所有社群中的个体，实现与成就自我与他者的先决条件与保障基础；也是人从尽美走向尽善的前提，故在某一意义下，其本身就是本体的至善。

以上五种美感体现了易之五义的五种价值，把抽象的本体宇宙思考，落实到具体的人生处境与社会实体上。显示了人类美感与美学以及基于美感与美学的艺术创造具备了生命的本体性，是可以透过一个具有经验与智慧的本体宇宙论来系统发挥的。这也就是本体美学实现为系统的学问的途径，同时具有本、体、知、用、行的理解层次与实践次第。有了以上五个层次与向面的分析与意义发挥，如何用来说明、发展人类已有的和未有的美学活动与艺术创造活动，也就有了线索。

在用本体五美论述中国美学时，我们更可以引入西方美学的传统作为其营养与参考图标，以更好地整合康德的美学分析，更好地整合黑格尔的美学辩证与美学发展现象历史观，同时更好地整合当代欧美的实用美学，应用于人生与社会，解决问题美学的问题。

第一讲　美学的层次和方向

原生观念与美学的起源

如果说先周文化是中国哲学和美学的源头，那么，《周易》则可说是中国哲学与美学的历史起点。《周易》突出的中心概念是"易"和"太极"。作为天地变化之根源，作为美的本源，我们所思考的"易"和"太极"，是最根本的一个极限。那么，它到底有什么意义？

孔子对易学非常重视，他早年命运坎坷，从 20 岁起在鲁国就颇有文名。孔子从小对周代创始的文化极为向往，立志把"周礼"的精神用新的形式表达出来。他想，为什么由周到春秋战国会有礼崩乐坏的变化？礼乐是否真的已无可救药地失落了？他说："天之未丧斯文也，匡人其如予何？"又说："天生德于予，桓魋其如予何？"孔子对自己的生命有一种使命感，然而他了解易道之所在，明白否极泰来的循环，所以即使在逆境中也能保持自我的志向。

2007 年中国看上去很顺利，一切欣欣向荣，但 2008 年灾难不断，我们要正视这个现象。要问：是中国自己的问题，还是另外的问题？从易道的角度来看，任何痛苦和灾难都是天对我的考验，即孟子说的"天将降大任于斯人也，必先苦其心智，劳其筋骨"。

因此，孔子要在他那个礼乐失序的时代担当大任，就必须经受考验，发挥自己的作用，创造一个时代。重新恢复西周文化的光彩，就必须要自信。所以"天之未丧斯文""天生德于予"这两句话非常重要，体现了孔子的生命意志和自觉。

"天"代表一种内在的力量、生命的根源；天最后理解为"太极"，是宇宙与生命本体的根源与动力；进而"发生"于此一根源的活动，就是"道"。天、太极、道，是互相联系的。我们每个人都通过生命的处境，来了解什么是太极；而对太极的了解，就是对天与道的了解。天始于人类对权威的需要，而当人们对至高无上的"主宰"是谁发问时，就发生了"天"的概念。

"帝"字也被考证为具有根源的意思，代表最高权威控制的力量，是最高的依托。这个帝就是这种权威的拟人化的表现。与天一样，帝是所有人的祖先。我猜想，就像耶和华一样，"帝"最初也许是一个部落神的概念，使人有一种对权威的依托感，帝，最高的主导者帮助我们、支持我们。相对而言，"天"是一种更广泛的感受，可以包含帝的概念，也包含时间和空间的概念。

天若与我们的生命联系在一起，就是"道"。道是动态的，有方向和时间性。"澄怀观道"，中国古典美学关于审美客体、审美观照以及艺术直观的哲学根源，就是道。在道家和儒家看来，道代表一种理想原则以及行为规范和最高价值。概言之，"道"有两层基本意思：一是本体论的意义，是外在流行的力量；二是理想准则，即孔子说的最根本的生命原理。孔子的道，既有本体意识又有道德意识，这在中国哲学来讲是很重要的。天是外在权威，发展为生命理想，道之于天，是既内在又超越的循环动态生化的活动过程。

"天命之谓性""一阴一阳之谓道"，"之谓"而非"谓之"，这个区别很重要，非一般界定，是一种发现性的界定。"阴阳"的概念非本来有之，是人们发现之后分析出来的，不是纯客观的现象界定。道是一个过程、一个活动，是发现意义上的概念。什么是"性"？怎么把天和性联系起来？需要我们有内在扩大的眼光、发现的眼光，因而有"天命之谓性"的说法。

"太极"的概念是在《易传》里出现的，是子思、子夏、子游等好学深思的学生发挥出来的，有的学生像子贡、子路是喜欢做事情的，而好学深思的学生就能从自我经验中，发现经验新的意义与存在境界。

"德"的概念，也非常重要。老子云："道生之，德畜之。"德，就是人把生命的功能体现在一些行为方式与行为的动力，变外在力量为内在力量的过程。天地本来是一片原始的元气，人通过活动来分化、凝聚这些元气，进而产生自我生命的概念。德是一种能力，"德"字原来的右上方是一个"直"字，孔子说"人之生也直"，人生来就是一种真诚的存在，表达自我，成为他自己的力量。而这个直又能影响到他人，借由自我的真实表现带动他人的真实表现，这样一种活动就是"德"，是由心的知觉生发出来的。而意识是对自我存在的觉知。我们非生来就是自我，要通过自觉的反思、关照，才能成为真正的自我。

"易"本身是"变化"的意思，而不变的是"易"本身。我们要追求的是这种不变的东西。中国理解两端的概念有两种：一个是叩其两端，得其中道；另一个是把两个极端合在一块，成为一种整合的循环。太极具有生命和文化意义，人生最原始的经验即是变化，从中国哲学来说，"易"的概念又慢慢转化成太极、道、天、帝、德、性等概念。"天生德于予"的精神之确立非常重要，因为它是孔子对自己生命的认知，而"易"即是孔子生命的经验总结。

美学的五个层次：宇宙、生命、文化、个人和经验

生命的旅程经历是很有意思的，它对一位哲学家和艺术家成长的影响更是持久性的。美学问题如同人生问题，我们对人和世界的了解要从不同层面展开，不能仅局限于一个层次。

我的老师方东美先生有一篇很有名的文章《生命情调与美感》，今天仍值得反复研读。牟宗三先生曾在台湾"中央"大学任方先生的讲师，后来他在康德美学的研究方面有所建树。我自己最初在文艺创作上颇为投入，是受到方东美先生的影响；而对牟宗三

先生的哲学批评，内在意图在根本上是美学的。我在南京出生，抗战时到四川重庆，内战后到台湾就上中学，然后就读于台湾大学。方东美先生在台湾大学教哲学之前，与朱光潜、宗白华等中国最早研究美学的先生都有交往。他们一起推动了中国现代美学的创建与发展。

美学概念在西方也是比较后期的，始于18世纪，把感性意识作为起点来研究美感到底是什么。在中国最早引进的应该是康德美学思想，王国维、蔡元培对康德与德国美学都有阐述。我认为最出色的是宗白华，集了中西之长。但到了李泽厚，才整理出一个中国美学的体系。整个西方现代美学，从康德到黑格尔到海德格尔，有很长一段路，后面慢慢讨论。

西方美学早期跟神话中"酒神"的概念有关，但却不可只讲酒神精神。若说中国美学是"非酒神"，那非酒神是什么呢？我们还是应该从中国哲学自身出发，来阐释中国美学的发展。

中国美学到底是什么东西？中国哲学一向注重美的艺术创造、美的体验和美的表达。中国审美观可以从西方的美学来理解，但不应径直与西方作比附。中国古典美学源自中国的本体宇宙论，建立在中国文化对自然与自我、历史与人性的观察与反省的基础上。从这个论点出发，我认为美学可以有五个层次。

第一个是宇宙层次。我们对整个世界的观照、发现和认识，体验、知觉，或说掌握，都可以用不同艺术形式把它们表达出来。人本身就是综合的复杂存在，不是单细胞单功能的。就像头脑分前后左右脑以及中脑，有想象、推理、决定、行为等多种功能。不同的物代表不同的质，前脑知觉，后脑回忆，左脑推理，右脑想象，组织分工很细密，而中脑代表最深刻的回忆，保护在中间。自我就是由这个前后左右中脑不同性质的综合而组成的。中国讲体用，物上面有质，质上面有能，能上面有功。"体"是一种存有，"用"是一种过程现象，"功"是一种效果性与目标性。人需要不断地平衡自己和统一自己，然后向前发展；你也可以在哪一方面很专长，但不能忘了整体的自己。比如中国国家作为整体的存在，这个强了那个也要强才是强国，不能失衡。

第二个是生命层次。所谓生命，古人谓之"性命"，就是生命体验，也就是人类对自我存在的领会、感受和体悟，它构成了人的基本的生存经验。因此，生命（性命）概念在先秦诸子哲学中占有极重要的地位，也为后来的哲学发展，厘定了艺术体验与审美思考的范围。

第三个是文化层次。就其核心而言，文化是一套思想模式和价值标准；就其外表而言，文化则为社群的行为规范和生活方式。审美现象是人类社会心理的表现，它积淀着人类历史的各种文化因素，既需要从文明类型的观点和方法去揭示它的各种民族、国家、地区的差异，也应当通过跨文化研究显示其共同性。

第四个是个人层次。作为个体之"人"是一个最大的类。个人作为纯粹主体性的表现与实现，取决于自我的彻底转换。道家和儒家都确信，个人的自我修养是艺术创造活动的基础。个人的本体性，乃是人类本性的本体论的基础。

第五个是经验层次。不同的经验组成个体，个人赋予这种经验以意义和整合。个体的经验组成集体经验，与环境发生作用，是文化层次。文化的目的是使经验和个体不断发展，这个是生命层次，更为深刻，又直接联系到前面的经验和个人，而宇宙是一个大的背景。个体不是单纯的现象经验，是不同经验的组合；个体又离不开文化，它们是环环相扣的存在；文化也离不开生命，文化要有生命力，而不仅是仪式和形式。而生命的根源是宇宙，是太极和道的存在。

美学是从个人的经验、个人的感性经验来进行解释的，但实际上这五个层次是综合的。在根本上，美学经验与持续发展的、本体的根源力量分不开。因此，这五个层次对我们研究什么是美学很重要，是美学概念的本体基础架构，可称之为本体美学的架构。

太极、天命概念都是人的经验在宇宙层次的体现，我认为"心""性""德"属于生命层次，包含是非、善恶、美丑等观念。美的概念有两种，一种是包含伦理的"善"的概念，所谓尽善尽美；另一种是离开善谈"美"的概念。自我价值意识是人的特征，并且是一个开放的不断发展变化的维护自我同一性的特征。

《周易》本身也可以是美学概念。例如我曾让一个学油画的学生，用油画表现六十四卦。学生三个月才画了十六卦，有些启示了什么，有些却很空洞。也只有生命非常饱满、知觉非常敏锐、经验非常丰富的人才能表现出多一些的卦的意涵与精神，才能把自己对应六十四卦的经验通过艺术形式表达出来。所以，我们对生命的了解是单薄脆弱或是深刻高明的，可以做这样的实验来考验自己。

我们要从个人经验中找出与宇宙的关系，从感觉上、行为上，或目标要求上找出它们的内在关系。下面我们先了解一些基本的概念，比如以上所说的发生美学、发现美学和创造美学等概念。

美学的三种方向：发生、发现和创造

今天我们遇到这样的大地震，我们都要去思考这个灾害和磨难背后的意义。曾经看见毕加索的《格尔尼卡》表达战争场面，让人有对残酷场面的震撼；而达利也曾用超现实的手法，表现《旧约》的宗教体验。在地震中很多小孩被压在楼板下，很悲惨的画面，我们应该考虑，怎么去表达这样一种令人悲痛的灾难形象。我们在生命发展过程中遇到灾难时，或能从宇宙的观点，去认识它的形式和意义：一个国家、社会，要经过多少的灾难才能站立起来，人们抗争灾难，不会气馁，进行更高的追求，在这个过程中提升自己。

"发生"就是感觉到现象，但不追问其意义；而"发现"是进一步去追寻发生背后的意义。相对而言，"发生"是一种初级的现象学，而"发现"则是深刻的现象学。例如毕加索将灾难的场面通过抽象和变形，集中地将灾难的画面体现出来，是发现层次上的美，然后带起更深意义上的认识。先有发生，再有发现。

发现后要进一步产生新的认识和理解，则是"创造"美学的层次。艺术是一种创造，发生当然也可说是一种创造。比如从宇宙意义上，若没有地震的造山运动，就没有珠穆朗玛峰，原先住在珠峰旁的人就是见证大地摇动的牺牲者。2008年中国有这么多灾难，要更加坚强才能在世界上站起来，要在不断地重建中，完善自己。

美学产生于经验的发生，但必须发现、创造在生命、文化以至宇宙层面上的意义，创造出一种理想和新的形象。当然，没有发生经验基础的艺术创作，也就偏于虚无。发生、发现和创造，每一层面都有它更深层次的问题。例如，有人在华丽的美术馆里放一个破旧的马桶，我们若能思考它背后的意义，就可能从问题美学的观点对美学发生、发现和创造的含义有具体的领会。

三种美学方向，五个美学层次，极为重要，它们构成了我说的本体美学的整体架构，使我们能够深入了解历史上中西美学的分野、关联与可能的融会贯通，创造出未来的美学境界。这是一种对个体、文化、生命、宇宙都有重要意义，并具有一种哲理性的美学思考。

第二讲　美与快乐及真善

美学的本体及其分化

一般的美学，我们可以称之为现象美学，但本体和现象不能分开；也就是说，美学要从美学的现象来找寻美学的本体，然后再返回到美学的现象。事实上，利用这样一个哲学的认识来掌握美的经验，有一个基本的考虑。这个考虑就是，掌握美的本体性。

在这个本体美学的基础上，我们如何解释说明中西美学的差别呢？中西美学的差别，代表一种基调性的差别，用哲学的话来说，就是一种本体分化的差别。因为本体性是一个整体的东西，而人的经验也是整体的，但是由于环境因素、历史因素、特殊的经验等有不同的方向，中西美学的基调也就不一样了。

过去李泽厚想用尼采的观点，来说明中西美学的差异。但他却未先考虑，尼采有关悲剧是怎么形成的。这个很重要，因为在中国文化发展现代化的进程中，中国人也经历了很多所谓悲剧性的状况，中国人又是怎么去了解生命悲剧状况的呢？是否以及如何与西方相比拟？

比如我们一再提到的人们对重大自然灾难的感受。进一步的问题是：此一灾难的感受如何提升为一种美感的形式（因悲壮而壮美）而启发生命更深处的价值？美学家或者艺术家对经验应该是开放的，经验里面不仅仅只有美好的东西，它还有很多不美好的东西，有很多痛苦的、丑恶的、罪恶的、堕落的等各种不好的东西。

这些东西有没有审美或美学研究的价值？从什么角度来掌握它们的美学价值？美到底是什么东西？不美的东西能不能获得美的形式？美与真、善、爱的关系如何？

我这里先简单地提示：痛苦必须激发智慧、爱怜与信心才有美，丑恶必须带动善的坚持与理性的批判才有美，罪恶与堕落必须引发超越的回思与克服的拯救才有美。因为只有在此动态的引发中，才能找到一种平衡、和谐、充实的形式与内容。悲剧之所以可以用艺术的手法表现出来，展现一个可以追求的理想境地，其根本缘由即在此。

悲剧性的升华，亚里士多德谓之"净化"（catharsis）。但须进一步留意的是，在悲剧情感的后果上，往往也会表现为无奈、期待、缥缈，一种在不满足中的满足。或如白居易《长恨歌》中的诗句"天长地久有时尽，此恨绵绵无绝期"所表达的，这种消极情感对于人们当然也是有意义的。

时至今日，人类逐渐掌握到一种自由性，个人的创造性和能力可得以充分发挥。我们把这个时代称为"后现代"，在所谓的后现代里，任何东西都可能受到重视。后现代的美学不是只限定在一个层次、一个方向、一个面貌或者一种价值上面；美学作为一种发现、一种表现，可以有多种形式，不但可以表现快乐、安逸等，也可以表现痛苦、烦恼等。

美的表现者从负面的东西切入，不是为了宣传负面的东西，而是为了从负面的东西里面找到一种正面的东西，其目的和内在意图是正面的。因为美基本的定调根本是正面的东西，而怎么去定调它，则是我们应该去探讨的。因之，在后现代美学开创的自由格局里面，我们应该去了解美学多元的创作精神。从这个角度看，中西美学不但可能有差异存在，而且还有它们的共同根源以及共同理想的价值目的存在。

那么，我们怎么去进一步掌握中西美学？我想首先应该掌握中西美学的分野点之所在。如果像李泽厚那样，只是说西方美学是酒神型，中国美学是非酒神型，我觉得并没有说明什么，也就未说明任何真实的情况。那么，到底中西美学的差异在哪个地方？

每个传统的建立都有最原始的一个起点，当然这个起点在历史发展过程中也会掺进很多因素，而这些因素都是跟生命的体验、哲学的思考有关的。所以西方美学是跟西方人的文明、西方人的哲学思考，以及西方哲学的其他领域，如本体哲学、知识哲学、伦理哲学、宗教哲学甚至宗教实践等有关的。美学在经验上并不是一个决然独立的范围，把它作为一个决然独立的范围，只是为了方便思考或专注于一些问题，并不能取消它的存在是跟它的文明和传统联系在一起的事实。

因此，我们只能通过西方哲学的主流和西方文化的主流来了解西方的文明、西方的美学传统。同样地，了解中国的美学传统或者艺术精神，也需要从中国文化原创的精神中去了解，以及从中国本有的哲学思考中去了解。如此，才能更好地找到中西美学的差异点。这种差异并非是不能沟通的，相反它们是能够天然地进行比较的，能够在沟通的过程中相互涵容、相互吸收。

当然，这里面又牵涉到现今全球化进程，只有找到人类美学的起源及其分化的发展的关键，才能进一步考虑中国美学以及中国传统对人类文化，对中西结合可能做出的贡献等一系列相关问题。

经验作为美的起点

今天我们谈美的经验，并没有界定美的经验是什么，我只是把这个"美"当作名词来用；假定大家会有个什么样的了解，并之所以有这样的了解，是因为人类具有一种美的直觉，或者是一种美的体验的事实使然。我们把人类的直觉和体验假设为一个原始点，那它假设了什么呢？

美学的五个层次，有相应的五个背景在里面。第一个就是经验的活动，它包含了我们所经验的东西，可以作为美学的基本活动的对象；即使是一单项活动也一定包含了很丰富的内容，因为它是一种直觉，一种感应，一种体验，一种情感，一种需要，一种执着。如此这般，就有了美的活动的内部分析，或者是美的经验的分析。经验在这里面属于美的经验，但是这个美的经验却又假设了一个整体的个人，个人背后又假设了一个文化传统，文化传统背后又假设了一个生命的背景，生命的背景背后再假设了一个变化的宇宙。

这样一层层去看，美可能是从个人的一个积聚的经验背景里发展出来，也可以是从人的文化传统里发展出来，当然也可以是从生命的一个积聚的或者创化的精神里发展出来，最后甚至可以是从宇宙的自然的创造动力中发展出来。从这个意义上讲，美学作为现在的一种经验，显然是有一个很深厚的存有的背景的。这种存有的背景，离不开对宇宙的了解，对生命的了解，对文化的了解，对个体发展的了解，对自身经验的一种分析了解。基于此，我才提出美是一种发现的说法。

那么，经验一旦发生，发生的东西我们怎么寻找它的意义呢？什么叫作意义呢？美学代表一种意义，代表一种价值，必然通过一种提炼来决定，所以美学不是单纯地你说它美就是美，美因此具有思维的素质，它是通过思维来加以肯定的。这个思维所涉及的范围，可能就不只是当下的经验；而是以当下的经验为材料形成的一个判断、一个认识，来给予它一个说明、一个诠释、一个背景资料，或者赋予某种价值含义；再跟人类的其他经验联系起来，跟人类的生命意志或愿望联系起来，跟宇宙的认识或者宇宙观联系起来，就成为一套发现的美学。

发现的美学是一种发现的认识，也是对发生的事物的一种认识。把审美认识当作一个价值来进行再认识，甚至作为一个基础来进行再创造，所以从美学走向艺术是自然的。因为我们所说的美，至少有一个要素：美带给你快乐，或者带给你为了达到快乐而引起的问题，这个问题就是不能马上给你快乐，它和快乐的愿望有一种冲突，要经过思考才能掌握它，掌握之后再把它提升为一种可以从中得到快乐的东西。从艺术里面体验出一种美感，这就需要人们去进行一种创造性的说明。

由此，美感可以是被动的，但是艺术一定是主动的。艺术一定是对美的东西进行的一个再发现、再组合，从而产生一种新的想象、新的愿望或者新的认识。所以，艺术的创造是美学的延长，艺术是即将发生的美学，是美学创造的一种形式。概言之，自然的美从宇宙、生命、文化、个人、经验的层次发生为我们的美的直觉，实现为美的艺术，又引发了发现与创造的美学，这就是美的自我实现的历程。

从美学思考的立场，我们要找寻美的意义，我就从直觉再回到人的本体包括人的心理，对人的重新认识，对人的文化的重新认识，形成人的存在的一种表达方式，然后更深层地展示生命的根本愿望、生命的基本要求，再回到宇宙的整体，找寻生命的宇宙的起点与根源，这又是一个再发现的过程。

发现已经包括了很多东西，如分析、综合与判断以及重新认识。美学一方面离不开分析，一方面也离不开综合。分析也好，综合也好，最后我们必须经过深思与判断，给予它一个整体直觉的形式。这个形式由于是可以知觉到的，能够带给我们一种知觉甚至感官上的美感，因此还是属于美学的范围。而创造则是往前推，把宇宙、生命、文化、个人、经验，再结合个人的直觉形式，实现其被发现的意义，来进行有关基于个人判断与直觉的价值的创造、文化价值的创造、生命价值的创造，甚至宇宙价值的创造。这就是艺术，是开发美感的一项基本工作，同时也是创建美学的基础工作。

讲述到这里，我们可以进一步对美之为经验，加以更详细的论述。什么是美的起点？我说是经验。"经验"是一个广泛的名词，英文词是"experience"。"experience"也是一个广泛的名词，意思是我遭遇到的事情。作为一个自觉的心灵，我和外面的世界有所接触，接触时所呈现出来的一些内涵，就是我们所说的经验。经验不仅显示我们能够接触到什么，而且是通过我们的感觉来显示的。

感觉是我们最原始的经验界面。我们的感觉通过五官产生，如视觉、听觉、嗅觉、味觉、触觉。从接触面来说，美的经验最原始的就是感觉，一种官能的感觉。视觉是五种官能的感觉中最重要以及最有包含面的，内容也最丰富。视觉还代表另外一种东西，即人的意识的最重要的实现。因为人假如没有意识，并不一定完全没有某种感觉，还是会有一种敏感。

比如植物，有些植物你碰它的枝叶，它也能经验到你作为外物对它的触摸，虽然没有人说的那种感觉。但有的植物你碰它一下，它可能会摇动一下。再比如胡适之一首小诗所说的，有株山上来的兰花草，你要好好地浇水，好好地维护它，它才能开出花来；如果你不好好地维护它，它就会枯槁。可见，兰花草对外面的世界也是有感觉的，它的回应就是用它的形象与生命来展现它的美。

美，实际上就是存在的自我实现，是一种可以表现出来的自我实现。所以，意识与身就是美感的起源，但我们说的美感是已经经过判断之后的一种价值，在判断之前那个原材料就是我们的感觉，而这个感觉最为发展的是视觉。此外，触觉是最原始的，进而为嗅觉与味觉。味觉和触觉是联系在一块的，味是感觉到一种东西时的特殊反应，所以我们经常用"品味"这个词。

用中国的哲学来讲美学就更灵活了。宇宙是气的宇宙，生命就是气的生命，文化是气的文化，个体是气的组合，我们的感觉就是气的身体官能的活动，从这里来说，美就是一种感觉。而感觉有发展的程度或者说是有进化的程度，动物比植物感觉多一些；感觉强一点，美感就增加一点。比如声音有强度，有宽度，有长短，有高低，有音质的好坏。

但声音也好，视觉也好，都有很多向面，这些向面组合成我们整体的经验，在一定程度上就产生某种快乐。"快乐"一词在西方是用"joy"或"pleasure"。"joy"翻译成"喜娱"，"pleasure"翻译为"快乐"，还有一个词是"delight"，翻译为"欢愉"。这些名词显示了细微的分别。

所以我们讲到品味，必须把这个"品"和这个"味"辨别开来。最开始是触觉，然后是味觉，然后是嗅觉，发出一种气味出来，这个气就开始流动起来，影响的范围更大一点，理智方面的反应就更强一点；然后是听觉，听觉范围就更大一点，代表一种更大的活动，形成一个更重要的经验；最后发展为视觉，视觉可能是在最后出现的。画画是视觉美感中间的一种创造活动，是对视觉经验的发现，是对视觉经验的某些快乐的发现。

美感与快乐：间接、直接的双重体验

美一定与快乐联系在一块。这个快乐有的是直接给你快乐，有的是间接给你快乐。这种间接体现在你以为它给你快乐，实际上它却没有给你快乐的体验。

我经常讲一个例子，我到一个艺术馆去看展览，我期待看到一个令我快乐的东西，可是我看到的不是。我就很奇怪，怎么会有一个脏乱的厕所在这儿？怎么会是一个丑陋的东西摆在大厅里面？这就阻碍了我对美的一种期望。我先是想为什么会这样，接着再去思考这个东西和做法代表什么意义，进一步去发现它的意义，再进而发现意义所构成的创造活动。艺术家这样安排，一定有他的意向所在。

就好像我们看电影一样，有的电影扑朔迷离，为什么是这样的结局而不是那样的结局？有的人说是搞错了，导演有问题；有的人会说有深意，很细腻，它启发了一种思考。这种快乐是启发出来的一种快乐，自我实现的一种快乐，这也是一种美学，也是一种艺术现象。只不过美学是就它的经验来说，艺术是就它的创作活动来说。

为什么会对作品产生不同的感觉？因为人处于发展之中，他的目标是更多地和世界及个体之外的事物建立联系。从宇宙论来说，宇宙本来是混沌一体的气，要实现它丰富

的内容，气要分成阴阳，阴阳才能够创造。宇宙的活动实际上就是价值创造的活动，包含着我们所谓的价值。那么，这个价值怎么分类？

从哲学上来说，宇宙在已经成为个体化的世界之后，个体如何去跟外面的世界结合起来，再回到它的一个整体，就是宇宙的创造的发展方式。从分化到整合，从整合中再分化再整合，这样一个宇宙发展的过程，就是宇宙的创造。生命的创造、文化的创造、个体的创造具有这样一种基本形式；而经验内在的整合，同样具有这样一种基本形式。

所以，在这种情况下可以看到一个现象，就是人要实现他的内在的、从宇宙得到的创造的能力或者是动力，它必须和外界结合。结合的方式是什么呢？是通过经验的功能。这就说明我们先有感觉，所以感觉在最先（当然前提是有生命），如此，感觉里面从触觉、味觉、嗅觉、听觉到视觉，这些活动都可以联系起来。

这里要说明一点，有的感觉是舒适的，有的却是不舒适的，这里就有一个快乐与不快乐、喜欢与不喜欢的关系。凡是喜欢的、快乐的，就是原始的美感；反之就是不美之感。不美之感你叫它丑也可以，因为先有美才有丑，不美就是不快乐的东西。

快乐的东西是什么呢？是帮助我们发展自己、实现自己，使我们能够跟外面的世界进行协调的一种功能，所以快乐是一种经验，但这种经验也有一个基于整体实质的功能发抒。它表明我们与外面的世界有一种沟通，有一种整合。

那么不快乐的东西呢？它阻碍了我们的发展，也阻碍了我们跟外面世界的沟通。这种阻碍可以来自外界，也可以来自我们自己。所以，一个要掌握美感的人，他首先要问自己有没有自我的阻碍，然后问有没有外在的阻碍。

由此，我们一定要承认美感的作用就是经验的作用，从这个意义上讲，哪一种经验更能带来实际的好处，你就能看到更多的美感；哪一种只是一时的美感，却产生不好的后果，比如有人吃肥肉觉得很美，但若不舒服起来，就觉得不美了，甚至影响到后来看到肥肉都不会再产生美感，不想吃它了。概言之，美是主体与客体之间建立的一种关系，此一关系带来快乐就是美的，带来不快乐就是不美的。快乐能发挥你自己、成就你自己、实现你自己；客观地讲，它又能建立你与世界的关系。

但有的美，比如主观的美，就不一定能达到建立关系的目标；或者只是一个幻觉，比如迷幻药，有人吃了很美，就像喝醉了酒一样，陶醉其中，而且看外面的世界也很美，但它是不是一种真实的美感？能不能跟外面建立一种实质性的整合关系，使其更好地去发展？不一定。这种药本来具有医疗价值，但若把它作为实现自我美感的一种工具，这样产生的美感就是虚幻的美感。虚幻的美感是在一种自身情况不正常的情况下产生的，当然它也可能带来快乐，但这种快乐是虚幻的。

美感应该是实质性的，这是康德的一个要求，美感是实质的经验发动的一种快感。这种快感是有普遍性的。什么是普遍性？就是这个美感是任何人都能够经历到的快感，不是说只有我才能够经历到的快感。假如我是有特殊情况，吃了迷幻药，我的快感不是说每个人都能经历到，就不能说是真正的美感；真正的美感，经过一个判断，必须是普遍要求的一个快感。用我的话说，是一种实质的快感，它能够产生一种实质的人跟世界的互动关系。

细辨之，审美和美感两个词有时候常常被混用。美感，显然是一种直觉的感受，这种直觉的感受仍然可以成为一种实质的价值。有的不是实质的价值，就是说它不能达到一种人跟事物之间连贯的关系，来发挥人的功能；而审美，则是表达处于理性的一种思考，是借用人的反思来认识它的价值。对于一个快乐经验，我给它一个定位，给它一个肯定，说它是有价值的，这就是审美。我认为这就是好的，我的判断赋予它一种理论性或理由性。这样的话，这个美就是经过审查的美，是具有客观性的美，是具有一种实际价值与普遍价值的美。

艺术也是从这个角度来看。艺术追求的是主观的情绪、主体的想象或者是主体的创造性的思考。但是，艺术能不能产生一种普遍性的美感效果？能不能让别人也觉得是美的，也带给别人快乐？当然，这个快乐不是单纯的、直接的快乐，有必要强调的是，这个快乐是需要别人思考的快乐。比如说，它表现的东西可能是很痛苦的，或者用特殊的一种方式让人经过反思，经过进一步的了解，觉得很快乐、很欣赏，这是一种美感，但是一种间接的美感，带给你的是一种间接的快乐。

美感与真：虚幻、真实的双重意义

人的整体的实现，不只在感觉经验上，还在背后的道德追寻上。美学是以感觉经验为主体的，而感觉材料则首先依靠视觉来进行抽象；所以，人有了视觉之后，就开始有一种思考，或者是有了一种能力，能够把不同的视觉资源结合在一起，这是认知的要求。

这种认知的要求有一种意义，主要是追寻认知的对象到底代表什么东西，这样就产生了一种所谓真的价值、是非的价值。就是说，这个东西是个现象，那怎么认识这个现象？有没有一种规律性？有没有一种统一性？所以，我要追寻它的真价值。因为这个世界是变化的世界，变化的世界是个现象，而现象可以是假象，也可以是真相。所以，视觉让我们产生一种思的能力，它是启发个人、发展个人的一种方式。

所谓的现象学，就是我们看到这个世界之后，我们怎么去描述它的问题，而不是先做假设。看到那么多现象，我怎么去了解它们呢？这就产生一种疑问：为什么要去了解和掌握世界？

这是为了自身的发展。人要在宇宙里面发展自己，就一定要在宇宙里面去行为、去活动；假如不能够认识现象，不能够认识它的内容、它的规则、它的实际情况，何以行动？所以，我们一定要掌握这些现象，而要掌握现象，就要思考。

我在易学里谈到的一个关键问题，就是宇宙现象。一个现象是在变化之中的，现象离不开变化，现象是变化之中的现象，是不断发展的现象；现象不只是静的场面，它也是一个动的过程，一动一静才能产生阴阳。所以，我们要掌握动和静，同时也要掌握它们之间的一些对照。动和静有一种力量，这种力量是刚还是柔，要跟它的大小、它的高低、它的质地有关。同样对于现象，我们要问它的光和影、动和静、刚和柔、缓和急，等等。我们要认识到很多对照性范畴的出现，而美学范畴也在其中出现，这就是构成我们美学范畴的基本的东西。

现象出现之后，我们才会去归纳现象，产生一种整体的现象描述。《周易》中说的卦象，这个卦象其实是看得见的。归纳好的一种现象，提起来挂在那里，作为一种重点的思考来了解，它是代表一种已经组合好的现象。所以，卦象是有秩序、有规律的，不只是一种杂乱呈现；并且，这个整体的呈现里还包括一种发展的秩序、发展的规律。

在这种意义上，我们才说什么是真相，什么是假象。针对一定的秩序，针对一定的规律，我们才说符合规定的、符合我们说的整体秩序的，是比较真一点的。因为我们所说的"真"，就是指比较可靠、比较可依赖、比较持久。

有的现象，比如幻觉，它不可靠、不持久，会产生误导。就像我在沙漠里看到海市蜃楼，想走到却怎么也走不到，是种假象。又比如塑料花，一开始认为是真的，近看才知道是假的，也是一种假象。但假有时也可以当真，真假变得很难区分，因为你看到假的次数太多了，或者说假得太像真的了，这时真的你也觉得是假的了。

关于假象，有一个传说的故事，涉及模仿名家的画。像张大千，他模仿石涛的画很成功，他也收集石涛的画。久而久之，后人如何分辨真假石涛的画呢？也许人们可以拿模仿石涛的假画，去换取石涛所画的真画，那我们如何评价呢？

我想，如果从美感的角度来说，好的艺术作品必然会带来更多的快乐；但是，人作为一种动物，他的快乐不只是停留在单纯的直觉反应上，他还必须满足求历史之真的需求。所以，艺术的收藏价值跟美感价值不完全等同。美感对于艺术是一种价值，就好像我们看一场电影、听一场音乐会，我感觉这个表演的确很好，我觉得很快乐，这是最重要的。但是收藏家他要的不只是一时的，他还要求一个历史的经验含量，他还要求有一个真的价值，而这个真的价值跟美的价值，不完全一样地体现在这个画里。

这个例子说得很清楚：美带给你也带给大家快乐，但是美这个东西在某种意义上不是真的，"不真"就是说，它跟历史的发生点没有办法联系起来；作为一个收藏家，他要求的是什么？他要求的是艺术的原始点。这个原始点在艺术创作中很重要，它可以用来解释一个现象。

假如你是一个很好的画家，能画出非常好的画，有一天你不画画了，拿着笔乱画一阵说这就是我的画，别人还是会尊重，说这是现代画，这是抽象画，甚至在此一理念下导致抽象画的流行，大家都去看。其实在创作中，可能是你一下子发疯了，一下子随便了，就画出了一个乱七八糟的东西，但大家都当作宝贝。

这就是说，你这个画能够得到一种预期的东西，这种美感是间接美感、间接性快乐，因为这幅画是你画的。任何美感都是在一个个人和文化场景之中的。你已经是个画家了，你已经有一定的声望了，你已经有其他的画作为你的基础了，所以你拿出来的东西即使不能马上给别人带来快乐，也会变成别人收藏的对象。因为你作为画家还是会给别人带来快乐，带来惊异，会认为这个人居然画出这么一种奇怪的东西。人们收藏它，就像收藏一张难得印错的邮票，因为难得而快乐无穷。

美感有间接与直接、虚幻与真实之分别，也与是非有关。是非有认知上的是非与行为上的是非两种含义。前者即是真假的含义，后者乃为善恶的含义。真假换一种说法就是认知上的是非。凡是符合真实的是真，凡是不符合真实的是假，假则是一种非。非是对是的否定，是则为对真的肯定。假是对真的否定，真则是对是的肯定。真与是之间相对应，假与非之间相对应。对应的感知是美的元素，但美的内涵可以是真，也可以是假，可以来自行为的善或恶，也可以导向行为的善或恶。因之，美与真及善都有内在密切的关联。

美感与善：伦理价值的追求

人们要达到某种目的，这种目的能发展自己，就是善。美能产生一种快乐，能帮助我们达到自己的目的，美就是一种善；美不能达到这种目的，美就不一定是善。但人是群体动物，假如某个人为达到一种目的，影响了别人，伤害了别人，取消了自己在社团里的价值，这就涉及了根本的整体经验问题。

那么，文化里面为什么要有这种关系呢？因为人的个人存在是不够的，他需要建立一个社群来弥补他的不足。不只是人，动物要生存下去，也需要组合自己的能力，让个体不能够克服的困难，通过群体来克服。人类呢？要求生、要发展，也需要和别人建立关系。这是最原始的一种人生价值，这种价值就是道德价值，或者叫作伦理价值。

伦理价值是在合群、分工的情况下实现的。一个行动或行为，能够既促进群体又促进个人，最好；能够促进个人又不伤害群体的，也很好；如果促进个人但又影响他人、伤害他人的，就不怎么好。所以，大凡一种行为，能够整合、适应群体生存的，是善；不能够尊重甚至妨碍了的，就是不善，有时甚至变成恶。恶就是只为自己不为他人，妨碍了群体的生存，而妨碍群体最后也是妨碍自己。所以从这个意义上讲，善有它的伦理价值。

那么，美的价值有没有一种伦理性呢？当然有它的伦理性，而且价值是可以不同的。因为人是整体，所以价值可以不同，但通过一个整体的人，这些价值就要联系起来；所以你的快乐、经验或者你创造的经验带着快乐，它能促进一种行为的善。

比如小孩没有对性、对暴力的认识，你叫他看 X 级或者限制级的电影不就是一种恶了吗？因为他受不了这个刺激。假如一个社会发展到某种程度不受这种影响，纯粹把经验当作一种表现形式，那就不会有善恶的判断，这样的话，美、丑就不受到判断的影响。所以，美可以是善的；但美也可以不善，就看在哪一种情况之下。

当然，作为一个艺术家，作为一个美的创造者，他要考虑到一个社会效果，要考虑到他的美感是不是能够带来一种直接的或者是间接的善。裸体为什么是一种美感呢？因为首先你知道它的创作过程。艺术家非常投入地创作，目的是要掌握一个形体，掌握一个整体的直觉，有一种还原的作用、表现的作用。所以，从这个意义上讲，美感可以独立于所谓的伦理之外，形成一种美的伦理。

为什么说它是美的伦理呢？因为在这种系统之中，我们可以得到一种超越的快感，我们可以更好地了解自己，了解人生，了解人的一种形象。比如说看到西方现实主义的作品，你会觉得人的某些方面透过美感实现了更深刻的意义。当然，这种美感在变化。

文艺复兴时期，西方一些有名的画家，如拉斐尔、米开朗基罗和达·芬奇，都还是表现一种正面的形象；而现代的画家，如毕加索，却要表达生命中间一些矛盾的东西、荒谬的东西，从而得到一种间接的快乐，得到一种对生命认识的启示。为此，他们掌握了一种文化形式，追求一种形式上的美感。但是，它也有它的艺术价值，或者说美学价值。

概言之，由于人的整体性，分化出来了伦理，进而产生了伦理上的善恶、理智上的是非和感觉上的美丑，它们之间的关系我认为是一种相互渗透而又可以彼此独立的关系。这样，就会对美的发生有一种新的认识：美的发生是有多面性的，是基于生命本身的一种自我实现。

人在自我实现中，会不断和外面建立关系，会发生一种现象。这种现象，首先在感觉层次，其次就发展到超感觉的层次。超感觉有两种方式，理性是超感觉的，想象也是超感觉的。所以也可以说，艺术的发展可以有一种理性的超感觉，或透过想象，或通过体验来创造性地实现。

中国的艺术家，对感觉之外的东西，要通过一种精神的体验和精神的悠游，把握事物的精神，通过感觉之上的超感觉与万物融为一体，感受到内在的精神，这样就把精神画出来了，把意象画出来了。所以说，美学不是只局限在感觉经验，超感觉可以，理性的超感觉也可以，超理性的超感觉也可以。这样的话，就可以有很多的艺术形式出来，只要你能感觉到直接的或间接的快乐，也令他人感觉到直接的或间接的快乐。但我们要记住，人的存在不是只在一个层面，人不只是一个感觉的动物。

很多西方人，他可能没有中国这种庄子的背景，没有神游、宇宙、大化的精神，他们的宇宙观很机械化。他只是一个现实主义者，他只能看平面的、立体的艺术，他只能了解线条，他不能了解线条之外点到即止的那种精神，所以他们要接受教育。

美感，需要有美感鉴赏力的人来进行认识。比如绘画，不是单纯画的问题，而是画者和欣赏者的自我认识，能不能得到根本的提升的问题。这样，就要改造文化环境，要使他在哲学上面有所认识，然后他才能说，原来中国的画写意和写实是不一样的，它不需要讲究西方的尺度，它讲究的是另外一个东西。

但你不教育他，他就不知道。因为西方人只限制在他自身的文化体系之中，没有超越文化的宇宙意识，他的宇宙观就是一个机械的宇宙观。如果他不能提升另外一个宇宙观，他怎么欣赏你这个文化所表现的宇宙观呢？所以就很难沟通。

书法也是一样的，西方人也不是完全没有书法，但他们的书法不一样。他不认识中国字。中国书法是有意向、有意义、有主题的，和外面的世界相结合，它是个整体艺术，所以需要美学教育。

美育是在不断提升我们的欣赏能力，也是在不断改善我们的欣赏能力和经验能力，是创造性美学需要去强调的，需要去强调它的观者是谁、对象是什么。

第三讲　美的实现

感觉的展现：记忆与想象

今日风雨如晦，你们来到这里，让我想到一副对联：

> 莫放青春佳日过，最难风雨故人来。

好的诗句就是将现有的感觉用文字铺陈出来，形成一种形象、愿望，并且使读的人也能得到这种情境和感受。

我们先来谈人的感觉。美感是一种快乐的感觉，快乐有一种阶层性。触觉、味觉、嗅觉都可以是很美的经验。

我小时候住在重庆乡下，那时每次母亲去集市，我总爱在她后面跟着；我记得路上有棵很大的银桂，它的香味使我至今难以忘怀。桂花的香对中国人来说是有文化意义的，在中国人的经验中，有一种特殊的嗅觉特征。有的民族狩猎性很强，更喜欢甜美的香味；而中国很早就进入农耕文明，对桂花的此类清香有特殊的感觉。到现在，我只要闻到桂花的清香就想起小时候，产生美好的景象。这种感觉就是美感，包含着生活里的一种深层体验。

声音也是一样。你可以认为声音没有喜怒哀乐，但声音的来源是生命体，意味着生命本身的状态。一个动物发出的声音，我们总可以听出快乐和凄惨之别。有的声音很平和，有的令人紧张，"鸟鸣山更幽"和"惊涛拍岸"的声音，肯定会带来不同的感觉。

如果我们从理性的层次超越这个声音，则又是另一个层次上的判断。就像"如恶恶臭，如好好色"（《大学》），好看不好看，好闻不好闻，不一定。也许有人就喜欢这个恶臭，那是完全个人化的，不能代表集体意识；但也可以是更高层次的否定，比如在伦理层次上，就有对好色的限制。美感虽然在个人本能的层次上有一种选择，但作为一个人，不能因为尽是好色就喜欢，因为要讲究节制。

当初嵇康说"声无哀乐论"，是指生命扩大到一种不动心的"无"，回到自然本真，不为物而喜忧，把生命看成一种幻境，这是因为有一种深刻的悟。当人掌握了一种"空"的真理，那本能的反应，就被更高境界的义理提升和转化了。

经验是感觉的基础，又发展为想象。康德认为，感觉经验与时间和空间有关，任何存在都是时间性的和空间性的。我认为，时间是更原始的，时间一开始，就展现成空间。在时间的动态发展过程中，空间就同时具有了这样或那样的结构和内涵。太极就是原始时间，展开后变成具体的事物，形成阴阳对称、动静相间的形态。最原始的感觉与空间、时间都有关系，具有时间、空间的内涵，而时间、空间又是感觉的一种形式。概言之，感觉是时间的内涵，时间是感觉的形式（假定空间由时间延伸而来）。

我们人的存在是什么呢？是经验的累积。时间的延伸和空间的展示是一体的。原始经验在时空的变化中呈现出新的层次，就像单细胞变成多细胞一样，是在动态发展中变成为复杂的生命体的。我认为，只要能产生生命，内在就有一种美感。感觉是什么呢？是事物之间的结合关系，"生物之以息相吹也"（《庄子·逍遥游》），是一种事物之间的吸引力或排斥力。心灵的成长，通过感觉延伸出去，超过当下的存在，走向未来，又保存过去，即时间三态——过去、现在、未来。记忆是有限地保存过去的感觉，而感觉延伸到还没有发生的时间就是想象。基于人有记忆和想象，人就会产生更高层次的愿望——情。

情和知的产生：中和的状态

时间和空间的感觉，产生记忆和想象。心灵刚形成时是比较细微的，不是生来就有相对完满的心灵。心灵需要经验来充实，就像幼儿没有经验的积累就不能成长。成长是在经验中学习的过程，慢慢有了感觉之后——包括时间感觉和空间感觉，就需要外面的事物来刺激自己完成自我学习的过程。经验的展现使人成为人。

生命的发生是逐渐把外在的东西整合成一体，是一个外在事物内在化的过程。这是主体和客体的关系。我们要掌握这个本体，它包含主客的关系；但如果是分裂的本体，则是我们后面要讲的中西美学的差别问题。我们把这个本体叫作本心、本性都可以。本心就是本体呈现的有关心灵的整体。随着伦理功能的复杂化，这个感可以提升成为有想象和记忆内涵的感觉。在此基础上，就产生了情和知。

大家知道什么是情？"情"字是上面一个青下面一个心，"性"是上面一个生下面一个心。原始的心志就是感觉，就像睡觉刚醒时你也不知道在什么地方，产生一种原始的感觉。随着苏醒的慢慢展现，你认识到你是你自己。随着感觉大到一个整体性时，就成为情。如果这种情呈现为一个良好的状态，就是一种"发而皆中节"的情。

well-being，存在得很好，ill-being，存在得不好。美好的建筑、美好的音乐、美好的清香等，都能让你感觉你的世界更美好。中国人说"自得"——"君子必求其自得"，中国人觉得 well-being 是一种怡然自得的状态。怡然自得作为一个很高的境界，是君子所追求的。我们甚至可以把 well-being 翻译成"怡然"。

我们从哲学上来说"怡然"。存在有一个本体，本体是有根源的，从有感、有情，到有知，到有意志，感觉通过经验整合成一体，所以叫"体"，这是个动态的整合。实现这个体也是过程，当经验整合到一个与未来、过去成为一体时，就是个美好的平衡状态，是内外相应、左右平衡的中和状态；不是说没有喜怒哀乐，而是中间这个本心把外在偏向中和了，不断地受外物干扰又能不断拉回来，尽力保持在怡然自得的状态中。怡然的状态是生命的本体在更高的层次上体现宇宙的本体，文化的本体体现生命的本体，而个人的本体体现文化的本体。

中道之情知，是一个平衡和谐的状态，一种维护依存的感觉又能不断实现包含的潜能。做到"中和"是不易的，因为外界有太多的东西来拉扯我们的心志。抨击、压迫、诱惑的东西会破坏我们的存在，恐惧、悲伤、疑惑、欲望等都会拉扯我们的意志。情感就是我们对外在这些事物的反应。当我们不能掌握自己，为这些外在因素所困而心身动摇时，就不会有怡然的状态。

也有一些是自欺欺人的投射现象，有人总觉得别人在骂他，这种自扰心理严重了就是病态，有如电影《美丽心灵》中说的那个数学家，总觉得情报机关要追杀他，就没有办法恢复自我平衡的状态，这是一种心灵分裂。

中西美学之情知差异

美学可以因为情感的不同产生不同的种类，愤怒美学、遗忘美学、问题美学等都是美学的类别。但为什么会产生悲剧美学？古希腊悲剧为什么会变成艺术的创作，从发生的悲剧，到发现的意义，再到创造一个悲剧来提升心灵？

比如普罗米修斯的故事。在西方，人的产生是和神作对的，人希望成为神，而古希腊神又是人的化身，如爱神、智慧神、火神。普罗米修斯看到人受苦，就偷神山的火种给人类，犯了巨大的罪恶，背叛了诸神的约定，所以被钉在山上，被老鹰啄食心脏。

西方的命运之神是最原始的存在，是不可知和不可逃避的力量。违反他就得到惩罚，但遵守他也要受苦，所以悲剧是必然的。悲剧不认为人能到达怡然自得的状态，认为人只能在悲伤、欲望等痛苦中生活。与生俱来的焦虑是因为不能掌握自己的命运，而悲剧的意义，就在于我们知道这个命运，并通过艺术认识到这个命运，使内在的恐惧悲伤为人所先知，等于心灵的免疫，使其面对命运时比较平静。

西方的美学来源，在于命运中的挣扎，追求一个超越的信仰，通过创造的活动产生一个理想的世界。如尼采要把意志的世界转化成理念的世界。叔本华说，美学有一种拯救的作用，而艺术就是生命的一种提升。

而中国人认为人可以掌握自己的命运，可以用内在生命来克服恐惧、悲伤、欲念，重新回到一种怡然自得的状态。这是因为东西方原始经验的不同：古希腊人在岛上面对大海，遭遇动荡的环境；而中国人生在较为平和的生存环境中，有一种天然的自信，能从宇宙的环境中获得某种支持。

海德格尔想走道家的路，但对人存在的宇宙本体和最后根基的认识还是跟中国哲学不同。他还是需要一个上帝来支持他，在他那里本质的"情"还是定义为一种"焦虑"——对人类有限性体验的把握。

在中国，感觉发展为情和知，有情就会有知，情是自我整合的内在存有的感觉，知是对外在事物的感觉，知必有情，情必有知，不是完全分离的东西。孔子说"三十而立，四十而不惑"，克除外界的困惑和阻碍，直到七十岁方能"从心所欲，不逾矩"，这就是一种怡然的状态，这就是一种心灵的成长。

美学从感觉来讲就是一种心灵成长。中国的知是双语的，有感不一定有觉，有觉不一定有感，感是对外的，觉是对内的，这是受《周易》"一阴一阳之谓道"的影响。而"忆"和"盼"都是从心开始的，从感觉开始的，是对过去存在的回忆以及未来存在的盼望。

中国人主张克服困难以达到自得的状态。《大学》"静而后能安，安而后能虑，虑而后能得"也强调有"得"，这在美学上就是一种平静、超然、高远的状态。王国维讲的"无我之境"，也就是怡然自得。"采菊东篱下，悠然见南山"，悠然也是一种怡然，物我无隔，是没有冲突的状态。而杜甫的诗"感时花溅泪，恨别鸟惊心"则不是怡然的状态。

当人类具有很高智慧时，反观世界而产生一个理论，甚至把它发展成一套宗教信仰，就是知高于情的状态，是理智高于体验的存在。从无到有的过程，在西方来说，是万能上帝创造人类和万物，这反映为上帝的意愿。倒过来，对中国人来说，开始就是意志，中国是有感宇宙，太极充满了创造性的能力，中国人强调要自我实现。这个太极是我们中国人非常重要的价值，我们要好好把握它。

中国人偏重以情掌握知，而西方人偏重以外在的知来克服情，这就造成中西的差别。情在知的基础上发展成一个有主宰性的复杂整体。情和知之上有意，有意志则可以行，志是形成价值取向后进行选择的愿望，就是定一个目标并达到它。这个过程也是哲学心灵的成长的过程，在这个过程中，我们通过情感对外界产生认识，并用语言、文字、画面、声音等将其表达出来，这就是艺术创作。

美的实现

个体就是自我，美学没有自我认知则不成为完整的美学。掌握东方美学就要了解东方的自我，掌握西方美学就要了解西方的自我。

在自我的整体中，不同的自我观决定不同经验的意义，但自我又受其他意义的影响。当其被提高到文化层次，则产生相应的集体性的文化意识，甚至产生的文化意识也就是自我。自我又可以上升到生命和宇宙层次，能够达到与宇宙合而为一的状态，通过提升和扩大来实现更高的自我。

我认为美学首先要实现自我的整体性，即怡然自得；然后它参与社群活动，解决人类的文化困境，就扩大到文化、生命、宇宙层次。人要通过动态的行为来实践，追求和实现价值，成为群体的一部分并对之产生影响，按儒家说就是要成为伦理的人，讲求"仁、义、礼、智、信"等人格，让你扩大到文化范畴上实现自我。所以伦理在这个意义上是与美学整合在一起的。

然而美又可以独立于行为之外，可以只是观照，不以行为为目标，而只是以维护自我状态的呈现为目标。美学不是伦理的，也不是功利的。美学不应该有行为的要求和实用的目的性，纯然的存在状态本身就是一种美。

我们可以从美的实现去理解什么叫作本体美学，从自我的实现过程所呈现出来的快乐或不快乐来表达美的一种价值。在宇宙层次上，无论是儒家的"为天地立心，为生民立命，为往圣继绝学，为万世开太平"①，还是庄子的"神游天地与天地精神为一体"的境界，都是扩大自己以达到一种非常崇高的美感。这个层次上的美是一种大美。从哲学意义上了解美学，从自我心灵的发展来了解美学的本质，我认为这是非常重要且有意义的。

第四讲　中西美学

我一直希望建立一个更现代、更哲学化的中西美学的体系，这个体系能够深入中西美学的本体基础，能够说明中国美学的发展和西方美学的发展，从而让大家对中西美学有更深层次的了解。

中国的美术院校、学科都很具体，版画、油画、国画、美术史、环境艺术设计等这些都可以作为创造美和表现美的方式，但怎么把美学用上去，我想很重要。但大家一般只考虑技术问题和表现问题，对背后的本体问题没有去考虑。技术问题和表现问题是一个"用"的问题，在背后还有一个"本"的问题和"体"的问题。为什么会有那么多的传统，那么多不同的艺术派别？就是因为有一个"体"的问题和"本"的问题。一个美学家或者艺术家要想成为大家的话，可能就需要更系统地了解这些。

---

① 张载：《张子语录》。此为现今通行说法。原文为"为天地立志，为生民立道，为玄圣继绝学，为万世开太平"。见《张载集》，北京，中华书局，1978。

上面三讲基本上是从人的实际经验来说明美学可以发展的内涵，从直觉到发展的经验，再感受到经验所包含的意义。这里需要补充一点，经验是个人的经验，还没有涉及群体。但个人是在文化体系中发展出来的，而美是透过已经存在的具体经验来彰显和发挥个人的一种经验，反思经验的感受，所以美的个人性还是相当强的。

当然在社会主义的美学要求之下，它可以去创造一个集体的社会意识；但是，更重要的是个人自己要有这种感受，真正感受到群体的目标、心情和价值。所以，个人作为一个表述单位，作为一个经验单位是非常重要的。

观感、整体经验与中西文化

在这些层次上面，有了经验有了个人，慢慢走向群体。美是整体经验，可以在对事物的具体经验当中显示出来，也可以发展成为其他的经验。作为一个人来说，我们具有的经验总是一个具体的事件。作为一个发现者、体验者、追求者，我们面对的经验中，突然有些东西独立出来，成为特殊的感受、快乐的感受，这就是在经验中发现了美。

但是这个经验是个整体的经验。比如去开荒，突然发现夕阳如此之美、原野如此之美，就是在那个经验里发现这个美，美是整个经验的一部分，它可以是起点，也可以是终点。也就是说，有的经验开始或许不是美的经验，但后来感受到了美，这样，不是美的经验就变成了美的经验。还有的相反，开始是美的经验，后来发展为不是以美的经验为主的一个经验，如转化为悲剧的体会、忧患意识等。所以美是综合经验体的一部分，它是动态的，而不是固定在一点上。

我要说明一点，当初这个美为什么和羊联系在一块。跟羊有关系的字有"善、羲、群、样、详、祥、庠、鲜"等。一开始并不是说一看到羊就觉得美，而是我们对整个羊的经验和我们的快乐联系在了一块，这样美的意象就凸显出来了。这个美是很具体很实际的一种经验，这种经验可以和善的经验、羲的经验、祥的经验连接起来。

我有一个基本的假设，就是在人类畜养动物的时候，最开始可能驯养的是马或者是狗，能帮助人打猎；农耕之后开始圈养牛、猪，比如河姆渡文化是农耕文化，发现了牛骨和猪骨，但里面也发现了羊骨，北面的红山文化和仰韶文化也有，这是在新石器时代后期。就是说，当人们发现羊的可爱之处，人们就可以定居下来，逐渐能够开田垦地，发展农耕文化。所以羊文化是游牧文化向农耕文化转化的一个过渡期。那个时候相当于伏羲时代，伏羲的这个"羲"字就是"羊之秀者"，就是说他圈养野羊成功了。羊肉很美，美是从口味出来的，比如"鲜"，新鲜，与羊有关，羊不仅提供美食，羊皮也提供温暖，所以羊给人的是一个综合的美。这在西方也一样，在以色列文化里面，羊是最贵重的东西，正因为它的贵重，要献给上帝。

有的人认为羊的样子很美，但我觉得羊最早不是以样子出示，因为从样子来说，也许会觉得别的动物更美一点，比如画羊的人比较少，画马的人比较多；但是中国的

"美"的概念还是以羊作为美的象征，所以在《说文解字》里面说"羊大为美"，这个美实际上也是一种善，羊要大家来分，分得恰到好处就叫"羲"。

羊的样子像模像样，很祥和，所以美的经验是从生活里面体现出来的。在那个时代，所有美的东西都和生活有关系。比如半坡文化的"鱼面图"，在现实生活中可能是有个人抓了条鱼咬在嘴上，这是个实际的经验；然而把这个经验描述出来，画在彩陶上，就成了最原始的艺术。抓了条鱼咬在嘴上，心里很满足，美滋滋的，所以美是整体的满足经验，是种怡然的状态，我们可以说美是最根本的生活感受。

上次我们讲到观感，《周易》的发展跟羊文化有关系。现在我们不知道《周易》从什么时候开始，但是传说中伏羲画卦，"仰观天文、俯察地理、近取诸身、远取诸物"，考察所有的事物，形成天地中的卦象，来说明易，说明变化之道。之所以说《周易》跟羊文化有关系，是因为只有在安定的生活里面，人类才可能发展出更深的宇宙意识，更精粹的美感。如果没有羊文化支撑出来的一种稳定，伏羲怎么能够仰观天文、俯察地理？所以说羊文化是易文化发展的一个物质基础。

"观"，观天下，所有的美感都是"观"加上"感"，是观中之感，感中之观，这样就能够找到一个经验基础。说得具体一点，就是我们能观天下之物，因而生象，有所感动，有所感通，有所感应，有所感悟，有所感觉。这个感知很重要，而且这种感觉带动你内心的一种反应，成为一种情，叫作感情。把内心的状态判断出来，这样在对外部事物的观察之下也就认识了自身，认识了感情的内涵。当然感情是多面的，如七情六欲等，但它是面对外部世界表达自我的一个情绪，这样有了经验的基础，也就有了一个美学的基础。

美学一部分是观的成分，一部分是感的成分。因为观而感觉到快乐，因为感而感觉到快乐；有所观而产生美感，有所感而产生美感；有可能观而后感，也有可能感而后观。《周易》里面说，观即所感，反过来说感即所观，你看的东西感觉它一下，就有美出来，有一个审美判断；如果对感反观一下，也有一个美学判断。所以美感是整体经验，是生活经验的一部分，它表达的形式，在中国就是观感。

今天我们要发展新的美学，就要有新的观感。宇宙是生生不息、不断创新的，但我们的感觉能不能与时俱进，有所创新？看到新的东西，能不能有新的感觉？这是美感创新的来源。在写生的旅行中，可能会有新的观感、新的经验呈现出来，画家画他的所见所闻常常是在观感中实现一种美感，所以经验是发展的。

杜威特别强调经验的发展，他有本书 Art as an Experience，就是说艺术是观感之后的表达，experience 是自己体验到的东西。但杜威把 experience 当作具有高度、焦点的东西，认为在一种高潮状态下感受到的就是美，美是感受到一种强烈的特殊的经验，可见，他是从经验主义角度来说明美是具有特殊性的经验，也就是我说的观感的意思。

我们现在所表达的美感，既有观的成分，也有感的成分。没有观，感就没有依托；

没有感，观就无处落实。当然在禅宗或者道家那里是不是有一种观不必有感，这是后话，但总而言之，观感要创新的话，就必须有新的观、新的感。

四种超越方式：绝对、相对、外在和内在

说到这里我谈一个根本的问题，在这种观感的记录上面，中西美学的分野在什么地方，我们怎么样技术地观和技术地感？怎么样来看待我们的观感？这里有一个差别，这个差别会构成不同的文化传统，所以当我们谈到中西艺术不同的时候，已经脱离了个人的经验层次，从经验到人类了，因为观感的内涵和生活的环境不一样，产生了不同的取向。

人类有四种不同的超越方式：绝对、相对、外在、内在。超越的意思是从现状中解放出来，脱离这个现状到另一个存在的状态，相对于原来，这是一个新的状态。超越包括对现状的不满足和对理想境界的认识，有一种趋向于理想境界的努力。超越是文化发展的重要途径，借助这四种超越的表达方式，我们可以来说明中西美学最原始的不同点。

西方文化有两支，古希腊文化和希伯来文化。外在超越，是古希腊人的一种超越方式，它要追求一个人感觉之外的真相，在变相中寻找不变的东西，追求一个真理，所以产生了理性。理性是超越感觉，认知一个抽象的原理、抽象的规则，这些原理、规则可以演绎解释这些现象，或者导向后面的更真实的真理。柏拉图认为数学的真理是不变的。古希腊的数学是理性主义，从早期的几何学发展而来，有些客观的不变的几何原本，把理性作为推演的工具，就发现了逻辑。逻辑和科学是古希腊人的最大发现，外在的真理要透过理性的思维才能被认识，逻辑是不要矛盾，自相矛盾怎么能得出真相？但现象的问题就是矛盾的，比如一只狐狸和两只小鸡在一块是三，可是后来一看只剩下一只狐狸；公兔和母兔是两个，可它们在一起一两个月可能会变成五个，到底是五个还是两个？是变的。但逻辑是维持不变，不能矛盾。尽管后来有矛盾律，但这个现象还是要掌握的，这是古希腊人的一套。

绝对超越，属于犹太人的希伯来哲学。希伯来人认为有个绝对的真理，这个绝对的真理不只是说外在的真理，而是高高在上、创造一切事物的终极。它一开始还不叫作真理，到了基督教新约时代，就是耶稣时代，是把上帝和逻辑连在一块的，形成三位一体。原始的基督教、犹太教，开始并不是那么绝对，绝对是逐渐发展出来的。因为上帝是造物主，他创造这个世界、控制这个世界、指挥这个世界，对于不信仰他的人，他会施之惩罚。犹太民族很早就遭受外族的攻击，到处漂泊，出埃及之后，他们越来越觉得只有相信一个绝对的上帝，他们才会团结在一起。在这种情况之下，上帝作为一个绝对的超越者，完全不属于这个世界。耶稣时代讲，属于上帝的归之于上帝，属于人间的归之于人间。上帝是绝对美好的，而世间是不公平的，所以这个绝对是跟现实对立的，就

形成了二元论的形而上学。这点和古希腊人不一样，古希腊人是从多变的世界里面找寻一个外在的、不变的、数学的或者说是形而上的真理。

中世纪的西方，是绝对和外在结合起来的综合体。耶稣时代，古希腊人保罗就把古希腊哲学的外在性和上帝的绝对性联系在一起，所以产生了上帝就是逻各斯的说法。《新约》里面就说，太初有道，这个道就是逻各斯，当然这个道不等于中国所说的道。太初有道，道与上帝同在，道就是上帝，即是说逻各斯就是上帝，这三句话很重要，把希伯来的绝对上帝和古希腊人的外在真理结合在了一起，就构成了中世纪的哲学。这对后来的西方也发挥了很大的影响，追求"外在"构成了科学的起源，追求"绝对"构成了现代宗教的方向。我认为，西方的哲学、西方的美学和西方的艺术都受到这两个追求的影响。

但是到了近代，就构成了对这两者的反对。对绝对的反对，变成绝对反对，出现了美学完全的自由化；对外在的反对，走向一种内在的实践。因为西方有那么强的外在传统和绝对主义的传统，所以他们的美学家和艺术家，与中国的美学家和艺术家，有着截然不同的精神和态度。从这个意义上讲，他们的反叛心理更强些。所以现代艺术都是对传统上这两个东西的反叛：反对绝对，就变得非常相对，走向人的内部的放松，追求自我的展开；而反对外在，又变得非常心理化。

相对超越，我主要指的是中国，是一种包容的超越，它在超越的同时具有包容性。我脱离了这个现状，但我对当初的处境还是有一份感情，有一份感恩和欣赏，还想把它包含在中间，把当初的困苦作为我存活的一个条件，这样的超越不是排除式的，而是包容式的。而绝对超越是整个脱离了，黑格尔的辩证法更接近绝对超越，两个对立产生冲击，两个都毁灭掉了，产生一种新的东西，是一种升华。中国"一阴一阳之谓道"，提升出一个新的卦象出来，如"二生四"，再如"一生二，二生三"，三没有排除二，四也没有排除二。所以它是包容式的，透过超越来实现人的本质，通过自我实现来达到相对超越。

内在超越，我讲的是印度佛学的追求，它要对内在的自我进行一种消解和解构。觉得现实世界不好，自我痛苦，就干脆说人本身没有自我，一切都是缘起缘落，发生了就成为一个自我。因果，不是必然要在一个方面实现的，而是看作一种无明，因为无智，由冲动而产生感和欲的结合，这种聚合是空的，没有本源，也没有本质，了解这一点，我们才能够超越生老病死，因为它只是一种幻觉，幻中之幻，是自我消解。这种超越要表达的是透过一种沉思、悟道来呈现一种空的境界。这种空的境界并不是指绝对的空，而是一种空灵的境界，在现实中可以感受到的对超越的一种空的灵性。

中西美学的分野及其源起

中国传统包括儒道释三家，即儒家、道家和中国佛学，其基础是《周易》。中国看重易，这个易没有绝对，所以它是易学精神。古希腊是一种欲的体现，遇到一种困境，是因为欲，解释成欲的问题，就有悲剧的诞生。西方最原始的是命的问题，所以西方看重"命"；而中国接受这个世界，是"性"的问题。所以西方的哲学与西方的美学有密切的关系，而西方的美学和艺术后来会有怎么的发展，是和他们最原始的人的生活体验相关的。为什么讲西方美学是绝对和外在的？它有三个阶段：原始的西方美学、理性化的西方美学、后理性化的西方美学。

中国的羊文化，产生一种美好的感觉，是因为中国有一个很好的生活环境，不是在争斗和冲突之下建立"和谐"概念的。"和谐"的概念源自中国，是在天地都很平衡的状态中实现出来的，"和"跟吃的味道有关，"口"字旁一个"禾"，"谐"字表示言语很顺，变成一种和谐，代表一种根本的感觉经验。早期的中国社会是个和谐社会，圣人当道，就是圣人能把火啊、羊啊与大家共享，共有天下。而西方开始就有争，埃及人经常受到攻击，古希腊人、罗马人都是继承埃及文明发展起来的，可他们很无奈，生命本身作为一种欲望要满足，怎么来满足？要解决生命问题。中国认为在无争的状态下，生命是一种自然，没有完成生命之前，生命基本上看作美好的。这里很重要的是，除了在中国的原始经验里有自然实现的生命，其他民族都是不满足，没有自然的美感。

古希腊人一天到晚征战，希伯来人认为有罪才有命，所以只能通过信仰来超越，信仰变成最重要的生命的基调。因为美学是整个审美经验的一部分，美是经验的一部分，所以这种信仰的经验就是美学的起源，也是美学的基本的一个资料。但后来也许不要这种信仰，或者反叛这种信仰而产生新的美学，这是西方美学发展的过程。因为当时要表现上帝之美、上帝之仁慈、上帝之恩惠，所以长期以来，基督教的画都是表现人的真诚、对上帝的爱和上帝对人的恩惠，如拉斐尔、米开朗基罗、达·芬奇的画。信仰上帝是解决命的问题。

古希腊人认为，命不是人能掌握的，而是最原始的自然力量，连神都不能抵抗，人生里的很多经验，只能用命解决。比如普罗米修斯把火交给人，他的命就是不断地承受命运带给他的痛苦，一只秃鹰啄他的心脏，再愈合再啄食。还比如西西弗斯，他的命运注定每天要把石头推到山上，滚下来再推上去，不断地推，表示一种不可知的力量。

在这种情况之下，人们必须要想办法逃离这个命运，所以就产生了"酒神"。"酒神"的意思，是追求对命运的解放，它虽然不能保证改变命运，但可以逃避。在这种情况下，如何去反对这个命运永远是个基调，这就是为什么会产生对外在的数理的追求、理性的追求。理性追求，导致阿波罗精神的产生。阿波罗代表一种阳光照射，而酒神代表一种沉醉和激情，因为他要生存要发展，但不能得到解放，所以就用酒，通过这么一种古老的方式，他能得到一种狂欢；但不能保证狂欢后一定会得到安慰，所以最后还是要追求一个纯粹的理性精神——太阳之神。

尼采在描述古希腊精神的时候，认为古希腊人是在另一个压迫之下产生了转化，第一个转化变成了酒神，放纵；第二个转化变成了理性的超越。理性的超越，追求一种规则；再进一步，追求理性的规则的对象，这样就变成古希腊精神。包括现在所说的俄狄浦斯，实际也是一种精神。他们要共同竞争，这样就免得被命运操纵。如何脱离命运？实际上是在真相的追求中脱离命运。纯粹的一种激情还不够，激情是一种方式，激情之后还需要超越，这就是理性。

到了近代，由于对理性的反抗，激情再次发挥它的作用。至少古希腊这个传统中，在上帝这个传统中，上帝被认为死掉了，人们可以自由地实现他自己，产生一种释放出来的创造的能量。古希腊精神或者说酒神精神是有根源的，实际上就是解决人的命运问题。人的命运的解决有不同的方式，取决于人的一种取向，因为人是欲求的存在，要发现自己，要满足自己；当不能满足自己，也不能控制自己，那是不是关心命的问题，成为最终目的？

东方是非酒神传统，面对人的生命的一种状态，人有欲望，人要满足自己，希望能得到更好的生活，是不是就要去放纵？或者依托一个上帝呢？

通过长期的经验和观察，人们发现人有一种能力，可以称之为"性"。这种性，人可以把它修养出来，人不能像动物那样去放纵，另外他也不愿意屈服于上帝的权威之下，他有一种自尊和自重，和酒神不一样。酒神意味着放纵，而中国在周易思想的启发之下，是克己、节制。

孔子说："克己复礼为仁。"（《论语·颜渊》）就是说，人在对世界不满的状态之下，要超越这个命，就要克制自己的欲望，实现一个彼此关照的人与人共存的状态。在人与人共存的关系里，更好地解决命的问题，这种命变成一种心安理得的命，不是那种好像不得不接受的痛苦的命。如果没有这种克己，没有自我的相对超越和修持的话，命就变成外在的一种力量，动弹不得。中国强调的是通过自我道德的超越，进而超越生命的悲剧，把命转化为性。

西方美学起源于生命的形上学，它为什么会走向悲剧精神？悲剧是怎么产生的？悲剧是命运之道，是人在还没有理性之前所遭遇到的一种生活状态，这种状态只能求一时的解脱。酒神精神之后，发现还不能满足，所以走向一种理性，这种理性是外在超越的具体要求，也是外在超越时追求理性的一个结果。

西方人是基于痛苦、基于悲剧的。悲剧是命运所决定的，当然悲剧也是一种命运，从人的现状来讲都是痛苦的。对西方来讲，人的痛苦受一种不可知的、外在的力量的控制，除非掌握外在的规律，否则很难逃脱。每个悲剧的发生都让他们警觉到，要找寻外在的规则。西方本来可以走向儒家的道路，但是没走。

儒家是自然走向了克己的道路，没有经过悲剧过程，悲剧意识很淡泊。在中国不是没有悲剧，但这个悲剧不构成一个本身的威胁，因为在易学的传统里面，生命找到了一个方向。

为什么西方的画那么讲究几何空间？那还是属于外在的知识超越，他就是要追求一种恰如其分的、非常现实的、科学的规则，来表达这种科学。画座山，画个人物，都是要如实地符合几何透视，讲究光影，他要掌握真相。中国人不是这样，中国人是要掌握一个精神一个动态，不是一种外在的超越，而是一种内在的动态超越。

这是中西最原始的差异点，也是中西美学最大的差别。我感到，未来中西方将在这两个交汇之中产生非常壮观的景象。

第五讲　易学美学

中西美学本体及创新

中国的自我认识是包容式的、广大齐备的和谐。我把"和谐"分为六个层次，即致和、平和、调和、中和、共和、太和。相应于致和是和顺，相应于平和是和睦，相应于调和是和谐，相应于中和是和美，相应于共和是和解，相应于太和是和平。概括地说，和谐的根本原理是中和，太和乃和谐的极致状态或理想表现。从内在到环境到宇宙的和，终点是宇宙，自然和扩大的人相互一致和感通。这就是和谐的最高境界。这个道理是从《周易》来的，而我们讲中国美学的根源是易的哲学。

西方的美学，根植于西方的形上学。我个人看，感官之美是在文化意识中的整体观感中形成的，是在整体意识中潜意识地发生的。西方有一个绝对外在的世界，它追求绝对的真实，它要几何学和空间科学。比如哥特式建筑有很尖的顶，这是指向上帝的顶，是和背后的绝对信念有关的形式。西方人认为人只能遵从上帝，因而主客无法统一，这会使人在心中产生许多压迫感和分裂感，从而无法达到和谐的境界。

所以，创新必须从理论到实践进行一个完整充分的架构，光从形式上打破是不够彻底的。西方的创新，因其达不到中国这种各个范畴均和谐的境界，所以干脆完全打破；而中国因为太成熟，每个人都说师法传统，又很难打破。所以，这里面要从理论创新开始，建构一个彻底的整体创新。

易的概念

易学美学，易就是变化，是对天地的天文、地理长期观察的结果。"文"是一种外表形象的模式，"理"字的旁边有个玉字，有纹理脉络的意思。西方人喜欢钻石，中国人喜欢玉，两种不同的感觉也有所暗示。掌握天文、地理，就是掌握天地内在活动的时序，而易就是一种能创造出日月之明、万物繁盛、四时之序的活动及活动过程。

所以它是一个整体，但部分和整体相互影响。天地变化影响万物化生，天时地利十分重要，天是大环境，地是中环境，人是小环境，这三个是合一而关联的。如整个地球的生态因 19 世纪工业化的影响开始变坏。大里有小，小的会影响大的。这样一种变化是一种学问。

《周易》里讲变化的枢机是什么？是阴阳。最简单细微的变化开始，就是易；最简易的，是最自然的，简易是一种变化的方式。"一阴一阳之谓道"，道是动态的。看不到是阴，看到了是阳，阴在阳先，有这个含义在里头。有无相生，从无到有就是生命的创造性。有没有不变的东西呢？有。不变的东西就是"有无相生"的"生"，也即是"一阴一阳之谓道"。所谓"生生不息之谓易"，"生"最原始的意义就是从无到有，并且是内在的自我创造。庄子的自在之意，是内在而不是外在的创造。易，既是简易，又是变易，涵盖内外，兼顾上下左右，以至天地万物。

而那个起点就是"太极"。从发生过程来讲，有太极的动，就有使太极动的潜在状态，也就是"无极"。看不到边际的、无穷无形的，就是无极。太极是无极的符号，所以说"无极而太极"，这个并不矛盾。中国的辩证法是一种有机的、一元多体的辩证法，正反不是阴阳，阴阳包含正反但不使它们对立，因为它们都源于纯一，纯一包含阴阳；而西方的辩证法是二元分立的，源自于对绝对上帝的信仰。

太极的演化

如图 1 所示，中间是一个无极而太极的根源即本体，化生出一个阴一个阳，未见和已见；阴阳又化生出人的世界，代表人的感观和意识；而感观和意识，又产生了我们心中的象数和义理，象是阳，数是阴，义是语言即阳，理是心中的认识又是阴，所以中国的语言是双料语言，是阴阳对偶化的语言；人的宇宙经验决定了天下之象，和开物成务的活动；再往上就是人文世界。而向下，太极又化生出二、四、八乃至六十四卦象的世界，这些是人的宇宙经验和意识投射出的卦象。

这里还有一幅图式（见图 2），表现出宇宙的深层结构。每一个象都再划分成阴阳的结构，每一个象都是上一层级的或阴或阳，又能分衍出下一层级的阴阳。六十四卦就是这样一个简易的、有用的动力组合。有象即有数，但像数学一样，没有最大的数和最小的数，正所谓"大而无外、小而无内"。

在羊文化之下，易学是普遍的文化形态。易是宇宙论，是宇宙图像，六十四卦代表一种人世之美。我们可以以六十四卦为基础，来开拓新的美学，即通过结合主体的观感，来组合自然世界。上面讲过，我曾经让一个学油画的学生来表现六十四卦的含义，看他是否能够以自己的意识，感通到卦象相对应的经验。美是有发现意义的，发现了这个意义，我们就能创造这个形式。

八卦代表八种形态的正反（见图 3），直线代表阳，断线代表阴，阴阳和合产生多种对立又统一的卦象。对立有很多种形式，但即使对立也属于一个整体，它代表位与时的转化，表现了一种多重节奏的和谐观。

　　人在天地间，和万物一样抱阴而负阳，既是一种享受又是一种责任，天地不通就会生病。这是一种存在的动力状态。它不是随便的，而是有序的存在。象中有理，象中有数，好的画就难在这里——好的形象不一定有深刻的意义，而意识深刻了形象又不一定好看。

　　天的系统、阴阳系统、五行系统、干支系统，都是包容在中国的和谐宇宙论中的，继而产生了中医和风水这样的实用美学。而易是他们背后的根源学问。你们想读易，我推荐朱子《周易本义》和《易学启蒙》，以及二程中小程的《易传》。

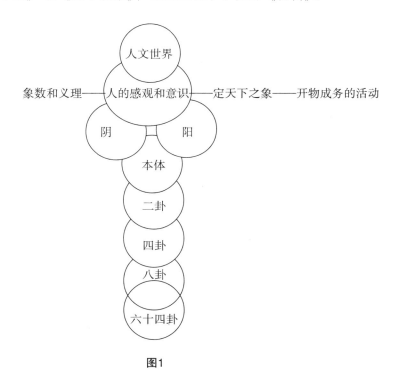

图1

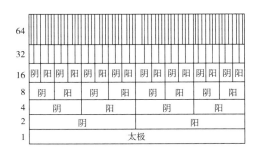

图2

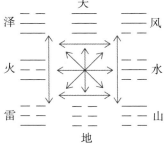

图3

这里我补充说明卦和图的关系：卦是就一个单独的象来说的，图是把整个卦的关系展现出来，六十四卦的关系展现出来。像太极图是代表两种力量的结合之后可能发生的现象，比较具体地显示一些现实关系；而卦就可能对个别处境进行表示，相对抽象一些。

而卦象和现象则是：卦象是抽象成一个爻象——象征性的象，古代中国也是有这个"象"，表示庞然大物给我留下深刻的印象。卦象是从具体现象中总结出来的抽象的象。象和辞又不同，辞是语言概念，这个不等于形象，它是一种意思的表达，所谓"得意忘象""得象忘言"。意是一种境界和情调，不需要执着于具体的象和言语了，但又要通过象和言语来实现。

《周易·坤·文言》有这样一段话："黄中通理，正位居体，美在其中，而畅于四支，发于事业，美之至也。"这是一种动态平衡的美，也就是《周易》美学的美。

第六讲　实用美学

《周易》衍生出的环境美学

《周易》是一种行为美学，是在环境中完善自我的美学，是如何建造建筑和墓地的美学，因而也可说是建造美学。

一个地方适合盖一个什么房子、庭园或纪念碑，是根据这一块地方呈现了一个什么样的自然之象所决定的。在任何一个地方，作一个判断，这里该做什么；或不给一个地点，只判断在哪里建最好。比如说，相对这个象，我们要做什么，怎么开发规划这个地方。如果已决定要开发一个公园，那根据这个象你怎么部署，楼阁亭榭各自应在什么地方。

所谓风水就是一种实用美学，也叫环境美学。比如芬兰有很多高山，就会研究要怎样在这种象中建城市，使其发挥最大作用，如利用斜坡作为墙来盖露天教堂，以利于观赏风景。又比如美国黄石公园在山上雕了三个头像，这也是一种环境美学，这个东西做这个事情最好，利用环境达到人发展的目的。

中国的风水中，很强调墓地的选址，认为对子孙后代家族兴旺有很大好处。周代的墓地找不到，但到了秦始皇就很重视长生不老，炼丹成仙，他很讲究墓地；包括汉代的皇帝也是这样，像西安就有个汉景帝的陵墓很讲究。我们一般讲究坐北朝南，还要考虑山势、水流。山代表一种伟力，水代表一种生命活动，而且水不能太大，所以要清流。靠山面水、前面开阔，这是最好的居住环境包括墓地选址。这是一种安宁的美感，所以实用的同时也具有一种美感。美的东西也可以是实用的（有实用价值），中国的美学也可以说是一种实用美学。

背山面水，左右有小山保护，前面视野开阔，有生命象征的清流，被认为是灵气所中。从细微处讲，要找一个聚气之处，风水师就要去感觉并演算哪一个点是中心点，是气最集中的地方。在卦象上，水是外柔内刚，风是外刚内柔，山是突出来的，它们都不一样，是相互配合的关系。怎么平衡？风要吹进来，山也不是太尖，水是依山，能够丰润这里的土地，这其实就是生命之气所在的地方，即"穴"。人们就要在这种地方生活繁衍。

环境美学就是改善环境或找到最好的一个环境，来获得生命力和气之平衡。这里并非是空穴来风或左右无依的地方，而是具有一种充实的美，正如孟子所说的"充实之谓美"。风水是基于一种对美的认识、跟生命有关的环境美学；继而还有养生之术和中医（医的意思是补充、充实，以使生命维持下去）。

现在都市没有山川河流，怎么实现风水的美学？我们可以用类比的办法，把高楼看成高山作为依靠，道路堪称流水。具体的房子里，我们也要考虑什么样的窗户、卧房等，卧房是否应离厨房远一些？这些也都是为了调节气的流通和人的配合，这都很讲究。住的房子不舒服，就要利用风水来进行想象的补充，比如用镜子等产生虚拟空间，让你感觉到一种空间。用想象的空间来补充现实的缺陷，这实际上是一种气。宇宙就是一团气，怎么调这个气，使之能够有利于生活，每个功能都有很讲究的位置，这都是凭想象来进行调节的。

不但如此，房间内陈设也有讲究。床不能摆在梁下，否则精神不振易做梦，这都是所谓的实用美学。我这里只是简单地介绍一下，风水不一定是一种迷信，它是一种美学，但也不是脱离人的物理学。中国人看重效果，有时甚至不知道原因，那你要不要它呢？中医就有很多这样的现象，还没有做出化学物理上的说明，它就是经验效果；而美也是经验的感受，这种感应发挥实际的效用，就是一种美学。它可能是科学，但现在还没有给它一个科学的说明。

《周易》与四种美学

《周易》授予四种美学的形成与发展以深远的影响，最直接的就是实用美学，包括医学养生学，强调吐纳呼吸、食疗等，这是生活美学、身体美学；还有就是风水、环境美学，利用阴阳关系、寒温冷热燥湿的配合来达到防御的效果。所谓实用，是把本体运用在实际的生活中。从实用的观点看，金木水火土都有很实用的价值，与具体生活、个体生命都有结合的价值所在。

实用美学之外，《周易》也开辟了儒学、道家和佛家三种美学。儒家美学，即人格美学、道德美学和生活美学；而道家是一种自由美学，强调空灵的精神美学，是一种逍遥游的状态；影响到佛家就是一种禅净的美学、思悟的美学。表现这些美学的媒体包括文学、绘画、书法、音乐、雕塑等。

《周易》是中国的艺术背后的精神所在，但我认为可以进行更深切的创造，使艺术兼而具有西洋意味，但又以中国精神为宗。我们可以有新的表达方式和内容，但还是以参透中国式的美感为目的，对其进行更深层次的挖掘。

第七讲　儒家美学

《周易》精神与儒家美学

《周易》一个基本的认识世界的方式是"观"，"观物取象"，就是说观天下之物来认知世界的现象，它代表主客融合的过程。为什么我要把观当作基本的观点？因为在观里面，主观与客观是连在一块的，有观才有主客之分；而当我们忘掉观的时候，我们就把主观和客观当作对立的了，对立了就很难把它们联合在一起。

这个"观"的观点，实际上就是一个整体的美学观点。我们看这个世界有一个基本的形象，这个形象充满着一种灵活的变化，但又具有一种结构性的分类，所以《周易》里面有"方以类聚，物以群分"的说法，然后发展成为八种形态的归纳，给它一种高度的象征性。一方面我们观物取象，另一方面我们统之以宗、会之以元，统会成一种分门别类而又相互关联的现象。

在这个基础上面，我们着重于外面现象的一种认识，在整体的观念基础上认识客观的事物，叫作客观观点，在客观观点里面，这个观就变成"知"；而在主观观点里面，经由对主体反思的感受，来认识外面的现象，就变成一种"情"。所以感成为情，观成为知，形成观感或者感知这样一个相互关联、相互影响的系统。

在这样一种了解之下，有几个发展，其中一个就是我们更倾向于一种理解性的、实现性的认识论，而不是对象性的认识论，这个很重要。西方的一种认识就是把它对象化，主要就是忘掉主体的参与。而中国的认识是理解的认识，基于一种感受，起到移情共感的作用，来认识外面的世界，尤其是认识到外面世界的一种相互关联，以及在时间中的发展过程。中国的认识是这样的一个体系。在这个体系当中，对于"气"的认识，就是基于自然，比如气韵生动。气是整体性的、流动的、变化的，甚至能够发生生命的实体。说它是实体，是因为它不是固定在一点上，而是有形无形，既可以有"可见有形"的一面，也可以有"未见无形"的一面，是在这种有形无形的转化过程中被认识的。

我们讲到文学创作的冲动，会提到风、雅、颂和兴、比、赋。"风"非常主观、个人化，代表民间对一件事情或存在状态的表达，没有什么特殊的地方，但它是在关系中，还没有脱离实际经验；"颂"有固定的目标，它有一种社会作用，或者有一种宗教性的作用，是对于上天的一种赞颂，是情感的表达；"雅"是在风和颂之间，表示一种价值意义的愿望和赞美，有一种规则性，跟礼相配，代表社会、政治、礼仪或者是对社会秩序和价值的一种向往和认同，所以它更具有群体性。

比较起来可以看出，风很重要。比如"风"卦，风是流风所及，你看这个"风"卦，它在地上飘，结合这个风字，可以有很多词，比如说风气、风向、风韵、风度、风骨、风格、风水、风化、风尚、风范、风情、风流。这里"风水"是具体的，"风流"也不是完全抽象的，而是介于抽象与具体之间，"风流"的意思重点在这个"风"字，是指流风所及，形成一种自然而又洒脱的境界；而"风范"是指具有一种感召能力。所以，风这个卦好像是拿一个东西把它变成全面性的东西，让人们感受到一种力量，感受到一种影响。因此，这个风是指一种共通感受，是可以推广、可以言说的感受。所以，美感也可以看作一种风流、风韵或者风度，它有它的实相，比如"风水"，就已经变得很实用了；同时，它也代表一种道德精神，比如"风骨"；当然，还有引人入胜的"风情"，因为它直接影响到人的主观感受。

《周易》是逐渐发展过来的，有完整的符号系统，这个符号化也是一种美感的方式，对中国意境的认识和采用很重要。符号化在周代已经完成，有六十四个符号。《周易》从开始就找寻符号象征的意义，这个符号来自具体的经验；具体的经验又经过一种符号的抽象，具有一种独立于原来特殊经验的意义，它又可以象征其他事物，就可以产生一种流风。每一个卦都有它的象、彖，从具象走向抽象、象征，再回到具象。具象一，成为一个象之后，可以到具象二，再到具象三，这个象属于整个宇宙的推理之象。每个象，通过这样一个关系可以衍生出很多不同的象，特殊加普遍成为更多的特殊，而这个普遍又是整体性的。所以，一个经验加上一个动态的、整体的符号系统，它可以产生无数可能的形象，产生不同的相关的经验的演绎。

《易传》里面有几个重要的传，一个是《象传》，一个是《彖传》。在《彖传》里面，比较重要的就是乾和坤这两个卦。之后是《文言传》，延伸展开《彖传》中乾、坤两卦的含义，因此《文言传》只有两个。概言之，《彖传》的意思是把具体的象和它包含的意义表现出来，《文言传》是铺陈这样一个意义，而《象传》是把它的意义挪到其他的象上面，所以每一个卦都有它的象，每一个爻也都有它的象。

比如说"乾"卦。《彖传》说它的义理，说"乾"字，"大哉乾元，万物资始，乃统天。云行雨施，品物流行"，这些句子非常诗意、非常生动地描述了一个宇宙初开的状态，然后是"乾道变化，各正性命，保合太和，乃利贞，首出庶物，万国咸宁"。这是个什么象呢？《象传》说是"天行健，君子以自强不息"，就好像一个人在那里自强不息一样，天在动，人也在不断地发展，这就是乾的象。"乾"卦的《象传》透过《文言传》就有对不同阶段的变化的描述，因为"乾"卦是从气的发展一直往上走，什么叫"潜龙勿用"，什么叫"见龙在田"，这些都有一种说法。"九三"讲的是什么？是说君子"终日乾乾，夕惕若"，每天很警惕自己，敬德修炼，要"修辞立其诚"，这些字眼都用到人身上去了，这些象都回到了人身上；从天地一个象，这样一个象征的系统，走向对人的一种显现。诸如类推，整个这一卦，都有它的特殊意义。如"潜龙勿用"是指君子首先要考虑到他对世界的影响，他能够做什么；"见龙在田"是说他能不能够站在一个上面，或者已经到了上面，应该怎么去做。

每一卦都有它的象象，每一爻也都有它们各自的象象，这样我们就可以看出，整个系统在发展中是一贯而上的，从最原始的观感到观感之后具有这个象征体系，象征体系再落实到具体经验，强调一种德行，即人怎么做，所以"乾"卦的象是"自强不息"。

"坤"卦的象是说"厚德载物"，好像地一样，从地抽象出这样一种形象，象征一种沉重的力量，强调它的厚德载物，所以它都落实在人在做什么，回到人。从天到人，从人到天。

从人到天形成一个观物系统，然后再回到人，所以主观、客观都在相互的观照之中。从最早的观感，通过象征、符号系统的成立，落实在不同形象上面。这个形象不是只讲人的行为，也表示一种自然的心情。它还是回到自我的一个形象。但这个形象倒不一定非要具有一种道德规范，它的象也是在象征一个具体的事物，一种变化。

我们可以想象有一种快乐在里面，就是说我们的快乐不只是限制在人的方面，我们可以从人的经验体验到天地的快乐，人的快乐可以体现在天地的快乐里面，天地的状态也可以感召人产生一种快乐，所以快乐有一种外在自然的基础。同样，自然的困境也会带来人的一种悲伤、郁闷。所以，有的卦是困境的卦，有的是顺境的卦，有的是进的卦，有的是退的卦，都是代表一种形象。

这种影响一直到《易传》的完成，也就是从伏羲到孔子的第二代弟子，一贯而下，流风所及，中间大概有两三千年。在这个影响当中，在宗教思想里，天成为一种内在的力量，天不再只是天地，天是天道，甚至不只是天道，天是道，把宗教消融在我们对宇宙的深度的美感经验之中。这样，我们把这个美想成一种"有意识的我"和"无意识的我"的一种交流，这就是一种深度的创造和发展意识。

儒家美学的超越

我说的儒家就是在这种情况下出现的。把《周易》这一套整体宇宙观和宇宙观中的生命创新精神、要求整体的精神、观照对象和群体的精神灌注在人的意识之中，就形成了所谓的儒家。儒家是《周易》精神积极的、整体的一个发挥。这一点很多人不一定抓得到，所以在写哲学史的时候，人们只说孔子怎么怎么，不知道孔子怎么来的，不知道儒家的精神从哪来的，中国的美学、哲学、伦理学怎么发展出来的。我们要抓住这个观点，因为这里产生一种儒家美学的自觉。

其实美学是一种经验，它在发展中有它自然表现的方式，它是一种发生。当初那些《诗经》里的诗歌，是文王、武王为了求治的目的需要，了解人们的感觉而采集的，这就是"风"之来源。而我们说，感情就是一种风，风总是跟美有关系。人在《周易》里面有重要的地位，因为这一切都要回到人本身。

从现代哲学来看，有两种现象学，一种是胡塞尔说的现象学，"回到物自身"；另外一种是海德格尔说的，"回到人本身"。海德格尔和他的老师胡塞尔吵翻的原因，就在于他认为"回到物本身"排除了人的象，而这个象是在人的"观"里面出现的，跟人有密切关系；他认为人有自己存在的感觉，这种存在的感觉人们需要去重视，基本上是存在的情绪，因此海德格尔的观感里面的"感"，是指激发起人的内在的一种反应，成为起因，进而成为一种更深的感受，而最终往往形成一些愿望、欲望和情感等深层的状态。

比对海德格尔的概念，对儒家来说，就是"回到人本身"。

道家也抓到一样东西，是在说当人本身的问题不能解决的时候。人的问题很复杂，回到人的自我，就会产生人类社会，人类社会又充满着矛盾，充满着自私，充满着贪欲，充满着各种混乱，就把人的价值掩盖了，所以老子说我们还是要"回到自然本身"。这里的"自然"不等于胡塞尔的"物本身"，它的概念比较广，"back to nature"，nature就是广大的自然，是我们会体验到的、观察到的、动的、变化的世界，里面就包括天地万物，"一生二，二生三，三生万物"。这样一个道的世界，就是自然的，自然而无为，没有人的那种虚假，也没有人的那种有意识的、有目的性的、有计划性的行为。无为并不是没有动，无为还是动的，所谓"静而后动""反者道之动"，它不断地发生又不断地回复，是一种创造性的循环。

回到物本身，回到人本身，回到自然本身，也许是三种不同的现象学。西方偏向于客观主义的，就是回到物本身；偏向于人的自我的，就是回到人本身。回到人本身和回到物本身，从哲学的高度来看，都不能离开观的背景。所以《周易》观的背景形成了两个超越，一个是儒家的超越，一个是道家的超越。

儒家的超越重视人的发挥、人的美德经验的发挥，导向善、导向真；同时，在人的经验里面发展一些价值，也能够导向美。事实上，各种价值的高度融合、互动，丰富了人的社会，丰富了人的价值，最后达到人的自我实现，一个高度的包括美的自我实现。

这里当然有另外一个真理，蔡元培说"以美育代宗教"，这要从一个深度的意思上来讲。在整体的美的探索中，掌握人的宇宙之动，那样的一种深度美感，才具有宗教的满足性。但是从文化的表层来看恐怕比较困难，但可以了解深度，也可以了解在那个层次上美和宗教的关联性。

当然我们也不能忘记，美还有形式的要求、现象的要求，所以一涉及象，我们觉得这是一种美的基本要素。宇宙之象是在《周易》里开拓出来的传统，生命现象学就允许一种开拓的发展，这种开拓的发展在儒家最早的形式当中就体现在情感的一种自然表达，所以孔子对诗的重视是非常自然的，他重新整理了传统经典——"六经"。所谓礼乐之教，从行为上讲，是为了社会的和谐，为了建立一个美的社会；但是从个人来说，也有诗教，诗教是个人的表达方式，以及个人美感的一种实现。

孔子说："《诗》三百，一言以蔽之，曰：'思无邪。'""思无邪"是指自然的表达，自然而发自内心的表达就是"真"。不需要把这个真界定为对象的真，而是发自内心、"发于中"的真。"中"是针对整体宇宙的现象观感来说的，从"中"出来的是真，它的位置是正，它能够自我肯定就是诚。无邪可以从真来讲，也可以从正来讲，是真正的自我表达；这里还有点道德意义在里面，真就是有自我表达的意思。

古希腊人说，真理是在外面的；耶稣教说，真理是在上帝这边；而中国人认为，真理是在自我的真诚表达里，这种表达能够恰如其分。真的基础是自我意识的自然表达，是"诚"；诚是从"中"而来，从自己的内心深处而来；内心深处表达的东西我们叫"思"，思是凝聚，是意识活动，可以包括智，也可以包括情，但它不包括私欲，因为私欲就偏了，不正，虽然真，但不正。儒家强调既真又正，就是无邪，从而产生情感的美、内心的美、生命的美、精神的美。儒家认为思就是这样一种东西，美就是"无邪之思"的表达。

人格美学

风、雅、颂，兴、比、赋，合而为"六诗"。文是赋的一种，"赋"和"颂"相似，讲究展开的方法和形式；"雅"是表现一些规矩，所以有文雅；"风"是就实际的事物来表达，乃就其起点、发展和形式来看，如风气、风情。

孔子说："兴于诗"，儒家美学强调能有所感兴、有所类比。"兴"是经由感而后的冲动来表达主动积极的情绪，外在的事物打动你，你再把它投现在更大的世界里面，所以兴很重要。这是一种美的冲动，是创作的冲动，来自一种美感，来自人和外界交接的一种感受，把这种感受表达出来，就有了诗。"诗言志"，感受之后有一种慨动天地，如杜甫看到茅屋为大风吹破了，有志为老百姓做更多的事，广庇天下，作了《茅屋为秋风所破歌》。感兴由语言表达出来，就是"诗言志"。

在这种情况下，文学艺术都表现在后来所说的"文以载道"，但"文以载道"给人的感觉是：先有一个道，再用文去载这个道。但在《周易》的天地万物一体论来说，自自然然就想把天地一体的情绪表达出来，本身就是一种兴的经验，人们对外面的世界产生一种感，这种感能够透视人心，又能激起一种创作的豪情来表达一种情感，在这里就变成一种仁者之心的感觉。当然，"诗言志，歌咏言"，唱歌也是一种抒发。

比呢？怎么去表达这个感情，怎么让别人欣赏，这就需要比了。"比"就是比喻、类比，看出事物与事物之间的关系。比对的例子很多，如周敦颐的《爱莲说》，把莲花比作君子、牡丹比作富贵者，这种自然发挥出来的比类，就把天和人的关系拉得很近，把物和物之间的关系拉得很近，产生一种感人的力量，产生一种新的美感，具有一种道德提升，表现了一种崇高的美、生命发展的美和仁爱的美。天地有浩然之气，这也是一种人类追求正直、追求正气的美感，比如《正气歌》。

所以，儒家说的美学，它的美和善基本上是不分的，它一投入到仁的行为当中，美就变成善了；而善真正实现出来，就是美之至。从这个角度来说，儒家是一个非常重要的美的发展的过程，把审美经验作为自我改造、自我修持、自我发展、自我理解的一个基础，因此也塑造了人的完善化的一个尽善尽美的典型。所以在文学的表现中，诗有这样一个代表性，这是儒学发展的完善人的中国美学。

如果再进一步说，如美德。德是一种潜能，人具有什么样的潜能？从《周易》来说，人是"继善成性"。《周易》说："继之者善也，成之者性也。"我们继承天地变化创生的精神就是善，人是在创化精神里实现的、成就的、形成的，所以本来就具有宇宙之善，它是宇宙的一部分；它既然是宇宙的一部分，而宇宙具有发展生化的能力，人也就具有这种发展生化的能力。

那么我们为什么为善呢？肯定生命、肯定宇宙的现实性这种积极的意义，这是性善论的一个重要的观点。但你若否定，说宇宙创造的东西是坏的——创造的东西当然有坏的，那是另外一种观点。我是从宇宙的角度来论证人之为善、善是人的本性的，这个论证的重点在于：人是宇宙的一部分；除非宇宙不好，如果宇宙的创化是好的话，那人就是善的，因为人是在宇宙之中，为宇宙所造。

这比基督教要积极一些，在基督教里面，人有原罪。但从自然观察的角度来说，人没有违反自然的行为，他改变他自己，允许经由一个机制再回到善；那个机制是自然的机制，是人可以自己控制的，不一定说控制在上帝的手里。这样来看，人之为善，至少从《周易》的宇宙论来说，是很自然的。

在这种情况下，才发展出孟子的"四端"说，四端合起来，产生一种人的共鸣，我们叫作"信"；然后是"德"，德是内在的力量，人有德，但没有实现出来，所以就掩盖了。要把它开发出来，所以有修己之道。开发出来后，成为一种自觉地对自己的能力的一种认识，这种能力能够表达自己，同时又能产生一种与事物相关的感通，所以说"以德化人"。德不是外力强制品，而是一种感化的力量；德能够变成一种风范，行之于事，就是美。美需要发展，所以人们需要自觉地把它发展出来，这样就形成了人格伦理的美学。

人格美学，就是人怎么把自己塑造成一个美的存在，一个真实的、具有充分价值的存在，自己能乐在其中，也使别人受惠。所以这种人格美学，或者行为美学，人是脱不掉行为的，因为人格是一种风范，通过行止来表达。"望之俨然，即之也温"（从远处看他，庄重威严得让人肃然起敬，接近后才发现他温和可亲。语出《论语·子张》），人的形象很重要，道家还没有这么重视，儒家很重视，该庄严的时候庄严，该放松的时候放松。这样就形成一种动态的人的发展，一种人格的美，所以道德实际上也是一种美。

康德说："美是道德的象征。"美和善有什么关系呢？本质上是合二为一的，但美更注重一种形象或者语言的表象。就行为的效果来说，美属于道德的事情，而道德里面最重要的是伦理道德，人和人之间关系的道德。道的根源是德，所以叫作继善成性，道代表天命，天命成为性，道成为德，得道成为美德，形成道德美学；道德美学再进一步，形成人和人之间的关系，父子之情、兄弟之谊、夫妇之和，这些都是美的东西。美和善有密切的关系，在起点上是合一的，在终点上也是合一的，只是在过程中有不同的对象。

当然，我们也不反对"游于艺"，这里的艺是技艺，游于其中，展现生命的自在，也是一种美。这个美基于道德，如果不能够据于德、依于人，怎么游于艺？照儒家的美学观点看，人要有人格的基础、道德的基础，才能够欣赏创造性的艺术活动，获得一种纯粹的美感，也就是一种道德美感的升华。

孔子说七十岁随心所欲，达到完全的自由，美学就是一种自由，善也是一种自由，在自由中美与善又合二为一了，美善就是精神的高度自由，而精神的高度自由是自我的一种实现。所以，人格美学、道德美学和伦理美学是儒家所要强调的。强调之后我们才能讲礼乐文化，才能讲诗人和文人的一个基本目标或美感范畴。

礼乐美学

儒家的这个人格美学后来如何影响到美的创作、美的形式的发展？它将来应该有怎样的一个创新？儒家的道德美学有没有它的问题？我们如何超越出来？我认为从多元的角度去看，它是一种美学，我们创造新的美学不一定要否定这样的美学。现在要讲一个国学的传统。那么，美学的发展包括各种艺术形式的发展，和儒家有没有关系？这些都是很有意思的探讨。

我们从人格美学到礼乐美学，这个"乐"字字源上一开始是指什么，可以进一步探讨，但后来显然是指乐器；换言之，通过兴和比，人们在声音里面产生一种共鸣。儒家认为天地一体，共鸣是一种很自然的和声，有人说声音有哀和乐，有人说声音没有哀和乐，比如嵇康就写了一个《声无哀乐论》，我们怎样来了解这两者之间的差别？

我觉得有两种影响，因为声音有高低、有质地、有调子，人是宇宙的一部分，是更为进化的一种动物，他可以模仿别的声音，另外的声音也可以合成人的声音。事实上，我们说的声音就是人的声音，没有人听到这个声音，就不知道这个声音是什么。动物听到声音，同性相求，也是一种呼应，甚至会听出一种危险。声音是一种自然的共振，主观地感觉到有哀有乐。

嵇康作为修道者，他要超越哀和乐，这样也就要超越声音的哀和乐，把声音看作没有哀和乐，也表明心中没有哀和乐，超越人的感情而享受"大音希声"的世界，然后能够得到永恒的平静、安详和自然的融和。

但从儒家来说，声音是有哀和乐的。儒家很重视声音、重视乐器，而且对自然的声音有一种表达——用声音来表达哀和乐。有一种认识是，既然有声音的一种可能性，我们可以创造一个乐器来表达人的情感，因为人的情感要发泄出去。这说明，人的情感就是自然的现象，和自然的发生有密切的关系；同样，天地之合、天地之不合也反映在人的感觉里面。这样，人跟自然之间产生一种相互的协调和共振，人的感情和世界的事物之间会产生"同情共感"。因此从这个角度看，不管我们看到什么东西、听到什么声音，我们都会有感觉，这个感觉就是我喜欢或者我不喜欢，我觉得很好或者我觉得不好。

这里还有一个联想。我们在成长的过程当中，有的声音是和快乐联系在一起的。比如妈妈的声音，即使不是那么美，但因为是妈妈的声音，带来一种温暖的感觉，听到这个声音就会很温暖，这叫感觉延伸，通过想象、经验、习惯来完成。又如听到一首歌，想起儿时童年时代学的歌，马上就把我带到那个遥远的时代。人通过声音、破旧的日记或者纪念品等媒介，就会回忆过去。这在情感上叫"同情共感"。

儒家很重视这个同情共感，在同情共感的基础上，来建立礼和乐的重要性。这个"乐"可以是对存在事物的一种协调，是一种怡然自得，是一种普遍化和经常化的常道。在这个意义上来解释礼，"礼"就是一种行为的常道，帮助我们达到共感，在礼的规范之下，人们能够实现常道的快乐共感。礼怎么形成呢？首先要克制自己、尊重他人，而表达一种行为、语言和信念上的协调。"礼之用，和为贵"，以"和"为基础才有协调，这样就可以更好地规范人的行为。大家通过一种实践，取得一种协调，在这种办调当中，心情更好地发挥、更好地展现，能够更好地达到一种快乐。所以，人生就在礼乐的行为当中享受生命的内在的和谐与快乐，这是礼乐文化的美感，叫礼乐美学，是把人格美学延续到社会，使之具有持久性和可持续性。

礼乐美学是儒家美学的中心思想，就像追求人格美学美德的要求一样。从《周易》的角度看，"分而能合，合而能分"，荀子说得好，礼是要分的，乐是要合的，因为人的存在是个别的，有个别的需要、个别的地位、个别的背景，所以我们要尊重这些个别的差异，包括男女的差异。但我们同时要认识到，这种个别的差异并不妨碍相互需要的功能，也不妨碍他们在共同的经验上去享有一个共同的快乐，因为他们也属于宇宙的全体，他们也追求一个个别的整体，而个别的整体没有一个宇宙的整体也不能够完成。所以，"乐"促进差别性成为共同性，提供一个共同的存有、分享的媒介。所以从这个意义上讲，美学有两种：差别美学和同化美学。差别美学是在差别中实现美，同化美学是在共同的享有中实现的，这两个都需要。

当初古希腊美学只顾全了同化忘记了差别，它这个差别无法建立起来，或者一个固定的差别无法达到同化，这里面需要一种更大的生活经验去融化它。在《周易》的"观"的整体感受中，同化和差异共同融化而又彼此协调、和解，因此中国的美学是充实和谐的美学；而在其他美学里面，神和人的关系、神和神的关系是冲突的，就变成了冲突的美学。

　　这样来看，儒家的礼乐美学、人格美学、生活美学，与《周易》追求泰和、追求中和、追求人和有着思想上的渊源，但也发展出一些自己的特征：追求人格的完美，追求社会关系的完美，追求人的自我实现的完美。

　　在这种基础上，美的创作就是一种自由的表达、自由的享有。在儒家来讲，没有成为纯粹的美学，所谓"游于艺"，游是自由自在的一种状态，是美学的中心精神；用这个表现为对和谐的一种关怀，对不和谐的忧虑，即忧患意识，像杜甫就具有忧国忧民的忧患意识。儒家有一种自然的情怀，同时强调生命在社会当中、亲情之间的一种真诚的情感，这种情感表达出来就是美。李白的诗，并非完全没有儒家的情怀；杜甫的诗，也并非没有道家的情怀。它是自由的，它要表达的是发自内心的，但是也接受文化的感染，追求自然的生命的一种情怀，这是儒家的一种美学理念。这种美学理念，它的内容都是人的生活，它的形式可以是多种的，但它的焦点是表示人与宇宙的一种沟通，或者在宇宙中的一种自我实现。

　　怎样来建立儒家的美学？李泽厚只讲乐感是不够的，对儒家美学没有进行很正式的、很深刻的描述；如果没有对整体的《周易》哲学的认识，就无法了解它的根源，也无法了解它内涵的一个方向，无法建立一个认识的标准。只有建立了这样一个标准或这样一个认识，儒家美学在中国美学的地位、在人类美学的地位才能确立。因为很多传统是超越这些的，当然也不是完全超越，也有一些西方的画如《少女的祈祷》还是具有儒学的精神的，和我们有种似曾相识的感觉。所以人们怎么去了解这个，掌握它的精神，把它提炼出来，再给它一个新的形式，或者在形式之中给它一个新的内涵，就要掌握它的精神的渊源，掌握它的价值所在。事实上，美学是脱离不了价值的源和流来说明的。

生活美学

　　关于儒家，要区分两个表达的方式。因为儒家强调人的本性，月有阴晴圆缺，人有七情六欲，儒家基本上区分两种感情，一种是道德感情，一种是生活感情。

　　道德感情，是指社会道德，是人伦关系的基础。道德的发展有三个阶段：一个是基本的感情，如恻隐之心，比如见到小孩子掉到井里，你会情不自禁地要去救他，因为小孩的痛苦是真实的，由于移情作用，你就会有感同身受的感觉。不仅仅是有同感，仁爱之心、不忍心、不安，也是道德感情。它们都发自人的本性，是自然感情。由于担心而去救助他，形成一种社会的道德基础，这种认识把它变成一种自觉的要求，要求去帮助一个需要帮助的人，就变成一种德行。德就是自觉的要求，变成一种规范或规律就是社会道德，社会道德就是这样形成的。

　　美也会有这样的现象，美是自觉的感情，带来一种欢娱、一种快乐，这种快乐在于认识，把它叫作美，把它当作一种价值，加以扩大或者加以认识和保存，再找寻表达美的认识的方式或形成一些规则，就变成审美的一些规则。这里面有很相似的地方，一种道德感情，是德行的基础，也是社会道德建立的一种来源。

另外还有其他的感情，叫作生活感情。很多事情你会有所感，如果不顺利，你会悲伤、愤怒。这样一种发自内心的感觉和生活上的遭遇所造成的感情，我们怎样来认识它？儒家讲"发而皆中节"，是指一方面发出自己的感情，另一方面又合乎人类一般可以接受的表达方式，这个"节"是指节制，要和自己的生命发展，和相关联的生活，以及大的社会和社群生活习惯相配合。所以，要表达的感情恰到好处，就需要找到一个好的形式和方法来进行表达，做到"无过而无不及"。

庄子鼓盆而歌，便是一个"不及"的例子。庄子的妻子死了，他击盆唱歌，人们感到很奇怪，因为这不符合一般的常规。人们认为庄子很反常，没有中节的感觉，这就是表达的方式不适当。

天地也可以以"中节"衡量，"四时行焉，百物生焉"，春天的时候像春天，冬天的时候像冬天，夏天的时候像夏天，秋天的时候像秋天，这就中节了，有自然的节奏。假如夏天过分地热，冬天过分地冷，夏天下大雪，冬天出大太阳，这就是"不中节"，是不和美的事情。

对儒家来说，生活情感的中节很重要，不是所有的儒家的表达方式都是道德感情，它允许生活感情自然而又合乎生活的要求。从这个角度看，儒家还有一个私人的内心世界的建构。有一种错误的认识是：儒家只是讲道德。其实儒家也允许个人的一种私有的感情，就是非道德感情的一种自由的表达，包括爱恨、恐惧、愤怒、不平。但什么是中节？这个节要大一点，现在的节不像当年的节，太讲究很死板的礼数，这个尺度是可以扩大的。

有深厚道德的儒者，也可以有非常细腻的感情表达，比如范仲淹。范仲淹是儒家也是宰相，他可以写很艳丽的诗，写闺中之情，表达夫妇的感情，大家觉得合乎常理，合乎人之道。所以，我们不要认为美只是道德的象征，美也可以是生活的象征。但生活包含着道德，生活里的很多内涵，若要成为一种表述，就要有一种自己的节度；这个节度是自己来掌握的，人们可以自由地表达自己的生活感情，而又自己决定节度。至少在近代，儒家可以扩大它的美学感情。

这样的例子很多，比如朱熹、辛弃疾等。朱熹也很能写表达私人感情的诗和词，一般人只认为他是神态庄严的儒者，其实他也有儿女情长的一面，但这并不妨碍他仍然是一个有道德感情的儒者，能够写出像文天祥的《正气歌》，或者岳飞的《满江红》这样的诗句。同样，我们也可以欣赏屈原，有儒家情怀的人想为国为民做点事，但不得其门而入，不被重用，被放逐，遭到小人的迫害，感到很失落。唐诗里面也有很多这样的例子，如孟浩然写的"慈母手中线，游子身上衣"，描写了母亲对儿子的感情，另外还有描述夫妇的感情的诗文，等等。

生活感情的来源，可能还是从《诗经》而来，所以儒家很重视《诗经》。后来的儒者，如朱熹，往往把国风看成文王个人德行的表现，"关关雎鸠，在河之洲"，他一定要说是德行，我觉得太牵强了，它表达的是一种生活感情，生活感情不一定违反道德感情；但也不能把所有的生活感情全部归结于或者化为道德感情。所以，生活感情的美是生活的美，而非道德的美，但两者并不矛盾。

从这个角度看，就不应该把儒家过分狭隘化，不应只是强调道德感情，而不考虑到生活感情。屈原有很强的个人理想，有一种发自内心的冤和忧，这些都是相当深刻的感情，但他中节化了；还有恨，但诗化之后，这个恨好像很可爱，这些感情都是中节的表达。为了使这个节更有开放性，这个节应该是具体的东西，包括整个情绪的合理化、平衡化，它不是外在的节，而是内在的节。所以，这个美感是生活的美感，发于中、形于外，形成整体和谐的美感，这是儒家所追求的。

怎么达到中节的节度？这是理性思考的要求。我们需要整体的生活理性，来节制我们的悲哀，节制我们的伤痛，超越有害的情绪。

孔子曾对他的弟子宰我说，父母之丧三年，这个标准是三年。但宰我认为三年是不是太久了，一年就足够了，他说三年土地会荒废，不能生产。孔子说那要看你心是否安，如果心安就一年，如果心不安，就说明一年不够，父母养育你，让你能够走路、说话，你连三年的回报都不愿意，你心安吗？（《论语·阳货》）这是那个时候的标准。现在的人像古代那样守一年都已经不可能了，何况是三年，这是个节的问题。

这个节度是由社会生活的需要和个人整体的感受来决定的，就是说用一种理性面对你的感情、控制你的感情和适当地表达你的感情到一定的程度和限度，这是儒家所谓的"中和论"的美学思想，是生活美学或者叫中和美学。"喜怒哀乐之未发，谓之中；发而皆中节，谓之和。"（《中庸》）喜怒哀乐，是生活感情，而不是恻隐之心、慈悲之心这类道德感情。这种生活感情的表达，从文学来说，不只是"文以载道"——儒家的道是道德感情，而应该是"文以表情"，显露自己的感情。仅仅把它当作文以载道的理论，可能太粗糙了，儒家是在必要的时候才表达道德感情。为了生活，要守住基本的原则。在生活当中，我觉得，要有一种悠游自在，这可以是游于艺、沉于乐，是道德感情的乐，也是生活感情的乐，乐以忘忧。

儒家仍然是中国美学的重大基础。

第八讲　道家美学

观与道

现在我们来谈谈道家以及从道家再到儒家的一个发展。

关于道家，我认为是从《周易》宇宙论衍生出的一个观点。因为从某种意义上讲，道家更重视"观"的传统，儒家更重视"感"的传统，但我们作为一个人，不可能只有观没有感，也不可能只有感没有观，这两个是自然的，一个是对外，一个是对内，彼此互通，彼此激荡。

我看到一朵玫瑰很喜欢，看到一座高山觉得很景仰。康德美学也谈到这个问题，你看到什么东西你会有所感，这个感觉是种感情；感情是通过感觉的方式体现出来的，而感觉则是通过对事物的认识和观照而产生的。

道家重视对外界事物的认识。《周易》谈到自然的一种现象，八卦、六十四卦从某种意义上讲，是根据自然现象组合出来的，虽然把它用在人事当中，但本质上还是外在的自然，所以，对外在自然的一种认识，是道家的基础。在还没说自然之前，要说观。这个观很重要，观外面的世界，观了以后发现道，观是动态的宇宙发展过程，这个变化的过程有它内在的动力，把发生的事和动态的过程归之于"道"。

道家首先把方法意义上的道和道路上的道本体化了，为什么能够做到这一点？因为事物的发生一定有一个起点、一个原因、一个缘由、一个过程、一个崭新的整体，把这些缘由、过程和整体现象最后表现出来的力量，就是道。这个道因为有如此的根本性，所以这个道不是天之道、地之道、人之道，而是三者整合的道，它是使天成为天、使地成为地、使人成为人的一个力量。

这个道是最终极的、最根本的，没有什么比它更根本，我们可以感受它，把它表露出来。任何一个更鲜明的东西，对一个性质的描述，不管是多少特性，也不足以来开显事物之后的动力。

这里要注意，道家并不是道不可知，也不是道不可感；有的人不能感到，有的人不能知道，就说道不可说、不可道——因为不可言说，所以不可知。其实道家的这个道，是基于可说的道和可知的道。当然，可说的道不一定能说得很完全，我们只能说，我们可能知道真实的东西。

"知"的意思是什么？是深切地体会到。如果知只是概念的知和科学的知，把知变成一套规律，是通过实验和理论的语言来锻炼的一个对象，叫它中子、原子或基本粒子，那就不是道。理论上我们无法把它界定在一个平面上，所以可说，不可说，有时候不可界定；但是可以知，可以深切地去体会。

深切的体会，当然有其体会之道。老子首先注意到必须把五音五色这些感觉上的东西参透，他认为"五色令人目盲，五音令人耳聋"，就是这些感官上的东西让人心乱，掩盖了真实的世界。所以，我们要超越主观的观觉，要超越我们的欲望，因为欲望会使我们贪恋事物，使我们成为被现实控制的一部分。当然，这不是说不可以追求，但"君子好财，取之有道"。

较之于佛学，道家更清淡，儒家更拘束。从道家的发展来看，老子的基本精神不在否定人有欲望，而是提倡寡欲、节制，这样就体验到一个整体的存在，而道就是一个整体的存在。语言是部分的描述，语言基本是分析性的，观是整体性的，要掌握整体的观，个别的欲念要加以限制，"复命曰常，知常曰明"，追求一个常道，常道就是整体的、自然的道，这是老子的基本意思。

自然与道

另外还有简易原则，从简易到自然，这是道家的认识。《周易》也有简易，《周易》有不变之道——常道，所以老子的道和《周易》有密切的关系。周代到了后期，没有与时俱进，灾难不断，土地扩大，人口增加，诸侯割据，权力下移，政治的发展无法跟进文明的发展，道德的发展无法跟进权力的发展，大权旁落，造成四分五裂。但这不是衰势，衰势是不景气，周代不是不景气，而是一种膨胀。在这种情况下，儒家认为当权者应该发展一个新的体系，建立新的理制，而道家根本就认为干脆听其自然，让这些政权自生自灭，让人们自己回归自然，回归单纯的生活。这个自然，我认为就是《周易》的"简易"的态度。

自然还有个含义：事物发生时整体性的发展。比如春夏秋冬有一整个的规则，我们就认识这些规则，顺从这些规则。从这个意义上讲，既然天地有一个自然，包括自然的规则，我们也可以顺其自然，因为文明的发展往往有太多强烈的欲望、太多强烈的官觉引诱、太多人文的追求，这些是造成太多战争冲突的原因。

所以道家要回归自然，回到一种不受人的欲望追求所控制的生活；而对知的理性探讨，知得太多就会产生欲望，所以知识不好。

当然老子并不是反智主义者，他强调的是大智若愚。"智"和"知"的差别在于，智是整体的观照，知是个别的对事物的认识。我们不会没有智来追求知；只有知而无智，才会为个别的事物所控制。一个智者可能看起来很笨，这可能是因为他不是那种由于个别的知而形成的聪明；但从一个大智的眼光看，好不一定是真好，坏也不一定是真坏。

"塞翁失马，焉知非福"是道家的典型例子，不会为有所得而喜，也不会为有所失而忧，要从整体来看，这样就构成了一套道家的哲学，道家的哲学就是回到这个层面来说的。当然，道家哲学不是完全地否认知和欲，假如知和欲不影响到整体，也是可以的。

当然这种情况不容易达到，道家强调一种内在的德性，天地之道能够运行，是因为天地有德。"反者道之动"，道往前发展，发展到一个地步就要颠覆，复归于一个起点。道之道中"复"和"反"的重要，是观察出来的结果，最大的观察就是"四时行焉，百物生焉"。《周易》里面已经看到这一点，但《周易》是开放的，所有的人都希望能够实现他的本性；而道家是在一种特殊情况下，认为这种本性不能够在有些情况下实现，假如实现它有害，那还不如不实现，不如去保有它，收藏起来，不要发出来。道家的自然符合整体观感的生活方式，不加强求、不加计量，在没有多欲多知的情况下自然地生活。

在这种自然生活当中，生死也是一种自然，生是自然，死是自然，这样死也不足畏，因为死是复归于自然，复归于天地，人就符合天地，这个很重要。因此就有"无为"，无为天下先，无为不是什么都不做，而是排除不必要的欲望，追求自然的生活；无为不是追求空，和佛家不一样，也许会让人觉得这是儒家的"清净"，道家讲静，也讲清，清就是不要有杂念，而是去守护一个平和的心态。

另外老子还重视自由，自然产生一种知足，这是道家很深的含义。"生而不有，为而不恃，长而不宰，是谓玄德"，这就是创造性的动，不要追求占有控制和强加于人。以道制动，就是要回归于道。要掌握宇宙间道的力量，做一些纯粹的创造，合乎整体的规律，达到一种自然。自然是发自宇宙本身的创造力，形成一种存在。

在这种情况下，我们可以把美的创造、艺术的创造进行一个老子式的说明：宇宙是自然无为的创造，美就是自然创造。宇宙美不美？我们感觉它是美的。美在什么地方？美在包罗万象，美在自然无为，美在为而不恃，美在自然更新，这是美的条件。如果换成善也可以，这里仍然要回到中国的传统。

美、善、真有内在的共同性，从形式上来说是美，从目标上来说是善，从根源的基础上来说是真，不能分开来说。人既然是自然的产物，就可以回归到自然中去，找寻一种表达的自然和创造的自然，这样就会不束缚在表面的感觉上；而既然人世的东西没有那么深刻，那么它表述的东西也是自然的。

因此，道家寄情于自然的事物，在自然的事物当中找到自己生命的意义和同一性，所以他会把天地、草木、山川各种自然事物作为美的载体。当然个体的经验也很重要，但是它能成为道家的核心思想，就在于它表现宇宙的创造自然，这个自然基本上是指自然中的事物。

这种创造的动力可以叫作"气"。气的概念和道的概念很接近，它也和《周易》有关系，《周易》的变化是"气"，道的概念是变化的过程，这个过程中实际的形象、材料和质素就是气。气可以无名、无形，带着自然的趋势，或者拟道，这样的气可以显为象，也可以不显为象。所以，有和无就成为气表现的两种形态。

"有"和"无"在形象论中，就好像"阴"和"阳"一样，从有里面看到无，从无里面看到有，用无表达有，用有表达无。"万物负阴而抱阳"，正如《周易》说的"一阴一阳之谓道"，体会到这种无就是虚，"虚其心，实其腹"（《道德经》），体会到有就是实，虚实相应。正因为有充实之美，才有虚灵之美，只有在虚灵的背景下，充实之美才更为可爱，在充实的生命的自然活动之中，才能透视出虚灵之微妙。

当然，从实里面表达虚、表达无，比较困难；从虚里面表达实、表达有，可能容易些。有些画画得很简单，可能是要强调虚的重要性。当然，虚也有不同程度的虚，有的是模糊的，比如恍兮惚兮就是一种模糊的状态，所以虚也不是绝对的虚。有也不是绝对的有，属于模糊的美，朦胧的美，有无之间的美。这可能是道家美学的基本实践过程，把道家的本体性体验，转化成美学或者审美的表达方式。这是一套相当于现象学的描述方式，利用不同的媒介来描述，是中国美学一个重要的思想。

从老子到庄子

用语言来表达也是一样。道家的语言，描写自然景色和描写人与自然的关系，这两者要有区分。纯粹描写自然景色的道家的美感，和把人与自然的关系表达出来，是两个不同的层次。

《滕王阁序》中的"落霞与孤鹜齐飞，秋水共长天一色"，完全描写景色，是道家的一种纯粹描写外物的自然景象，这里面没有人；但是陶渊明的"采菊东篱下，悠然见南山"，就有人在里面，比较复杂。我觉得这两种可以把它做一个分别。哪一个更高？我觉得两个意象不一样，都有它们特殊的才情、意识。当然，如果没有语言的那种认识、感受、直觉，也就不会描写出来。还有杜甫的"星垂平野阔，月涌大江流"，这里也没有人。这两类现象的呈现，是两种不同的自然的表达。

庄子对道家的表达方式有更进一步的发展，一方面把它变得更为细致，另一方面变得更为包涵。老子还要把有和无区分出来，把道和象分开，认为万象后面有个道；而庄子则直接把道和象合二为一，这是第一个合一，即道象合一；还有人的心和外面的象、道也可以合一，即心象合一。庄子说，道无所不在。好的东西有道，坏的东西也有道，它的心完全没有尘埃。老子还要批评当时的社会，区分更为纯净的观照，认为不要基于欲念或者基于知识产生对现象的认识。到了庄子，他提升出一种境界或精神，认为即使有欲念、有知识，但若包含在更为扩大的精神自由之中，这样对知识的追求也好，不追求也好，大家都是各得其所。

这种扩大的精神也是《周易》的精神，扩大可以使六十四卦变成一百二十八卦；有这样一种扩大的精神，可以无所不包，小而无内，大而无外。因此，日常生活也可以体现出不执着、不占有、不拘泥的一种生活。

《庄子·应帝王》里面说："游心于淡，合气于漠"，"淡漠"今天被认为是不太好的词；但从来源来讲，淡漠是说这个水很淡，没有限制，淡把火的激情掩盖了，是一种扩大、亲近水的胸襟和状态。儒家重视风，道家重视水，上善若水。"游心于淡，合气于漠"是说，若人的心、人的气能够归于淡漠，就可以神游天地，与天地精神相融，就完全自由了，也就无所谓忧伤和快乐。当然，回到现实当中，生命是受限制的，但我们有心、有神，可以把自我扩大，游心赏目于世界，甚至与万物相来往，产生一种普遍周天的涵泳精神和怡情能力。感觉是自己的，一个感觉到鹏鸟的冲天，另一个感觉到螳螂的悸动，甚至感觉到鱼之乐，因为它能够"游心于淡，合气于漠"。

道就是一种淡漠，不执着在任何事情，但它是存在的，这样人们得到一种精神上的气的自由，而并没有放弃和脱离这个世界，它不是二元论，这样他可以得到创造的自由。首先得到精神的自由，与天地相合，可以感受万物的悲与喜，所以更自由了、更发挥了，把道家推向更为发展的状态。《庄子》内七篇总的中心思想，就是在说明人能够与道合一。

《庄子·齐物论》里面说，"道通为一"，人与物齐，是因为人能够合气于道，在心灵的深处感觉到万物的动力，实现万物的个体和具体，所以它也是观出来的。看到万物林林总总都享有生命，只有人可以跳出来，也可以进入其中，与万物同悲同乐。所以从方法论来讲，逍遥游是放松的境界，与物是沟通的，事实上这个境界是观察世界，不局限于一方面，然后才能够齐物，逍遥之后齐物，就没有问题了。

每个人都有自己生活的拘束，但要善待之，所以对人间事有一种观照，但不要拘束其中，要"坐忘"。忘掉一些东西，主要是追求一种不陷于感觉，不限于知识，没有成见，没有心理障碍的生活状态，然后把生活搞得很好，养生，专心而洞察万物。庖丁能顺着牛的骨节空处用刀，人也可以把自己的生命加以消解，这是我的推论，就是说不需要那么执着，然后你才能成为一个有德的人。有德的人是有道的人，天地之道充实你的心身，你才能成为"真人""神人"。讲真、讲大、讲神，其实都是在讲道，所以这样《庄子》内七篇基本是一贯而下。

道家精神与艺术创造

人们可以把道家的这种精神当作一种艺术创造，不但是艺术创造，也是美感发抒的一个原始状态，是本体实现的一个状态。但是从某种意义上讲，它有两个层面，美的产生好像就是一个状态，艺术的创造也是这个状态，我们对美和创造的体验，是有限地实现了庄子所说的创造的生命发展，不强调功利，能够游心于世界，认同大动物小动物，听自然的天籁，经历各种自然的情绪。

所以，我想庄子精神能够成为中国艺术和美感的前沿，是由他的本体的哲学而引起的。这个本体的根源，一方面和《周易》相接近，另一方面是它不必去推翻儒家在社会中的自得其乐，它呈现的是另一种经验，把经验打破，显示一种自然无为、道通为一的境界。

以道家为中心的美学，表现最好的可能就是它对"卮言"的一说，就是说美的创作和美的发生就好像自然发生的语言一样。"卮言"是指自然发生的语言；"卮"是喝酒的杯子，把酒装满了，酒会溢出来，从内心说出的话不是要讲究什么规矩，也不是要达到什么目的。

有两种语言，一种叫作寓言，一种叫作重言。重言是事实的真理，寓言好像是佛教的真理，而卮言是艺术的真理；艺术是更自由的，所以"卮言日出，和以天倪，因以曼衍，所以穷年"(《庄子·寓言》)。对语言、媒体的符号的认识要发于自然，合于天意。

庄子鼓盆而歌，对于儒家来说是过分了；但对于庄子来说，你了解之后也不觉得过分，他只是以这样的方式表达他的悲痛，这个悲痛就体现了他对生命发展的体会，在那种情况之下纪念他的妻子，他妻子的精神和他的精神合而为一，有这样的一种含义在里面。

我们不必计较什么，生命可以得到自然的发挥，所以"曼衍"，所以能够长久下去，所以能演化成不同的形式。有一个台湾学者说，道家哲学就是艺术精神。当然，我不认为道家哲学就是以艺术精神为唯一；但道家是掌握了创造的自由、生命的一种参透性，能够同情于万物、道通于天下，然后更好地、更自由奔放地表现自己，能够成为一个整体的现象，能够展现美，那这个美就有它本身的意义。

在这种认识之下，中国的诗、画、音乐、建筑怎样受到这样一种心态的影响？在这个影响里面，体验最深的可能就是魏晋以后，因为早期的诗并不是那么道家，《诗经》倒是谈到了；还有汉代初期的古诗十九首，但还是儿女之情多一些。两汉时，道家还没有深入到成为艺术精神，所以应该是到魏晋时，才从生活体验上掌握了道家的创造精神，而且这时并没有别的路可走。

魏晋时期的人对政治生活一方面离不开，另一方面很恐惧，有一种悲情，对生活看得更深刻，这发展成为一种新的表达方式，比如像《世说新语》中巧妙的语言，都很能体现道家的智慧。谢赫提出气韵生动也是在庄子哲学里面逐渐引发出来的，生动就是看到生命的活力，韵是指节奏，气的节奏呈现出生命的活力，这里面也能够体现出自己的追求，所以对后世的影响很大。境界，我们说气韵、神韵在画论里面有一种表达，这里有王弼的影响，所谓"得象忘言"，是指不要讲话，干脆用这个图画来表达。

我觉得这也是在魏晋以后，一是掌握了画的表达的一个方向，二是语言本身还不够。当然也许还会进一步，得意忘象，也是道家所持的东西，这样慢慢形成一套美学的传统，一直到魏晋南北朝，到隋唐大为光灿。如唐诗有描写自然景观的，描写人与自然关系的，也有描写儿女情长的，描写家国的，道家和儒家同时并存。宋朝也有这样的体现，宋朝回到更人文的世界，比较赏识道家的精神，道教在宋代很盛。这里一阴一阳怎么变化，要从美学史或画史来探讨。我们先从现象的描述开始，但是这个现象的描述是有哲学基础的，我们如果不懂哲学基础，只是描述现象，这个现象还是没有满足人理解和创造的需要，所以现象还不能脱离对整体真实的认识，美学理论在这里发挥了很大的作用。

以道家为中心的中国美学的认识是中国的艺术创造和诗的创造重要的一支，但我不认为是唯一的一支，也不一定是在每个时候最重要、最主流的一支；它与儒家美学是并进的、相互影响的。到近代，人们开始认识到美学多种多元的表达方式和对象，在根源上又相互沟通、相互影响，形成一体的整体性。和西方美学一样，中国美学有一种意识上的变化，但又有理论上的统一性。

第九讲　佛家美学

美感的多种面貌

我所说的现象学，是本体的现象学；而西方的现象学，像胡塞尔就完全要取消本体，不认为在我们的意识之外还有什么本体。然而，人的感觉可以有一种存在的状态，有一种厚度、广度和深度，这种感觉或者知觉，潜在地包含着存在的各种象限，只是我们并不自觉。主要的原因就是，人的存在不应该只是被看成是偶然的或者是必然的，但可以说它有一种自然，也就是存在之后有一种必然，存在之前不是必然；这样的状态变成自觉的存在，可以具有不同的向度。

这很重要，因为较之西方的刻板，《周易》的动感、儒家的通感、道家的自然之感和超脱之感、佛家的空寂之感，这些感通过语言来表达，就显示出人们存在的各种状态。所以也不必把美看成一种完全主观的感觉，而是具有一种显露存有的意味，我想这样才能掌握美感的多种面貌及其变化的能力。

禅的历史

我们说道家跟《周易》的关系很密切，《周易》包含儒道两面；但是我们说到佛学，或者是从佛学开拓出的禅宗，它和《周易》的关系是什么？显然它不是直接的开拓，因为禅的境界或者禅的感觉并非完全能够等同于道家的淡漠，更不等同于儒家的包涵和真实，当然更不等同于西方的直感。那么，如何去了解禅的传统，或者基于禅的传统所产生的美感；或者如何去了解禅的美感，或者基于禅的美感所产生的对禅的审美经验的了解，甚至基于这种审美经验所发生的禅的艺术？

禅的艺术表现在多方面，包含在禅的美感或者禅的意识和存在之中。中国的诗、画、书法、建筑和早期的茶道都受到影响，至少在日本表现得很明显。我一直想区别中国禅和日本禅。

日本禅是从中国传入的，最早有一位荣西（1141—1215）把临济禅传过去，有一位道元（1200—1253）把曹洞禅传过去。临济禅和曹洞禅的区别在于：临济讲求果断、坚决，单纯而明确，就像"一字诀"一样。我觉得日本只写一个字（如"宽""寂""玄"等）的传统是来自于中国，这当然和美学艺术有关。中国的字表达意义，书法里面要表达的东西很多，代表一种潜在的审美了解、生活的感受和情感的状态。中国的书画艺术充满了各种情态，但是以一个字来表达，跟临济禅有关系。

中国佛教禅宗共有五家，始于菩提达摩，盛于六祖慧能。六祖慧能有很多学生和弟子，其中两个弟子，一个是青原行思，另一个是南岳怀让。怀让传马祖，马祖传下的弟子临济义玄，开创了临济宗；而青原行思，传下的弟子也开创了曹洞宗。另外还有沩仰宗、云门宗和法眼宗。

禅宗的影响从公元 6 世纪开始——达摩出现，一直到 13 世纪，是非常兴盛的禅的历史，对中国的影响很大，一直持续到今天，这种影响在中国人的心态、观感和美感意识方面都有所波及。也许这个提示很重要，开始是观感，然后是意识，意识后形成判断，判断后形成规则，然后形成门派。所以，中国哲学门派的传统基本上是这样形成的。

与此相似，禅宗的发展也是一样的。怎么成佛成道，形成一种意识，经过反思，形成思想、认识，然后做出价值判断，去遵守它、保有它，成为由判断导向的信仰，可以依循方法、找寻根据、建立眼光，然后作为一种规则，教育和引导下一代，变成一个门派的传统。门派的存在或多或少经历这样一个过程，而这个过程实际上也是美感形成的过程；美感是一种观感，是历史性的，也代表一种规则，代表一种思想，最后作为文化中的一种范式或者风格传承下来。

禅宗的形成是这样的：六祖慧能上面有五祖弘忍，弘忍上面是四祖道信，道信上面是三祖僧璨，二祖是慧可，一祖是达摩。慧能的弟子神会很重要，因为六祖的《坛经》是神会写的。和慧能同时的还有神秀，神秀是北方的第六祖。慧能在《坛经》中提到了很多弟子，包括神会，也提到很多公案。在实际的传承当中，可以看出南岳怀让、青原行思以及后来有名的禅师都有他们各自发展的根源，都有他们的谱系。这可能影响到后来中国的画派，画派也有这种传承的思想；画家有很多语录，包括宋明理学也有这种语录，这都是禅宗非常具体的记录。

禅的美感

为什么强调这一点？因为禅宗非常讲究直接的存在经验，而且要挖到最深处，这就是直指人心、直指本性。所谓"见性成佛"，就是要见性才能成佛。佛是什么？是教外别传，不落文字。禅宗说，这个禅是教外别传、不落文字、直指人心、见性成佛，就是要找一个最真实的、最根本的经验，这个经验不是用语言文字能够表达的，也不是一般的教派，而是教外。教是什么？是佛教。虽然是教外别传，还是和教有关系。

这些重要的思想，我们怎么判断它是美学的思想？直指人心，它表现的是直指我心，是实现最真实的本性或者是佛性，这都代表最真实的东西。要见这个性，指这个心，要不落文字，要在所有的教义之外，突破所有的意识状态，这样的一个状态，就是悟。

"悟"的意思是超越、超绝，不能通过落实在任何范畴之中，通过文化意识和语言意识来呈显，而是一个空寂的状态。这个状态要掌握的话，就要通过直感来表达，这就变成禅学的一个美感。美总是离不开象，离不开感；但禅不通过象来说，不重视象的表达，不重视这个感，而是就禅言禅，是不可说的，是最高的直接表露，那就是悟——把悟觉变成感觉表达出来，就是禅的美感。"美"这个字具有感的意思，羊大为美；羊的味道很美，想到羊就很高兴，美和快乐的情绪连在一起。禅宗的美感，是就禅的深邃经验之后进行的美的一种表露。

一个禅的悟者，他不会认为是美不美的问题，而会认为是觉不觉的问题、悟不悟的问题。但是他也意识到，画家诗人要把这种感觉表达出来，比如诗人王维、苏东坡等，他们就要很自觉地把悟道之后或者接近悟道时的感觉形之于诗。有些画家要表达这个，他要通过笔墨来表达，他不是要表达如谢赫所说的气韵生动等六法，他要表达的是所谓超脱的空寂的悟觉。把当下悟觉这个东西，通过文字和形象传达出来，而这个形象是当初和他超越的经验有关系的。人在深山之中、月林之下，突然有一种超脱生死的空寂之感，他的这个感还是由原来使他超越的那个悟来感；这里有一个象，这个象让他有所悟，这个悟使他有所感，先悟再感，再回到象来表达。比如禅的书法，它可能要表达一种不着边际、没有执着的那种自由，显示有所悟，突然觉得能够写出这样一种自由体的书法，禅味就出来了，既生悟，又有象。

中国画的静物，最能表达禅味。儒家不太重视静物；道家重视动物，也不重视静物；而西方的静物是几何的。只有禅宗画重视静物。禅宗画的静，不是一般的静，而是一种深度的静、一种超脱的静，这里面透视出一种悟。那这样一种境界怎么进一步深入地去描写呢？我想只有深入到佛的传统，我们才能更好地理解与诠释禅的美和禅的艺术。

有一个日本的禅师，已有九十三岁高龄，在夏威夷做演讲。他站在台上非常静，突然举起手来大叫一声，就下台了。这就好像在西方的博物馆里面看到肮脏的厕所一样，完全在人的意料之外，不知道他的意图何在；正因为不知道，你才想象到他要表达的可能就是在不讲之中才表达得更清楚。这是一个重要的认识，就是它不落言诠，直指人心，要大家自己去感受。但作为艺术表象，要集中，即所谓"一字诀"，或者"一指禅"。"一指禅"的意思就是，对启示的东西要自己去感悟，自己回到自己。比如有三个考生来问能不能考取，禅师伸出一个指头；又来三个人问，禅师也是伸出一个指头；第三拨、第四拨人来问，也是一个指头。结果，一组三个人全部考取，一组全部没有考取，有一组只考取一个，有一组一个没有考取。别人问，为什么只用一个指头？他也用一个指头回答。

禅是什么？禅是反传统、反习惯、反形式，甚至反语言、反表象；它一切都是从自己回到本性、掌握自我、认识最后的真实和超越所有的形式那个角度出发，这样就不再有特殊的限制。

悟与空

佛家怎么会发展到这个程度呢？为什么会有这个悟？这个悟最后要证的是什么东西？这个悟和佛教的空有什么关系？我现在再来谈一下佛学的精神所在，以及这个佛学怎么转化成为禅的传统。

刚才说禅的意味完全独立在表象之外，如果一定要表象，它就以最简单、最直接和最不落俗的方式来表达，比如最早的传说——释迦牟尼拈花示众，摩诃迦叶破颜微笑。"佛"的英文是"buddha"，是悟者的意思。中国的悟，是回到本心。在儒家，这个悟是"仁者之心"，就是自己的善性；在道家，这个悟就是"道"，是一种自然。但是，佛家说的悟，在本体上是另一种东西，悟是大家都可以有的，就看你悟到了什么东西。

佛家认为，只有悟到佛家说的那个悟，才是真的悟。"悟"在梵文里是"bodhi"，在中国翻译成"菩提"；"般若"在梵文里是"prajna"，就是"智慧"，是认识事物的能力达到最高的境界。从般若智慧达到菩提的境界就是"菩萨"，菩萨是悟者。释迦牟尼悟道之后就叫他"菩萨""悟道者"。

释迦牟尼悟到了什么？他悟到人生之悲苦、生死之无常，认为我们必须把这些东西看成是我们的愚蠢和无明。什么是"无明"？我们有欲望、有情、有基于欲与情的知觉和意识，无明是一种阻碍，我们受到它的控制而不自觉，就掩盖了那个真实的本体。真实的本体是不可言说的，因为我们的语言是无明的产品，是用来表述的。释迦牟尼看到了人的生老病死，"苦"是他的基调。

佛家重视的是苦，道家和儒家强调忧，西方的宗教强调罪。佛家人经历这样一个苦的状态，这个苦的状态怎么超脱？就是首先要把这个无明打破，要看得透，不打破这个无明就会造成因果循环轮回。生老病死是无明所引起的行动，叫作"业"，业就是行为、因，有此因才有此果。人在六道是第五个层次，还是不错的。在这种情况之下，我们要把这些悲苦看作因业而生，而要解脱出来就必须悟，悟能解脱因果的无明。要脱离业的因果循环轮回，需要一种大决心大智慧。那么他的认识是什么呢？相对人的一些具体苦的背景之下对生活的认识和执着，那个境界就叫"空"。空在佛学里面不是一般说的空，是把这些执着都打掉之后呈现的一个境界，把人都空化了就是真实，空即是有，空即是色。

为什么追求空的境界？因为当时的生活太苦，三国以后整个生命的流离悲苦不可想象，从佛家来看，就是生命本身的不定性。生命本来就寄托在宇宙之中，没有东西是固定的，都是无常。山可能会歪会倒，水可能会流干，人在这种无常中的挣扎中怎么办，而且还得不到援助？佛家认为最大的援助要靠自己，得到一种脱离生死的超物化，万物为空。在空里面看所有的世事包括生老病死，都是幻。

在六朝时候，有个僧肇，比慧能还早，写了一篇《不真空论》，这是最早的关于中国佛学的文章。他不是禅宗，但他说禅宗并没有脱离佛学的基本精神；要超脱到空的境界，它表现出来的方式是要借助于道家，要通过"象"来表达。所以有人说，禅宗是佛和道相结合的成果。所以它的艺术是这样的，虽然有时候更偏向于佛，但是表象的方式还是道家的那种表象，甚至它的基本的表象的能力和肯定，还是道家的。因为它要承认象的重要性，要接受这个象，即使生命无常，也要接受这个无常的生命的各种形象而予以包涵或者给予显露。所以它表现的境界是空，但不是真空，这个空可以允许所有的有。

这个经历到了中国佛学兴起才实现。因为在印度佛学里面，尤其在小乘佛学里面，就以为是真的空了，就把真空当作一个东西。真空并不是特殊的东西，空是相对于有来说的，它是超越有无的范畴，空不是有，空也不是无。当你更深刻地了解空的时候，可以这样说：空，非有非无，即有即无。即有即无，是道家的表达方式；非有非无，是佛学的开悟境界，只有达到不真空的悟，才能达到化解无明之万相。

到了大乘佛学，才重新认识这个空。我们对空的认识有三个阶段，首先是在印度里面有小乘阶段，其次有一个大乘阶段，最后在中国有一个一乘阶段，它包括大小乘。中国在这方面受到《周易》的影响，包括慧能，他吸收了《周易》包容的精神，这不仅体现在禅宗的六祖，也体现在中国的天台宗和华严宗。

禅与艺术

今天我们怎么去欣赏，或者去认识禅画、禅诗、禅的书法、禅的行为和思想呢？中国文化不完全是禅的文化，但它包含禅的精神，我认为禅提供了人的一种洒脱的境界。如果说道家给人一种自然，那么禅则代表一种知性的接受和拒绝，代表人的一种智慧。智慧就像金刚，所以有《金刚经》，可以有狮子吼，吼是为了使别人震动。

大乘佛学要重新认识空，这里最关键的就是龙树菩萨，龙树革新了印度的佛学。因为小乘佛学把佛学限制在绝对空间里面，让生活只是"自了汉"（即只顾自己者），追求后就不管了。其实空里面东西很多，空也不是能够绝对化的。龙树写了一个《中论》，或者叫《中观论》，这里面就谈到什么叫空。空叫作"八不"，即可"不生不灭、不常不断、不一不异、不来不去"，这个空不真不假。儒家的中，是从内在的本性感受到的真实的中；而佛家的那个中，是从人的内心最深处去掌握最根本的真实，要经过修炼的过程，这个修炼是逐渐发展的过程，是渐悟。

当然，慧能不这样认为，但神秀是这样。神秀写了一首偈："身是菩提树，心如明镜台，时时勤拂拭，勿使惹尘埃。"慧能看后说："菩提本无树，明镜亦非台，本来无一物，何处惹尘埃。"慧能从"相"里面跳了出来，就等于是跳出生死之外、身心之外、真假之外、是非之外，找到一个超绝的境地，显露出莫大的智慧。这样一个空的认识，既超绝又不固定在任何一个绝对的定点上。"超绝"在这里是一个顿的状态，"顿"就是突然的一个知觉，这个顿的状态包含了辩证的过程，用心去体会它，用象来表述它，就是美感的原生物，就形成了禅宗的美学。

这个辩证的过程并没有立即消除，所以到了大乘佛学传入中国之后，很多经典翻译过来，从西域来了很多和尚。佛学在印度为什么没有市场？因为公元 3 世纪婆罗门教兴起，婆罗门教非常讲究阶级，把佛学看作外道；而中国对佛学是丰富，使佛学得到更好的发展，所以这个发展到了第三阶段，就是中国的发展。

在中国佛学里面，也有三个阶段，第一个阶段是天台，第二个阶段是华严，第三个阶段叫禅。印度佛学前面两个阶段——小乘和大乘，到了中国的一乘，就分成天台、华严和禅。

天台重视的经典是《法华经》，它表示每个人都可以成佛，受到了儒学的影响。孟子说，人人都可以为尧舜。中国有一种特殊的经验，好的东西都一样，所以天台和法华能够受到重视，就是因为中国人有这样一个儒学的背景。天台在中国变成了天台宗，印度反而没有。《法华经》是从印度翻译过来的，但它在印度佛学里面没有受到重视，而在中国佛学里面得以发展，形成一部重大的《法华经》。法华也好，华严也好，它们是辩证的空观，而禅宗是一种直觉的空观。

华严看重的是《华严经》。到了大乘佛学，印度的和尚通过想象力重建佛说的那些经，因为印度人是通过口传，背下来，这个人加一些，那个人加一些，是众人的智能，都说是佛说的，其实就是在发展过程中这个宗派的观点。

《华严经》据说是佛说的第一个经典，《法华经》据说是佛说的最后一个经典。佛说法四十多年，经典很多，翻译成中文之后，这两个经典更能吸引中国人。《法华经》说明人的共同智慧，而《华严经》表现一种道的至高境界，因为《华严经》所呈现的原本的菩提境界，是种自由无碍的境界；无碍的境界，在儒家有，在道家也有。

《法华经》代表一种人最平等的东西，人人可以成佛。有的佛教宗派认为，太坏的人不能成佛；而中国人原谅所有的人，这是《周易》的精神，广大，包容万象。因此，中国《易经》的精神、儒家的精神和道家的精神影响了佛学，把它转化成为中国佛学，中国佛学形成了天台、华严和禅宗等宗派。

天台、华严作为宗派，它们要通过辩证的智慧来实现悟的境界；而只有禅宗，才结合这两种来直接表现悟的境界，这个层次更高了。

禅宗的六祖慧能，在举示修行法门时说："我此法门。……先立无念为宗。无相为体。无住为本。"（《坛经》）他说的法门是什么？是无念、无相、无住。无念不立念，无相不立相，无住不立住。佛就是世间，世间就是佛，而不是另外还有一个超脱的世界，这样就非常灵动。世界是个变的世界，又是不变的世界；是有的世界，又是空的世界。这种领悟是变化无穷的，表现出很大的智慧。有人生而顿悟，有人苦一点最后也能顿悟，顿悟之后达到一种超绝独立的境界。超脱生死和有无的境界，就是一种空的境界。

佛的形式，那种特殊的观感，我们多半以莲花来代表佛。慈莲、慈云都带有象征意味，有时候有种禅意，我们可以把它解释成为间接的描述。后来传说拈花微笑，佛什么也不说，拿出一枝花来，大弟子迦叶笑一笑，佛说我把心法传给迦叶，以心传心。我的意思是，我们怎么解释这个世界，怎么掌握它、表达它？有些是"自是"的，禅的美学、禅的经验不一定非要自始至终地表达出来。自是其是的东西，是只画一座山、一条河、一个着袈裟的人、一朵慈祥的云或者一朵莲花。

观世音菩萨，或者达摩的智慧的眼光，这些深度的美感，我们用什么来描述它？有人用空静或者空寂来描述，空灵也是接近佛学的代表，如此来看，我们怎么去描写？用哪种笔法、哪种画法、哪种形式能表现这种空寂、空静和空灵的境界？道家的悠远、儒家的简易又不一样。艺术实际上是表达一种感觉，所以，我们只有在具体实践的情况之下，才能认识一种禅画、禅书和禅诗。

我同意李泽厚所说的，王维的诗禅味很重，"明月松间照，清泉石上流"，为什么有禅意？为什么杜甫的"星垂平野阔，月涌大江流"不是禅？为什么陶渊明的"采菊东篱下，悠然见南山"是道？就是我们用词的时候，有些词会带给我们某些气的感觉，比如豪气壮观。"月涌""星垂"代表一种动作，造化的动作，生命的游行；而在禅里面，不能有这些东西，它只能静静地显示那样一个存在，静物凸显出来的不是生命的创造，它表现的是无象之象。本来是空的，因为空，象就回来了。所以，"明月松间照"什么都没有，"明月"不因为人也不因为其他东西，就是照一下；"清泉"也不因为什么，就是流一下。

还比如"空山松子落"，也有禅味。在空山里面，一个松子落下来，空中有象，先掌握空，再掌握象，所表达的就是这样。还有"相看两不厌，只有敬亭山"以及"千山鸟飞绝，万径人踪灭"这样的诗句，也有禅意。空不妨碍象的存有，它不限制在自然的流程里面，它可以很突然，不受自然的约束。

有的有很深的禅味，有的有禅味，有的有一点禅味，有的没有禅味，有的有一分禅、两分道、三分儒卷气，还有一分英雄气概。人们的感受要从象里表达出来，可以有多种形态、多个方面。如"桥流水不流"，在空里面，说桥是在流、水不在流。在这个象里面，是有矛盾的，可以违反现实。很多公案就是违反现实，这些都是禅的表达方式，用语言否定语言，用逻辑否定逻辑，表现一种自生、自净的深层美感。我说的深层美感，就是它表现一种象，让人们激动、震撼，甚至放弃这种象来达到一个真实，所以它有一种禅味。

我们常说禅味、韵味、神味，我想我要做的就是从哲学的观点给它一个哲学的说明，这是我讲中国美学最重要的一个点，就是要把这些好像说不清楚的概念说得更清楚些、更系统些，把它们的关系说得更完整一点；如此一来，以佛和禅为中心的中国美学就有它一定的地位。因为，它在人生实现自我、发现自我的观感里面，有其一定的格调和境界。所以，今天我们可以把它当作一种很好的美学资源，作为研究对象，甚至从里面汲取创作的灵感。

第十讲　美学的追问

再次设问：什么是美？

美学究竟研究什么东西？

经验和体验的差别在于，怎么把经验整合为整体的体验，整体地表露体验的状态。从主观心理现象来描述，就是快乐自然的状态，被第三者看到也许就是美的形象。发之于身，形之于色，手之舞之，足之蹈之，内外融合成为舞姿之美。

就像徐志摩描写康桥的早晨。朦胧的早晨，本来就是一种美景，但有些人处于其中也不一定自觉到；就像一个女性，也不一定自觉到自己的美。从人物自身来讲，本身有一种素质呈现出来，让别人察觉这是美。但自己觉得美好的东西，也不一定能有知音欣赏。

这中间就有一个沟通整合的问题。

从现象学来讲，中国文化和哲学都强调"主客合一"这一关系。"见"字和"现"字是合一的，这是最基本的认识。这里我强调，美在生活世界中，存在于主客的呼应之中。人生最大的快乐就是知己的快乐，对方知道你的快乐，以你的快乐为快乐，就是一种发现的美，发现之后才是真的美。整体经验虽是就主观而言，但从客观上看，同样也具有一种整体性。美感是一种生命体验，"美"这个字，具有活生生的实感，既是表情、表意、表象，最重要还是一种被表现出来的体验；并非神秘的东西，而是体验过程中呈现的自然和生命特色。

美的东西可以体现为形体、声色、触感、嗅觉等。人的心灵能感觉到整体的快乐，这是一种不假外求的感觉。很多美学家没有把主观和客观的美统一起来。我们要既能分开又能合二为一，统一主观和客观成为一种整体经验，成为一种有形式的、有意义的整体经验。

关于美的范畴，有很多描述，怎么建立关系是最重要的。还是要回复到不同层次来讲：从宇宙范畴来讲，虚实有无就可以落实为美学的境界。像中和也可以是种心性的范畴，刚柔又是宇宙的范畴。任何范畴通过人的意识或感觉，呈现一个象或声音并带给你快乐，而成为美学的意义。美在最完美的意义上，是具有本体基础又能表达具体知觉的经验，并有形式和内容上的愉快的感情和感觉。美所呈现的时间性，带动心灵的一种特殊的注意和知觉，比如气韵生动，或禅悟的寂静，各自呈现了心灵的不同层次。这里无所谓绝对的高低，讲神韵、节奏、气韵等，显示了在不同时空里的不同意境。我们看到的美还是太少，有太多经验等待着我们去发现。

美的境界之不同

只要获得一个整体的经验，把自我隐藏在背后，或凸显出来，都是可以的。西方更注重实物的表达，追求绝对的外部，超越的真理。艺术代表心灵的状态，从画里就可以看出恐惧或快乐。东方更注重向内的心灵超越，表现主观的自我。讲究主客之间的平衡，找出一个点——"中"的状态，深远的中、高远的中、深厚的中，是能包容一切、不执着的空灵境界；无碍而可以包容，它反映最深刻的一种无限。

美是一个代名词，不是功利主义的或以科学为目标的规范，而是超越这些之外的整体经验；是包含主客又超越主客、包含天人又超越天人的一种经验。关于这个，各家有不同说法：充实之美（儒家）、自然无为之美（道家）、空寂之美（佛家），或是生生不息的太和之美（易学），或从主观来说是一种体会和意味，是提升的意境和境界上的一种感受。"意"字是一种愿望，作为物象的意来说，就是发现意义的呈现，比如得意忘象、得象忘言、意犹未尽等。道家的意境、儒家的意境、佛家的意境，这三者之间有微妙的差别。

美是不可以被界定的，它有不同的范畴性；不同的精神现象所呈现的意不同。说了这么久，我们还是要回到美上。我不喜欢把美看成低下的感觉，因为有人说它不是真理，也不是知识。但从《周易》来讲，它只可以成为知识、真理和善；当然，一种美是不是可以成为虚假丑恶？当然可以，但是既然我们讲主客的一致，它会自然地发展成为真善美，发展成别的东西就不成为美的价值。在这个基础上，它的媒介可以是各种艺术形式，并在不同的意识活动中去完成。

中西美学之差别与可共通性

在文化层次上，甚至是偶然的因素，可把美导向特殊的方式。中西在起点和发展过程中都有很大的不同，我们要承认这种不同。在最原始的起点上，人是一种观的动物，他能看，所以中西可以互相欣赏，我们也能获得整体体验——一种大美。但回到宇宙层次，它们也能够被分享。所以从这个角度看，美要通过观和感受来互相交流和欣赏，再加以分析，知道它们不同的地方，那样我们就可以进行一种学习并进行组合，通过虚拟的体验和想象的折射，来创造观感的背景。

只有相互体验和观摩，才能掌握哪一种程度的美，掌握其属于哪一种序列。外国人不能了解道家和禅宗，他怎么能欣赏中国画？它只能当古董。西方的人物画多于风景画，且有历史的背景，我们不理解它的背景，也就无法欣赏并从中得到感通的快感。如一幅画中，哥伦布为什么戴一个大帽子？因为他被封为海军上将。这些都可以帮助我们理解人物背后的精神。

我们在起点上可以有共同性，但在发展过程中有多元的定位，所以要从文化内部来了解。可以比较，但不必要把哪一个作为唯一的标准。创新，就是自己建造一个新的标准，来达到一个整体经验。比如你既要刚又要柔，既要虚又要实，那你的创新是否能够推广，就看你体验出来的形象是否能够让别人认可。

美学理论的意义

美的经验的传播、创造和发现，需要理论的创造；至少要有理论上的可理解性，让我们能从理性上接受它，给美的发现和原因予以美学的解释和说明。美学不是单纯的现象描述，不是现象学，它是本体诠释学，考虑为什么美，为什么让别人感受到美。知识的论述和清楚的意识，可以让我们更自觉地实现一些美。

今天我这里提供一个美学的理论架构，希望能自圆其说，言之成理。我这样做不是说我没有经验和体验，我只是在这个基础上进行了哲学的反思。在这样一个架构之下，中国和西方近代美学有什么成就？

西方美学系统的出现比较晚，在康德之前的 18 世纪中叶左右。在此之前，对美没有整体的描述，只是很个别的体验；在康德之后，美的意识被系统化成美学体系。康德把美学说成是直觉感受，具有快乐的性质。比如我们看到惊天巨浪和汪洋大海，会本能地感到害怕，但美学是超越这种感觉的，它是对宇宙雄美的一种超越的欣赏，超越了伤害和实际现象。如悲剧本身我们不觉得美，但当你看到悲剧中英雄豪情和不屈精神，你就会被感动，觉得人性的美及生命的扩大和提升，这就是美。

当代西方美学，因为环境历史的变化，产生激变，进入革命的阶段，走向抽象和实验，打破形式，反对上帝，表达一种怀疑和无聊带来的惶恐，以及不可控制的情绪，更多是现代人的焦虑和不安；这也是好的，是开拓经验。

在中国，汉代雄健原始的生命力，体现在"发思古之幽情"的《古诗十九首》等艺术作品中，儒、道也分别在之后的时代以各种形式表达不同的体验。到唐代，充满了自信的生命张力。但到了宋代，哲学上出现反思的思潮，希望掌握宇宙真理和圣贤的境界，但理学太死板，表现力不如汉唐，影响了丰满生命力的表现；但在生命真实深度的体认上，宋代甚至超过了前人。到了明清，则表现出一种疲敝的状态，只是保留了某些形式，疑虑更多一些，意境上没有更好地抽象。

中国美学进入近代以后，古典的反思还没完全深入，新的东西又进来，中国传统马上就有失落的感觉，成型的重点在什么地方，这个我是没有办法去评论的。但需要一个整体的理论和艺术创造的认识来反思，这方面大家可以来发挥。但就美学理论的思考，王国维讲的有我、无我之境都不是很完善，但至少从诗词上他已经有所思考；近现代有宗白华和朱光潜，他们同年生，同年死，我认为这也是一种美。我的老师方东美先生和他们都认识，他们各有对美的理解，但也还没有形成整体的体系。除了理论的架构，还要观察和直接接近，没有直接体验是不够的；中国的体验还不够，你们要努力。

宗白华先生是我很欣赏的美学家，有人说他讲的是生命美学，受到了叔本华和尼采的影响；这点与同时代的方东美先生受到尼采影响相似。宗白华专心于中国美学的发展，强调体验各种形式的美，认为美就是一种心灵的开展、放逸、转化，好比心灵融化开来以获得意志的安宁，这是尼采式的美学。而叔本华认为，美是追求永恒的方式，所以美最后是一种形象、一种理念、一种生命可以依托的价值观照。但是对于中西美学如何整合这方面，还是有待探究。他的《美学散步》强调美学上的绝对快乐，这是在体验上的贡献，即我说的美学从个人的经验开始，走向个人体验的整合，再进到建立文化表达的方式，并深化为对生命和宇宙的认识。

这个时代是新的美学开创的时代，我们不要忘记美学有极大的生命力，它与生活息息相关；即使是在后工业化的社会，用美来批判和重建生活方式、生活环境、科学或工业技术，都有重大的意义。我们要从这个角度，来理解中西本体美学的重要性。

第十一讲　从本体到诠释

此讲的主题是，本体美学与诠释美学，这个属于我们的时代，"本体美学"后面多了个"诠释美学"，是因为本体涉及诠释，而我所开创的本体诠释学与西方的诠释学，有相似的地方，却也有相当不同之处。

本—体—本体

这是一个成为真实的过程的概念：首先我就本体的开显做一个说明，这个说明是一种意义的说明；再进行体验的说明，一种经验的说明。对已经形成的概念，我们必须要掌握它的意思，才能了解这是什么东西；然后我们要问，我们怎样得到这个概念。所以，一个是语词的问题，一个是认识的问题。这个很重要，在这个基础上，我再来谈两种不同的美学（本体美学与诠释美学）。

"本体"这个概念在中国哲学里很是普通，因为"本体"二字大家都用。传统上，我们常把"本"当作一个形容词来说明"体"。本是一种性质，体是一种状态，或是一种存有，一种人活着的存有，因此就把本当作一种性质，来形容这个存有。但是事实上，没有这种无本之体。一切都是有本的，所以本体在这个地方应该做一个新的了解，就是说，"本"有它本身的意义，"体"也有它本身的意义，这两个结合在一起代表一种动态的过程，一种从发展到成就的状态。

事实上，一开始"本体"二字并非连用，而是分开的。本就是根本、本根、根源，涉及实践的概念，因为根源是就已经发展的状态来找它的根源，所以这个本涉及一个发生的时间、一个基础、一个来源。

那么体呢？体是一个本体存在的概念，是一种存在的状态；也就是说，这个体是多象限的，不只是一面或一点，它是一个具体而整体的东西。概言之，体就是一个比较完整的存在。因为存在本身具有一种内在同一性，一种融合的状态，一种融合的伦理或是内在张力，所以这个"体"具有一种空间的概念。它就是实际存在的状态、实际的事物；事物是一个体，事也是一种体。我们现在说的"体系"，就是指一串事件或一串关系构成的一种结构，体也就是一种结构化的事件，这是体在更高层面上的认识。

传统上用"本""体"二字，从甲骨文到《周易》，都有很好的说明。在《周易》里，"元亨利贞"中就有这种概念，"元"就是开始，有本的意思。而体，你看那卦从太极到两仪（即乾坤），乾开始也就是一阴一阳，一阴一阳或许是个体；"一阴一阳之谓道"，那这个"道"就是体。体是一种活动，是表现出来的，不是说出来的。"一阴一阳"出自《易传》，因为乾、坤两个卦是表现符号，是象征出来的，而且用的是三爻，天地人为一体，天是一个整体，地是一个整体，人也是一个整体，天地人或许又是一个整体，本体里面包含着这三个整体。

从逻辑上讲，"本体"这个概念相当于"天地"这个概念，却不相当于"白马"这个概念。白马非马，公孙龙是把两个概念拆开，"白"是一个实的概念，"马"是一个实的概念，我们看马不能只看马的形状，而是看它整个存在状态，但他却把命题说成，马是一个命形，白是一个命色，都把它看成一个实的概念。事实上，在开显的过程中，马不是一个实的概念，而是一个体的概念，所以这个"体"的概念是很好的。

《易传》里说道："君子黄中通理，正位居体，美在其中，而畅于四支，发于事业，美之至也。"这个体的概念就出来了。居体而处，能够掌握，能够存有，能够和它一起，能够存乎其中。中国这个"体"字很有意思，它就是一个本体的存在。

总之，本体是从本到体的一个过程，过去把它当成一个直觉的真实，当然是可以的，但这个真实是怎么来的，为什么是这样的东西，这就是掌握了它的内容后，要有一种重新的说明和诠释。本体是要说明根源，实践力、创造力形成的一个存有的事件、因素，或存在的事物。所以，这个本体带有一种时间、空间的结构，也带有一种宇宙发生的存在方式。

本是体也，体是本也，本在体中发展，本体是一种动态的，是一种发展的。既然是发展，所以它可以包含，可以扩大，可以形成一个体系，所以抽象地来讲，它是一个体系。我们要抓到它的本，本是一种变化的能力、一种发展的动力，我们要认识到这个是关键，这样才能形成一个真实。所以，有本有体才叫作真实，反之就不是。

本体体验的步骤：观—感—思—觉—通

我们对本体的概念已经了解了，但是怎么能够达到这样的概念？对概念的了解，我们都是从我们的感觉、经验开始的。当然，我们感觉到的是什么样的东西，传统上按中国人说的话是，感就是人与生俱有的一种吸引、一种能力、一种意识。

这里牵涉到很重要的是我们对"认识"有一种前提假设，假定认识是：对人的存在和世界的存在两种对立关系的认识；就是说，人已经有意识了，而那个意识的对象就是这个世界——这个意识要有对象是大家都感觉到的。但是，把"意识要有对象"当作一个命题提出来是在现象学之后，这就涉及意向性的问题。

那么，我们的意识是不是也是一种意向？还有的问题就是，有没有无意向性的意识？有没有有意向性的意识？首先我不管这个问题，我的意识是指要有意识就有对象好了。至于那个意识是意向性的还是非意向性的，那是另外一个问题。

什么叫作意向性？什么叫作非意向性？这点可以说要深入了解人的心灵存在的方式。有时候一觉醒来精神很好，也没什么怀疑，就接受这个世界，这是直觉的一种感受。当然，如果不好，一觉醒来你会昏昏沉沉，会怀疑，好像我们不是真正醒过来，不会马上知道我在这个地方。很有意思的是，人在半醒状态到全醒状态有一种觉醒，中国哲学常提到这个概念，醒过来掌握到自己，掌握到自己的真性。孟子就说，在早上的时候人有种趋善的能力，一种自然地对事物的关怀、仁爱，充满了一种对事物的同情感。

但不管怎么样，人是从一个浑沌的状态，变成一个全面比较觉醒的状态。把人和动物相比的话，你不能说动物没醒过来，只不过是在体的感受之下，它们接触到的环境很小，对认识环境和事物的能力有限，所以动物有没有自我，这是西方哲学家所关心的问题。在中国文学里面，动物是有自我的，但它的自我不高，要修炼，修炼很多年，就像《白蛇传》里面的白素贞一样，说不定还会打回原形，这就麻烦了。动物有时候只是懵懵懂懂地知道有外物入侵，它就一直躲避，但它不知道如何躲避；人不一样，因为人有认识能力，就可以找到一个安全的地方，去跟环境奋斗。所以人和动物是很不一样的。

意识有很多种程度，有的只有一点点，有的有很多；意识多就看得广，认识得远，其能力就比较强，然后就把内心那些存在的功能体现出来。就像人作为一个存在的主体，他看得越多、经验越多，反省能力也会越强。当然，不是说每个人都这样，但这都是可能性。这是很重要的，就是说你能反省自我，掌握了自我更多的内在的能力，自我更多的内在的信仰，这里面就包括，从感觉到情感，从情感到意志，形成一种意志的能力，于是就把人的内在的自我充实起来了。

人的内在开显，不是一开始就有的；如果一个人没有自我反省的活动，他可能就无法建立更完整的自我。自我需要一种创造的能力，这种创造的能力发展出来，跟外在的经验有关系。自我是相异于外物的、心中的动力；假如我什么都没听到、看到、学到，我怎么能掌握我的自我呢？他只能用有限的环境来相映他的感受，当然他也可以达到很高的境界，但是他并不能将他的自我更深地表达出来。即使是一个和尚，他也需要化缘，需要人间事，才能够掌握到他的本性或本体，不然还没有认识，又怎样悟？因为这个悟不可能是空悟，是需要一点认识的。

从这个角度看，认识本体的这两个功能，事实上是最基本的，这当中有五个步骤：

第一，"观"。就是说，我们要观外面的事物。观的时候不一定要意识到什么，但你要知道外面存在的世界；不是说你要选择，而是说你要能够接受，open mind，以一种开放的心灵来接受，这叫作观。人有观的能力，就是他能够接受这个世界，只有人才能观世界。所谓的"观世音"，"观世"这两个字挺有意思。观世界，看到万物林林总总，还要看到它们之间的关系；即我们不只看到万物，还要看到万物之间的关系。什么在上，什么在下，什么在左右，什么在前后，然后要观这个变化。观变化，这个事物是在变动的，所以观包含着静态、动态两种运动。这个就体现在人之间，让人们了解什么是存在的意义。

第二，"感"。因为观，而有感，这个感是感觉性的、自然的。比如说你看到外面天亮了有光，有种朝气的感觉，一种希望的感觉；而天黑你会有种畏惧的感觉；看到这个花开花落，可能又会有心情低落的感觉。亚里士多德说，"哲学起于惊异的经验"，要有惊异才会有敏锐感觉，因为每个人看到的东西都不一样。

第三，"思"。感觉是什么东西还要品味一下，就是思；就是从观到感、从感到思的一种启发的思考。基于观、基于感，我们产生一种思考，这个思考就会问：这是什么东西？为什么是这样的东西？我怎么去再认识它？我要用什么态度对它？思是慢慢去扩深、去掌握的，所以这个思也是人的自我实现的一个功能。越思就更多问题出来，思也帮助你活在这个世界上，是一种思辨、一种自我对话，思还牵涉出一个更深层的东西——"我的意识"。

第四，"觉"。"我的意识"是一个本体的我的意识，不能把它摆在一个分裂、矛盾的状态，而要把它变成一个自我的场域；我的意识就是我存在的一个基础、一个思辨、面对观感的一个体验，从内在思辨开出自我认同，再进一步观察事物。因为有了你自己的这种思辨的自我、这个基础，一方面你对外面事物认识的方式会受到经验的规范和限制，你会把事物归纳成不同的类，会因此掌握事物的规则性，这些规则性的来源可能是因为你内在有个思辨的能力和分辨事物的能力，这样才能看出事物规则性的问题；而且事物在变化中会产生变化的规则性，变化中的关系是什么，这也是问题。所以，这是从内到外，从外到内，再从内到外，依次循环的过程，也就是一种学习的过程。从这个学习中，你才能产生内外互通。

第五，"通"。以上说到认识本体的几个基本的过程，一个是观，一个是感，一个是思，一个是觉，最后一个就是"通"。内外相通，就形成了一个对"外在的本体"的认识，以及对"自我的本体"的认识。自我的本体，就是自我；外在的本体，就是宇宙的本体。两者又可以看成一体，即一个本体。当这个本体的体验发展到很高的程度时，就会觉知到，自我的本体包含在宇宙的本体之中；也同时觉知到，宇宙的本体包含在自我的本体之内。

本体体验之"万物皆备于我"

当我说"万物皆备于我"（《孟子·尽心上》），西方人都会问，这句话是否受了什么唯心论的影响；实际上，"万物皆备于我"已经是一种观感、思辨，是一种深层的感受。就是说，作为主体的人，这种感受可以透过观与感的方式表达出来，也可以透过思与辨的过程表达出来。所谓辨，是用语言分明。思辨的分明，也就是运用一种抽象的语言符号进行表达，当然必须说，语言也是在人际沟通的思辨中慢慢产生的；这个思辨是一个理性化、沟通化的过程，是人际心灵之间的沟通，也是所谓的理解的问题、相互诠释的问题。

"万物皆备于我"，是说我感受万物在我的"体"之中，我是"本"的呈现，并向万物展开，万物也因而直觉呈现在"我的本体"当中，突显了我"形"包含的本体的完整性和无限性。这是种感性直觉的语言，但可以用逻辑理性的语言来予以说明，一如黑格尔（Hegel）之所说；当然，我们甚至也可以把这理性的解说变成一套复杂的理论。

康德在这个地方也有他的贡献。孟子说"万物皆备于我"，我们现在诠释说，这是非常复杂的理论；而康德认为，我们心中有一些内在的范畴——这些范畴经过很长时间酝酿，逐渐形成了相互关联的体系。如亚里士多德在古代，已经就他的经验与语言的基本范畴进行了一些整合。事实上，古希腊人在发展语言时就已经有了这种整合。任何语言在发展的过程中都有这种范畴的整合，只是人们往往不自觉而已。

所谓的哲学家，就是一个翻译概念、思辨的人，一个概念的翻译官。思辨的哲学家与观感的哲学家当然不一样，这就是美学跟本体学不一样的地方，但他们都是属于哲学的思考。哲学就是一种观感、思辨、会通之学，重点不必相同，诠释也可以有异。但不管怎么样，假使我们把这个内在的范畴体系逐渐发展出来，外在世界的万物也必自己相应，事实上我的本体规范了，而万物也充实了我的本体，"万物皆备于我"就有这双重意思。

本体体验之"吾心即是宇宙"

陆象山在以上基础上甚至说，"宇宙便是吾心，吾心即是宇宙"（陆九渊《象山先生全集》），此一中国哲学的话语，把主观和客观合而为一来谈；它的意思不是要把外面事物变成我心中的，而是从本体论来谈，本体的观感与本体的思辨都能认定，"吾心"是个本体，"宇宙"也是个本体，两者在观感与思辨下合而为一，因为宇宙因我而有观感，我因宇宙而有思辨，"本体"更深刻地呈现了。

什么叫更深刻？"深刻"就是指"本体之本体"，就是看它怎么来的，它怎么形成的。不管是从客观的角度还是从主观的角度，我要问自己怎样形成的，宇宙怎么形成的。我发现，其实它们形成的方式都是深刻地一致，因为都是在原来的源意识上面说，它们一样可以用《周易》的阴阳范畴来理解，故在范畴上是合而为一的，在逻辑上是动态发展、整体化的，同样在感官上则是一种直觉，可以说是两个本体互相悟了，悟了之后才与世界没有隔阂，就像我与人一样没有隔阂。因为我与世界没有隔阂，所以我与人也没有隔阂，悟就是悟此点。

人与人可以同时互动，达到一种悟的境界，彼此相互超越，也自我超越。我们感悟万物也是如此。这样，我们就可以掌握到事物之间最后的那个真实"身份"（identity）。这种感通性，当然有层次的问题，但如果你已经有了那些我们在理性沟通上需要的范畴、观念，所欠缺的是如何把它们用在具体的事物上，不是清除或消解自我扩大的完整性，而是在气态上包含天地万物和差别性，这就是生命真实的体验。

"体验"就是以上说的主观的、自我整体的思考，体验还不是经验，经验是外在于自己的一种感受；体验一定涉及自我本体对外在事物的认知，所以这个体验是从"体"的开源来说的，"验"就是一种自觉的认证或是一种确认、认定。只有在对一个事物整体的认识之下我们才能确认，最后确认到我的本体和万物的本体，确认我的本体和万物的本体在最深的体验之下是一致的，可以合而为一的。所以才能说，宇宙便是吾心，吾心即是宇宙。

这也就是主观与客观之间的相互沟通。我的存在、人的存在与宇宙的存在相互关联。就分析来讲，我们可以用这样的方法，来了解儒学里面的本体概念，并尽量把这个本体概念用在西方哲学、中国哲学与比较哲学中。

本体体验的层次：佛教八识及第九识

我认识一个朋友三十年，而这个朋友打坐超过三十年。他不是学术界人士，而是商业界、企业界人士。这类人会考虑到，如果我失败了，我怎么处理这个问题？我就自杀呢，还是什么？还是重新再来？一说到再来，这就表示要肯定一个内在生机，支持他的再发展，他要找一个东西，他要找为什么存在。所以他很早就对佛学有兴趣，对禅宗有兴趣，在禅宗、佛学、易经、密宗等方面都有涉猎，他就是出于自我内在的体验。我觉得他有一点说得很对，就是他说，自我的存在是有层次的。

佛学唯识宗肯定"眼耳鼻舌身"，是五官、五蕴、五觉，也就是感觉，最早的自我就是这五样东西。有人把听觉当成他的自我，有人把视觉当成自我，有人把味觉当成自我。比如美食家，就把吃东西的那个美当成自我。

更深一层的还有一个自我，就是"意"，眼耳鼻舌身意，最后那个意的我。这个"意"总合了前面五个感觉。

那意之后呢？是"我识"（即"末那识"），就是意所以生的那个存有，使意识升起自我意识，是我的存有。意识是有意象性的，你要做什么，你要怎么判断，就像我刚刚说的，它表现出体验的能力。

意底下有我识，那么我识之后还有没有其他东西呢？我的那个朋友在他的感受当中，在他打坐的体验中，感觉到我识之后还有一个所谓的第八识，那就是"藏识"（即"阿赖耶识"）。藏识是不自觉的。我的那个朋友想通过打坐寻求藏识，他打坐，首先要消除眼耳鼻舌身这五个觉，然后把意欲消除，就变成我识，就只是一个没有内涵的我的存在；那把这个东西再打掉的话，是什么东西？是一个潜在的我。所谓藏识是否为一个蠢蠢欲动的我？这是一个问题。

但还要进一层，藏识之后还有没有东西？中国佛学在《大乘起信论》里面提到，有个东西叫作第九识，或叫作"净识"（即"阿摩罗识"）。如此，则有净识变成染识的问题。染识要变化成为我；而净识是不变化的，它没有变化，它是原始的我，是还没有熏染成为种子的我，是最本体的本体，它是否可叫作我呢？

从佛教的本体哲学来看，人的最原始有一个相应的最高境界，一个至善至美的境界的本质，那个本质就是"净识"，也就是我们说的"佛性"。这个佛性可以不发出来，它是一个潜在的状态。如果要发出来，要经过一个很复杂的修炼过程，要经过一个长期的修炼的过程；不只是自然的发展，还需要一个不断反思、不断磨练、不断交往、不断沟通、不断奋斗的过程；甚至这个过程是一个痛苦的挣扎的过程。

这里面也可以有个体验的了解。在人死亡的过程当中，也许最先丧失的是人的五官的知觉，你慢慢听不见了，也慢慢看不见了，但你还存在。人在临终的时候虽听不见，但还有微弱的意识活动，不要以为他听不见了，也许他还有讲话的愿望。虽然其他官觉丧失掉了，但作为他的那个意识还在；即使一般的意识丧失了，但我识（我的执着的意识）还在。一旦我识完全丧失，人也就死亡了。这是一个整体消解的现象学过程。

我跟我这位朋友说，生命可以看作一个对空无"反其道而行之"的过程，最原始的状态可说是本，一个空无、不定但开放的状态中的生力逐渐成长发育，然后恍兮惚兮，到了其中有象、其中有精、其中有境，身体逐渐形成，五官开始运作。生命反思这样的历程，产生了自本源而体化意识，这是对生命的肯定，对其发展起点与过程的肯定。这极为重要，这是对一个生命发展的认识与论述。我想主要说明，我们可以想象体验这个过程，这个想象的体验，也可以作为一种修养的体验；而且，这个体验还具有一种规范性，就是我们有了体验之后，我们还可以界定自我的规范，以及认定人的善性，人有一种最高的善性，并以之为价值的根源。吾人追求最终的价值，这种价值对自我来讲，是自我的完成；对他人来讲，是一种对至善境界的规范。

这个价值是我们所必须执着的，这样就可以了解到：相对的那个最高境界的价值，应该有相应的"本"在开源，那个相对的最高价值，就是完美；而为完美的"体"的开源，体现在所谓"正位居体"的体验上，"黄中通理，正位居体，美在其中，而畅于四支，发于事业，美之至也"（《周易·坤·文言》），这几句话显现出一种生命切合于世界，找到它存在与发展的位置的生动感受与对生的意义的信念，也代表生命最充沛的状态，这就是深刻的美、深处的美、动态发展的美，而且这个美已经实践出来。所以，体是本的美的实现，本是体的美的触发与萌芽。

本体的诠释：心—性—理—气

我们现在了解了，说本体是可以体验的，那什么是"诠释"呢？

对于诠释，我是这样来看的：诠释其实是相对于本体来说的。本体所呈现出来的在人的面前的是一些体验；但本体呈现出来的一些形象或现象，可以说是缤纷多彩，因为每个人体验本体的状态不一样；而且这个本体包含的内容——是从心灵来说本体，所以是心灵的状态——很不一样。心灵的状态，从一个比较完整的角度来看，就包含着知、觉、感、情、意、念、思。

事实上，中国哲学发展的心性之学，是总结了一个中国人对人的体验，是对人的存在的本体的认识，也是一种自我的认识。从孔子到孟子，这个心性之学，已经有了很大的发展。

孔子讲这个"性"，含蓄地讲，就是"人之生也直，罔之生也幸而免"（《论语·雍也》）。人生来就是直的，这个"直"很重要，直就是自发表达他自己；生是什么？"生"就是一个创生过程，创生出来一个表象。"罔之生也幸而免"，就是说人生来就是直的，假如你出来之后不直，不能表达自己，或是说不能够把自己的本性表达出来，而能够存在下去，这是"幸而免"，只是一种偶然的状态，只是一种不很正规的状态。所以你看孔子讲得很清楚，"直"其实就是一种善性。

后来孟子说："直养而无害"（《孟子·公孙丑上》），自然发生、自然呈现的一种状态，它呈现的本是一种原初的"性"。性怎么形成的呢？在自然发展过程中，涉及本体的问题，这个性的发生，或者是人成为人的发生，事实上就是《周易·系辞》所说的"继之者善也，成之者性也"。善是直接呈现宇宙发生、创造的能力；而保存这个能力，就成为它的性；万物各如其性，就是说万物在发展当中，在整个时空里面，它们各自能够掌握宇宙给它的一种性，这种性的能力说到最后，就是"一阴一阳之谓道"的一种分化的状态和能量，有显隐、刚柔、动静、正反、曲直等两面。

所以"性"是本形成的一个过程，一个自然的状况，那么把性的本体连接起来讲的话就是，从生，从本，有生然后有性，有性然后有体，我们简称就是一个本体，或一个本体发展过程。就人的性来说，有了体之后，才能够观感、反思，形成心性之学，所以心是从这个反思里面出来的，不是先天就有心，心是一种活动，是性的一种活动，所以我们不能够把心性分开来讲。

其实我不太同意牟宗三先生"只存有而不活动"的说法。在中国哲学里面，是没有把"我"当成只是存有，而没有活动的。《周易》哲学发展存在就是活动，存在本身就是一个创生的过程。任何存在没有表面活动，它只是一个活动中的一部分。一阴一阳相应，有阳，才有阴，或是在开显的过程中一阴一阳出现，那怎么会没有活动？朱熹并没有离开这个体统。所以，牟宗三先生讲朱子的理气，就讲得不是很透彻；那现在我把它更具体、分析地讲。

事实上，朱子讲的是"理气不杂不离"，他并没有只讲气或只讲理。理不能不生气，气不能不带动理，如何带动？朱子的譬喻固有不妥，但他说明的仍然是"理在气中，气在理中"，最根本的还是有一个动之源的概念，当然这个东西你叫它元气可以，叫它元理也可以，但要有理，势必有气；有气，势必有理。事实上，就是理气不离而互生。

这跟一阴一阳是一样的，没有阴哪有阳，没有阳哪有阴，所以朱子怎么能只讲存有不讲活动？这点我觉得要深入去看这个本体，没有这个本体的认识的话，我们就会产生错觉。当然，朱子有时把理看成心之理，因而把理看成心灵本体的"空灵境界"，超越了思虑、计量和情意。但是这个心灵本体的空灵境界，事实上也是心的一部分，与心的活动潜然贯通。心发无理，如何成心？理不发心，如何为理？此外，心跟性有一个密切关系，理在心中，性发生心，如此我们也可说性就是理。

简言之，"理"是宇宙的本体，"性"是人的本体，"心"是"性"的本体，因此，"心"的本体是人的本体再发展而成的人的本体，以及人的本体的核心；心性基本上是贯通的，既是一理贯通，也是一气贯通。概言之，就是"心—性—理—气"的贯通。

我们现在说，人的心性是本体表达的方式，何以可以称作"诠释"？就是说，心诠释性，性诠释心，把这个生看成是理的开显，生就是理，理就是生。当我们说，理生性、性即理的话，就是用性来说明什么是理；假如说，理即性的话，就是用理来说明什么么是性。

这个"即"字是怎样一个实指的字？就 semantic（语义）来说，"即"字的两端是可以互动的、彼此相应的；就是说，"性即理"就是"理即性"。当然事实不是这样子，因为理更深刻点；性是天地之理、天地之道产生之后的性、万物之性，然后性再产生心。所以从整体来讲，就是性后有心，心后有知，知后有意，是层次上的概念。

所以说，心即理，理更深刻点；性即理，还是理深刻。

我们说心就是性，这是层次上的概念，当然没有错；心即是性，性是理，那么心就是理。在实践上体验上来讲，心可以成为理，这也是没有什么问题的。所以这里我并没有把这两派，程朱（性即理）和阳明（心即理）两派绝对化，它们是相对的。

那这里我提到一个诠释的概念，这个"即"字就是一种诠释的意思，比如"性即理"，是用性来诠释理，或者也可以说，是用理来诠释性，因为即是一种直觉，一种本体的直觉。

本体诠释学

诠释是一种认知的分析，一种理解的分析，就字面上来说，"诠释"有两个意思。

　　一个是"诠"，就是在语言上表达出来。语言是一种理性的行为、思辨的行为，能不能表达得出来很重要，因为我们要沟通，人跟人之间要产生一种沟通的行为。正因为沟通的需要，产生了符号体系，而语言是其中一个符号，是一个具有意义层次的符号，《周易》的八卦是符号，六十四卦也是符号，对符号及其表象的意义进行说明，就是诠释。说理也是诠释，是表象诠释的另一种方式，但都是用语言来表现。当然诠释不一定要用语言，比如用现代舞来诠释生命，因为舞蹈也是一种符号，是一种符号的表象。诠释是强调语言的一种表象。

　　另一个就是"释"，就是释放出来，把关系显示出来，所以也是种表现。用语言表现出来也叫作"译"，叫作翻译。"译"和"释"这两个字右边都一样，都是"睪"字。"译"字左边是"言"字，就是用语言说出来；"释"字左边是"采"字，也就是一种释的存在，好像是要把它表象出来、释放出来、显露出来。

　　这跟德文 Auslegung（诠释）的意思一致，后来海德格尔用 discloseness 把这个意思透露出来，discloseness 是自然的表达，发现什么东西，把它打开，本来在那里，原是如此。

　　所以，"诠释"有把原来的东西还原，把现象还原成本来的样子的意思，这当中你要把它再演绎出来，还有翻译的问题。演绎、翻译，这个意思是说还要再把它衍伸一点。所以诠释就是，一个是发现，一个是展开；或者说，一个是还原它原来的形状，一个是展现它发展的状态。因此我们可以说：本体诠释现象，现象诠释本体。说本体诠释现象，是说本体能够诠释说明现象之所以为现象；说现象诠释本体，就是说现象能够说明本体之所以为本体。

　　就像当初伏羲画卦。由天地万象、万物之后到八卦，八卦演绎成六十四卦，这是演绎，这种演绎在我说的那种诠释之中。演绎者要诠释一个更深的东西，就是"易有太极"。这个变化的宇宙，它一方面表象成六十四卦；另一方面，为什么它的变化是这样一种变化？因为它有个程序，透过我们心灵的认知，我们发现，宇宙的感觉就是那个变化的宇宙，它有一种能力不断变化，那个变化的原因是什么？就是本的概念能代表的，太极就是本的概念。易有太极，是说变化有个根源，但在现象中透露出来。所以，本的概念也是现象诠释出来的。

　　诠释的概念具有一种本体意义、本体意味。事实上，是本诠释体，体诠释本。我把"本"看成动态的东西，而把"体"看成本的发展的成就，这是一种自然的发展，因而是一种自然的诠释；诠释就是一种自然的展现，一种自然的整合。在语言的层次上，是用语言的方式来表达，是一种语言意义的整合，一种语言意义的展示，这就是诠释。

　　我认为有两种诠释，即"自本体"（from ontological）的诠释和"对本体"（to ontological)① 的诠释。假如我们有一个对自我的认识，对宇宙的认识，那我们要诠释的对象，是一个新的事物，这个事物可以是不同层次的东西，可以是个文本，也可以是一个自然存在的现象，那我们对它的诠释就是：就我知道的、认识到的一个事物的整体的体悟或理解来说明它。"说明它"的意思就是，怎么把它包含在我们的体系之中，说明它如何与已经有的事物之间的关系。

事实上从吾心来说，我们追求的就是一种整合。哲学诠释学的大师伽达默尔（H. Gadamer）也是有这个意思，interpret 就是 integrate，诠释就是去整合。比如他所说的 horizon（视域）②，虽然他没有具体开展出来。我想这句话可能就是，因为我们可能沟通的一个本体，在这上面有新的经验，所以我们才能够产生一种共识。

比如，我们看到同一个风景，我们就说我们看到什么；当我们有很多阻碍，我们不叫山，我们叫它另外一个名字，就像另外一个语言叫 mountain，我说我叫山，那就要经过一个翻译了，你这个 mountain 是什么意思，是山吗？他也不知道山是什么意思，就讲 mountain，所以最后你要说，喔，原来你的 mountain 就是我的山。这是语言的存在现象。

有很多很多原始语言，比如兔子叫作 gabaguy，gabaguy 是什么呢？是讲兔子还是讲那个在跑的兔子，还是那个红色或白色兔子？也可能，因为语言有规范性，规范之后它就确立在那个地方，那你要搞半天说，原来 gabaguy 是种白色的兔子。那假设它不叫白色兔子，它可能有另外一个名字，gawa 什么的，所以我们要小心一点。

所以，要经过一个分析的、参考的 imagine（想象）来配合，才能够说是还是不是。至少得到这样的一种结论：需要一个人或两个人之间的沟通，当然要假设两方都很成熟，不会不高兴就说你是笨蛋，说两个人讲的不是同一个东西。其实起初往往我们说不是一样的东西，最后还是一样的东西，只是我们还没有达到一个深刻的沟通。

我不相信人完全不可以沟通，只要我们有同样体验的心情来参考，基于那个人能够跟宇宙相应的本体。第一，我们都是人；第二，我们在同一个宇宙之中。基于这两点，应该说，人跟人的语言、人跟人的观念，在理论上都可以沟通，只是相对的不可沟通。

相对的不可沟通的发生，就是不可共约性（incommensurability），不可沟通就是说不可化约，因为 measure 就是一种测量嘛！这相对的、对立的情形是有的，你讲的是方形，

① "对本体"（to ontological）是"基于本体的诠释"，"自本体"（from ontological）是"寻找本体的诠释"。西方的或古典形而上学体系，均属于前者，就是先有一个本体的概念，然后用来解释外部的世界；而后者是没有任何预设和前置的，只是在反思的过程中形成一套世界观，这个世界观与个人自我观结合在一起，就成了"他"的本体。这个本体是个人诠释、找寻、归纳外在世界的依据，当"境"不断转化时，本体概念的内容也随之发生改变。所以这种本体是动态的"自本体"，而不是静止的"对本体"。

② horizon 是现象学运动中的一个重要概念。胡塞尔的 horizon 是狭隘的、"平面"的。胡塞尔之后的现象学运动进展的一个维度，就是这种 horizon 不断被扩展：伽达默尔将历史的因素补充进去，提出了"视域交融"理论；海德格尔则对 horizon 做了一种立体的扩展，horizon 成了人们存在的境域；梅洛-庞蒂在海德格尔存在论的基础上，指出厚度、身体、他者等不可见者都是我们存在的 horizon，丰富了存在的理论；德里达则批判了胡塞尔、海德格尔等人在场的形而上学，将不在场纳入 horizon 之中。horizon 的扩展，极大地改变了现象学的特质。

他讲的是圆形，方形跟圆形怎么相等？其实在某些转换的情形之下，能够把方形变成圆形，把圆形变成方形；而在没有转换的情形之下，没有相对的某些条件，方形就是方形，圆形就是圆形，你说的就是跟我说的不一样，那么人们就是因为这样的不一样，产生一种隔阂，甚至产生一种冲突。

但我们现在就是要说，《周易》中的六十四卦，每个卦，都可以等于另一个卦，只要有充足的一串转换的原则，因为有变卦嘛！它有些基本原则，那这些变化的原则你若能够先去规定，任何卦都是可以沟通的，都是可以相等的。也就是说，如今的处境跟另外一个处境，都有一个相关性，在逆境之中，经过转化有朝一日也可以变成一个顺境；那么顺境再经过一些因素、一些转化也会变成逆境，所以不要以为你永远都是逆境，也不要以为你永远都是顺境，会改变的。我们要找到那种改变的因素和条件，如果还不能有成就，是我们努力不够，或是机缘没有，当然这种情况很多，往往造成很多不幸、很多痛苦。

所以我现在就是说明这个诠释学，是这样一种认识！它有很多意思，抽象的意思就是一种演绎，一种解说。这种解说有两种方式。用本体来诠释现象，用一来诠释多。在多里面找一，就是用一个更简单单纯的活的概念，去诠释多的概念；在一里面找多，就是你看到这个东西，你用更多事实说明它的现象。诠释学不仅偏向于一，偏向于本体，当然也会偏向于多，偏向于现象。

一种诠释的方式是"对本体"，就是从我主观的观点，从我已有的，来说明这个我发现的新的经验、新的文本；我是就现有的体系来说明它。事实上是我跟它融合，我让它来将就我，那这个我要变得很丰富才行，你自己没有一个体系，没有已经形成的一种自我的意识、一种生命意识、一种学问、一种资源，你怎么去说明这个六经（"我注六经"，陆九渊《象山先生全集》）？所以这种诠释，就是我来确定其意义或价值，当然我们也可以说它是一种演绎的方式。

另一种诠释的方式是"自本体"，对外在的世界我们不了解，我自己也没有东西可以说明它，那么所谓诠释实际上就是一种探索，就是我尽量去认识这个世界，透过一个观、感、思、觉、通的过程，然后来和外在的现象进行一种对话。好像我们中国这个古文，中国这个诗，假如自己心中没有东西，胸无点墨，但是因为有好的老师，那我可以去学习，然后就慢慢对这个诗的意义、诗的境界有了掌握。掌握之后，就发现这就是一个完整的世界，那么更进一层，就是我的世界。

我想最好的诠释就是本体跟现象有种融合，有一种丰富，也有一种简单，同时这个简单是已经深入进去，达到简单跟丰富的一种一致性的调和，一种彼此相互间的调和，这样的话是最好的事情，所以诠释学与本体论具有根本的一致性。

总体来看，诠释有两个方向，多中求一，一中求多，从自我到对象，从对象到自我；那就是我的本体诠释学中现象学的本体，而诠释则是本体的一个沟通活动。所以，本体诠释学包含的内容很多，包含一套本体学，一套诠释的认识论，从这个角度看它不排除一套方法论，但它和一般的诠释学不同，它强调本体的重要性。

我想这点跟伽达默尔不太一样。因为伽达默尔的诠释学基本上算是历史诠释学，他只是一般的综合，他是要把历史经验摆进去，他对历史有个新的认识——历史是出产经验的。"实效历史"（wirkungsgeschichte），历史在我身上，我们背负这种历史；历史也是一种传统，传统的历史本来就是一种传递，那我们背负着这种历史的传统，我们就是文化的再现。

这当然说得有道理，因为我们的自我就是从我们生活环境里面出来的，生在那里，就可能受到那个地方的影响。我们的自我很大一部分与我们的传统有密切关系。当然，有人认同传统，有人不认同，但即使你不认同传统，你还是传统的一部分，因为你的基层还是传统，完全脱离传统就脱离了人的生存方式，这就很困难。事实上，只要存在，就会受到存在过程的影响，所以我们很难脱离这个传统存在的影响。

因此，偏见也会存在，这是自然的。我们从伽达默尔来讲，主要的目的是打破我们的偏见。我们要向他人学习，因为我们要建立沟通，因为每个人不一样。假设是相对的不同的历史传统、不同的文化传统、不同的艺术传统、不同的宗教传统、不同的语言传统，我们怎么打破？伽达默尔对这个打破的可能性没有说得很多。它为什么能打破？什么时候将它打破？他应该问一个康德式的问题：What makes it possible？

这样看来，伽达默尔是在告诉我们说，他在本体论上基本是继承海德格尔的存有论。就现实来讲，即就我现实的感受来讲，这个现实自我，这个存有，不是一个本有，而是一个实有，所以他只重视这个实有的存在；而实有的存在，已经是一个文化的存在。这个文化的存在，其内在已经有一些资源让它能够跟他人对话，能够扩大，能够建立种种所谓信息的视域（horizon），它这个积累就足够成为一个存在的自我。所以有这样一个实有，有历史的实有，有文化的实有。但这里头最后的一个关系是什么？它们中间的关系是什么？它们有哪件事融合？为什么具有这样融合的能力？这些问题并没有解决，而本体诠释学就是针对这些问题来探讨其内涵的。

本体诠释学还有一个更大的作用，就是实现西方的本体论和中国的本体论的沟通。事实上，西方本体论有两个大方向，一个是在古希腊传统里，古希腊传统是一种对象论的传统，也是一种抽象论的传统。所以本体，或者说那个 being，那个存在，是一个抽象的存在，是外在对象的存在。亚里士多德说本质也好，说一个永恒的真理也好，它始终是一个外在的东西，因而是对象论。

那么到了中世纪呢？西方本体论透过犹太教、基督教，把存在的本体超越化为上帝了，最真实的东西是在天上，是在超越的天上，于是有了超越的本体论。事实上，柏拉图已经有一个超越论，一个理念世界，与感觉世界形成两个世界。但古希腊人是把它看作外在的世界，至少亚里士多德没有像柏拉图这样的超越，他还是强调一个对象论；超越论，则在柏拉图、基督教那里显现出来。

到了近代启蒙时期，康德又回到自己，把外在拉回到一个理解的自我，海德格尔则进一步把康德的自我加以存有化。因为康德的自我理论里面有一个统一的问题。比如，人的自我难道只是一个分别的功能而已？人既是道德的、认知的，又是审美的，是否还有可能是一种外在超越的存在，或一种内在超越的存在？海德格尔所做的重新诠释是，一个人的自我本体，是自我形成的、整体的，不必分裂开来。当然最后海德格尔还是转向一个超越的过程，向一个超越的本体的概念看齐，这些仍是他的理解问题。也就是人的存在，还是有一种怀疑，有一种不安及不定，所以他才要超越，但不知超越到何处。是否仍然回归西方宗教的神学？他的做法最后还是把这个存在的根源，摆在一个超越存有的对象（称为"本有"（Sein））上面，而不必是现实的存有。这样更凸显了诠释的本体论问题。如就本体诠释学的观点来说，认知及体现一个从根源发展到整体存在的过程可以说是为西方的超越找到一个更自然化的出路，就是指向一个人与宇宙生命体自然密切关联的发生和生成状态，也就是要从"人的本体的发生与成长"这个现象开始检讨。

本体诠释学所依据的中国哲学，刚好提供"人的发生"这一很清楚的模型，从这个地方来讲，这样的一个本体论或本体学，更好地来说明人的存在，这是第一点；第二点，我希望这个本体诠释学，能为从康德到海德格尔、从海德格尔到德里达等后现代现象学，解除一种内在的不安，为其处境中的矛盾找到一个解除与发展的出路；第三点，也就是能更好地沟通中西哲学本体论的思维方式，说明中西不同的存有概念，一为"存有"（Onto/Being）（西方），一为"发生的存有"（Onto-generative/Being-generative）（中国），两者的激荡将导出一个更有生命力的存有本体美学。

第十二讲　从诠释到本体

从本体诠释学中，可以开展出一个深刻的研究方法与体系，这非常重要。因为，中国哲学的发展或者甚至说西方哲学的发展，都需要这样一些新的突破。当然，我不敢说本体诠释学就是这样一个突破，但是至少在今天，纵观中西美学的发展，我想应该有这样的认识：

我们要认真地去看待融和、整合的问题，能够更深刻地掌握存在的真实，或是一个活生生的世界中存在的关系，以建立一个更好的真实世界，一个真实的人的世界。

这是哲学的使命，也是哲学家的使命。

对于本体的概念，需要注意两点：

第一，本体虽然一开始是分开来讲，但最后还是要把本和体合在一块。若是没有办法掌握本体真实的内在，就无法掌握到真实整体的意义。所以过去对本体的了解，是比较偏颇的。偏颇存在于两个方向：一个是没有掌握到本体的内涵，本体仅仅是一个模糊的概念；一个是认为本体概念只是本质。我们都知道，要掌握本根的问题，而非本质的问题。没有不变的本质，只有不断创生和变化的本根。那么这个本根的问题又如何掌握呢？

最好的掌握方式是对"本"的"体认"，透过自身来体认自身之本，故为本的体验，具有充分的内在性，与基于外在的观察的经验合而为一体，故为本体。因此，"本体"就不等同于西方"本质"的概念。另一方面，我们开始讲"体用"，而忘记了"本"的意思。所以过去讲"本体"时就是讲"本性"，或者是"本质"；而在讲"体用"时，又忘记了"本"；在讲"本"时，又忘记了"体认"与"体用"，也就是忘怀对具体事物的整体性的呈现与说明。所以我说的这个本体概念指的是经过分析才判断出来的结论："一个本体是一个自本而体发展出来的真实动态存在"。这是一个非常重要的概念，因为本体存在是一个处于不断生发、不断成长的存在（onto-generative being）。

事实上，我们应该把"本、体、用"联合起来讲，甚至还可以加上人的角度，说成是"本、体、用、行"，从宇宙发生的现象上来讲，还可以说是"本、体、象、用、行"。这个"象"的意思是《周易》上所说的象。这个"象"是真实的现象，而不是另外这个"相"字。"象"与"相"这两个字是有差别的。佛学里边也讲这个"相"。这两个字不一样在什么地方？因为佛学假设了"相"这样的概念，就是唯识的概念，就是所谓"唯识所变"，所以这个"相"是真实的意象；而《周易》说的这个"象"是宇宙之相，更具有一种根源性，而不把它看成只是心灵的意识的一种状态。所以这两个字是有一大差别的。以上是第一点说明。

第二，近代中国用"本体"这个词来翻译西方的"ontology""onto"；而"onto"（字源是希腊文的 on，即"是"）事实上原来的意义是指"存有"，它是希腊文。可以说，西方哲学中"本体"的概念是"存有"，这是西方哲学的开始。西方哲学一开始就用人具有对象性的概念，来指谓抽象的对象，这就是"存有"；但这个存有不是一个"本根"的意思，它有一个对象的意思，是所有具体"事物"（beings）的基础，也可以说是理性的基础。上一场中我们提到，这可能是从柏拉图时候开始的。

中文把"本体"翻译成"ontology"，就是把本体与"onto"联结起来，事实上是把中国原有的那种生动的生命体验化解成了一种抽象的存有论的概念。这是有问题的，因为转换过程中并没有考虑到中国哲学的基础。在近代 20 世纪的中国哲学里，大家实际上也认识到了这样的混淆。当然，这个混淆也是很自然的。当我们翻译西方概念的时候，我们是用一种我们认为相同的概念或相似的概念把它结合起来，来了解它。就好像当初佛学，我们用道家的"无"来说明佛学中的"空"，但道家的"无"并不等于佛学的"空"。当然在初步的了解当中，这是一种比较有提示效用的表达。

同样，面对西方"存有"的概念，中国哲学中的"本体"概念有与其混淆的现象。

显然我们要纠正此一混淆。我们要用一个更丰富的概念，来说明中国哲学中的对真实存在的经验性很宽广、体验性很深刻、感受性很强烈的本体概念。这就是我所说的源本发体、通本成体、即本即体的本体概念。此一概念我表达为存在的创发性（onto-generativi-ty），即"生化存有"的概念。有此概念，我们可以描述西方原来的"存有"（being）为"非生化的存有"。依此来看：我们的"本体学"相当于他们的"存有论"（ontology）；当然也可以反过来说，他们的"存有论"相当于我们的"本体学"，但两者内涵与表达并不相同，因之不能在翻译中混淆起来。

而我正要说明的就是，我们要还原到本体的一种生动的、体验的意味和意义。同时，这种生动的意义又包含了分析的内涵，所以我把"本"当作根源，而"体"是一种整体的存在。那么，一个有根源的本体存在合在一块，就好像天地合在一块一样。这个本体的概念就像天地的概念一样，天地合在一块。乾坤也是一样，比如说，我说乾坤，就是乾坤合在一体；我说阴阳，阴阳还是一体；我说本体，本体还是一体。于是既是一体，又是一本，所以这样就合成一个本体的概念；而这个"本体"的概念比这个"onto"的概念要丰富得多。因为它没有经过抽象，而是经过一个观察、体验、感受、思考、思辨、知觉、悟觉的过程，而最终达到一种会通的认识。

就好像我们认识一匹马一样。这匹马，我们要看它整个，不是说把马就看成一个形状。马，我们不能说就是马的形状而已。虽然公孙龙当初只把马当成一个形状来表达。当我们说这是一匹马，我们是在说我们心中对马的整体感受、马的跑等。所以，一个画家可以画出马跑的姿态，但看了还是一匹整体的马——他不是只画马的形状就够了。

事实上，我们往往要画就是画事物的体，而且不但是画它的体，还要画它的本体。那个本要循证体，有一种创造力、生命力。把那个创造力、生命力、支持体的动力画出来，那才是真正的一匹马。不仅是画马，就算是画一棵树、画一枝竹子，中国人画画都是要这样画。这是非常重要的认识。

这就是"体"的概念。由纯粹的对体的体验，我们要掌握到"本体"，然后是"体用"，再就是"本、体、用"。我们现在是把它们分开来，本体是本体，体用是体用。讲体用的时候有没有讲到本体？熊十力先生也是这样，他讲本体，他又讲体用，但他没有把这个"体用"和这个"本、体、用"一贯联系起来。而且这个体用又怎么跟现象连在一块？而现象又怎么跟人的行为连在一块？这一点是非常重要的。我在易学的易之五义里把它们都贯通起来。这五义为五易，即不易、变易、简易、交易、和易，是一个整体的世界，是一本一体的世界。

再这样进一步地发展，这里指出一个对象性的现象，就是今天我们要了解西方时，我们可以用自己的概念来了解。但我们要注意到，我们是用部分来了解它呢，还是用整体来了解它？这个了解又是什么意思？

事实上，我们的了解本身就是一个整合。这是诠释学的一个重要意义。整合不是说把你变成我，或是把我变成你，而是把你我结合在一起，成为一个你我的一体。这你我的一体里面有你也有我，又有一种交流，它并不是机械地合在一块。所以五易中最后这个"和易"很重要。但这样的结合也不是说变成一种不能分辨的，它还是可以分辨；分辨它里面有很多的脉络，有很细的结构，还是可以把它说出来。只是说，有的人在这个过程当中有了不必要的一些纠缠，好像是一种混乱。那么就可以模糊，就可以把它去掉，这样会更清楚一点，更开阔一点，条理更明白一点，范围更大一点，经验基础更深厚一点。所以我认为，本体论是包容性的。

我的本体论里包含了"ontology"。"ontology"是讨论本体存在的一种方式，也就是说存有是本体的一种方式。海德格尔的说法是，存有有很多方式；伽达默尔的说法是，语言的思考也是存有的一种方式。比如我表达一个语言，这也是存有的方式。我把我的心集中在画一匹马，我画出一匹马，也是一种存有的方式。所以一个审美家、一个艺术家，在创造的时候，他是一种存有的方式。人的存有可以有很多层次。

人的存有的方式，是要透过一个文化传统的方式来实现的。至少我们可以说是要透过人的性、人的心、人的情、人的意、人的念或意念，还有人的意识来实现的，这些在中国哲学中都是本体的字眼。我认为这个也许跟海德格尔的意思一样，都有它原始的含义，都是一种从生命的体验中出来的东西。不然为什么这样的体验能够相互一致呢？一般人都分开来谈，我是合起来谈。但是不能忘记，在合之前有分的过程。

比如说意识。先有意，后有识，合起来叫意识。明代的刘宗周说意跟念有差别，念念不忘。意呢，是一种意象，是一种意志，还可能是一种意图。我们要分析性地去掌握我们的语言，然后才能够掌握它的形象、意义，或是含义。这样，我们才能更好地发挥我们本体的思考。

我曾在《论中西哲学精神》一书里，说明了中国哲学中的很多概念是包含西方哲学概念的，但也不是全然包含；它们是一种相互含有。因为西方哲学有一些部分我们无法包含，比如说它的绝对超越性、它的绝对外在性等。显然，中国哲学并非完全不能跟西方哲学结合，但这个结合是基于沟通的结果；也是一个相互理解、诠释的结果。

本体诠释的循环

说到诠释，诠释事实上是建立一种理解关系，就等于两个不同的体系建立它们的沟通关系。一般来说的话，诠释就是一种翻译。

这点在分析哲学里面很清楚。翻译是什么呢？翻译是经过一个思考的过程、一个意义对应的过程，就是找寻两个语言系统之间的相应关联。那诠释呢？如同刚刚所讲的，它是一种展开、一种联系、一种归纳，也是一种演绎。并且，诠释是用语言来归纳、演绎；也就是说，以语言的方式来表达这种归纳、这种演绎。概言之，诠释是一种思维方式，也是一种理解方式，它表现出来的是一种思维、一种理解；但是它是用语言——一套当前的语言或另一套非当前的语言——来表达的。

为什么强调这个"诠"？这里可以以西方哲学加以说明。诠释学之为近代的产物，是因为明白语言的重要性在于它能够沟通。语言已经成为族群、社群之间的联系方式，是人们心灵沟通的一个方式。心灵沟通有很多方式，比如默契、身体语言，我们一般就可以看出来。像一个小孩，你对他生气他就知道你生气，你对他微笑他就觉得你是友善的，他愿意亲近你。换言之，我们内在有一个本体的意志；就是说，在本根上我们是息息相通的。

"在本根上人人是息息相通的"，就我的哲学思考来说，一个终极的、人类的理想境界，都是可以共享的。但是由于我们在一个地球上面，在不同时空里有不同的差异点、分歧点，我们不能够完全地协调。一个诠释者何为呢？他是找到一些相对的根源、一个相对的完整境界，来把被诠释者与诠释者连在一块，形成一种沟通，这就是诠释。

为什么语言在诠释中显得很重要？因为语言是一种最大限度的理性的沟通工具。我们有很多的符号系统，每一个符号系统都有它的特殊性，都可以成为沟通的工具；我们甚至不需要符号。但是事实上我们的沟通都是一种符号的表意运用，比如脸上的表情、人的各种小的动作等，都有符号性，都有一种表意性。表意而后能沟通，是从外而内的一个过程。

当然有的语言体是从内而外逐渐形成的，不是一天就形成的。形成之后，它就能够从外而内发展。它本来是从内而外，是从一个观感，若用我说的"思、觉、通"来说，是一个"通"的过程。通了之后这个语言工具还是要。所以语言本身也是具有发展性的，它本身就是一个"体"，它本身就是一个"有"。语言就是人的一种内在感受，对世界的感受；然后它被表达出来；然后大家经过切磋，慢慢同意一个符号，在约定俗成的基础上面借它来表达另一个它，来表达我们自己，来传递，让别人了解，这就是诠释。诠释就是这个意思。这里形成一个统一的话语，诠释是追求统一的一个方式。所以诠释就是一个翻译，它要经过一个新的过程。

更抽象地来讲诠释有两种方式，刚刚已经提到，即"从本体诠释现象"（自本体）与"从现象诠释本体"（对本体）。我很强调"本体的诠释循环"这个概念。这个"本体的诠释循环"的概念，就是说任何一个真实存在的过程都是循环的。假如对于循环的东西我们都无法去掌握它的真实性——人类不是只靠一次性就能掌握真实，真实是要长久地去掌握，就是所谓的"日久见人心"吧。长久我们才可以了解真相是什么。同样地，当我们在了解现象之间的关系时，也是要靠长久的观察，也是要看一个相互的归属，或是相互的归纳，来确定最后真正真实的什么，或者真实的是什么。这样我们就更能够掌握事物的本体性；用诠释来掌握事物的本体，进而来掌握事物的本体性和一般性。

在这个情况下，我们能更好地了解到，事物的本体性和一般性所展现出来的特殊性，因为世界是一个发展的世界，有各种不同的存在，每一个事物都有个别的特殊性，这个特殊性不只是说是个别的特殊性，也是群体的特殊性。一个文化传统、一个宗教传统、一个艺术传统，都有它的特殊性。这个特殊性是一个一般性的根源，也是一个一般性最后的终极目标；但是在它发展的过程当中，就有绝对不同的、逐渐分化出来的特殊性。那么我们怎么用一般性来掌握特殊性？事实上它是从本到体的一种说明；当然，另一方面我们要说明这个一般性时，必须要用特殊性来说明，也就是怎么从现象来说明本体。

所以，诠释是一个双向的过程，不是单向的就终点来说的用本体说明现象。刚才我说的开始是两个系统，两个体的对等；但是这两个对等可以说是一本，也可以说是一体。当然在同一个系统当中，可以是从一到多，也可以是从多到一。从一到多，从本体说明现象，就是一种本体性的说明；从多到一，从现象说明本体，是一种现象性的说明。因为现象必然会变成本体，本体必然有一个现象的表达。所以，诠释是建立现象与本体、一与多之间的关系，或人跟我的关系，或自我跟他者的关系，是通过一种关系的建立，来形成一种沟通。这样，我想我们就有了一个初步的本体诠释学的认识。

美学的层次：感觉学和审美学

在"认识世界与认识自我，认识自我与认识世界"这样一个循环团体当中，我们有一个不能逃避的、不能避免的"观感"的过程。

这个观感的过程，事实上就是一个审美的过程。这里涉及一个形象，涉及一个具体的经验，涉及一种观，涉及一种感，涉及一种具体的对现象的响应；以及因为对外面事物的一种刺激或者说一种冲击，形成的我们内在心灵的一种响应或回应。而这种响应或回应也是一种重要的美学现象，它是让我们发出一种对事物的评价或者是自己的基本态度的感受，而这就是"情"的感受。这是一个从感觉到感受，到感情，到情感的过程。

那什么是情？"情"字在中文里跟"心"连在一块，意义很丰富。中文里很多跟"心"连在一块的字，都指谓"心"的发用。"心"已经有了意识活动，表现为"意"（心之自觉）；有了对生的自觉，表现为"性"；有了对他人的关注，表现为仁心或德心。心的这个意识活动还具有一种感应性，表现为感、为应、为情。在这个基础上，表现为心的主体性，以及主观性，甚至在道德哲学上呈现一种主宰性。这种响应外面世界、彰显内在自我的心灵活动的经验，能够使我们更深层地去认识外面的世界，更深层地去认识更好的自我，或者甚至是给自己一个建立或充实自我的机会。依此，情感就是一种深处的自我的表达，是一种基于对世界的认识之下对我的存在状态的表达。

这里我们要区分两种美学，也就是要把美学的两个层次分开。

我们一般说的美学——aesthetics，本来指的是一种感觉学、感受学。这个 aesthetics 在西方最早从 18 世纪就开始应用了，康德讲第一批判的时候就用到这个 aesthetics，翻译成"感觉学""摄物学",重视这个感觉的过程。这个感觉是知识建造的基础。感觉就是在一个观感的过程当中,吸收外面的数据。我的理性,或是已经知觉的理性,怎么来处理它,使它形成一种概念。但不可忽视的是,它还可以保持为当下的一种感觉。把这种感觉的存在特别地显露出来,就是一种审美的活动。但我们在中国说"审美"这个词时,其实是没有直接翻译到英文的 aesthetics 或是德文的 Aesthetik 这个字。因为 aesthetics(Aesthetik)是从原始的希腊文的"感觉"一词里出来的。所以这个感觉,事实上就是我们现在说的美学的一个层次。

当然我们说的美学,一定要涉及美的概念;但在感觉学里面,不一定要有美的概念。这一点很重要,因为这对现在欣赏西方现代美学很重要。现代美学一点都不美。

我曾看过一个纽约现代艺术博物馆(Museum of Modern Art,MOMA)的展览。纽约现代艺术博物馆的现代可说是极现代,里面的艺术创作多有实验美学的意味。很多是属于空间艺术,或是属于几何艺术。这些都是极现代的。艺术家追求的不是所谓的美(可能还是有美的意思,这需要界定);他们追求的是一种感觉,是找寻一种新的感觉,在新的世界里面找新的感觉,但这种感觉并不是我们一般说的美。像这次我看到一个东西,是挂在墙上的,比如说一个破瓶子,像是把罐头瓶丢在那里。一旦把它挂在墙上就变成一种表现、一种形式。但是,美不美呢?显然就传统来说是不美的。但把它挂在那里是一回事;在路上捡到的话,它就不值一顾。

近代一个画家叫 Joan Miró(米罗),他的画叫作"反画"(anti-painting)。这个 anti-painting 是反绘画,就是各种线条交织在一起,乱中有序,好像是无意识画出来的。它也不一定能看出来有什么主体性,也没有什么科学性,就感觉是纯粹的质料。他就是打破过去所有的绘画传统,所以取名为反绘画。我们要画一个 painting,他是 anti-painting,这就是他用的名词。这就很有意思。

还有那种事实上是很丑的,但也叫作美学艺术,比如说一个破旧的扫把,或者说还有些动作艺术、形象,如一连串的短片,有人脱光衣服,有人做鬼脸,那你觉得这个美吗?我觉得一点都不美。它就是一种怪,一种莫名其妙的状态。那这些东西怎么可以叫作美?

我还记得在德国柏林,有一个很大的博物馆,晚上十二点钟开门。我那一年在柏林大学讲学,大雪天的十二月,已经过了圣诞节,一个德国朋友在晚上打电话给我,说今天有一个重大的节目。德国人有一个习惯就是在冬天的某一个晚上的子时,他们会突然开门,一开门大家都会去那个博物馆参观,看有什么奇妙的展出。我要了解到底是什么,也就只好在大冷天跟朋友坐车去看。那个博物馆是很有名的博物馆。人很多,晚上十二点的大雪天也有很多人跑去看。进到博物馆里很暖和,里边展出各种奇怪的展览,都是很现代的。

最主要是在中庭,最大的博物馆中心,也是最大的展区,就是一个肮脏、破烂的洗手间——厕所。一个屋子里的大厕所，脏脏的，还有烟灰，然后大家就围绕在这个厕所旁思考，感受这个厕所是怎么样的一个厕所。

这个冬天的晚上在博物馆里面看到一个厕所。这里面有很多东西是连不起来的，但是你还是有感受。平常你不会去找一个厕所来思考。平常我们使用的厕所不是一个美学的对象，但这里它是一个美学的对象；它也不单是美学的对象，它是感觉的对象。一般你都不感觉，因为有很多东西我们都没有感觉。说不定它是很珍贵的，说不定它是块美玉，但是我们都没有感觉。比如你到乡下去发现一个天才，发现一个美女，你把他/她发现出来之后摆在一个地方，就很美、很好；但若是你不去发现，不去摆放，他/她就只是一个普通人，没有什么特殊。所以这个感觉很重要。要怎么去感觉它呢？就是使它成为一个感觉的对象，这个很重要，这是美学的一个重要环节。一个艺术家，就是专门在创造这种感觉的机缘，使它变成一个感觉的对象；但他要做到这一点，一定需要有某种能力、某种权威，自己还要有某种艺术表达的能耐。不是说你我随意就可以做到的。你说我现在有个感觉，画了一样东西，请这个博物馆把它展出，它不会给你展出的。因为你没有那种权威性。这已经牵涉到一种很复杂的体制了。这里要说的是，我们传统上认为是丑恶的东西，它也是一种感觉的对象，它也因此可以成为审美的对象。什么是审美的对象？那就形成了第二个层次的问题。

我们说的审美、美学，事实上是属于第二个层次的问题；就是我们要找寻一种价值——一个美的价值的问题。所谓的美是什么东西呢？标准又是什么呢？

康德至少说了一种美的标准，他说如果一样东西是美的话，那么一定是我觉得它带给我快乐；而且，不但我觉得它带给我快乐，它也会带给很多人一样的快乐。这里可能会建立一个模糊性，美的东西可能有相对性，但是也有一般性、客观性。当我们说这个东西可以带给很多人快乐，或是带给所有人快乐，那表示它有客观性。比如我们看到达·芬奇的《蒙娜丽莎》时，都觉得很美，而且让人觉得不为了什么目标或是意义，或是别的什么原因，就是觉得很美。因为它直接带给我们快乐。

这种快乐也可能是一种心灵的。我们说的快乐要从多方面去了解，带给我们激动的并不一定就是快乐。快乐有时是一种希腊哲学家说的"振动""净化"。但其实有一种快乐是平静的快乐，它是一种静态的快乐，甚至说不定带给我们一种忧郁。但我们觉得很美。在感觉上好像经历一种悲伤、一种忧伤，又觉得这种悲伤、忧伤很美。就好像黄昏一样，我们会觉得有一种失落，但是又觉得这种失落也是一种享受，这就是伽达默尔说的 spiel（游戏），一种心灵上自由的发挥，让你自己成为你要成为的自己。所以说快乐不是粗糙的快乐。快乐有很多层次、很多种类。所以在这样一种情况之下，我们至少说美能够带给我们这样或那样的快乐，或是一种心灵的振动、心灵的净化状态，那我们就说它是美；而且觉得这类情况应该而且能带给所有的人这样的感受。这样的话，就会产生所谓的美感。

感觉与审美之间的徘徊：西方美学透视

美有很多不同的层次，所以我们要具体地谈美，不能只是抽象地讨论。谈到这个美，东方的美跟西方的美还不一样。东方有不同的东方的美，西方也有不同的西方的美。所谓第二个层次，是在感觉的层次上追求一种心灵的价值。而这种心灵的价值对人的生命具有一种振动性和调适性。我说的振动性，比如说悲剧，悲剧之美并不是在于能够马上得到快感，而是在于涤清我们的欲念，就像亚里士多德说的一种自我的"净化"。

净化是什么呢？就好像是一下子自己醒过来的感觉，就是感到原来如此。人类原来有这样的问题，那自己就更有智慧了一点。美的境界也带来一种善的境界、一种智的境界。美并不是一种孤立的感应现象，美是一种可以感通的智慧，是可以沟通德性的。所以康德在这个层次上讲美是道德的表现、善的表现。这是感觉学的层次。

我们现在讲美学时，往往对这两个层次分不清楚；分不清楚就无法了解所谓现代艺术的一些特征，也不能说明它们怎么是美。我也正在考虑这个问题。怎么会这样子呢？那当然还是要说明一个现象，为什么现代艺术会从一个审美学变成一个感觉学？事实上，感觉学是它原始的意思，那为什么会走回这条路？当然，我这是就西方来说的。

我们要问：我们这个时代，是一个什么样的时代？为什么我们会从一个审美的美学世界，走向一个不一定要有美感的感觉世界？其实西方近现代美学就是这样在发展的。要进一步了解西方艺术的发展，就要了解感觉和审美这两个层次的不同。

艺术审美这方面，我不是艺术哲学的专家，但我在华盛顿大学念书的时候，我有一个老师，他是一个很有名的美学家。他编了一本美学书，使我接触到康德的第三批判，也就是审美批判。而我写了一篇关于美学的论文，他很喜欢，还当众念出来，所以我对美有一个深层的感受。美追求一个价值，这个价值反映在人类心灵的自由状态，它能够和道德的善的状态相通，因为美学来自于人对生命自由的追求；它又超越认知的状态，但又能和认知状态联系在一块。我谈到的一个问题就是，美学和道德学以及认识论或是认识论的一种相互沟通。当时我的老师很欣赏。后来我一直在想的一个问题是：为什么现代美学一点都不美？譬如现代音乐，为什么一点都没有古典音乐的那种属于音乐的美？

早期的一些古典音乐，像我比较喜欢的海顿、莫扎特或是贝多芬，他们都是属于18、19世纪之交的人物。从最早的巴赫到贝多芬，整个音乐的发展过程，具有一种追求情感的内在的美。这种美基于情感，它激动了人心，带动了人的生命之感的重新整合，所以它有一种内在的能量。正因为我们原有这样一种内在的能量，我们会感受到山川之美，因为山川也能带给我们这样的力量。山之大之高，水之深之广，月之宁静，风之柔和，事实上都反映我们的内心；这叫作情境合一，因情而生境，因境而生情。事实上，这是自我与自然之间的一种交流、一种呼应、一种感通、一种感应。所以，我们会觉得这样的世界是一个很美的世界。

那为什么世界的古典之美，到了近代都打破了？就音乐来说，当然还是有很多人欣赏古典音乐，但更多年轻人觉得没有需要去欣赏这些，甚至也觉得不太欣赏。现在的年轻人喜欢爵士乐、喜欢摇滚音乐，有些我也搞不清楚，反正有一些是无可名状的音乐。

我听过一次约翰·凯奇（John Cage）的现代音乐的表演，那个音乐很有意思。他在音乐台上摆了很多磁盘子，大盘子、中盘子、小盘子，有一大堆，不知道要做什么用。最后才发现是在他强烈表达音响之后，他要表达杂音，把每一个盘子丢到地上，乱丢一气，用脚把整堆盘子踢翻，弄得满地都是盘子，坠地冲击的杂音，光是弄坏那些盘子的杂音就可以构成一套现代音乐，一套实验音乐。当代这样的一种音乐跟这样的一种美术，牵涉到人类的一种心理。

这就是我们这个时代！

为什么有这个时代？这当然还是个问题。我只是指出有这样的现象。西方的艺术发生了这样的现象，在音乐或是在美术上。至于现代诗，虽然我的体验比较少，但是基本上也有相应的地方，它是具体的、直率的感觉，而非本体的、意象的审美。我在这里要讲一个主要的命题是，要了解当代西方，就要了解当代西方的诗、当代西方的音乐和当代西方的绘画；要了解传统中国，就要了解传统中国的诗、传统中国的音乐和传统中国的绘画。

西方走的路线是一个现象学的路线，中国走的路线是一个本体学的路线。这是先前的结论。

但是我现在要回到原来说的，我们现在观察到的西方为什么是这样一个发展？那个发展原本是要从第一层次的美学走向审美层次的美学；事实上，当初提出这个感觉学是为了进行审美，这个审美到了康德有了系统的说明（当然康德不是最后一个），后来黑格尔以及其他的哲学家也有发挥和建树——构成了西方现代美学思想。这事实上也是我说的第二个层次的美，属于人类精神的体验，一种价值的追寻。

但是为什么会回到本来不是要把感觉学代替美学的，只是用来说明美学的另一层次的一种美学？为什么会走向这样的路？

我想根本的问题就是：我们的世界变了，我们的生命感受变了，我们陷入一个忘记自我、忘记世界的状态之中；也就是说，现代美学是追求感觉学的美学，是反映出——西方脱离本体性的存在，回到现象学的存在——这么一种状态。西方的"本体学"是外在的真理论，是一个超越的上帝神学，这是原来美学的泉源；而现在却不幸脱离！

当我们看古典绘画，会看到那些绘画中任何的模仿都有，好的坏的模仿都有。但文艺复兴的美学是从上帝解放到现实。现实是很真实的存在，这个现实跟古希腊的体验出来的自然世界联系起来，所以感觉到一种充实的生命力。比如你看在中世纪早期，耶稣在画像中都是很枯干的；但是，文艺复兴时代的耶稣画像，即使也是被钉在十字架上，耶稣也是一个很充实的生命体。

我觉得表现得最充实的就是鲁本斯的画。你看几个大画家都有这样的一种充实感、一种本体感，而且形成了一种生命力的整体。这个生命力的本源是有时代内涵的，也有一种特殊的形式，当然也会变成一种理想的现实主义；但是，我们会感觉到，这个生命表现出来的宇宙的整体性是多么值得欣赏。像达·芬奇，他要客观地掌握客观世界，他把科学的知识引用到绘画当中；像米开朗基罗，虽然他是描述基督教的《圣经》故事，但《圣经》故事也构成表现人的生命价值的一种方式，重点还是在表现人生的一种直接的经验；而且表现的方法都是非常具体的、活生生的人，不讲抽象的。

文艺复兴的理想的现实主义、真实主义、生命主义构成了现代西方古典美学的基础。这方面的发展我觉得很有趣。从文艺复兴到真实主义（verism），然后是巴洛克（baroque），再到洛可可（rococo），在建筑美学上如此，在画画上也是如此。巴洛克时代变得比较花哨，就要装饰，就是说好像生命力无法激出而要从外在找些什么来表达形象；到了洛可可就更为繁琐；洛可可之后，生命力更加衰退，必须回归到印象主义，重新经历感觉。

为什么是这样的改变呢？一方面，我认为就是欠缺了本体的直觉，也就是一种从本到体的、生命的感受，或是说缺少了一种本体的持续思考；当然这跟外在环境有关。它这个传统是在变的，再加上各方分歧的理论缺少本体的认识与体验，所以它无法支撑它的审美要求与活动。另一方面，就是一个画家或者是艺术家，他追求的还是一种自由，创作的自由。他也不想回到一个以神学为基础的，或是一个以宗教为基础的权威时代；又不想回到哲学家或是任何一个科学家所规范出来的宇宙体系；他要找寻自己的一个独立的表达方式。所以一旦落入到某种本体性之后，他要赶快超越出来，追求一种由现象来超越本体的自由。由现象来超越本体，也可以不断地发挥感觉现象上新的特征。

从洛可可到印象主义（impressionism），这个印象主义我最欣赏的就是凡·高，凡·高追求夕阳西下阴暗中的迷离感觉。我这次看的他的画展，就是专门展出这个特征。以前我并不了解凡·高的追求，现在想来他是追求一种人的主体感受，夕阳西下，华灯初上，在一种暗暗的房间里面，他追求一种迷离的、朦胧的、隐约的美。他追求那种气氛，在那种气氛下发现自己的感觉、感情。那么，他喜欢，所以就是美；也使别人喜欢，所以就是美。所以他的感觉加上一种情感，故而是第二层次的美。

在凡·高之后，就有表现主义（expressionism），最主观地表现自己。表现主义可能包括达达派（Dadaism）。印象最深刻的是，我在英国伦敦看过一个包含达利全部风格的作品展。达利最有名的就是一幅表达时间流动的画。他要表达一种时间的流动，用写生静物的方式来表达时间的流动，时间扭曲了钟表；他追求这样的一个表达。

从印象主义到表现主义，这中间是一个过程，就是一个解构的过程。创造性更强的，主体性更强的，另外还是更被动的，我有一个印象我要表达出来——印象成为现象，是主体人的表达。所以就从表现主义再过渡到更近代的后现代，也就是从毕加索到更近代，更近代以米罗为代表，他不但要把本体性的东西打掉，连主体性的感情也要打掉；他要打掉一切体，要打掉一切本，恢复到无本无体的一种感觉。这就是西方的后现代主义（postmodernism），是一种纯粹的现象主义。为什么要主张这样纯粹的现象主义的现象？因为他接受的、这个世界给他的压迫太大了，已经承认的东西都是一种压迫，他只有不断地去超越出来，最后走向一个无题的反绘画的绘画——因为在那种感觉之后你没有题的感觉了。

这个"无题"很有意思，中国的诗歌里也有无题。比如说我们常常会提到李商隐，他有很多诗都叫作《无题》。那无题要表达什么呢？是要表达一种内心的感情，或者是一种无法表露出来的东西，比如"春心莫共花争发，一寸相思一寸灰""身无彩凤双飞翼，心有灵犀一点通"等。所以这个无题诗可以加题，他是让内心一些微妙的感情或者什么自然而然地表达出来。

这个无题是"no title"，但是西方的无题并没有这样内在的感受或者情感，它是要从任何名言、语言中解放出来，从任何目的的倾向中解放出来，从任何体系中解放出来——他要一个纯粹的现象。所以，上述西方这样的一种无题是后现代艺术的一种倾向。从后现代艺术中可以看出，后现代艺术对西方来说，是一种扩大了人的处境的存在。然后，一个艺术家只是在创造一个个人的活着状态，没有为什么，他没有了解其他人，从而是创造了一个纯粹自我的无题的世界。

这个无题的世界，也是对本体的一种解读，表现为不可理解，亦即不可用我们所有的可用的概念与范畴来给予解释。这个本体不可理解的世界，我们要了解它的问题性，就需要诠释。所以，西方的无题艺术是一套我说的问题美学的诠释学。对于不可理解，我们要透过思维，要问它是什么意义。这个意义来源于不是作者要表达什么，而是通过他的不可理解的感觉的自由的追求，来反抗这个不可理解的世界。我们的现在处于整理当中，我们要透过一种本体的再认识来诠释这样的非美学。而我们说，要了解这样的非美学，还要在非美感的世界中寻找。

比如，我们面对展示的一个肮脏的洗手间，或是一个破旧的扫把、一个被工业化的瓶罐，我们就诠释它说这代表一个问题，代表工业化，代表物质社会人类面临的困境。代表一个问题，故而是一种问题美学。它向我们启示一个问题，让我们感受到一种警惕，这是诠释的一种方式；但也可以诠释它代表一种悲观、一种失落。所以你要诠释它的意义，就需要一种思考，一种本体性的思考，然后你才能掌握它的真正意思。它不是正面地表现这个本体，而是对本体的一种逃避，需要从本体来诠释它，形成诠释美学。我用这个回应的思路来说明问题美学的问题性，而非其无题性，而这个说明也正好说明是西方现代美学在感觉学上发展出来的一个方法。

本体美学：来自中国传统的说明

本体美学，基本上是一个兼"自本体"与"对本体"的双重体认，透过感觉、透过情感来展现那个本体的存在；也就是对本体的一种期待，或是一种憧憬；是人的追求本体性的或整体性的存在的一种需要。

我更认为，在中国传统里面，本体美学保存得最好。那为什么中国是一个本体性的美学，而没有走向一个诠释性的美学呢？因为本体美学有它本身的本体，还可以经过本体来诠释现象，但是诠释美学需要找回一个失落的本体来说明它为什么成为现状，所以这两个不一样。

中国的美学跟西方的美学不一样：西方失落了一个外在宇宙的真理性（整体性），或者说是失落了一个超越的存在上帝依靠的本体，所以它必须要追求现象中的各种表达来实践自己的自由；而在中国，一直有一个深刻的本体意识，这个本体意识一直延续下来，到现在才可能有所改变。那这要问一个问题，这种改变是怎么一个改变？是学西方呢？还是我们自然要求改变？现代中国的美学家走了什么路？他怎么去表达他自己？

如果就现代艺术家在艺术这一块来说，那么你可以看出来是有很多新的发展，比如说在巴黎的赵无极，还有在台湾的五月画会的刘国松、萧勤等人，他们在传统技术上来做新的表达。但是我不能了解他们内在方面是一种本体性的思考或是一种反本体性的思考？是不是像德希达，是不是像凡·高，或者像毕加索的那种反叛精神？我无法回答。但我认为他们还是一种本体性的，要把中国的东西从另一个表达方法中表达出来。这里面没有是非的问题，只是说哪一个更能代表我们这个时代，哪一个能够提升到第二层次的美学，或是哪一个落入到第一层次（感觉学层次）的美学。

我愿意看到我们既有本体又有现象，我希望看到一个美学的大艺术家，不只是模仿古人，而更能在现代表现我们现代人的生命的本体性、宇宙的本体性，另外还能表达我们现代多元的现象性；甚至我希望，在悲伤中还看到一点快乐，带给我们另一种生命的提升，让我们感动、让我们震动、让我们愿意转化。这些都是我们愿意看到的。但今天我们看到这样的东西很少，看到的都是一些小品、一些尝试。

要了解中国艺术的本体性，透过中国的诗、画更容易了解。因为中国的画到现在为止，是表现理想境界。从吴道子到明清的文人画，它是一种理想境界。它追求的是本体性的东西，表达的是本体的自我，所以说是追求一个本体性的理想境界。从好的方面来说，它是一种本体美学，表达的是本体，也就是第二层次的追求一个生命价值的形象。

比如山水是道家的境界。道家画的这个山水，由于山水不一样，比如说武夷山和黄山，表达的就不一样：一个秀一个奇。中国有五岳，每个都有特色，都是好的。画家就要看很多，甚至还要跑到敦煌去摹拟壁画，例如我们现在讲的张大千的画。他经过历练，从形状或者其他方面，把几个大山画得都很美。山也是像人的个性一样，有不同的风格。那么水也一样，像长江大河和黄河之水不一样，与南方苏州的小桥流水又不一样。其实，如果我们掌握到本体性的人我之间一种和谐的关系、整体的相互沟通，还是可以有不同个性的发挥。所以山水画、文人画到今天，仍然可以看到不同的表达。

所以说，这个本体性的表达是要我们了解事物的本体，了解它们的现象化的形象；而不是透过我自身的本体来诠释一个发生的现象。"自本体"的表达与"对本体"的诠释不同。但两者可以合而为一，就是我说的"本体与诠释的循环"，这样，就把本体美学作了清楚的说明。

我觉得这个本体美学，在传统的诗里面表达得更好；现代的诗是不是还保存了这个本体性，我不是很确定。早期我在台湾的读书阶段，我也很喜欢诗。像从徐志摩到近来的一些诗的发展，好像缺少一个更深刻的诠释。这个诠释还是要从本体性来诠释，来重新掌握它的多，展现其丰富性。包括现在余光中的诗，大家觉得写得很好。但他要表达什么？它到底是一种怎样的人生的深刻了解？他要在诗里面表现什么心情？是一种回归呢，还是一种脱离呢，还是一种超越呢，还是一种意念呢？很值得探索。

从中国诗的传统来说明本体美学，可以有一种更清楚的诠释。中国诗的源头应该是《诗经》。《诗经》从国风到雅，到大雅、小雅，它表达的方式是兴、比、赋，是有感而发。是人要跟我交融在一块，境跟体要结合在一起。比跟赋事实上是就具体的经验来加以延伸，这也是一种诠释。所以诗本身就是一种诠释。《诗经》的很多命题跟世界的关系很密切。像《国风》里面，《蒹葭》（"蒹葭苍苍，白露为霜"）、《风雨》（"风雨如晦，鸡鸣不已"），或者《小雅》里面的《伐木》（"伐木丁丁，鸟鸣嘤嘤"）、《采薇》（"采薇采薇，薇亦作止"）等诗篇的意象。它们有一种生命感在里面，要求一种生命的本体性，要求实践一种道德的理想性。比如说对天道沦丧的悲哀，又比如君子对于权威的反抗和一种失望。像《硕鼠》（"硕鼠硕鼠，无食我黍！"）等篇，都是从一个整体的人跟世界的一种关联、一种理想境界来反映世界的状态，而且它直接地就表现出来说你缺少这个东西；而不是用现代诗的方式，只是描述现象，只是描述一种非常强烈的失落的感情。所以，中国的诗含有一种非常强的本体性。

我们举三首唐诗来表述诗中的本体性。一首是盛唐的诗，张若虚的《春江花月夜》，这首诗具有强烈的宇宙感，一个从本到体的发生性、过程性，而对未来与过去做出苍茫的透视。李泽厚在《美的历程》里面，也引了这首诗。但是对我来说，这个《春江花月夜》是诗人与月亮的对话和交流。诗里面用了十五个"月"字。

> 春江潮水连海平，海上明**月**共潮生。
> 滟滟随波千万里，何处春江无**月**明。
> 江流宛转绕芳甸，**月**照花林皆似霰。
> 空里流霜不觉飞，汀上白沙看不见。
> 江天一色无纤尘，皎皎空中孤**月**轮。

江畔何人初见**月**？江**月**何年初照人？
人生代代无穷已，江**月**年年只相似。
不知江**月**待何人，但见长江送流水。
白云一片去悠悠，青枫浦上不胜愁。
谁家今夜扁舟子？何处相思明**月**楼？
可怜楼上**月**徘徊，应照离人妆镜台。
玉户帘中卷不去，捣衣砧上拂还来。
此时相望不相闻，愿逐**月**华流照君。
鸿雁长飞光不度，鱼龙潜跃水成文。
昨夜闲潭梦落花，可怜春半不还家。
江水流春去欲尽，江潭落**月**复西斜。
斜**月**沉沉藏海雾，碣石潇湘无限路。
不知乘**月**几人归，落**月**摇情满江树。

"江畔何人初见月？江月何年初照人？"这两句我将它作为哲学的思考。这个思考是一种整体的思考，提到一个根源的问题。"江畔何人初见月"，这一问很有意思，诗人为什么问这个问题？为什么初见月？因为这个人跟宇宙之间有一种交通、一种交流，人跟月有一种相应性、感通性。接着又把月亮当作主体，"江月何年初照人？"诗人的这两问非常具有哲学意味，非常具有一种本体性的含义。但是怎么回答呢？诗人没有回答。但我的回答是，只能相对地回答，因为这里启示了一种人间深层的了解。我们可以想象，江月照人的时候就是江上的人看到月亮的时候。因为只要人能够看月，而且是能够对月亮产生一个认识或是一个特殊的感觉，那么才能说是江月在照人。所以江月照人或是江人看月/观月，他的时间是同一个时间，是"同时性"的；也就是说，"何人初见月"时就是"江月初照人"之时。

这就跟陈子昂诗"前不见古人，后不见来者。念天地之悠悠，独怆然而涕下"（《登幽州台歌》）一样，显示出诗人强调的本体性，这个本体性也只能从《周易》这个传统——天跟地、人跟天地之间的感应这样的传统中产生。所以，在这样一种传统之中，张若虚讲了很多次的月亮，比如说"不知乘月几人归，落月摇情满江树"等，全诗这十五个"月"字完全说明宇宙跟人、天地跟人之间的一种交流、感通的关系。

中唐时期的诗，典型的是杜甫的《秋兴八首》。这首诗表明，即使在悲痛之中，还是有一种强烈的宇宙性或是本体性。那是杜甫在安禄山之乱之后，他自己避险在四川成都，他最后要回到长安，然后坐船到夔州就是现在的巫峡那里。晚上住在那个地方，感觉到秋天的寂寞，感知到一种深刻的时代的变化。这表示他是在与时间对话，这八首诗整体是一个反思、观察、观感、沉思、悟觉的过程，形成了一个对时代变化、对生命的无适，以及对未来的盼望。这里面共有八首，我试着把每一首都变成两个字来表达。第一首，"玉露凋伤枫树林，巫山巫峡气萧森"，我把它变成"月露"，表达他那个秋气上升的感觉。第二首，晚上在巫峡那里听了悲笛："请看石上藤萝月，已映洲前芦荻花"，用"荻花"来表达。这是《月露》《荻花》两首。然后诗人还在观察，还看到渔船，渔船上有燕子在秋水上飞，想到过去："闻道长安似弈棋，百年世事不胜悲"……读之令人不胜感慨、惆怅。

至于晚唐时代，李商隐的诗是收回到个人感情；当然，还是有本体性，只是这个本体性已经不能延伸到天地宇宙和时间上，变成纯粹是个人无题的一种情感。比如"沧海月明珠有泪，蓝田日暖玉生烟""夕阳无限好，只是近黄昏"等。这是有源头的诗。但可以看出，这个表达的情感是本体性的，是从情感来诠释一个存在的状况。

"属于我们"的时代，还是"我们属于"的时代？

最后我们总结一下。我说的这个本体美学，在中国的传统当中是保留了而且表现得最为强烈。假如我们要了解中国的传统，透过中国的诗来了解最为恰当；对西方来说，要了解西方的美学传统，我们可以透过西方的画来了解，而这个画呢表现的是一种诠释的美学。诠释的美学是脱离本体，必须要从诠释中找寻它的本体性。从这个角度看，对我来说，这两个美学传统代表了两种文化的基本精神。

中国哲学、中国的道德学、中国美学都是本体性的。我强调这个点。西方呢，基于它追求外在性或超越性，它的本体性被掩盖了，被忘记了，甚至逐渐把它消除掉而走向一个现代的或后现代的时代。

现在我们要问：我们这个时代是怎样一个时代？

我用"this time of ours"，事实上有一个含义，这是一个"属于我们"的时代，还是"我们属于"的时代？

我们看到的这个世界是一个纯粹现象的世界，是一个多元的，甚至有时候是混乱的世界，是一个几何线条、机械结构的世界，这个世界有没有它的本体性？这个世界能不能够找到它的本体？

我们所处的是一个失落本体的世界。

从哲学上来说，有人说最好不要有本体。如果我们不要有本体，那我们能不能安于世界之中，游于生命之中？中西的美学传统是不是有这样一个关系：中国美学是要从本体中更多地发展出来，掌握更多的现象；而西方呢，是不是应该从中国的传统当中认识到本体本身的丰富性或关联性，认识到本体的重要性，从一个感觉学再回归到一个审美学？

我们这个时代是一个丰富但是分裂的时代。我们怎么把本体和现象结合在一块，怎么用本体诠释现象，用现象诠释本体？在美学或是其他学问里，这都是我们要面对的，也都是我们有责任去面对的问题。

雅附一　中国美学之美的动态化过程*
——诗与画中主客交融的创造性和谐

从美学上的康德理性主义到中国自然主义

即使美是一个单称概念，但我们对美的体验在大多数情况下却是错综复杂的。首先，我们体验到的美就像是寓多于一的协调整体。即使事物本身并不存在一种和谐而统一的关系，为了称之为美，我们也必须将其视为这样的一个和谐统一体。康德认为，这是我们在体验自然美时人类自我的主观合目的性表现的结果。① 因此，由于在体验美的同时还会产生一种无私欲的愉悦感，我们对美的体验是直觉性的、意义性的，想要拥有反思性判断所具有的普遍性和必然性。然而，这种对美的解释仍然存在许多问题：自然美是自然物的客观属性，还是仅仅是审美心灵的一种属性呢？我们是否应该把美视为心中的一种观念或概念，而不是一种独立于这些观念或概念的感受？抑或应当认为心中的合目的性界定了美的本质属性？这种合目的性究竟意味着什么？我们又如何区分不同类型的美呢？康德本人给出的答案是模棱两可的。② 他认为，美是客观的，但不是事物的一种属性，因而在这个意义上需要主体去体验。自然美之所以是合目的性的，是因为没有了合目的性，我们就无法在对自然美的判断中找出自然的意义性。显然，这种合目的性并不是亚里士多德意义上的目的。

另一方面，康德还承认另一种不同类型的审美体验，这种类型的审美体验被称为崇高。正如康德所言，美的东西让我们迷恋，而崇高的东西则让我们感动。然而，崇高体验的真正意义是什么呢？对康德来说，既然我们的想象力控制不住我们对无限和强大的体验，不得不屈从于这样一种体验，因而不得不听任于一种无限的而又无法抵抗的崇高情感。倘若美与崇高之间确实存在某种共同之处，我们从崇高体验中又怎么可能完全体验不出或判断不出崇高的合目的性呢？这是否表明了人类自我的超越性或如让·弗朗索

---

* 吕增奎译。部分译文参考刘翠丽的节译，见《世界哲学》2004 年第 2 期。

① 参见康德《判断力批判》（两个译本），tr. by J. H. Bernard, New York：Hafner, 1951；tr. by J. C. Meredith, Oxford：Oxford, 1952. 初版发表于 1790 年。在"美的分析"中，美被视为一种无功利的反思性判断，具有普遍性和必然性，构成了事物的目的，但缺乏一个相应的概念（参见 Chapters 5, 9, 22）。这意味着美并不是理性意义上的知识，而是从主观的角度来看具有知识的属性。这种观点使后来的哲学家得出了许多思考和结论。就本文的讨论来说，我关注的是对人类而言的主体—客体或者心灵—世界关系，并且提出了一些问题，从而促使对那种认为审美判断揭示了主客之分的根本依据的观点进行反思。各种审美体验认识到了这种主客之分，表明或体现了一种关于动态和不确定（因而似乎意义模糊的）实在的本体论。审美体验既令人感到满足，又激发人们努力实现完美的认识和行动。恰恰由于审美体验的这种激发特征，我们才能面对必然与自由之间的冲突。这种冲突对我们来说是一种生存的挑战，而我们则是一种能够战胜它的创造性存在。正是在这种联系中，我看到了中国对美作为内在生命力的体验和反思。在自然和诗画等艺术作品中，这种美的主要类型得到了展现。

② 思考一下在康德之后西方有多少种美学可以把它们的起源追溯到康德。

瓦·利奥塔所说的变易性呢？就理解心灵与实在之间的关系而言，以及就理解心灵同在反思对生命、自然和实在的直觉性体验时，美与崇高的区别之间的关系而言，我们能够进一步做出哪些反思呢？或许，我们在这种关系中不仅会看出审美体验与崇高体验之间的重大差别，而且会看到它们之间的和谐。我们甚至会在人类的自我发展和实现中继续体验到目的。

如同在和谐安定的心灵看充满意义的审美体验一样，美和崇高都属于人类对自然与环境的情感和感觉反应。这些反应离不开人类被激发出的情感以及激发它们的各种事物的形状、大小和颜色。人类的情感事实上是特定的、有明确区别的，因而相应地是美的。与审美相关的物体和事件也是特定的、有明确区别的，它们引起的主要体验包括心灵/精神/身体的愉悦、情感的自由游戏、精神上的自由、痛苦的解脱免除、冲突的消弭解脱、自我意识的丰富、俗务困扰的超脱、心境的喜乐平和或对人类生存的深刻意义的意识。我们可以把这样一种对美和崇高的独特情感视为人类自我的精神发现和欣赏，它们要么能够保持人类生活的和谐，要么能够超越人类理解的局限，从而可以充当判断或鉴别美和崇高及其价值的标志或准则。美的体验促使我们探寻自身创造力的来源，而崇高的体验则通过消除偏见和自我的局限促使我们超越自身，从而使我们认识到无限的创造性。

鉴于康德在这两个审美范畴的解释上存在许多的模棱两可性，我们会认识到，美和崇高的实在既不是纯粹客观的，也不是纯粹主观的，而是缘于自然的刺激—反应关系，是一种随之产生的主客体相互作用的创造性过程。由此我们不得不承认，美是当主体敞开心胸去观赏自然，而自然也敞开怀抱迎接主体来观赏时主客体之间发生的一种创造性过程。美是把主客体统一起来的事件。换言之，当一个人和谐地观赏自然时，他就会体验到自然之美。这也意味着人必须处在某种心态之中，而自然也必须处在某种状态之中（我们称之为和谐），因此，当两者相遇的时候，美作为事件才会发生。因为即使我们的心境再平静、感觉再敏锐，也不会把自然全部视为美的。例如当我看到残垣断壁躺满腐烂的动物尸体时，我体验到的既不是美也不是崇高；当我看到污染的海水把死鱼冲上海滩时，我的实际心情是为大自然感到心痛和悲伤。这种感觉是如此之强烈，以致我失去了游玩的兴致，尽管我心里是如此渴望进行一次美妙惬意的山间漫步或一次快乐的海水浴。这意味着我们必须承认自然或艺术的客观形式，它们自然会让我们心情愉快惬意。这些巧妙地结合在一起的客观形式会让我们摆脱任何外在的目的，从而产生愉悦的心情。在夏日的清晨观看平静的大海之所以是美的体验，是因我们体验到的是动态统一的复杂形式，而它们恰恰契合我们大多数人的心理倾向：逃避厌恶、担忧、焦虑等一些不快情感或者沙滩上的死鱼等过去的痛苦体验。

我们引述一下孔子向往在浴于沂水后漫步于轻风之中时所描述的感受，在此我们可以看到孔子在身心俱显的状态下对落日、轻风、优雅的河流和从容不迫的散步的享受。

在客观的漫步事件和孔子本人的感受中都能够发现审美的属性。这两者不可以分离开来。我们可以进一步思考我们在爬山时的体验。显然，在我们的眼中，山上的一些地方是美景，一些地方不论是比较而言还是就其本身而言，都平淡无奇或无美可言，乃至非常丑陋怪诞。这是因为自然的某些部分呈现出那些令人感到惬意、愉快、壮观或崇高的复杂形式，从而令人感受到美，而其他的一些部分可能缺乏这样一些合意的审美属性。这也意味着我们可以从形式的客观方面或情感的主观方面来描述美或崇高，但无论哪一种描述本质上都不可能脱离彼此，因为我们对美或崇高的体验在体验过程中始终是关系性的和相互作用的。因此，我们对美的体验通常可以说是一种对处在整体关系中的客观整体（统一与和谐）和主观整体的整体体验。

另一方面，如果我们的心态不对的话，我们就会看不到美景之美。这也是一种常见的经历。我们或许过于激动、过于担忧、过于悲伤或过于茫然，以至于抬头仰望蓝天白云时也不会留意到飘荡的美丽云朵。威廉·华兹华斯（William Wordsworth）是在亲眼见到浮云的美丽时才写出了赞美云朵的诗篇，陶渊明也是在采菊时见到南山之美才挥笔写下了歌咏悠然自在的田园生活的名句①。

美之为主客体间的创造性和谐

由此我们可以看出，只有心灵与自然都处于一种恰当的状态之中，它们才能相互作用，从而对物体或景色产生美的感觉或情感。在这个意义上，美无疑是一个结果、一个事件、一种互动的过程，它以主客体之间的统一和谐为前提，因此只能恰当地称之为主体—心灵与客体—自然的创造性统一与动态化和谐。于是，康德派的哲学家会提出一个先验性的问题：我们如何说明和描述主体—心灵和客体—自然的条件，才能产生美的感觉和类似感觉？答案不可能是一种理性主义的探究，因为我们面对的既不是一个概念，也不是一种关于可以运用知性范畴的客体的知识。恰恰相反，我们要解决的问题是如何描述一种任何范畴都不适用的独特体验。为了洞察审美心灵与审美实在统一活动的过程，我们不得不使用日常的经验语言和精神反思语言：这里的"审美"一词应当从心灵与实在之间的独特关系中获得它的实践意义。正是在这种视野中，我们才能说美是我们从自然或人那里体验到和谐、统一、无功利的快感、清新和生动时所用的词。美是我们总结对处在特定条件下的某些物体和事件的某些体验的特点时所用的术语。如果特定的条件继续存在，摆脱了实践和认知事物的心灵就能够使我们体验到处在那些条件下的物体或事件的美。如果那些条件很快发生了改变，我们只会短暂地看见那些物体或事件的美。

我将这些条件归结为"和"的条件。在中国的话语中，"和"这个术语被用来表明

① 参见《陶渊明诗集》。

整体内不同部分和差异之间的相辅相成。我们在描述差异的和谐时必须预设或承认其整体的存在。不过，差异的和谐必须被视为一种复杂或简单的体验。正是在这种意义上，我们才不得不把和谐视为不同部分或因素构成整体的动态过程，而不是一种静态的结构。由于和谐具有创造性这一本质属性，并且美的发生又是整体表现出来的独特属性，因此，美就不能只用一个条件来定义，除非用于美的定义的这一概念也同样复杂，能体现出美要求的所有要素。在这个意义上，因为美的概念允许依据不同的审美体验在不同的审美理论中对美有不同的描述或定义，所以它必须是一个开放的概念。

当美被说成是主客体之间创造性的互相作用所产生的一种和谐统一的体验时，这种体验就是直观、直觉的，从而看上去就像是一件简单、自发性的事实。在这种意义上，美就意味着真，因为真是我们对那种被体验为实在的、现实的体验的一种属性。当然这并不意味着凡是在体验中为真实的或实在的东西一定是美的。尽管美必须被视为 G. E. 摩尔意义上的现实存在的一个简单而自发的属性①，但是美就本身的条件而言仍然可以进行综合的理解。面对某个自然物，我们经常要进行仔细的观察后，才能在一种单一直接的体验中领略到它的美。在观赏山水、浮云、日升日落时更是这样。越静观就越着迷。我们在观赏美丽的风景时，往往要再三品味、流连其间，而后将各个部分连接成一个动态有机的整体。这种为了产生对整体的体验而在其各个部分之间的自由游戏关系重大、意义非凡，因为如果我们对美的沉思没有这样一种专心致志的综合过程，就无法描述出景色之美。徐志摩描写剑桥晨暮的散文《我所知道的康桥》②或欧阳修在《醉翁亭记》中对山色的描写就充分说明了这一点。在这种综合的体验中，壮丽之所以会变成美，是因为它被给予了一种有限的形式，而美景则必须是美的。

当我们说对美的体验是一种对复杂整体的直觉时，难道就意味着对单一的物体就无法体验到美吗？是否一朵花、一颗星或一片枫叶就不能视为美的呢？要回答这个问题，首先我们要区分开一朵花、一片叶这种单个的物体与具有某一形状或颜色的单个物体（即所谓的"感觉材料"）。一朵花并不亚于一个复杂的综合体，花并不是一个单一的实体，叶子也一样。即使是一颗纯色的钻石或一堆白雪，我们也不能简单地将其视为一堆雪、一颗钻石或一种白色物体。我们所看到的应该是它们所呈现出来的美妙形式，或者是我们有意识地把它们和大脑深处的思想进行对比时它们所呈现出来的和谐形式。换句话说，我们视之为自然美或艺术美的一个物体，处于被追求或被判断的情景之中。我们若只将事物看作某一特定的颜色、大小或形状，而不是将它与其他颜色、大小及形状相比较，就难以领会它的美。正是通过这种方式我们才能发现简单的形式、形状、颜色或大小，或所有这些因素的结合体中所蕴含的那种朴素的美（正如我们在现代艺术中看到

---

① 参见 G. E. Moore, *Ethica Principia*, Chapter One。
② 参见《徐志摩全集·诗歌卷》。

的那样）。这就意味着我们感觉到的自然界的事物或风景是美的，是因为它们有着简单的形式、形状、颜色和大小，并且以一种创造性的和谐方式组合在一起。我也许只觉得某一种形状是有意思的、美的，而别的形状相比之下则不是那么有趣、好看，就像我们在沙滩上捡贝壳一样。这就是说美分为不同类型：复杂的和简单的，代表着主体之间不同的和谐统一过程。

在从主客体之间的动态和谐和相互作用的创造性意义上对美进行了大体上的说明后，我们现在可以接着探究一下中国的审美体验。我想表明的是，所有中国美学的术语都可以依据其是否指明或有意要指明主客体的和谐状态或主客体之间和谐互动的过程来进行分类。我想进一步提出，尽管用于主体和客体的术语必须借助于动态和谐这一过程来理解，但从分析的角度来看，这些术语是描述和指示哪些主体状态和客体状态的呢？我们如何才能正确地理解在动态和谐的过程中的这些状态呢？

我们也许可以举例说，中国传统诗歌往往表达感受、反思客观世界的主体和谐，从而让人能够发现或体验到客体的和谐，而中国画则往往代表着一种客体和谐（或称自然事物的和谐），从而使人发现或创造出主体心灵上的和谐。这种区分的重要性在于它沿袭了自唐朝以来的二分法，即将传统的中国画与中国诗歌看作主客体和谐统一过程这一连续体的两极。而这一连续体的关键在于无论是诗还是画，都必须追求一种主体（在语言上）与客体之间动态和谐统一的关系，并以此作为欣赏的前提或分析的依据。这种关系常被称为"情景合一"。

这种区分和阐释在我看来是解释中国审美方式的重要任务，因为它是中国美学与艺术有别于西方的独特之处。粗略地说，诗歌在西方美学的传统中是心灵丧失平衡后强烈感情的爆发，因此是诗人静观并超然于世界之外时的想象与激情的表现。另一方面，西方绘画是一"有意味的形式"，忠实地记录自然和世间的和谐或不和谐（一如毕加索笔下的战争场面）。但是，诗与画之间的联系无论是从诗来讲，还是从画来看，却若有若无。诗人多半不是画家，画家也多半不是诗人。就文化视角而言，中国美学与西方美学在这一点上是不尽相同的。明代以后，中国美学中文人画的出现，使诗与画的统一成为可能。诗人与画家合而为一，在哲学意义上，主客观的和谐也得以达到动态化的和谐统一。到了现代，我们发现情感与形式之间的不和谐及分裂，在西方美学中愈演愈烈。当代西方诗歌已经在荒原上迷失了，但仍努力地试图通过借用外来文化的形象来复兴自己，而绘画则演变为后现代的，即解构人们熟悉的形式和秩序，以残缺不全的形状的形式表现怪异荒诞的冲突和紧张，警示人类这一时代的不和谐。

当代中国美学的处境也不容乐观。随着人类进入高科技、经济和商业大行其道的时代，我们面临的问题越来越严重，出现了普遍缺乏生命力和创造力的情况。主客体动态统一中原有的洞察力和想象力也已失去或者即将失去。首先，主体在面对瞬息万变的客观世界时缺乏和谐统一的心态。就世界本身来讲，过度的污染和开发破坏了自然内在的和谐，并将其置于人类肆意而为的改造和毁灭之下。主体如果没有一个和谐统一的心灵的话，客观的美和崇高又从何谈起？主体如果没有一个充满和谐的创造力的环境，又怎会有平和的审美心境？从这两个问题中还能再引出两个更严肃的问题：现代中国美学何去何从？中国诗歌和绘画出路在哪里？

不要为已丢失的传统哀悼，也不要强求或期盼某一标准的复兴，让我们略感欣慰的是我们以上的反思和分析有助于形成对美和崇高的审美认识，建立一个东西方人类审美体验的比较性—多元化的体系。我们甚至可以同时从跨诠释学、跨文化以及跨本体论的角度出发，更深层地去认识自然的本质和人类精神的本质。

依我个人之见，描述主体心境可以用"感"和"味"；描述客体自然状态可以用"象"和"景"，以及后来出现的"境"这一概念。让人迷惑的是这种所谓的"境"究竟是属于自然存在（道）的一部分还是主体精神体验的一部分？我们也有"神""妙""清逸""潇洒"等词来描述能引发美的体验的主体精神与客体自然之间的和谐互动过程。中国美学中的美既可以从主体精神对客体自然的感受来定义，也可以以客体自然对主体精神的作用，甚至是往往以主客体之间的创造性过程来定义。这些定义代表着不同时期审美体验不同的侧重点，反映出中国美学不同的发展过程。但总的来说，将这三个定义综合统一起来，能够得出一个在中国美学基础上对美的更好、更全面的定义，由此，主体、客体及两者间的创造性的和谐统一关系或过程也就统一为一个整体。

由于中国美学中对美的动态化过程和结构的这种分析和理解，我们不仅能够解释中国诗画中美和崇高的意义和场景（及其区别），而且还能够运用这种对美之结构和崇高的理解来描述西方古典和当代美学艺术作品中的美学意义以及审美形式的发展。西方的艺术和美学普遍存在着一种或明或暗的客体化趋势，这与我们所知道的中国传统诗画美学中和谐的主体或过程创造形成了鲜明的对比。

中国美学之为本体美学的两种样态：充实与空灵

漫长的中国文化传统产生了大量的文学、诗歌、绘画等艺术作品（尤其是诗和画）。在这一背景下描述和说明中国美学理论是一个巨大的挑战。一项重要的任务是为如何建构美的意义提供一种历史的说明和解释，然后阐明或描述一种美学理论的主要原则和范畴。不过，这种美学理论既要能够有效地应用于中国传统和当代的文学与艺术作品，又要能够让我们洞察美的本质。

在进行这一努力时，我不能提供许多的细节和说明，而是集中考察本质性的东西，理解中国经验的发展和呈现，把美视为实在本身所固有的一种根本价值。因此，我们可以把中国美学的主流说成是一种呈现理论，而不是一种表现理论；说成是一种本体—宇宙论的理论，而不是一种认识论的理论；说成是一种整体—统一的理论，而不是一种个体—对抗的理论。这些修饰语是我之前对美的本质进行反思的自然结果。在我看来，在中国的审美传统中，美是动态化的创造性整体在人对"道"的直接和深入体验的基础上的和谐呈现和产生。我把这种美学理论称为美和艺术的本体美学。有人或许因此会说，美学是本体美学，而中国美学传统就是这种本体美学的体现。

在中国，"美"的概念一开始就与人类生活中的具体事物相关。尽管对"美"这个词的演变过程尚无定论，但是它的渊源显然来自"羊文化"：像"善""义""祥""群"等词语一样，"美"的起源表明它来自人类对羊的利用。最终，"羊"成为衣、食、住和财富的象征，进而成为游牧民族迈向农耕生活道路上"好运"的象征。不过，在新石器时代末期发生了转变后，"美"这个词的意义可以说经历了三个发展阶段，而这三个发展阶段恰好对应于 2 800 余年（从公元前 1200 年商后期到公元 1644 年明亡）里"易经"哲学、儒家—新儒家和道家—新道家的发展。

在最初的发展阶段上，关于"一"的文本和哲学为发展、描述、保存和统一古典儒家的"充实"之美和新道家的"空灵"之美提供了一个框架。① 这是因为关于"一"的哲学承认两种存在样态：存在之在和非存在之在；前者的特点是阳、刚和动，后者的特点是阴、柔和静。由于"一"生万物，存在之在和非存在之在对人类来说具有相同的重要性和吸引力。一个人必须依据他自己的存在和非存在来应对外部事物和他自己的文化创造物，由此在心中产生满足感和和谐感。这样一来，美是一种能够与世间万物和谐共鸣的满足形式。因此，人类将会发现，有许多事物令人感到满足和快乐，或者令人产生一种创造性的冲动，或者激起一种关于创造性作品的想象。因此，"美"之美的观念逐渐扩散到更大的范围内，最终涵盖了世间万物。

在此我要做出两点说明：（1）说世界万物皆属于美的范围，就是说有一种每一物体将会/能够吸引和迷住人或者激起人的创造性的状态，但这并不是说万物总是如此。② 于是，人的心中会产生这样一种需要，即运用自己的想象力来呈现具有创造性魅力的东西，或者根据与现实之间的互动和参与体验来呈现具有真正魅力的东西（并不是按照柏拉图的认识论路径来复制客体）。这可以解释两种紧密相连的艺术形式——中国文化中的诗与画——作为一种通感形式的紧密关系。

（2）我们应该记住的是，"美"起源于"羊文化"，这为对自然物的审美意识和审美兴趣的发展提供了机会和基础。没有一种较为稳定的生活，人类的艺术创造和审美沉思或想象能力就不可能得到发展和发挥，因而也不可能扩大自身的范围。这意味着尽管

---

① 古典儒家是指先秦时期《周易》、孔子、曾子、孟子和荀子思想中的哲学。尤其是孟子曾在《孟子·尽心下》中说过，"充实"即是美。新道家是指魏晋时期王弼、何晏、嵇康、向秀、郭象等人的哲学，把"无"视为万物存在的根源。王弼追随庄子主张"得意在忘象"。这两家的观点对后来中国美学产生的影响最大，并且在诗画领域中产生了巨大的影响。我们不一定认为这两个范畴主导了所有重要的审美反思和判断或者诗画艺术作品，但在中国美学的主流中确实是中国审美体验的最鲜明的形式。

② 参见我的论文 "Morality of the Daode and Overcoming of Melancholy in Classical Chinese Philosophy", in Wolfgang Kubin edited, *Symbols of Anguish: in Search of Melancholy in China*, Bern: Peter Lang, 77~104 页, 2001。

"美"的词源学或许暗示某种具体和实用的东西，但是这并不一定意味着"美"的含义局限于或被归结为它的原初或原始含义。不过，我们仍然必须承认，"美"可能具有实用和使用的含义，并且是人类福利的关键，因而即使在其最纯粹或最精神性的表现形式中也总会激起和带来一种生活的满足感。

从儒家、道家、新儒家和新道家的具体历史发展来看，我们可以制定出美之为美的三对重要范畴：阳刚对阴柔，充实对空灵，气韵对理趣。① 这三对美学范畴的真正意图是描述和解释中国人对美的体验，但是我们也必须注意到这些范畴也旨在进行焦点式和规范性的描述，因而事实上补充了我们描述、构建或创造美的作品的形式和约定原则或原则条件。不过，一件作品或一道自然景色倘若仅仅具有审美的形式（不论是从分析还是从约定的角度来看，满足了美的形式的条件），缺乏上述三对美学范畴所界定的属性，就仍然不可以视为实在（real）的美。

有一种观点认为，美必须是实在的，并且上述特点代表了一种——不论是通过艺术还是自然——抓住美之实在或实在之美的努力。正因为如此，真正的艺术家才不同于工匠。因此，我们必须把上述三对美的范畴理解为呈现美的关键和本质，但这不是要把情境和基本形式（由于形式与内容相互交融，对美的整体呈现就必然拥有形式作为美的有机整体的方面）的重要条件或因素从对审美判断的思考中排除出去。

我们需要注意的另一点是，这三对范畴可能相互排斥，尽管程度不同。为了成为阳刚，具有"阳刚"性质的一件艺术作品或一道风景有时必须消除"阴柔"。另一方面，我们可能会看到，具有"阳刚"性质的一道或全部风景会包含着"阴柔"，反之亦然。其他两对范畴同样如此。因此，美具有许多形式，并且我们必须先体验后描述。我们可以自由地运用这三对范畴来描述一件艺术作品或一道风景吗？具体而言，"阳刚"与"充实"或者"阳刚"与"气韵"能够并存吗？我的回答是可以，但是只有在一定的范围内才行。我们可以看到"阳刚"与"充实"和"阳刚"与"气韵"的结合，但是"阳刚"与"空灵"或者"充实"与"阴柔"不大可能并存。因为我们必须承认"阳刚"同"充实"和"气韵"之间以及"阴柔"同"空灵"和"理趣"之间存在形而上学和本体论上的内在联系，因而必须承认"一"的哲学、儒家、道家、新儒家和新道家之间存在深远的相关性。上述三对范畴事实上可以视为同一实在的风格变化或意识表现，这也是一个哲学理解的问题。它们把对美的体验的不同反应和呈现焦点说成是知性和语言的呈现或解蔽能力。

---

① 在下文对谢赫"绘画六法"的讨论中，我将谈一谈"气韵"概念。"气韵"是生命力的节奏性运动，人在自身内外都能够体验到它，它是美的基本形式的特征，而美的基本形式就是阴阳在这样一种节奏性运动中的和谐。另一方面，"理趣"也可以说是基于理解或带来对物之"理"的理解的经验，因而相应于美的形式条件，例如对称、均衡、数学或逻辑的一致性和连贯性。它们被视为更属于"阴"，就像"气韵"也被视为更属于"阳"一样。在现实和艺术作品中，"气韵"与"理趣"并不相互排斥，反而是两者的相辅相成作为主题。

最后，我们也必须看到，由于美是通过参与和体验着的个人的创造性对现实的生命—创新性（"道""理"或"气"）的呈现，因此，人的性格和行为也可以说是美的呈现形式。因此，在中国的传统中，不仅美能够成为道德的问题，而且道德本质上也是美的问题。

谢赫的绘画六法：美之理解和体验的六条原则

我们可以运用谢赫《画品》中的"绘画六法"① 来揭示我们是如何形成美或崇高的感觉或知觉的。我将引述"绘画六法"，讨论应该如何解释它们，然后在审美体验的四个层次上解释它们。这四个层次的审美体验一方面反映出作为自然和艺术中的潜在和谐之美的形成，另一方面反映出对自然之美或崇高的判断和艺术创造灵感的形成。

谢赫说："六法者何？一气韵生动是也，二骨法用笔是也，三应物象形是也，四随类赋彩是也，五经营位置是也，六传移模写是也。"他还指出："虽画有六法，罕能尽该。而自古及今，各善一节。"

在传统上，艺术批评家或艺术家简单地把"绘画六法"当作画动物尤其是人物的方法。他们关注的是绘画技巧，因而认为第一条方法"气韵生动"应当服从于第二条方法，即用笔技巧。鉴于第二条方法显然是关于如何用笔呈现物之"骨"的看法，第一条方法就认为是要求人在用笔时认识到物之"气"。宋代韩拙说："凡用笔先求气韵……以气韵求其画，则形似自得于其间矣。"② 韩拙完全忽视了"气"在用笔前的生成过程及其对我们感觉的影响。我并不是指责韩拙，因为他并不是一位哲学家，他把我们对"气韵"的体验视为理所当然，并且不知道如何解释"气韵"。但是，就美学哲学而言，我们必须把谢赫的"气韵生动"作为一项带来"气"之为现实基本内容的审美体验的原则加以研究，由此我们才能知道在我们谈到美或崇高时所预设或面对的是何种体验。事实上，谢赫的"绘画六法"的确是我们在理解人类体验和艺术中的生命实在时的原则，就像它们是绘画等艺术创造的方法一样。"绘画六法"的吸引力和魅力恰恰在于它们揭示了我们的实在和生命体验中的深层之物，也在于这样一种揭示包含了一种把生命寓于艺术的方法。由此看来，我们必然要从本体论和诠释学的观点，即从一种可以洞察终极实在及其生命体验，而且解释也在其中发展核心作用的观点，重新尝试理解和解释谢赫的"绘画六法"。

我们确实可以把"绘画六法"解释为揭示、描述和利用实在本质的六项原则。我们在日常生活中体现和体验着实在的本质，但直到这样一种体验的力量和特性让我们惊醒

---

① 谢赫：公元5—6世纪人，齐梁时期的画家，著有《画品》，也被称为《古画品录》，其主要内容存于唐代张彦远《历代名画记》。谢赫的核心观点体现在他对"绘画六法"的简短注解中。

② 陈望衡：《中国古典美学史》，386页，长沙，湖南教育出版社，1998。（陈望衡：《中国古典美学史》第二版，第2卷，382页，武汉，武汉大学出版社，2007。）

之时，我们才会关注到实在的本质。正如上文所解释的，审美体验的力量在于它是一种对多种力量之和谐的体验，产生出一种具有特殊性和重要性的形式。这意味着我们不得不认真对待我们对"气韵生动"体验的最初表达，因为"气韵生动"表明它是这样一种原则：既描绘出生命体验的特征，又描绘出我们体验到的生命本身的特征。

"气韵生动"是一个通过体验进行理解和通过反思进行判断的本体论原则。因此，我们可以在四个层面上来解释审美体验：

（1）在原初的层面上，我们需要理解和解释自然是如何在各种生命力创造万物的规律运动中自我生成的。这种解释就是《周易》哲学中对自然作为生命实在的深刻洞见和体验。《周易·系辞》说："生生之谓易。"生命是如何创造的呢？周易哲学提供了一种本体—宇宙论。按照这种本体—宇宙论，世界万物产生于阴与阳或柔与刚的互动过程，而阴与阳或柔与刚则是产生于"太极"这个终极起源的两种生命力样态。根据这种理解，生命起始于"太和"，并且其目标也是一种作为生命创造力基础的和谐，就像《乾卦·象传》所表明的那样。在世界万物中，一些事物保存了作为"生生"之基的和谐，一些事物在和谐化的过程中保存了和谐，一些事物则与那些破坏和谐但在新的基础上重新创造和谐的条件作斗争。换而言之，和谐与和谐化有许多自我呈现的方式，并且这使那些敏锐的观察者能够看到这一过程发生的事情。因此，一位艺术家能够看到春夏之美，也能够看到秋冬之美，因为春、夏、秋、冬各有其美（某种和谐或和谐化的真正形式）。

在此基础上，我们可以认为，谢赫的第一条原则关注的是美或崇高的本体—宇宙论基础，因为没有这样一种基础，美作为自然或实在的一部分不可能具有实在性或本体论上的奠基。第二条原则从结构发展的角度指出了生活中事物是如何形成的。正如庄子所认为的那样，正是造物主的画笔为个体的生命奠定了生存基础，因此个体的生命或者各种生命力的总和才会在形式上形成一种基本的和谐。第三条原则由此指出了各种事情的具体形式如何从万物中涌现，而万物则是这些具体形式得以实现的条件和环境。第四条原则更具体地说明了各种事物的时空表象。由于以这种对和谐的实在论解释作为背景，第五和第六条原则是事物在现实环境中的调整并在这一过程中扩大它们在环境中的影响和作用的问题。

显然，人类的心灵并不会表达、体验和领会这样一种把美作为实在或虚拟的和谐的本体论理解，因而这样一种本体论理解也不会被认为是人类对美的体验。一朵美丽的百合花春天盛开在茂密的山谷中，这并不会引起人类乃至一只蜜蜂的注意。就像这朵百合花一样，自然或生命中的和谐也不会受到我们的关注，这既是因为和谐本身的影响有限，也是因为我们人类由于缺乏发现的洞察力或机会而存在的局限性。

（2）我们还必须明白一个人如何通过体验和理解来对自然美的和谐做出反应。很清楚，谢赫的第一条原则可以说是一种要求，即一个人应该看到世间万物的生命悸动，由此我们才能看到美或作为美的和谐。不过，我们如何才能看到自然物所表现出的"气韵生动"呢？答案是我们必须在内心里穿透现实事物的表面，深入到现实的核心——运动着的生命。我们的起点是观看许多事物共有的本质在不同时间、不同地点、处于不同状态的表象。这就是第五和第六条原则所指出的东西。然后，我们按照第三和第四条原则的建议就会注意到不同物体的不同色彩和形状。一旦我们能够关注某个物体，我们就会注意到支撑色彩和形状的骨架。这就是第二条原则要我们注意的东西。最后，要窥见那种和谐统一赋予物体的内在生命力，就需要深刻的洞察力乃至瞬间的直觉。在这里的描述表明，我们可以反过来运用谢赫的"绘画六法"来解释和谐之美的体验。

由此看来，美的体验显然既要把美视为自然的和谐，又要求心灵形成对和谐之美的情感或判断。如果我的心灵在反思时或通过直觉无法产生这样一种情感或判断，我就不会意识到美之为美。每个人对美的认识尽管能够被他人所分享，但是仍然是私人化的。因此，美的情感或判断是私人或主观的体验，但是主观性仍然是一种与自然物之间的互动行为，使所有人能够产生出一种共识。在此意义上，美的情感或判断需要个体的创造性，因而需要一种欣赏和谐之美和美之和谐的能力。从本体论上来看，我们甚至可以认为，人的心灵就其本质而言是一种最基本的和谐形式，在看到生命形式的和谐时就会产生各种形式的和谐。如果不运用这种来自康德的先验语言或先验论证，就会把对和谐之美和崇高之和谐的认识，解释为对审美和崇高理解与体验的本体论来源的揭示和认识。

（3）我们来谈谈艺术美的创造问题。一位艺术家如何创造一幅美的图画呢？一位诗人如何创作一首美的诗歌呢？这两个问题的答案是相同的：艺术家和诗人必须拥有某种中介来充分表达对和谐之美的理解和体验。这种表达能力不仅检验了艺术家和诗人以某种特殊的中介——例如使用水彩或某种语言形式——进行表达的能力，而且也检验了他对某个特定物体特有之美的体验是多么深刻和细微。

例如，在中国画中，画竹、梅或兰除了笔法要求外，还要求画家对它们拥有现实生活的体验，由此才会深刻地感受到它们的生命力和生命形式。画山川、流水、瀑布和浮云亦是如此。就画昆虫和动物而言，画家无疑必须深刻地观察它们的姿态和动作，由此才会感受到生命力的和谐，从而理解被观察之物的这种生命力之美。著名的现代派画家徐悲鸿之所以以画各种姿态的马出名，是因为他真正地观察了马在奔跑时的姿态，并由此感受到其中的生命力。

同样地，画一座山需要画家对山拥有一天各时和一年各季的体验，因为山是自然界中的一个活生生的物体，并且每时每刻都与自然进行互动。如果没有亲身的体验，一个人就画不出一座山。张大千、傅抱石以及其他当代中国著名画家的黄山风景画就证明了这一点。显然，一件艺术品是自然与人工合作的产物，同时也反映出艺术家的体验和洞察力。应当指出的是，中国的艺术家大多以自然风景与画马和虎等动物而出名，而西方的艺术家似乎更善于人物画。为了画出一幅绝妙的人体画或肖像画，西方的艺术家在能够成功地创造出一幅现实人物画之前必须临摹人体模特。①

就诗歌而言，诗人必须先体验到生活及其内在的美之和谐，才能在诗中表现出他的快乐、痛苦和惊异，也才能深刻地呈现出自然的精神。不同的诗人会写出不同类型的诗歌，风格和主题也会不同。即使同一位诗人也会写出反映或传达出不同情绪和观察状态下的不同诗歌。在《唐诗三百首》中，我们能够看到这些差异，也马上能看出李白、杜甫和王维这三位唐代伟大诗人的不同风格。一位诗人必须像谢赫的第一条原则所建议的那样深刻地感受到生活的和谐之美，才能在这样一种体验和理解的背景下生动地传达出真正的感受，并由此传达出不同自然和现实生活环境下的生活感受。为了强调这一点，我们看一看下述唐诗的诗句：

星垂平野阔，月涌大江流。（杜甫《旅夜书怀》）

感时花溅泪，恨别鸟惊心。（杜甫《春望》）

明月松间照，清泉石上流。（王维《山居秋暝》）

如果仔细揣摩这些诗句，我们就不会看不到，每一位诗人都必须面对向他走来的自然和生命，同时也体验到特定画面背后生命韵动的和谐之美。当然，我们必须承认，每一位诗人都必须是运用汉语的大师，也必须接受过精心的诗歌创作训练，拥有娴熟的写作技巧。只有如此，对自然生命和人类情感的体验之妙才能自然而然地呈现出来。

除了进行详细的分析外，注意到绘画艺术和诗歌艺术都体现了谢赫的"绘画六法"也非常重要。

（4）如何欣赏和评判诸如绘画和诗歌这样的艺术品的美呢？我们可以看一幅画和读一首诗，由此来追寻"生动"和谐呈现出的美感。画中的表象通过笔法可以传达出这种美感，而笔法则是画家的技巧和对画中物体的真正体验相结合的产物。同样，读诗也会从诗句中读出诗人的情感和体验。伟大的诗人能够运用诗的语言向读者传达出真正的感染力。很清楚，不论是通过语言还是通过水彩，诗人或画家能够表达出自身主体的生命运动。这之所以成为可能，是因为"气"的本质（生命力）能够通过诗的语言（包括音调与节奏）和水彩画法（包括它的色彩）等中介传达出来。谢赫第一条原则中的"气韵"观念恰恰利用了"气"对审美印象和效果而言的可沟通性。

然而，应当指出的是，在欣赏和评判诗画之美时，观者或读者的内心中必须对生命和生命力运动拥有最低限度的体验和理解，只有这样才能对诗画的审美属性做出充分的评判乃至非专业的陈述。这意味着审美判断正如康德所言产生于反思，并且就其本身而

① 中国传统的绘画并不重视人体绘画细节的重要性。有人或许想知道其中的原因。我的解释是：在道家的影响下，人的生活和行动更适合道德评价而不是现实的描绘，与它们所具有的人为性相比，自然被认为是更本真和更能自我保存的存在。因此，在中国画中，农夫、乡民或隐士成为理想化的人物，并且他们的身体和面貌并不是焦点所在。

言反映出人的心灵对那种使审美反应成为可能的趣味标准的理解过程。野兽不可能做出任何的审美判断，因为它对自身的现实经验没有任何反思的兴趣和能力，更不用说进行判断了。因此，谢赫的第一条原则再一次地适用于具体艺术作品的审美鉴赏和判断。这样一种应用是其他所有原则（骨法、象形、赋彩、位置和传移）通往的目标，也是它们所界定的艺术作品得以完成的源泉。

结　语

我们从就美和崇高的审美判断提出的康德式问题开始，然后从对美之为和谐的体验的角度讨论了中国美学传统中的自然主义的发展。这里所说的和谐并不是主体内部统一与合目的性意义上的和谐，而是一种实在体验和理解的和谐，即实在（在《周易》本体—宇宙论意义上的实在）是一种动态的创造性过程，并且主体与客体在其中作为阴与阳进行互动。这种理解和体验并不通向一种先验的客体形而上学，而是使谈论一种本体—宇宙论的过程成为可能。我们是这种本体—宇宙论过程的一部分，并且能够体验到在事物的统一和展开中的生命力韵动。"道"代表了这一过程。这种关于"道"的观念恰恰是关于终极实在的观念。我们逐步认识和体验到终极实在，但是它不可能是一种单一、先验的思辨理性理念。相反，"道"正是我们体验和理解的先验条件，同时也是我们对那种由心灵现实的、潜在的和无限扩大的体验所构成的整体性体验和理解。我们所体验到的"道"既是经验的总体，又是理解的总体。既然如此，作为整体的"道"可以说就不只是经验和理解的总和；它超越但并不脱离被给予之物，因而成为一种填补未来体验的潜在。就其本身而言，"道"不一定与经验不兼容，反而应当是一种推动经验并使之成为整体的创造力。正是在这种意义上，我们才说中国的美学是一种本体美学，不会受到康德对理性美学的那种批评。

在中国的本体美学中，我们在上文中区分了美的两种样态：充实与空灵。我们还根据"阴"和"阳"在正在展开的统一中的创造性互动区分和界定了这两种样态。或许应该指出的是，"充实"与"空灵"之分不同于康德美学体系中的美与崇高之分。在区分美与崇高时，康德认为审美判断产生于反思时知性内部的合目的感，而崇高判断则产生于知觉面对无限之物或强大之物时的崩溃。在这样一种体验中，主体的心灵不得不屈服于无限的广袤和力量，因而先会自我矮化或净化，然后被这种广袤和力量放大或提升。当所有的合目的性形式都被瓦解或拒斥时，这就是一种合目的性体验。或许这是一种超越性或延伸性体验，消除了主体有限性的生存，但又揭示了主体的有限性。

对于这样一种崇高判断，我们不得不承认，就体验而言，美与崇高之间并不存在任何真正的共同交汇点。在艺术实践中，文艺复兴时期的艺术大师们曾经尝试在宗教绘画中传达出这种崇高感，例如米开朗基罗的西斯廷教堂《创世记》壁画。既然如此，我们可以提出一个有趣的问题：中国传统的自然主义美学如何构想这种康德意义上的崇高？

　　在上文中，我们表明了作为整体的美如何被体验和构想为生命运动的和谐。就这种体验而言，对美的理解和判断要表达出这样一种动态和谐感，或者传达出现实在这样一种和谐的背景下的各种特殊性。在经验的范围内，我们确实在花朵和溪流中体验到阴柔之美，并且从高山、大海或大江中体验到阳刚之美。前者被称为"优美"，而后者被称为"壮美"。与"优美"相比，艺术家对"壮美"的反应是将其纳入创造性的领域。这个领域意味着生命形式的起源，并且被认为包含着生命得以产生的最全面和最深刻的和谐。这就是《易传》中的"保合太和"思想。在这个意义上，以这种方式尝试把崇高美学化，任何陌生和疏离的东西都开始同我们熟悉和体验到的东西相和谐。由于这种"太和"意识，我们能够感受和体验到，超验物体的无限力量或时空的无限性既是一种内在的又是一种外在的、无限的、神圣的精神，它提升、爱护和培育着我们。这是对"道"的体验，而不是对"神"的体验。因此，我们能够明白杜甫为何在上文所引的诗句中以"星垂"来描述"平野"和以"月涌"来描述"江流"。体验之中存在着对超验的感受，但是理解和反思判断却拥有将其带回到内在的怀抱之中的力量和倾向。这种内在的力量暗含了超验性，但与世间万物有关。

　　按照这种解释，我们知道，在中国的美学框架中，崇高体验是一种对"充实"的体验。不过，它也可能是一种对"空灵"形式的体验。前者是一种"阳"的崇高性，后者是一种"阴"的崇高性，因为按照对"气"和"理"的本体—宇宙论体验和理解，这两种形式都是主客体之间的和谐样态。

雅附二　美与艺术的本体论美学研究
——充实与空灵作为中国美学中的两极

　　中华文明源远流长，素来就有极其深厚的诗文传统，因此想要在哲学以及理论层面准确而又生动地描述出"美"这一概念在中华文化中的形象，同时又不失对生命和现实的深刻洞察，这对我来说构成了一个巨大的挑战。这一挑战中的一项重要任务就是为"美"这个词提供历时性的阐述，探寻"美"的词义的来源，一方面，通过在理论上对美的分类与原则的界定去研究美在中国传统文学艺术中的应用；另一方面，借由这一途径来阐明美的本质。

　　在这里，我将试着在这两个方面都有所展开，我将着重于对其本质的研究而不向读者提供大量例证，借此阐明我对美的认识方式，即美作为一种现实的基本价值而存在。在这一努力中我将试着去阐释中国美学的本质：中国美学是直觉性而非表象性的，是本体宇宙论而非认识论的，是整体和谐而非个体对立的。我对中国诗人和艺术家下了一个结论，美对他们来说永远是一种和谐的体验，是对称之为"道"的动态创造力的表现。我将这种美的理论称为"美与艺术的本体论美学"。因此，我的论题就是中国美学是一种本体论性质的美学，本体论美学深深扎根于中国的审美传统之中。

孟子曾说过："可欲之谓善，有诸己之谓信，充实之谓美，充实而有光辉之谓大，大而化之之谓圣，圣而不可知之之谓神。"（《孟子·尽心下》）美在这个语境中是什么意思？充实作何解释？是不是就是指"可欲"的充分满足以及"善"的完全实现？在这篇文章里我想要阐明，我们应该从本体论的角度去理解充实的概念：充实也就是得到渴望的东西后而产生的满足感。事实上柏拉图就认为人类天性之中就有对美的渴求，因此只要是能满足人的这种渴求的东西就都能被称作"美"的。

当然，我们不能将美局限为一种满足的心理状态（尽管这点不可否认）。事实上柏拉图把美看作一种完美的理念，这种理念是所有被我们称之为美的事物的模型。从这个角度来说美是任意一种能满足人类存在感的事物。既然美可以也应该使人得到满足，因此孟子的言论中暗含着美是一种"善"的形式。如果美有属于自己的意志与生命的话，它甚至能变得强大无比。它在改变世界方面将起到重要的作用，此外从这个意义上来说，它可以"大而化之之谓圣"；若是这种转变的力量精妙难述，那么我们就可以称之为"神"。如果它并非是想要捕捉到不可见的事物、永恒运动着的事物和充满创造力的事物，那么它又怎么能被称为"神"呢？美是否具有这种神圣的力量？

首先我将从中国哲学层面来阐述充实的含义。充实是对存在、力量以及真实的满足。在达到充实之前存在着空灵，亦即在达到"阳"之前存在着"阴"。充实就是以"阳"补"阴"，也就是强调存在以及创造性活动中的动态本质。这也就是对虚空的填补。这适用于绝大多数阳刚之美。不过对于阴柔之美来说存在着一种空灵的状态，存在和真实在这一空灵之中得到满足，这也就是去"阳"还"阴"。这两者都具有一种活力的要素，这两者都阐述了生命本源以及它的无穷变幻。一方面，这种满足能被理解为现实主义通往唯心主义途路上的革新与完善，或唯心主义通往现实主义途路上的实体化进程；另一方面，这种满足也能被理解为自我意识在客观事物方面的满足，如天上星辰与地上万物的结合，山巅的光辉与火焰的结合（正如《周易》第二十二卦中所言的"山下有火"）。不过在绝大多数情况下，"满足"是具体化的现实主义在客观事物的表现形式以及主体精神的意识表现中展现出的本质。然而在许多情景下，主体精神的意识表现（亦称作自我）显得明确而又清晰，这样就部分创造出了王国维所说的"有我之境"。

充实的对立面是空灵（亦称作虚灵）。空灵是对预先假定的充实状态的反动。在达到空灵之前存在着充实，亦即在达到"阴"之前存在着"阳"。空灵也就是去"阳"还"阴"。这适用于绝大多数阴柔之美，因为阴柔之美都模糊多变。不过在"阳"的动态运动之中创造出了一块强有力的空白处。我们也有可能在对唯心主义或是现实主义的超脱中发现这一进程。"排空"这一过程即使没有直接被观察到，也能被我们所感知。从这个角度来说，这一进程即是对欲念的净化，使我们在精神上臻至自由之境，借此精神不再受到主观或是客观的任何束缚，从而使我们走上超脱的途路。不过从动态的角度去理解，超脱就是从现实世界中解放出来的过程，正如禅宗所说的那样，无忧无虑地遨游在纯粹的世界中。事实上，这也就是物我合一的境界，这一境界可以被理解为对主体与客体的双重超越，超越的精神清晰无误地展现了出来。从这个意义上来说，这一境界部分地创造出了王国维所说的"无我之境"。

正如其他价值一样，西方自柏拉图以降就对美以及美的形式进行过大量超验性的思考。感官愉悦不属于美的范畴，艺术中根深蒂固的世俗性感官刺激形式不再是美学的一部分，历久弥新的超验主义美学观点借此展现了出来。约翰·杜威的《艺术即经验》激进地打破了这一超验主义美学传统。在杜威看来，主体得到美的过程即是在某一环境下主体与客体的相互作用，在这一相互作用中主体对客体的创造性转化和现实化做出反应。对于中国美学来说，美始终内在于主体观念以及客体表现的结构之中，根本就不存在超越、中断以及把美从世俗性的事物中解放出来的挣扎。即使是在王国维讲到"无我之境"的时候，他所指的也不过是从欲念中解放出来，自由地从直觉出发去感悟人的本真，以诗心去体悟存在与非存在（这两者是紧密相关的）。

西方与中国在美学观点上的差异足以解释为何在西方出现了印象派运动和未来派运动，这两场运动都强调在实体化的艺术媒介中不懈地发掘精神性的性灵物。而对于中国人来说，《易经》一直都是自然以及生命（或是如庄子逍遥观念中所表现出来的生命自由）的表现。为了达到这个意图，中国水墨画寥寥几笔便足以勾勒出一匹马、一只鸟、一座圣山。这也解释了在明代之后作为精神描绘方式而出现的文人画既抽象又具体的本质。

当提及美的时候，人们往往会认为美是一种个人性、私密性、主观性的东西。我并不否认这一观点，因为我们在感受到美的同时必然要借助我们的感官，有人甚至认为若是没有感觉，美也就不存在了。因为这个原因，美被认为是一种感觉，对美的研究被称作"对美感的研究"。而在中国，美的基本原则是"对美的感知"，对美的研究被称作"美学"（研究美的科学）。这可能暗示着即使我们无法感知到美，美还是能独立于人的感觉而存在。与柏拉图截然不同的是中国哲学从未把"美"当作一种理式或是一种自给自足的理想观念。也就是说美既没有被削减为单纯的主体性感觉，也没有被提升为一种不切实际的抽象概念。

有趣的是在柏拉图看来人们会竭力追求美的理念，而他却从没提及美的理念到底是什么。那么我们也可以这样说：人们会竭力追求真实，因为它是真实。使美产生吸引力的特殊之处到底是什么？在这方面，柏拉图选择了缄默不语，并给美戴上了一个神秘的光环。美是某种不可说之物，我们只能在遇到它时发现它。它可以被进一步描述成某样可以被我们用直觉所感知的东西，这一直觉深邃无比，事实上我们全部的哲学探索都是由这一直觉所引发的。从这点来说，我们或许可以意识到一种关于美的特殊感觉的产生：美是我们生命中想要发现的存在的一部分。对存在以及真实的渴求对我们来说是基础性的，因此我们在行动中总是被这渴求所强烈地驱动着，我们竭尽全力地追寻它。在我们对美的追寻以及感知中，我们也能清楚地发现有时我们会被错误的信号所误导，或是被我们自身的欲望和幻想所欺骗，因此有时我们会走上错误的道路，永远抵达不了真正的目的地。

柏拉图的这一观点指明了美本身的本体性地位。正如其他任何我们所体验到的价值形式一样，通过感觉以及直觉我们可以认识到美，然而我们却无法通过任何基本概念去解释它。当然，我们可以确立一系列标准用以判定什么是美的，例如以协调的标准，或是对称，或是平衡，或是活力，或是距离，或是创造性的紧张等。不过我们却无法找到足够多的标准来清楚地界定什么是美。我们可以从各种各样的事物中发现美，甚至可以从观察这些事物的时间、地点、方式、角度中发现美。似乎宇宙中的万事万物都包含美，它们所包含的美能否被我们所发现，取决于我们怎样去发现它们，接近它们，也取决于那些我们自以为已经被我们所发现与熟知的事物。这样我们可以清楚地发现美来自我们对事物的体验，也就是事物在本体论意义上的实现。这也暗示说美源自我们对事物普遍性与特殊性、实体性与抽象性、关联性与独立性的认识，事物自身或与其他事物一起被我们所体验的过程永无终结。

在这种本体论意义上的关联中，尽管我们使美回归到了原初状态，但还是没能对美的感觉做出一般性的结论，亦即我们还是无法确定在不同时空、不同文化和不同哲学流派中共同成立的美的标准。在提及这一一般性结论之前，我们应该注意到把美看作一种本体的理论，即认为美不可能借由经验而阐明，因为存在本身是无法被阐明的，它只能借由我们自身的存在而被认识到。

最深层的美来自我们自身存在的最核心部分，我们对存在了解得越多，我们对事物中的美发现得也就越多，也就能更好地欣赏美。美的不可定义性引导我们发现了 G. E. 摩尔的一个观点，摩尔在探讨什么是伦理学中的"善"时提出："善"是无法被定义与分析的，"善"是一种单纯的质，在我们看到它时我们可以发现它、体验它、感知它，通过其他概念对它做出的任何解释或定义都是谬论。摩尔在用自然主义概念阐释"善"时发现了"自然主义谬误"，我们也有理由相信把美当作上帝的赐予乃是一种"非自然主义的谬误"。摩尔对我们该如何对这一现象做出反应并没有进行展开：为什么类似于"善"和"美"之类的价值无法通过自然主义或非自然主义的概念来进行定义。这是因为摩尔并没有认识到"善"与"美"一样，都是事物在以本原状态为人所认识时体现出来的本体属性，无论这一事物是单独出现，与其他事物一同出现，还是作为宇宙整体的一部分出现。不仅仅是柏拉图和摩尔触及到了美的本体论理论，我可以肯定地说几乎所有西方主要哲学家都对美的本体论理论有所触及，他们都把美看作存在。① 距我们最近

① 我们可以注意到托马斯·阿奎那在论及美时曾说过美是对存在本身的理解，同时这种理解给我们带来愉悦。他将感官愉悦作为定义美的存在的一种指标。乔治·桑塔亚纳在论及美感时也持有与此相似的看法，不过桑塔亚纳更倾向于从主观感觉角度来解释美感的成因。

的哲学家中有怀特海和海德格尔。

显然海德格尔已经几乎要得出美是存在的结论。他的真理理论将真理看作"本真"。那么，他也把美看作"本美"吗？这一理论的困难之处在于既然"本真"可以用来解释真理理论的一致性与连贯性，则"本美"也可以用来解释协调与优雅，然而在现代以及后现代的现实生活中经常有冲突以及杂乱被看作美的例子，"本美"怎样去解释这些例子？海德格尔没能解决这些问题。因为他没能彻底发展出一套完整的存在理论，在这样的一套理论里存在以及非存在应该是水乳交融的一种关系。换句话说，我们既需要一套关于"本真"（或是"本美"）的理论，也需要一套关于非存在的真实的理论。对怀特海我们也能得出同样的结论，他也处于现代向后现代的过渡时期，他也是一个形而上学家和美学家。他对存在以及非存在并没有提出过什么明确的结论。因此从这一点来讲，海德格尔似乎要比怀特海更接近本体论美学，尽管怀特海的永恒客体可以被看作非存在通往存在时的冲动的显示，亦即创造力。

关于美的本体论理论（即美既是存在亦是非存在）的最终灵感来自中国哲学。中国哲学素来将本体论问题放在哲学中的核心位置。中国哲学在逻辑以及认识论方面的落后促成了这一现象的形成；对中国哲学来说本体论问题始终被摆在至关重要的地位，这点在中国两大传统哲学流派中都有所体现。儒家思想认为在社会中去做正确的事是以对一个人能做什么、该做什么的关注为基础的，也就是该做怎样的人以及怎样去做这样的人。伦理学在本质上就属于本体论的范畴，虽然并没有任何清晰的本体论概念对其进行阐述，但它确实将人的生活与人通过行动展现出来的人性的意义联系了起来。

这一对人的行动的本体论关注的核心问题是人怎样最大化地实现自我，人的自我实现与发展扎根于世界的终极实在之中。顺着这个思路，我们可以看到作为存在的美，因为当存在在个人身上得到完全实现的同时就产生了美。孟子在论及"充实即美"时清楚无误地表达了这一观点。在这句话里，充实被理解为美是因为个人存在的彻底实现以及事物作为存在的实现而得以展现。这点也可以在孟子对价值的其他讨论中得以体现。可欲是一个正常人所渴求的东西。充实预先假定了人类存在的正常状况，而这也正是实现充实的基础条件。

一旦一个人达到了自我存在的圆满，他就能如一盏明灯般通过他的高尚人格对周围的人施加影响。他借此成就了"大"。在成就了"大"和帮助人们臻至至善至美之境时，他就成就了"圣"。圣人即是一个在行动中富有智慧、对事物的本质拥有远见的人。当他的智慧和远见深不可测之时，他就被称作"神"。无论是"大""圣"还是"神"，人总是要以至善至美作为自己的发展目标。这些都显示出存在通向充实的逐步发展过程，直到个人的彻底实现或是存在本身在个人身上的彻底实现。

存在在这里并非是一种类似于实体的静态物，而是一种综合性的创造性活动，宇宙的万事万物都囊括其中。就这点来说，《中庸》和《易传》所探讨的无非是"道"。对

"道"的探讨以及"道"是怎样引出对"无"的理解是道家的核心问题。

相对于道家来说，儒家更为关注充实，强调对个人通向充实的教化。道家发现了非存在（亦即"无"）的重要性以及真实性（与海德格尔的本真理论形成鲜明的对比）。道家首先发现了"无"的效用性以及功用，接着又发现了"无"的真实性。"无"是我们现实生活中的一部分，同时也是我们的生命体验中最为关键的部分，我们每日每夜、每分每秒无不与"无"进行着亲密接触。不过普通人通常无法感受到它的存在，因为他们总是被各种各样的事物所控制着，只能不停地去追寻"有"（亦即存在）。只有那些习惯于沉思的人才能在"有"中发现"无"的踪迹，并通过对"无"的细致思考发现其实"无"既是"有"的最外围部分同时也是"有"的最核心部分："有"不过是虚无之海中的层层涟漪。然而这并不意味着"无"是一种消解性的原则，相反"无"乃是"有"中最富有创造性的部分。老子曾清晰地表达过这个观点："天下万物生于有，有生于无。"

"无"究竟是什么？"无"是混沌，是非实体，是无拘无束的自由时空。最重要的是，"无"使"有"得以重生。从这个意义上来说，体悟"无"就是去体悟现实性中的非现实性以及非现实性中的现实性。"无"中之"有"即被称作"空灵"或"虚灵"，这两个词语所包含的意思也可以用"无实体的不确定性"来表述。它也可以被看作精神的绝对自由，它可以使我们逍遥游于宇宙洪荒。因此这个词既被用来形容本体论上的精神自由状态，也被用来形容艺术创作中的精神状态。正如"充实"既可以用来在自然层面形容万物的充实，也可以用来在人的层面形容人性的充实。

现在，我们可以发现"充实"与"空灵"（"虚灵"）被表现为"有无之境"中的两极。在中国传统文化中，这两极各自被儒家与道家所发现与强调。而这两家又正好是中国传统哲学中的两大重要流派。尽管我们把它们称作"两极"，但从本体论层面来看它们在"有无之境"中仍拥有相同的属性。在它们之间我们可以插入"有无之境"中的其他美学观念，我们可以发现这些观念贯穿于对绘画、诗歌的美学研究以及艺术研究之中。

现在我们亟须解决的一个重要问题是我们要怎样从本体论美学的角度来区分不同文化传统中的各种美学观念。比如说根据我们对现实性和非现实性的了解，去思考康德有关崇高的叙述，中国诗学传统中是怎样区分不同的诗歌意境，或是日本文化传统中是怎样产生"玄"（uken）以及"粹"（iki）的概念。我们还能进一步问及同一文化或两个不同文化之间的融合与分异是怎样进行的，并以此来对艺术创作中的新形式、新流派、新方法进行本体论意义上的解释。这一系列问题都需要在别处用更长的篇幅来进行解答。

论孔孟的正义观[*]

前　言

　　正义（justice）的观念显然是一个人类最基本最原始的观念。它在西洋哲学中占据一个非常重要而独特的地位。在古典希腊哲学没有形成之前，追求正义可说是整个史诗及悲剧的传统的主题。人不知道自己，人不知道自己的理想与命运，把人生行动与遭遇的是非曲直诉诸神的意旨与神意，但当神意也都不能满足他的正义感受时，他也会问：神是正义的吗？神面对许多不义的事情可以是正义的吗？神要么成为正义的化身来创造这个世界，不然神也会被推倒，人自己去找寻正义的定义与规范。我想，早期希腊神话中的宙斯大神和基督教的上帝，都是人类在追求正义的过程中遭受到冲击与冲突后而逐渐净化成为正义的表征的。这个神的净化也就是人的净化。

　　苏格拉底是西方第一个从神话与史诗的世界中开拓出人文与人道的理性世界的哲学家。这就是哲学的诞生。他的哲学思想代表西方理性的启蒙，理性就是客观地思考与分析问题，在对不同意见的批评省察中追求真理的标准。除了理性主义，人文主义也是苏格拉底的重大建树。他把注意力放在人类社会与个人面临的问题上，而对之加以毫不保留的批评与审查。他讨论德性、勇气、自约及正义等观念，可说是西方哲学家对正义问题提出讨论的第一人，也是人类思想发展重大的创举之一。

　　柏拉图继承了苏格拉底的理性主义与人文主义，对正义问题提出了更系统、更深刻的探索。他的理想国就是建筑在"正义"的观念上。他指出"正义"可用于个人，也可用于国家与社会，因之我们可称一个人为正义的人，也可以称一个社会为正义的社会。引申来讲，自然我们也可以称一件事为正义的事，一个行动为正义的行动，一个制度为正义的制度，一个原则为正义的原则。在这些用词上，"正义"有其一贯的意义，但也

　　*　选自《文化·伦理与管理》，贵阳，贵州人民出版社，1991。

有歧衍突出的意义，涉及人在社会存在中的各个方面。柏拉图又指出"正义"是一个人的理想存在，是人性中理性指导意志、节制欲望的一种理想状态，这种状态也是社会正义的基础与楷模。柏拉图在他的著作中极力把他理想的社会建筑在人性中理性节制欲望、指导意志的原则上。因之他把一个理想社会照人性三部分划分为三个阶层，使它们的关系亦如人性中三部分的关系一样，建立在理性（统治者）指导情感、意志（护卫者），节制欲望（农工生产者）的原则上。他似乎并未想到一个理想社会也可以自全体个人的"正义"发展而产生。这点已为孔子的正义哲学所显示。

近代西方思想很重要的部分仍是正义思想的探索。自18世纪启蒙思想开始，西方几乎没有一个时代不发挥有关正义的思想，这些思想多多少少反映了西方社会的政治意义的变迁，并指引了西方社会的发展。因之正义观念可说是西方政治及社会哲学的核心问题。自斯宾诺莎（Spinoza）到洛克（Locke），自卢梭（Rousseau）到康德（Kant）、密尔（J. S. Mill），以至近代，这一个讨论正义观念的传统迄今不坠。最近英美讨论正义问题的书尤多，除比利时的白烈尔门（Pereleman）及英国的哈特（Hart）外，近五年来最为人称道的是哈佛大学约翰·罗尔斯（J. Rawls）教授的巨著《正义论》（*A Theory of Justice*），书评家认为这是最近五十年英美政治与政治哲学的大著。书中从康德立场总结西方自由主义民主哲学的传统，将之奠立在理性的基础之上，以说明自由民主之可贵。但罗尔斯却有许多问题未提出也未回答，其中之一就是人的正义观念何来？人的正义观念如何完成？在这种情况下，我觉得我们可以提出有关正义的问题，看看我们自己的文化传统及儒家的学说如何回答，同时也得以相对地厘清中国儒家的正义观念。

中国儒家的正义观念——兼释"正义"一词

"正义"连为一词并不见于经传，但"正"与"义"两词在《论语》中却占有极重要的地位。孔子虽未连用"正""义"两词，但两者的意义却是互相涵摄的，因之构成一个完整的观念，用以译西文 justice（英文）、Recht（德文）、jus（法文）一词，或以西文此类字译之，均无不可。唯吾人极须注意的是"正义"观念的根本意义有其儒家哲学的根源，如不就这个观念根源上去了解，即不能把握"正义"的整个意蕴，正如justice 一词有其西洋哲学中的根源一样。我们了解"正义"的根源，不但更能了解正义问题之所在，且对正义观念在人类社会的运用与正义问题的解决自有一番新的掌捉。我这篇文章的目的一在提高国人对正义的意识并了解"正义"一词对人类进化所具备的重大意义；二在了解"正义"的观念乃发自人心之本体，而为我国立国的基础，亦为我国儒家思想的骨髓。

简述之，孔孟思想包含三大方面：一为以"仁""恕"为中心的人性本体论，一为以"正义"为骨干的社会规范论，一是以"礼""乐"为重点的人生理想论。三者相互依持，形成息息相关的一个全体的三面。人性是建立社会规范与人生理想的基础，人性亦需透过社会规范的建立与人生理想的投射得到彰显和发挥。社会规范是扩充人性的道路，也是实现人生理想的方法，亦唯有凭借社会规范的建立，人性方可得到源远流长的充实与巩固。人生理想是人性自然地流露，也是肯定社会规范的前提，人性的完成仰赖人生理想的突现，社会规范的顺利建设也需要人生理想的积极提升。三者关系的密切于此可见。就一个社会来看，我们可以用一个比喻：一个正常及健康向前的社会、文化、个人都必须像一株树一样，有其根，有其干，也有其花叶与果实。仁恕可以说是一株树的根，正义是一株树的枝干，礼乐则是一株树的花叶，艺术、文化与哲学、文学的创造则是一株树的果实。本不固则枝干不兴，枝干不兴则花叶不茂，花叶不茂则果实不丰。个人与社会、文化的成长就和一株树的成长一样，根本不固则无以论其他。但成长之后若不细心修整与保护，则枝干之不全、花叶之不茂，亦足以伤害根本。故枝根相依，不可斫丧，才能形成人性文明的鼎盛。

以上只是就比喻说明孔子思想中各项观念的相互依持，现就孔子思想中构成文明骨干、社会规范的"正义"观念加以发挥。首先，我想就孔孟著作中的中心观念来阐释"正义"的观念。

上面已指出"正义"一词可用于个人，复可用于社会，亦可用于个别的原则。儒家关于正义的思想涉及人性的基础方面，故"正义"可就人性之把持的态度来讨论，"正义"自然也可就社会规范、制度来讨论，最后"正义"也可以自人生的理想来讨论，看其对人生理想有多少重大意义。因之，我们可以就这三方面提出三个重大问题："正义"在人生的理想中占据如何的地位？"正义"在社会规范上代表怎样的要求？"正义"的人性基础是什么？而这三个问题又可以分两个层次来看：一是自个人的修养与态度来回答，一是自社会的需要与制度的理性化来回答。前者是有关正义感（sense of justice）的问题，后者是有关社会正义（social justice）的问题。后者若就近代正义思想来看，又可分为"分配的正义"（distributive justice）及"报复的正义"（retributive justice）两项：前者主要是财用及物质价值的分配问题，兼及精神价值与物质价值的均平估价问题——人之贡献如何，报偿如何，工作之量与质如何衡量；后者涉及赔偿及惩罚问题。这些问题都成为当今社会哲学与法律哲学中讨论的要项，后者尤为民主国家民法及刑法中不可或缺的成分。我们讨论孔孟的正义观念，只能就孔孟思想的精神予以引申并兼及这些方面的含义，我们这种讨论可名之为"对孔孟有关正义的伦理学的讨论"。从孔孟伦理学这个观点讨论正义问题，也就给予正义一个伦理学的基础，依此我们可以建立一个"正义伦理学"（Ethics of justice）的学说。本文着重在孔孟思想中正义意识的讨论，至于如何基于此种正义意识以建立正义的社会规范，则将留待另文处理了。此处我们认为正义意识是正义社会规范建立的基础，故有其同在的重要性。

首先我们可从孔孟的著述中自四方面分析及阐扬正义意识：1. 以"义"释"正

义"，2. 以"正"释"正义"，3. 以"直"释"正义"，4. 以"中"释"正义"。当孔孟的正义观念在这种方式下阐述清楚以后，我们也就可以得到一个放诸四海而皆准的"正义"的定义与原则了。

以"义"释"正义"

孔子《论语》中有两句话最能代表他对"义"的观念的重视，以及他关于"义"的中心思想：一是甲："君子义以为质，礼以行之，孙以出之，信以成之，君子哉"（《卫灵公》，第十八）。另一是乙："君子之于天下也，无适也，无莫也，义之与比"（《里仁》，第十）。这两句话明显地指出孔子把"义"看作君子为人以及立身的根本道理，也就是做人的道理。一个人之为人就在他是以"义"做其立身的原则以及治事的标准。君子在孔子思想中是立志做人的人，也是要努力实现人性的人。按照甲语，"义"是君子的本质，也就是做君子的条件和基础。"义"显然是一种认识和态度，有了这种认识和态度，然后再表之于礼的行为，出之于谦和的风度，达到建立自己的信誉，君子也就成其为君子了。这也就是说"义"是以礼、逊和信为其内容的。相反，没有"义"，礼、逊、信都是空洞的形式。因之，我们也可以说"义"乃见之于一个人的礼、逊和信的行为。"义"不是抽象的存在，而是要见诸具体的人的表现。一个人有其内在的质，也有其外在的文，真正的君子是文质相互统一的，质自然比文更重要，因为"绘事后素"没有素质，文饰也不可能是绚烂的。"义"的重要性由此可见。

这里还要提到：孔子提到"仁"比提到"义"要多得多，"仁"与"义"的关系如何呢？"仁"是君子最后的理想，也是君子对人应有的情操。但"仁"却是一个君子对人类全体的一种情操，是偏向全体性的、一般性的，这个德行尤其表现在一个当政者对全民的亲切。"仁"之为对全体的人的关怀与情操见诸下面的引语：

泛爱众而亲仁，行有余力，则以学文。（《学而》，第六）

里仁为美，择不处仁，焉得知？（《里仁》，第一）

君子笃于亲，则民兴于仁。（《泰伯》，第二）

曾子曰："士不可以不弘毅，任重而道远，仁以为己任，不亦重乎？死而后已，不亦远乎？"（《泰伯》，第七）

克己复礼为仁，一日克己复礼，天下归仁焉，为仁由己，而由人乎哉？（《颜渊》，第一）

如有王者，必世而后仁。（《子路》，第十二）

桓公九合诸侯，不以兵车，管仲之力也。如其仁，如其仁。（《宪问》，第十六）

志士仁人，无求生以害仁，有杀身以成仁。（《卫灵公》，第九）

民之于仁也，甚于水火。水火，吾见蹈而死者矣，未见蹈仁而死者也。（《卫灵

公》，第三十五）

当仁不让于师。（《卫灵公》，第三十六）

能行五者于天下，为仁矣。……恭、宽、信、敏、惠。恭则不侮，宽则得众，信则人任焉，敏则有功，惠则足以使人。（《阳货》，第五）

自然"仁"尚有其他的含义，但对全民的或对所有人的一般性的关怀是仁的一个重要意义。"义"似乎比较偏重于个人与个人的关系，或偏重较具体的行动，这已见于上引孔子的话。当孔子肯定君子对人对事不能先定何是何非，而必须就"义"来决定其标准时，他显然把"义"当作具体情况下的一种具体的是非。后来《中庸》说："义者宜也"，就把"义"这种具体应用性的特点点明了。加上上言"义"要透过礼来表现，而礼是规范人与人之间的规矩，则"义"显为涉及人与人的具体关系的德行。

但同时要指出"义"也具有应用于全体人民的一面，在这种意义下，"义"也表示一个人，尤其是当政者对全民的关系与其所持的态度：

子谓子产："有君子之道四焉：其行己也恭，其事上也敬，其养民也惠，其使民也义。"（《公冶长》，第十六）

务民之义，敬鬼神而远之，可谓知矣。（《雍也》，第二十二）

上好礼，则民莫敢不敬；上好义，则民莫敢不服；上好信，则民莫敢不用情。（《子路》，第四）

行义以达其道。（《季氏》，第十一）

不仕无义。……君子之仕也，行其义也。（《微子》，第七）

由此可见"义"也是个人对全体之人或全体之民的一种态度与价值，亦是做君子不可或缺的认识。没有这种态度与认识，则国家不得治理，人民也不得安顿。故"义"为治国保民的一种态度，实与"仁"同等重要。"仁"与"义"同为一个人对全民的态度与价值，但两者却并不同一，不过也并非相反，而是相辅相成。"仁"乃是一种基本的情操与心境，"义"乃是表现于具体事实的行为，以及面对事实情况的处理态度。"仁"是主观的一种心境与态度，"义"是客观的一种行为规范与标准。有仁无义则爱民而不知所以爱之。"义"是知是非善恶之所在，"仁"是促使人从事是非善恶之辨并实行之。故无义有仁不足以成具体之善，无仁有义则一般之善也不可见。孔子说："不知命，无以为君子也；不知礼，无以立也；不知言，无以知人也。"（《尧曰》，第三）孔子并未言知义，但知命、知礼、知言即可说是知义的条件，因为不知礼显然不足以行义；不知言则不知人，以义对人就必须知言，为君子要知命，自然为义也要知命了。故我们可以推说"义"是以知人、知命、知言为条件，甚至为内涵的。

就以上分析，"义"是一种知人知事以行仁的态度，亦是一种人性中自发的王义感。

在《孟子·告子》篇中，我们见到有关"仁内义外"学说的辩论。"仁内义外"的学说是告子提出的。基本的意思是"仁"是为人内在的情感所决定，但"义"却不是为人内在的情感所决定。相反，"义"是由外在的事物、人事的性质与条件所决定的，依外在事物的差异而变更的。告子的这个观点自然并不否认"义"是做人处世的一种态度，并不等于外在事物的性质与条件自身。故告子说明"义外"的意义如下：

> 彼长而我长之，非有长于我也，犹彼白而我白之，从其白于外也，故谓之外也。（《告子上》，第四）

告子的意思也就是"彼长"之"长"为外在的性质，因此性质我才有我"长之"的态度。这个态度是由外在性质所引起的，而不独立于外在的原因。同样，我们叫白色为白色，也是依于白色性质的外在存在。用哲学术语说，告子认为"义"是后天事物所引起的态度，而非先天存在的观念，亦非如"仁"之由一己内心的感情所引起或决定。由于"义"是由外在事物的性质所决定，故具有客观性、一致性。凡事物性质相同或相似者，我均应出于相同及相似的态度，故告子又说："长楚人之长，亦长吾之长，是以长为悦者也，故谓之外也。"（《告子上》，第四）从这个客观的观点，告子显然肯定人有认识客观性质的能力，而且有自客观性质来做客观裁断的能力（对应于主观的价值心理）。我们如果叫这种能力为理性的认识力与判断力，则告子所强调的"义外"说，重点乃在肯定人有理性的认识力与判断力，而此等能力乃不同于以自发自动的纯感情为内涵的"仁"的态度。

告子认为"仁"不决定于外在关系。外在关系虽是一样，但因其与我的关系不一样，"仁"的内涵也就不一样。因之，"仁"不同于"义"，而为内。告子举出的例子是：

> 吾弟则爱之，秦人之弟则不爱也，是以我为悦者也，故谓之内。（《告子上》，第四）

但自这个例子来看，"仁"并不完全脱离外在事物的认识，只是这种认识要由自己的感情所引起，而自己的感情又由外在事物与我一己的关系来决定。因之，"仁"具有主观与感情的成分。然而"仁"也有其外的一面，因其具有外在事物的考虑与影响。同样，如果就"义"为对事物的态度而言，"义"显然不能等于对客观事物的性质的认识，而是认识客观事物后，为此认识所决定的主观态度。因之，"义"也具有主观的成分，其为价值，其为判断，其为态度，均说明"义"的主观成分之所在。就这点来看，"义"也有内的一面。

孟子的立场与告子相反，孟子主张"仁义均内"论。他不但认为"仁"是内在的，且认为"义"也是内在的，而非外在的。但就孟子整个的论证看来，他之所以认为"义"是内在的理由，乃在于肯定"义"是一种主观的态度与价值，而坚决否认"义"是一种外在的性质，或为外在因素所完全决定的一种心理。

　　孟子指出白马之白与白人之白一样均为外在同等之性质，但他问道："不识长马之长也，无以异于长人之长与？且谓长者义乎？长之者义乎？"孟子提出这个问题是合理的。他的重点并不在指出"白"与"长"同为外在性质，有何不同，而在于指出吾人对不同的外在性质所采取的态度，可以有所不同。对于白马与白人的白，我们可以一律称为白色，但对于长人与长马的长，我们固然可以一样称为"长"，但我们的主观态度却不一样，我们可以尊敬长人之长，但却并不一定要同等尊敬长马之长。这是为什么呢？这是因为尊敬是一种态度，而不是外在性质或其认识。肯定"义"为一种态度，即"长之者"，而非一种外在性质，即非"长者"，乃孟子的要点。

　　孟子的例子自然可能引起误解，就是使人觉得他不肯定客观性质对人认识与态度上的影响。故告子立即指出，我们却是既"长楚人之长"亦"长吾之长"，故对长者态度不变，因其不变，故为外。这里告子事实上承认，也应该可以承认"义"是一种态度，而不等于一种性质与认识，只是他怕孟子认为这种态度是任主观感情而变的罢了，故他立刻强调"以长为悦者"的不变性与客观性。孟子此时事实上亦可承认告子的论点，肯定"义"为一种态度，可以有其不变及客观的一面，但却仍不失其为态度。但孟子不就此着眼，而一再强调个人主观态度之为主观与内在。他用"耆秦人之炙，无以异于耆吾炙"的例子来说明耆炙为内在、为主观，并不与告子用"长楚人之长，亦长吾之长"的例子以说明长为外在、客观相冲突，只是各自见到一面，而所着重以标明的方向不同而已。

　　告子因吾人认识事物的态度之一致与客观，故命之为外；孟子则坚持因吾人认识事物的态度为态度，故命之为内。告子与孟子的论点实在并不冲突，只是两人的着重点不同，这种不同并不妨害对"仁""义"观念的意见一致。在其他例子上，孟子可以肯定客观性质对吾人态度之决定性，如因弟所处之位置受同等敬叔父之敬，则弟应受敬叔父之敬，这是敬的外在性，但敬之为一种态度却是敬的内在性。同样，饭食的需要是内在的，但对外在事物满足饮食需要的客观性，却不因主观感情而有多大改变，这是饮食的态度的外在性。

　　总之，告子与孟子的立场并不真正冲突。孟子强调"义"是内在的，是强调"义"是一种发自人性之中的价值与态度。具体的"义"为何，固然受客观事物性质的决定，但作为一种一般性的价值态度，"义"却是根植于人心人性而不可或缺的，无义即非人。"义"的界说为羞恶之心，也就是不以是为非、以非为是的价值态度，故与是非之心的智是连贯在一起的。它也是对人对事有一定尊重与注意的价值态度，故又是与恭敬之心的礼相连贯的。自这个立场，我们很明显地可以把羞恶之心的"义"与是非之心的"智"及恭敬之心的"礼"当作"正义感"（Sense of Justice）的最好诠释。其与以恻隐同情之心为核心之仁不同之点乃在处理事物时主观感情内涵有无的不同。前者以客观事物为决定因素，后者则以主观自发之感情为决定的主因。我们可叫"仁"为同情心，而

"仁""义"可以同名为内，因为同为人性之发用，但功能不一，故相异而相互为用。两者若有冲突，则就人性之同一根源处（诚）或人性之理想完成处（明）以求调和与解决。下面我们以一简图说明这种关系：

就我们对告子与孟子仁义内外之争的分析，我们可以得到如下结论：两家不相违反，仁义内外之说只是所用名词偏倚的不同，而非"仁""义"本质相反的理由与原因。两者之相同与相异，两人均可承认，但对两者之相互为用与相异如何发挥，两人所持之论证尚不足以判明，而必见诸孟子其他部分。仁义内外之争使我们更进一层把握到"义"之为义的特点，以及由此特点透显出来的古典儒家所体验的"正义"观念，也就是说"正义感"的观念。

实则"仁"与"义"均有外在与内在的两面，其不同乃在重点的不同。我们不能说"仁"纯是内在的感情，因为具体的"仁"的表现仍需许多客观的事物。同样，我们也不能说"义"纯是外在的认识，因为具体的"义"的态度仍基于主观的能力。"仁"是偏向于主观性的、感情性的；"义"是偏向于客观性的与理智性的。"仁""义"各有所用，因为有些价值要由感情与主观来做决定，而不可为客观事物所规定；另有一些事物却必须要以理性与客观认识来做决定。世界的存在包含这种事物与价值的两重需要，人的存在也需要这两种不同的价值的实现，因之，"仁""义"同为人性所必需，亦为社会所包含。两者不应被视为相反，而应因其所代表的关系与价值被视为相辅相成。

我们以"义"译"正义"，虽然尚未点明"义"之具体内容与意涵，但就以上所论"仁"与"义"之分别及"仁"与"义"之相辅相成，正足以说明一部分"正义"之为用及其特质。我们可以依"义"与"仁"之别，提出下列几点以认清"正义"之发用与特质：

1. "正义"是以理性为基础，对外在事物之认识。
2. "正义"是基于对外在事物的认识所采行的态度与价值。
3. 此项态度与价值是客观、一致的，故不为主观感情及与一己关系所影响。
4. 客观事物之同异，决定"义"的态度的同异。

这四点说明了"正义"的一个最重要原则就是"平等一致原则"（Principle of E-quality），此即以平等之态度对平等之事物（Equals for Equals）。此处所谓平等，乃是指理性认识所决定的平等，而非由主观感情及与一己关系所决定之平等。我们不能否认，主观感情所决定的平等，往往在理性认识中不平等，同样，主观感情所肯定的不平等，往往在客观认识中肯定为平等。故"正义"可以与感情相违，"仁"与"义"亦可能有相违的地方。自完全的逻辑观点言之，我们可以得出四种情形：

1. 感情上的不平等，理性上的平等　　　违仁合义
2. 感情上的平等，理性上的不平等　　　或合仁违义
3. 感情上的平等，理性上的平等　　　　合仁合义
4. 感情上的不平等，理性上的不平等　　或违仁违义

一件事情如果是既合仁又合义，或是既合义又合仁，自然最好，但如果一件事情只是合仁而违义，或只是合义而违仁，如何办呢？儒家的回答是要看具体情况而定。有时"仁"应尽而不得不违义而负其受罚的责任，有时则不得不负起"义"的责任而违仁。一般来说，儒家把"仁"看作"义"的基础，故尽可能在"仁"上去肯定"义"，去避免不义。儒家也相信就"仁"为人性根本来看，在"仁"上下功夫，在"义"上也就无亏负，"仁"之深处就是大义，达仁合仁就是更大之义。故"仁""义"若有冲突，就要在深处看如何解决。如果自深处看，行仁违义而可以得到大义，则依仁违义可也；若相反，依义为大仁，或依仁如违反更大之仁，则只有牺牲"仁"以成全"义"了。"仁""义"在理想上及根本上应该肯定完全没有冲突，任何这种冲突都可以透过个人道德之成就来解决。孔子说："父为子隐，子为父隐"，自然是就父子之仁为更大之仁来肯定"仁"重于此处之"义"。后儒说"大义灭亲"，则是在另一些事上不得不肯定大义为更大之仁，而不得不牺牲亲亲的小仁了。孟子中有关舜不告而娶的事也可以就大义以压倒小仁而得到理性的说明（Justification）。

此外，由孟子"义的内在观"，我们可以对区别"正义"观念于四点之外，另加下列一重要之点：

具体"义"的态度是以"义"的一般态度（名为羞恶之心者）为根源，"义"的一般态度根源于人性而为人性发用之一部分。

可以说"正义感"是与生俱来的，是人性的一部分，也是人之为人的条件。这层意思是儒家对"正义"的形上本体的一种肯定，因此肯定我们不但能探索"正义"之内容与对象，且可讨论"正义"之本体基础（Ontology of Justice）——"义利之辨"。

要决定"义"的内涵，义利不可不辨。整个儒家思想的重点之一就在对义利严加分辨。"利"是什么？对孔子而言，"利"主要指一个私有的利益与好处，这种利益与好处显然是来自于对外的财富，或由一个人所占有的地位而获致之权力，也就是孔子所说的富与贵。孔子并不否认富与贵是人欲望的对象，但富与贵并不构成人存在尊严的要件，这要件乃是"义"。富贵并不给予一个人存在的价值，甚至也不界定一个人的存在价值，故富贵并非一个人存在的充足条件，亦非其必要条件，那么富贵对人的价值何在？从我们对"义"的了解来看，富贵唯一的价值乃在其可用来增进社会中其他所有人的一般利

益和人性等的发展。人有自然欲求富贵的需要，但也当自一理性的观点把这种欲望与其所欲与理性生活相调和。理性的生活就是人与人共同和谐的生活，共同享有一般的利益、一般的生活快乐与舒适。故"利"的谋取与获得，必须受理性考虑他人及全体需求的限制与节制，也必须在这种限制与节制之下合理化。这种就全体及他人的需要加以限制、节制，以及个人合理化需要的态度为大众利益的态度，也是大众利益的考虑与认识。简言之，如果"利"指小我的利益，"义"则指大我的利益。就此种分别，我们可以建立两个"义"的原则：

其一，吾人当自大我的利益着想，以限制吾人小我利益之欲求，并以此为判断小我利益欲求之合理与不合理。

其二，吾人当视小我之利益不但为满足一己之欲求，且为促进大我利益之一途径与工具。

依此两原则，我们可以得到下列两种情况：

1. 小我之利益与大我之利益相冲突。

2. 小我之利益与大我之利益不相冲突。

在第一种情况下，舍小我之利益而取大我之利益；在第二种情况下，小我之利益取之无害，且有增进大我之利益的间接意义。

依上所述，我们不但了解"义利之辨"重点之所在，且了解其重要性何在。孔子一再表示：我们在欲求一己利益之时，一定要考虑大众利益。这一点足以显示孔子对"义"的观念是以大公大利为主旨的。他说：

> 见利思义。（《宪问》，第十二）
> 义然后取。（《宪问》，第十三）
> 见得思义。（《季氏》，第十；《子张》，第一）
> 君子喻于义，小人喻于利。（《里仁》，第十六）
> 不义而富且贵，于我如浮云。（《述而》，第十六）

大凡一个人见到"利"每有自然之欲望，但"义"却要求人注意这个自然之欲望是否与大众的利益相冲突，而后依"义"做一决定。这是把"义"当作理性的态度的明证。同时"义"也是舍己从众实行这个原则的人，是一个自觉并立志发挥人性的人（君子）。一个不自觉及不愿意发挥人性的人（小人），只是顺从一己欲求利益的倾向，而不考虑全体性的利益，因之也就有"利"而无"义"。作为君子，即使生活很贫困，也绝不放弃立人的原则，孔子所谓"君子固穷"、孟子所谓"士穷不失义"，都是"义"的原则的一种表现。

从上面"义利之辨"的讨论，我们可以得到如下的结论："义"是一个人尊严之所在，也是一个人肯定他人权益的理性态度。"义"因之意含一种对人我之际利益调和的裁决，也是一种对全体利益的理性肯定。简言之，"义"是公心，"利"是私心。"义利之辨"意含着公私之辨。由于"义"意含着理性的裁断与大利的认识，"义"自然不同于不涉及具体利益的理性考虑的"仁爱"之心了。

另外一点必须说明的是：我们对孔子"义"之解释并未把"义"与"利"视为完全相反之两事。"义"并不排除"利"的内涵，问题在此内涵的"利"是私或公，是一己或全体，是不应或应然。我们解释"义"为人公之利、全体之"利"，也是应然之"利"，故求义并非置利害于不顾，而是就大体及应然之利害加以认识与裁断。此处所称应然即理性的不合一己与全者冲突的考虑。

从这个观点我们自然也能了解何以孟子强调"义"是人之正路（《离娄上》，第十一），以及他何以主张"生"与"义"之间，一个人应舍生以取义（《告子上》，第十）。"义"是人之正路，因为唯有从"义"的考虑中，一个人才可以避免一己之利益与公利之冲突，也可依"义"而把自己所得以增进天下公利。这点是人性所含，也是人之所以为人的依归，"义"为人达到人性实现之正路在此。当一己之"生"与全体之"义"有所冲突时，"义"的原则无疑要求舍生取义，使一己为人的价值得到肯定与完全。

以"正"释"正义"

近代"正义"的观念涉及"正"与"义"两个观念。上文已就"义"的观念加以分析，现就"正"的观念再加以分析，以见"正"与"义"之密切关系。透过这种密切关系，"义"的内涵也因"正"的内涵而得到彰显与延伸。

孔子有关"正"的思想最重要的在"正身"与"正名"。"正身"与"正名"都与从事政事有关，也就是治理国家，从国家立场奠定人民的生活秩序的基础。孔子说：

> 政者，正也，子帅以正，孰敢不正？（《颜渊》，第十七）

从事政治的事是在使国家社会进入"正道"，故从政必须有"正"的方向、"正"的态度以及"正"的方策，也就是有"正道"可循。从政者不但要确定"正""道"所在，并且要自己力行而推动之，如此全国人民上下均将起而仿效，也就一致地步入"正道"了。孔子所谓"正"或"正道"是什么呢？"正道"就是合乎人性之德与人性之理的路，也就是为善之道。这在孔子下列的话中表示得很清楚：

> 子为政，焉用杀？子欲善而民善矣。君子之德风，小人之德草，草上之风，必偃。（《颜渊》，第十九）

"正"与人之善与德有关，"正"也是人之善与德所表现出来的行为规范，也可以说是对善及德之为行为规范的一种客观与理性的认识。自这个观念着眼，我们也可以说"正"就是"义"的意识所表现的规范了。孟子很明显地视"义"为人之正路，就是把"义"

和"正"的观念连起来的明证。由于"正"就是"义"的行为和行为规范，一个人要得到他人信任，要能影响他人，就必须自一己的正行开始。"正"与从政有关，如果"正"即是"义"，则"义"也当有其政治施行一面的意义了。要从事行政工作，就必从自身一己做起：

> 其身正，不令而行；其身不正，虽令不从。（《子路》，第六）
>
> 苟正其身矣，于从政乎何有？不能正其身，如正人何？（《子路》，第十三）

如"正"的目的是行政于天下，使天下之人皆归于正，则显然"义"亦有社会的目标，也就是以义处天下，使天下皆归于义，行政以正，则亦必以义。义可说是行政的中心原则，在这种意义下（即以正释义的意义下），"义"也与西方的 justice 观念同具有客观理性与涉及社会制度的性质了。

当然儒家之重点仍在正人方面，义之为用亦在正己以正人，以人的修养为基础，这是正身、正心、修身观念之发展起源。另一方面我们亦不当否认儒家也讲究客观化的制度以为行正立义的凭借，这层意思在我看乃见之于正名方面的主张。我先述正名，再述正心，以两者为"义"之两端，一端为内向的人事，一端为外向的制度，作为儒家"正义"论的张本。

（甲）正名以立制：孔子主张为政要以正名为先。正名是什么？正名就是要求国家、社会里的每一个人尽其应尽的本分，行其当行的职守，也就是孔子提出的"君君、臣臣、父父、子子"（《颜渊》，第十一）所包含的主张。国家和社会必须建筑在客观的行为规范与伦理秩序上面，行为规范与伦理秩序又需要典章制度来保持其平衡与安定，以谋求其一致和有效性。社会与国家的秩序、制度、规范都是可以普遍认识及接受履行的，亦为责任、权利、价值之所由出。这些秩序、规范与制度都包含一定的人文关系，这些人文关系可称之为名，正名就是使名归于实，该有某种人文关系的人就该具有那份人文关系的名分，而且该尽那份关系所含的职责。换言之，这些秩序、规范、制度统可命之为名，正名就是要使这些秩序、规范及制度立之于正，也就是使它们合于正义的原则。

我们这样解释正名，显然可以把正名所包含的近代意义呈现出来，看出正名对于安定社会秩序、建设国家制度所发生的效用。孔子所称的礼乐就是上文所称的典章制度及其价值，他所称的刑罚即为一般的行为规范。孔子认为：名不正，则言不顺；言不顺，则事不成；事不成，则礼乐不兴；礼乐不兴，则刑罚不中；刑罚不中，则民无所措手足。正名之与社会和人民生活秩序之维持，其间的重大关系于此可见。故我们可以说正名是立制之始，亦是立制的目的。不管其为始点和目的，我们均不容忽视正名所代表的实现及达到社会秩序、人民安乐的正义精神。故正名亦构成说明义之为正的一项要素。

（乙）正心以立人：孔子已提到正身以正人这个原则，但如何才能正身呢？正身自然就是正己，正己就是使自己的行为合乎正道，也就是合乎义与德的规范。但一个人又如何使其行为合乎义的规范呢？孔子并未讨论这个问题，这个问题在《大学》里才有了明确的回答。《大学》提出正心的观念，以正心为正身或修身的基础。同时《大学》又提到正心基于诚意，诚意要基于致知，致知则要基于格物。从这个连锁的关系中，我们了解正身是由先了解事物之理则开始，而后是忠于自我（诚意），平衡心灵情绪才能达到的。正身是外在行为之正，诚意正心乃是内心意志与心灵之正。有其内方有其外，所谓"诚于中，形于外"，我们要了解行为之正，就要了解内在心灵意向之正。我们把"正"当作"义"的一个方面，自可透过《大学》所称正心之正，以了解义的意义。下列对诚意与正心的解释，可以使我们了解儒家所称之"正"的观念：

　　所谓诚其意者，毋自欺也，如恶恶臭，如好好色。（《大学》）
　　所谓修身在正其心者，身有所忿懥，则不得其正，有所恐惧，则不得其正，有所好乐，则不得其正，有所忧患，则不得其正。（《大学》）

从这两点看来，所谓正就是正直无欺，也是无怨无尤、平和中正之意。正是一种对自我的态度，以及一种情绪与行为平和的态度，同时也显然是一种不偏不倚、不为私情私欲所控制的态度。这说明了正的基本形态。正身就是刻刻要正心，也就是时时把握平和公正的态度。有了这种态度，我们也可说有了义的认识，自然也就有了义的行为了。《大学》说正心可以修身（也就是正身），修身可以齐家，齐家可以治国，治国可以平天下，可见发之于"正"的力量。这种"正"延伸扩大的作用，也就是孔子所谓"其身正，不令而行""子帅以正，孰敢不正"的意思。若以此言义，义显然也就有延而伸之，而为建立大同社会的最基本的态度了。有此义的态度，发而行之的制度也是合于正的了。

　　自正心以论正身，重点是在一个人道德人格的充实上面。为政依人的成分很大，孔子自然不忽略制度的重要，但他显然更重视当政者的人格修养。《中庸》引有孔子所说"文武之政，布在方策，其人存，则其政举，其人亡，则其政息"的话。孔子所强调的是一切制度要为政的人来推行与建立，好的制度若无好的人来推行，也得不到好的效果；再说好的制度也要好的人来建立，没有好的人，何来好的制度？自这个观点看，立人比正民立制更为必需。但我们不可说孔子不要制度，事实上，孔子很讲究制度的建立，上述的正名以立制，已说得很明白。孔子只是肯定有了好的制度后还要有好的人来推行与维持。故立己修身教育，为代代不可或断的事业。以此言之，正身立人就是最大的义或义的精义。《中庸》说："义者宜也，尊贤为大"，说明义是适当地处理一件事，也就是合乎正道地处理一件事，但唯正心修身的贤者才能把握正道，认识正道之所在而身体力行，故作为适宜处事的义就表现在引用贤德的人，也就是由正心修身的人来实行好的制度。这是就为政要立人而言。

　　孟子强调"正人心"（《滕文公下》），并强调"其身正而天下归之"（《离娄上》）、"射者正己而后发"（《公孙丑上》）、"正己而物正者也"（《尽心上》），都是为继承孔子与《大学》《中庸》的正身、正心的思想而发挥的。孟子对于制度方面特别提出"正经界"的理念。他说：

> 夫仁政必自经界始，经界不正，井地不钧［均］，谷禄不平，是故暴君污吏，必慢其经界，经界既正，分田制禄可坐而定也。（《滕文公上》）

"正经界"涉及社会及经济问题，尤其是土地分配问题。如何分配土地固然是一个问题，但如果不将土地分配清楚，则必产生混乱，导致生民涂炭，并影响当位者与人民的权利划分，亦为事实。故定经界的目的是为避免不义而生，这与孔子正名的原则是相符合的。

最后孟子还提到"正命"的观念，这是孟子的创见。所谓正命就是死得其当，也就是合义而死。不正命就是死得不得其当，亦就是死而不合于义。孟子认为凡事均有其客观的道理，做人当尽自己的能力与智慧，以求其所以当而避免其所不当。他说：

> 莫非命也，顺受其正，是故知命者，不立乎岩墙之下。尽其道而死者，正命也，桎梏死者，非正命也。（《尽心上》）

"顺受其正"也就是"宜"的意思，与"义"的意思也一致。人之为人，若能顺应合理的、自然的原则，则他就是一个有义之人了。换言之，义也就是一种尽其在我、对自己负责的态度了。

以"直"释"正义"

与"正"相关的一个观念是"直"。孔子与孟子对"直"都很重视，从他们的讨论中，可以看出"直"与"正"实际是相通的。如果我们对"直"有进一层的认识，亦必有助于对"正"与"义"的认识。我们甚至可以用"直"来说明"义"，以显示"义"包含"直"并以"直"为"义"最重要之一部分。若以"义"为一种修养上的态度，则"义"即"直"的态度，亦即"正直"的态度。若以"义"为一种行为和措施，则"义"即"正直"的行为和措施。

孔子首先肯定"直"是人之本性，是与生俱有的。

> 人之生也直。（《雍也》，第十九）

这种与生俱有的性质可说是一种正直感，一种对正理的直觉。此种肯定到孟子这里就成为人性为善的一个根据。不过孟子肯定人皆有义的羞恶之心，是就所有的人而言，孔子则认为可能有生而不直的人，这种人能够免于祸害则是很侥幸的。

> 罔之生也幸而免。（《雍也》，第十九）

这是肯定不正直的人是为社会所不容的，也是对人性向善及为善的信心，更是社会正义与社会制度的基础。

孔子曾标明"直"是与"义"相连，所谓：

> 质直而好义。（《颜渊》，第二十）

这样自然更在社会与人群中得到别人的爱戴，所谓"在邦必达，在家必达"（《颜渊》，第二十），可见"正直"是人所归依的德行，也是社会生活的基础。

基于这个认识，任何国家和社会必须把"正直"当作立人及立政立制的标准，以求获得人民的接受，并使政治步入正轨。所以孔子说：

> 举直错诸枉，则民服；举枉错诸直，则民不服。（《为政》，第十九）

"枉"是直的反面，就是"不直"，不直不足以服人，故一国的政事须以直人担任。直人领导政事，小则可使不直的人免于为乱，大则可化不直以为直。所以孔子又说："举直错诸枉，能使枉者直。"（《颜渊》，第二十二）

由于直是为政的准绳，是为民爱戴的德行，其与"仁"也就不远。有仁者之心，有知人之明，即可行正直之政。故孔子于樊迟问仁与问知时，也提及上列有关"直"的话。"直"之可为"义"的说明，亦于此可见了。

孔子对"直"的态度及其运用，有很深刻的体会。这可见诸孔子与叶公的对话：

> 叶公语孔子曰："吾党有直躬者，其父攘羊，而子证之。"孔子曰："吾党之直者异于是，父为子隐，子为父隐，直在其中矣。"（《子路》，第十八）

何以孔子认为"父为子隐，子为父隐"为"直在其中"？如果我们仔细考虑，就可见到攘羊之事与父子反目之事相较，前者的严重性小于后者。盖父子本应相信相亲，因攘羊之事而反目，则天下大伦受到威胁，社会的安定也将难以维持。两害相权取其轻，故父应为子隐，子应为父隐。这种决定须以"知"的衡量为基础，即当事实涉及利害时，须对义之大小有所评估，故"直"即含有"知"的意义，而知又以大仁为鹄的，因此"直"又有"仁"的考虑。孔子的判断，说明了直之为义是要与"知"及"仁"相辅并用的。

孟子也以"直"为取义之正道。《滕文公下》有一段话特别显示："直"是依义依理的行为，合于"直"的事方可做，不合于"直"的事就不可做。孟子并标明，"直"不能以利为目标，以利为目标，"直"也就不是直了。他说：

> 且夫枉尺而直寻者，以利言也，如以利，则枉寻直尺而利，亦可为与？（《滕文公下》）

更重要的是直必须要出于己而后可以施于人。直于己就是依性之义理而行，不直于己

（枉于己）就是不依性之义理而行。孟子断言："枉己者，未有能直人者也。"（《滕文公下》）

孟子把"直"与"义"并言，以说明他善养浩然之气。"浩然之气"是孟子有关心与身的本体的观念，也是"义"的本体的观念，此点我已于一篇英文写的论文《论义为一特殊运用之普通原则》（On Yi as a General Principle of Special Application，见 *Philosophy East & West*）"义之本体"一节中，予以详论。孟子认为"浩然之气"是要一个人善加培养的，它也可以是一个人道德人格的修养。如何培养"浩然之气"呢？孟子下面一段话，充分说明要培养浩然之气，就非要诉诸直与义不可。

> 其为气也，至大至刚，以直养而无害，则塞于天地之间。其为气也，配义与道；无是，馁也。是集义所生者，非义袭而取之也。行有不慊于心，则馁也。（《公孙丑上》）

"浩然之气"是天地间的正气，也是人之所以为人的德性。孟子所谓"以直养"与"集义所生"，正指出"浩然之气"即一个人的"直"与"直"之所在。观此，也就可知"直"与"义"可以互释了。

以"中"释"正义"

前曾言《中庸》有谓"义者宜也"。所谓"宜"就是合于时宜，也就是《中庸》所说的"中节"或"时中"，循此线索看来，"义"与"中"在意义上实有互通之处。事实上，我们应该深入"中"的观念，以了解"义"是合于中道的。所谓中道，就是中庸之道。孔子说过："中庸之为德也，其至矣乎，民鲜久矣。"（《雍也》，第三十）但要认识中庸之道，就必须自《中庸》说起，《尚书·大禹谟》虽有"惟精惟一，允执厥中"的说法，但对"中"的解释还得求之于《中庸》。《中庸》说："喜怒哀乐之未发，谓之中"，这样就把"中"视为人性之本体，"性"之本体当尚未发时为"情"，乃中正无偏之质，这种状态就叫"中"。换言之，"中"就是人之本性，《中庸》认为这种本性是与天一贯的，故天命之为"性"，"中"即天命在人性中的状态。如果"义"是"中"，"义"亦可视为蕴含于天命与本体之"中"了。

孔子关于"中"的讨论见之于《论语》者并不多，但他很明显地看重"中道""中行"，也就是依中两可的道理和道路。他说：

> 不得中行而与之，必也狂狷乎。狂者进取，狷者有所不为也。（《子路》，第二十一）

中是不过分和不欠亏，也就是"无过不及"。这个概念也许用英文 Fairness（公平）一词可以表达。并因最知名的政治哲学家罗尔斯在其新著《正义论》一书中即以"公平"一词释"正义"。故公平即为不偏不倚，无过不及之"中道"或"中行"。中道或中行是道之至中至重者，就人性来说，如《中庸》所提示，乃是情性未别的状态。也可以说，如果情性已发动，也就难以维持至正至中的本体状态了。故中道可视为义之本体，亦可视作"义"的至高完美的理想。因而孔子叹息说：

> 中庸之为德也，其至矣乎，民鲜久矣。（《雍也》，第三十）

如果本体之中和情性发动使人的行为合于正道，显为德行，则是《中庸》所称的"发而皆中节，谓之和"。此处所谓"中节"乃是指合于客观之事理，实现真实之价值，亦即义的表现或实现。故义即为本体之中之具体实现，亦即人事、天下之和了。我们可以说"义"之存在有两个阶段，一是未发的本体阶段，一是已发并实现之具体化阶段；一是中的阶段，一是和的阶段。《中庸》称"中也者，天下之大本也，和也者，天下之达道也"，并谓"致中和，天地位焉，万物育焉"，这层意思与理想用之于"义"的概念上，则可见"义"亦为令天地立位，令万物发育之大原则、大德性：从"中"以见义之体，从"和"以见"义"之用，并从中和之一段实现，理解又乃一动态及贯彻主观、客观之过程了。一个人能够致和守中，就是一个知义行义的君子了，孔子因而说："故君子和而不流，强哉矫！中立而不倚，强哉矫！"（《中庸》）

孟子对中道之了解，一如孔子。以中道无过不及之行为道理，他举杨子为我、墨子兼爱为两大极端，赞许子莫执中为近于道。但"执中"并非死板机械地固守一点，而是要就物之事理权衡轻重，以断决是非。这种权衡轻重的判断，就是孟子所说的"权"，"权"需要理智及知识与了解，也是极明显之理。"执中无权"是大家所恶的，因为其为不能应用理智以做个别事宜之判断，这也就是无义可言了。他说：

> 执中无权，犹执一也，所恶执一者，为其贼道也，举一而废百也。（《尽心上》）

义是要实用的，也就是"执中权衡"的。这用孟子论是非之心为智之端，而智之德乃义之内涵，同具对"义"的说明作用。这在第一节中已阐明了。

结　论

本文就孔孟哲学中之正义观念与意识做了深入的分析说明，正义是合于义、归于正、显为直、本于中的行为与措施。正义亦可说为人性之理与事物之理之合谐为一致，而为做人处世、治国平天下之根本原则，亦即天下之大本大经，不容稍有偏者也。儒家思想及哲学指示之伟大价值即在于其能揭橥此项不垂不易之准则，为人情社会奠定一理性之基础。

中国历史与哲学中的人权意识*

一、通论：人权的特质与历史

人权的基本特质，有以下三方面：

（一）人权往往制颁为条文或宣告，以支援革命，或公布于武力对抗政治独裁和压迫之后。

（二）人权涵盖自由，从基于个体的自由活动和思想，以发为各种"行为活动的自由"（freedoms-to）和"自束缚解放的自由"（freedoms-from）。

（三）人权是由一群人民代表，抗衡政治权威，或施加压力，迫此权威对人民大众有种种自由与权利之承认。

以上三方面，并未道尽每一人权宣言的条文，但却体现了所有正式人权宣言的基本内涵（不论从发生上 genetical、内容上 contentual 及其制衡作用上 sanctional 均已包括），如 1215 年的《大宪章》（Magna Carta），1628 年的《权利请愿书》（Petition of Right），1689 年的《权利法案》（Bill of Rights），1701 年的《王位继承法》（Act of Settlement），1776 年的《弗吉尼亚权利法案》（Virginia Bill of Rights），1776 年的美国《独立宣言》（the Declaration of Independence），1789 年的法国《人权宣言》（the Declaration of Human Rights and Civic Rights），1862 年的《解放黑人奴隶宣言》（the Emancipation Proclamation），及 1948 年的《世界人权宣言》（the Universal Declaration of Human Rights）。以上每一宣言，均明显地是克胜独裁和专制的记录，衔刻着人类政治意识对个体内蕴尊严的醒觉，也是人类在权利被剥夺时的高度奋发行动。深一步言之，诸此人权宣言之所以能草拟制颁，都是有一先存的哲学思想，保证其断论的确当性。

观看以上简述西方"人权"的存在和发展，人们不禁要多方地反省中国历史和社会

---

* 选自《知识与价值——和谐、真理与正义的探索》，台北，台湾联经出版事业公司，1986。

中有关人权的存在状况。在长远的中国历史中，有无类似的人权宣言？改朝换代是否影响百姓的人权？在中国哲学及贤哲的意见中，有无人权观念？中国社会各阶层的人如何发展人权自觉？又对这些阶层的人权自觉，哲学和政治的立场如何？中国人的制度和行为中，何者算是反映人权自觉？特别是中国的社会和政治哲学如何调适回应人权自觉？不同阶层和不同事件中有没有不同意义的人权？其不同的原则何在？各社会阶层的团体有无冲突？冲突如何解决？本文不打算回答所有这些问题，但却重视描述中国政治和社会的事实，并拟以哲学角度解释之，使回答这些问题时得到适当的参考。这些问题的答案有时十分明显，有时却要推引出来。不过有一点是可以一开始即可肯定：在传统中国历史中，从未产生过明确的"西方式人权宣言"。

古代中国人权和君民关系

早于公元前1500年，中国古代社会就慢慢形成，演进成国家的规模，这也正是中国人在历史中开始建立其独特地位的时期。由此，开始形成和发展中国日后的政治意识和政治制度，精巧而又有力地控制中国社会达三千年之久。在商代（公元前1600—前1046）及西周（公元前1046—前771），中国已由一族统一及团结各氏族，形成国家的雏形。君主及巫祝（主要工作在顾问、预测及合理化各事情）构成统治阶层，其臣民则包括战争中由征服而获得的奴隶①。奴隶当然必无自由，且依法必迫其劳动及生产，但一般臣民都是劳动的个体，未必要受奴役。向来的研究，都没有足够证据证明周代的"民"或"庶民"缺乏大幅度的自由和人权。

从这三个重要事实，可简述古代中国的人权特性：

（一）"民"或"庶民"是指被治民众的整体，他们劳动，不必然是奴隶。天子及其臣属既统治诸民，亦为庶民所支持，故乐于不镇压他们。因而天子当仁爱百姓，这是借其"德"以保其位。事实上商代的先祖亦言："重我民，无尽刘。"②

（二）天子之德在保庶民，此说在敬天祭祖及对天帝信仰中更被强调。《诗经》提到天帝特别关爱民众，因民皆由天所生，故云："天生烝民，有物有则。"③ 从宗教角度言，"民"在世界中有重要地位。

（三）《尚书·洪范》中亦提到人民可在解释卜筮时，参与国家的决策："汝则有大疑，谋及乃心，谋及卿士，谋及庶人，谋及卜筮。"④ 当然这里的"庶人"不一定包含田间作役的奴隶。

---

① 有关商代封建主是否拥有奴隶之问题，各学说并不一致。尤其有关具体问题如人口中多少为奴隶，封建主如何对待奴隶，以及奴隶在平时如何从事生产活动，在战时如何作战，均为聚讼纷纭之点。可参阅吕振羽著《殷周时代的中国社会》（北京，1962），郭沫若著《中国古代社会研究》（北京，1964）。

② 《商书·盘庚》。

③ 《诗经·大雅》。

④ 《尚书·洪范》。

　　商代的氏族统治及家族中心社会，在周王朝的阶级地位区分下，变得更阶层化。周代创建人将政治力量放在封疆建国的地方建构上。周天子将土地分封给贵族，各有在封地的代理权及大夫家臣。周代的封建阶级似乎带来统治者和被统治者的阶级划分，而庶民为最低阶层。土地归属于封王，由非显贵的人民垦殖；人民并不私有土地，农奴都为封主所统属，缺乏人权和自由的经济基础，他们都要归附于统治阶级才得保护和生存。从以下两重发展中，我们可以看到他们是同时处在被保护和控制中：

　　（一）周革命之前，周人相信商人先祖为上帝所喜悦，而受命于天①。当周政权成立后，他们则认为自己已受天命②，但他们知道“天命靡常”，可以因一朝失德而失去天命。德非由天的意志所降，却来自掌握先祖之法德，他们了解到：“惟吉凶不僭在人，惟天降灾祥在德。”③“鬼神非人实亲，惟德是依。”④“神所冯依，将在德矣。”⑤“皇天无亲，惟德是辅。”⑥ 其意是君主必全力履德，才可统治。盖此为天之命也。

　　周人明白统治权始终归依人民的支持，故君主之德必及于人民而得其自发之支持，因而天命即转化为民命。于是周代诸侯最后必能察觉得到，全体人民是政制之主要依归，必须加以尊重而不能剥削，故有云：“天视自我民视，天听自我民听。”⑦ 又：“民之所欲，天必从之。”⑧ 以上所引，当然未明显指出人权（或人民阶层中的人权）已被人民自己了解及体制化，也未显示人权已被统治者所公布或清楚了解。在孔子和孟子未出现之前，也未有人尝试明确地争取人民的最高利益。⑨

　　进一步言之，能辨识“显德之道”，就是一种道德智慧，是既来自历史反省，也来自经验的谨慎实践。“德”的训义，并非构做一种保证，去抗拒统治者的专制妄为，但我们也不要过于低估“德”义在中国政治意识中的道德力量。春秋时代（公元前770—前476）的流行想法，已将因“天”或“帝”监视而不制定政治法则的观念视为陈腐，那时已有云：“民，神之主也。”⑩ 又云：“国将兴，听于民，将亡，听于神。”⑪ 在《周礼》，战国时代（公元前475—前221）的后期作品，要求君主在关于国家生存，或关于迁移国都，或关于统治体制等大事上，均要咨询民意。⑫

---

　　① 参阅《诗经·大雅》。
　　② 《毛公鼎》铭有云：“父歆丕显文武，皇天引厌，厥德，配我有周，膺受大命。”又可参阅《诗经·大雅·文王之什》。
　　③ 《商书·咸有一德》。
　　④⑤ 《左传·僖公五年》。
　　⑥ 《周书·蔡仲之命》。
　　⑦ 《周书·泰誓》。
　　⑧ 《左传·襄公三十一年》。
　　⑨ 在《诗经》中有许多篇章显示一般人民对富足安平生活之向往，并对战争及重税之厌弃。见《诗经·小雅·雨无正》《节南山》和《大雅·荡》《瞻卬》《召旻》等篇。
　　⑩ 《左传·僖公十九年》。
　　⑪ 《左传·庄公三十二年》。
　　⑫ 见《周礼·小司寇》。

人民群众的集体权力，已被统治者良好地训练出来，同时，人民参与维持政治法纪的集体权力亦已建立，被视为任何政制的道德原则和社会的必然规律。如此万事俱备，只需适当环境，自然会引发为全面性的人权理论。

（二）由于周代统治的稳固，其封建结构划分了统治者和被统治者两阶级。为了维持两阶级的划分，以及使各贵族等级有效地依其名分和道德制裁规范去运作，所以一面树立礼治系统去规范公侯大夫的行为，另一面则以刑法统治无名位的庶人。

封建秩序崩坏与人权自觉

礼之发始，可能源于国家重要葬礼或出征大典时，在宗庙所举行的祭礼。礼的性质，既标志统治等级，亦标志道德的划分。礼教不但是日常教化，也体现在个人的社会生活以至其端庄雍容的交往中。"礼"的功能是要完成更高的道德自治和文化和谐的秩序，同时也就维系封建结构的秩序。

孔子基于互惠原则，在封建社会秩序中，建立了一连串保证正确性的行为规范。在此意义下，礼是有层级性的，但却有正面的和时代性的意义。或许还有一种功能作用的倾向，以求将"德"体现于具体生活中，俾能维持统治秩序及制度。

"礼"是统治阶层加诸己身的自律能力，而人民则整体为刑法所治。刑法有三项主要意义：

（一）刑原初只统治下民阶层，而不及于统治阶级，正如礼原初只规范统治阶级，而不及于下民一样。故儒家有言："礼不下庶人，刑不上大夫。"① 但孔子说："君子怀德，小人怀土。君子怀刑，小人怀惠。"② 可见刑到春秋之际，已上升及于士大夫，而非专为下民而设之法了。

（二）刑是惩罚之法，并不正面鼓励某些行为，只是反面地制裁某些行为发生，阻止违法行为。庶民只要不破坏法律，则颇为自由地行其意愿。人民所关注的种种正面权利，并非为法律所保证，却由统治者的"德"所容许，这是一种人格智慧重于政制法规的情况。

（三）最后，"刑"似乎发展自早期对待奴隶的方法。奴隶由征服战中掳掠而来，刑是征服者对待奴隶者的道德，却不达于贵族和同阶层的人，因而显出"贵族道德"和"奴隶道德"之对比。"礼"是贵族道德，由自治的统治阶级而来；"刑"是奴隶道德，由统治阶级加诸奴隶，免其妨碍统治者及其法规。"礼"代表了统治阶级对其自治权、拥有权及尊贵地位的政治觉察，"刑"则暗指庶民自身的顺服及缺乏对人权的政治醒觉。统治者划分礼与刑，并且以刑加诸庶民，看来是为了压制人民及其相互间的权利和义务

① 《礼记·曲礼》。
② 《论语·里仁》。

感。直至封建秩序崩坏，贵族解体，人口剧增，诸侯各自独揽政权，庶民才开始有人权的自觉，要求通过德性修养而与统治者有同等道德，这时已到了所有古典哲学学派繁兴的时期。

人口增加，以及由公元前 10 世纪到前 7 世纪家族分支的血缘联系开始废弛，引致周天子的政治权威式微和诸侯势力松散，封建列国都要扩张土地以适应人口增加的压力。于是国与国间战祸连绵，礼制崩坏。周天子权威越衰弱，统治层级就越溃落，而诸侯大夫的势力就越集中。每一国都成为扩张的核心单位，也成为取代封建旧阶层的和巩固新社会之力量。

独立军事邦国（战国）的形成，对周天子只有应酬式的侍奉，加速了旧贵族政治的崩溃，同样地，贵族的阶级界限，特别是大夫和庶民的分别，也随之而打破。由于各君主需要才智之士助其扩张土地和势力，社会变动遂加剧。进一步，工商活动节拍的不断增长，亦加快解散封建体制及构成新政治势力。春秋初期，已开始用铁器，生产方法改进，商品越加精纯，商业阶层兴起，需要新的生活形式取代那基于固定土地的农业基础之旧秩序①。新兴商业阶层，引导向购买土地，不可避免地假设封建制度必须承认土地私有权。天下为公的封建土地公有制度亦终须放弃。

商业阶层及土地私有制度，是打破贵族庶民界限的基础。有一种看法认为，由于君主求贤若渴，庶民可以凭个人才智进入宫廷参与政治权力，因而庶民阶层得以解放。这显示士人极需得到教育，而在变局中也需要新观念指引，所以春秋时代的社会风气及社会力量，均造成百家争鸣及战国时代贤智之士辈出。

相对于这种一般的解释，我想指出，各哲学学派的发展，显示出在社会大变革中，政治意识已从几方面做出回应。诸子百家的存在，象征对过去的解放，也表示低阶层已被肯定有权参与在这全面的变革中。

在公元前 600 年至前 200 年的诸子百家中，儒家是最突出及影响后世最大的。孔子（公元前 551—前 479）面对社会变局，探寻新秩序及新人生观。当然，无人否认孔子在封建阶层迅速崩散时，寻求保留古代秩序的基本价值。但在另一方面，孔子面对时代危机，提议将古代通行之贵族价值，普遍化使之及于全民，不再预设一种封建的阶级划分。由此言之，他是求新颖进步而又具革命性的。他要求应用"礼制"于全民，以承接过去制度而祛除其弱点（那是社会条件所造成，至于是何等社会条件却非孔子所理解）。② 然而孔子未能看见当时社会变革仍未达其终结，亦未穷尽其冲创力。究实言之，其时正是青黄不接，旧制未全扬弃，新制亦未建立之时代也。

---

① 孟子以古代"井田制"为调和公私利益之生产制度。但在春秋时代，此一制度业已无法因应人口膨胀之需要。

② 孔子把心目中所理想的社会与政府投射在历史上的圣王时期，从此一观点，孔子所处时代的社会乃可看作一种自古代的堕落；孔子显然认为个人均有道德责任而且也有能力以求古代圣王制度之恢复。

"礼"及于民，肯定基本人权

孔子对人权的第一大建树，是将"礼"化为普及全人类的普遍道德。"礼"是界定超越各阶级的基本人际关系，如父子之亲、兄弟之友、君臣之义、朋友之信等。后来《礼记》还在这四伦之外加上夫妇之别，这五者均是来自人类世界的基础关系。孔子认为这些关系普及于全人类，人的责任和权利，即在经过修养，俾使各种关系达到完美境地，这种修养的结果即称为"德"，由此而建立一"和谐有序"的群体，人在此中得享人性与社会规范的丰盛满足。任何以"礼"作为内容的规范可统赅全人类德性，因人人有人性，故人皆基本平等，人人都可同样地获臻完全的德性。由此言之，若人有人权的话，孔子对人道德价值的肯定，已把人权隐含其中。

儒家将以道德修养自己的人称为"君子"，对不以道德修养自己者称为"小人"，人人都有能力成为"君子"，也都可陷溺为"小人"，由此可见人人平等。君子的理想似乎说明一件事，即人既有可能去充分实现这理想，则已承认了人的基本人权。政治系统必须保证所有人都可以成为君子，而且人人都在道德意义下平等，这可以说是从透过人的道德哲学去肯定人权。

孔子对人权的第二大建树，在其"仁"说。人人都可以修养本性，而以仁爱涵摄众生于其中。"己所不欲，勿施于人。"这一座右铭，对"仁"下了一定义，明显指出孔子不但认为人人当平等彼此对待，而且君子必待人人平等，才能完成自己，故云："己欲立而立人，己欲达而达人。"从这种人文角度去探究人，自必独立于阶级与名位之外，且能从哲学上肯定人的价值和潜能，构成一种人权观。孔子事实上并未完全建立全面的人权观念，主要或在他相信政府当由君子掌管，带来人民的秩序和美好生活，而人民不必为人权而挣扎。这思想同时引出他的哲学的第三方面。

孔子认为政府的目的，在庶民、富民、教民[1]。他非常重视人民，认为一个有德之君，当使名与德相应，使人民能措其手足[2]。我们可以说，孔子认为君主当保证的人民权利，包括"生存有序""丰足生活""良好教育"等方面。

儒家后学孟子（约公元前372—前289）更进一步提倡这种民本的理想政府。孟子设计了一个较为详细的福利国家图：人民的物质富足、土地的拥有权、医疗福利、教育等均得到保障。此一福利国家之基础仍是通过人性去肯定人权。由于人有其所以为人的本性，人自异于禽兽（这点是与孔子同样重视的）[3]，故必须鼓励和培养他们去发展这种潜能。一个君主之成败，全在乎他能否实现这些潜能。君主必须自己求善，且与人民

---

[1] 见《论语·子路》。

[2] 此即孔子的"正名思想"，见《论语·子路》，我对此一思想有专文讨论，请参阅我的著作《中国哲学与中国文化》（台北，1974），64~82页。

[3] 见《论语·微子》。

分享自己的喜恶，亲自保障人民这些生活素质，才能真正实现以上的福利国家理想。因而，孟子的最重要思想及其学说的终极归趋乃是所谓"民为贵，社稷次之，君为轻"。若君主不能成就这些基本需要，人民有权革掉他，而改换以能者①。

由此可见，儒家哲学倡议人民权利终必完成。这些人权本于人性，是必须而不可分割予人。孟子认为人民有权革掉残民自肥的君主，强烈地叫我们想起美国《独立宣言》是何等类似。

儒墨道法更迭中的逆流

由孔子影响下来，孟子及其同期儒家，均认定夏代（公元前2070—前1600）世袭王朝以前为圣王时代。圣王退位，都禅让给人民拥戴的贤智之士。当然，吾人并不了解当时如何选举圣王的制度，中国历史中的哲学家只曾强调革退暴君的权利及方法，却未仔细考虑如何选举圣贤之君的方法，对人民有选举圣贤之君的权利问题也未充分讨论。

孔孟的政治理论，其内涵虽然求得保证民生的权利，但仍不能言其必是民主思想。人民并非自觉地从行动或文字上去肯定人权。如果人权要被承认，人权仍有待具有良知的君主去承认。这也解释了何以儒家人文主义传统，只能发展部分的人权观，且必须等待仁德圣王出来，才能够保证人权。

孔孟也没有建议一套具体实践人权的方法，法家了解这哲学的弱点，遂攻讦儒家的人文主义，倡议另一套理论。他们认为人民幸福生活的保证，并不在教育和道德生活上，而在于组织人民以满足国家和君主的意愿和目的。他们提议以"法"的普遍标准代替"礼"，加强控制和统一中国。他们肯定君主与庶民平等，但却没有承认全民的权利。在法家哲学中，为了国家和君主的外在目的，必须牺牲和削减人权。人民在君主管理统辖下，常常处在犯罪边缘。这种理论很明显地认为人性是丑恶及自私的，法的能力绝对高于好的道德。"人民全体"仍是构成国家的基础，但他们的权利却不被保障。一般可说，儒家政治理想兼顾君主和人民，法家则代表一种倒退的逆流。

孔子并不能影响当时任何君主，法家却得到最后胜利：秦朝（公元前221—前207）秦始皇统一中国。君主很快掌握到，法家的观点正可与其个人意愿携手合作。人民虽已由古代封建阶层中解放出来，但无法了解儒家哲学的普遍意义，因他们仍被古老习惯所管制，不能看见人文主义对他们的贡献。当时那些利欲熏心的君主，只听商人和雄辩智士的意见。更可惜的是，当儒家在汉代公元前136年终于正式成为统治意识形态之时，又被君主基于私益所采纳利用，人民却亦不知何故地，没有组织起来去找寻新的"政府传承"（governmental succession）的模式。

---

① 见《孟子·梁惠王下》。孟子曰："贼仁者谓之贼，贼义者谓之残；残贼之人，谓之一夫。闻诛一夫纣矣，未闻弑君也。"

在同一时代的其他学派，有两家也值得提一下，墨家倡议兼爱，作为肯定人与人和国与国的互利手段。墨子清楚地认识全体人民的权利，是要居于和平而有秩序的社会中。每个有作为的市民当为社会的调和一致而工作。墨子主张用上天意志来约束人：天志欲人善，人的正路亦当从天志。墨家的意义主要是对劳工大众而言，人的天赋权利，当为生存于公义而富生产的社会。

最后还有道家的老子（公元前 6 世纪至前 4 世纪）和庄子（约公元前 369—前 286）认为人不应由任何政府管治。小国寡民，无为而治，顺乎自然才是正道。道的哲学清楚地阐明人有依道而生活的原始权利，因为人的自然状况逍遥快活，"先"于任何政治上的作为，古《击壤歌》有云："日出而作，日入而息，凿井而饮，耕田而食，帝力于我何有哉？"① 在未有政府之前，自然人居于自然界，何等畅快。这似乎指出，在所有人权中，最基本而本质性的权利是不受外力干扰的自由，特别是不受政府干扰的自由。当人能依道而行，其不受干扰的自由获得保证时，他就能得到一切。在此等道家理论下，只有当政府有其需要而又事实上威胁个人存在时，吾人一般所引用的人权理念才合用而有意义，盖道家所重视的权利，纯粹是基于个人需要而来。

二、人权：从传统到现在

秦始皇在公元前 221 年统一中国。中国进入漫长的两千余年政治、社会与经济变迁的历史。表面看是改朝换代的过程，但在此一过程中政治与经济准则及制度的进展，也可说是反映着人权的自觉。举例言之，汉代兴起，即放弃陈旧而严苛的刑法。不过政治改革的主流思想，仍在于人民美好生活的集体权益，必须依恃圣君、儒家士大夫及心智独立的儒家与佛教学者等去肯认。那时社会最关心的，莫过于土地所有权和税制问题，仁君贤仕常将土地重新分配，也限制私人的占地面积，并减轻农民的税额和劳务②。这种以仁君贤仕去关心人民幸福的信念，假定了人民个人无权拥有土地，土地为公家所主有并由公家分配之理念。在此一理念下，土地的分配是为了阻止土地之独占豪夺。这一来自然阻止了或最低限度减弱了个人土地私有权作为个人人权的基础。

从秦朝到清朝，大概有几个因素阻扰了个人人权的彻底醒悟。

在中国长远的历史中，虽然时常改朝换代，但每次改变总会建立一套最后仍以儒家思想为主的专制法制，强调君主应当亲民，关心百姓幸福。无数农民发起革命，其动机都在反抗那些不顾人民死活的残恶暴君，以拥立一个向人民保证自己必定亲民的圣王。因而，成功的起义者必然再次肯定儒家的圣君和君主责任观点；然后再定型于过去的专

---

① 见《庄子·让王》。
② 大赦也被认为是君主仁心的一种表现。

制模式，从来不曾自觉到要稳固地树立民意代表制度。这种不断恢复旧制的倾向，随着政府对民众责任的日渐腐败，终又引至民众的另一次反抗，建立新朝代。于是再一次保证，再由此形成朝代以循环：从人民意向而兴起布衣为帝，亦从人民要求君主的责任而终结其帝位。这可以在汉、明两朝的建立上清楚见到。

也有不少失败的草莽枭雄，企图滥用民众运动，以遂其君主图谋。[①] 以上各种显明事实之历史形成，有两大理由：

中国社会以农业为主，支撑社会的农民大众，自古以来对政治权威都存被动态度，如在庄子所引的《击壤歌》中所充分指陈。农民只求不被干扰和压迫而已，他们对专制政体早已习惯，并认为是唯一政制。儒家本站于理性立场，不支持专制，但自汉以后，却被君主利用来论证其统治和官僚系统的理论基础。农民在这种意识形态教育下，当然很难架构批判和抗辩的理由了。在危机时期，农民不但未能脱离旧制规范下的思想方式以寻求改变，反而觉得他们能在政府开放的晋升大道上平步青云。汉以来的荐举制度和隋代的国家考试制度催眠人民，使他们相信在专制体系中，他们都有机会步步上升、得到利益，他们因而被动地承受其贫穷与受难的厄运，认为只是自己个人无能，不能由农民大众晋升为仕人和官僚。

另一阻碍人权发展的原因，可能与外族的常常入侵有关。边界紧张的存在，增强人民的休戚相关感，以及对历史文化的认同。在危急时期，就赋予君主更大的权力及自由。强调历史文化的承担与接续，也内在地遏阻一种渐增的对人权观念的渴求。虽则人民与学者都逐渐认许人权的重要，但当外族成功地入主，如在元朝和清代初年时，人民生活困苦，就不能再谈什么人权了。

虽然中国历史的主流，都实行专制统治，君主一面以其个人意愿为主，一面也要重视人民的幸福。但我们也不能否认，有些耿直的儒家曾提出抗辩，特别当明亡于清之际，在黄宗羲（1610—1695）及王夫之（1619—1692）的哲学和历史著作中，我们可以发现强烈地反对专制及怀抱整体人权的观点。虽则吾人仍可争辩其人权是指"集体人权"（collective rights of people），还是个人的人权（rights of individual），然而其观点的强烈和决断，毫无疑问是探求新政府形式的催化剂。及至西方势力侵入，这旧社会就迅速显示其弱点。而18世纪的小工业已成熟，可预见人民大众将能经济自主，故当皇帝拒绝迅速有效地改革社会弊病时，大城市中的知识分子和人民，乃渐渐见到唯有全面革命，建立新的政治模式，才是正确答案。这就是1911年辛亥革命的始源。辛亥革命的其中一个目标，是通过一政治模式，即依人民自己的意愿去保障人权，并防止这种意识的失去。不过这种意义下的革命，仍未能在传统儒家的忠君意识形态的根深影响下立足。这革命终于促成1946年《中华民国宪法》的公布，其中关于人权的部分可谓清楚明确，

---

① 参阅史绍宾编《中国封建社会农民战争问题讨论集》（北京，1962）。

可比美西方人权法案。

有关18、19世纪的小型工业发展，仍有可言者，就是此等形势的发展可使农民逐渐转化为积极、开放、敏锐关心社会的个人。如果没有列强灾难性的西方冲击，中国群众也会像英国民主发展般有人权觉醒。在这种情形下，则中国可能不须仰靠群众性和伤亡性的革命运动，仍可慢慢肯定人权。这种可能性及其优点，不论就历史言或就理论言，都难以明晰估计其得失。

三、结论：中国式的人权

在本文中我已尝试指出了人权的两个基本观点：

（一）中国历史和哲学，如何实践一种关心全民权益的"广义性人权"。

（二）中国历史经验及政治意识中，如何缺乏西方式那种特殊个人权益的"狭义性人权"。

对这种独特状况，我并不暗示什么价值判断。中国长远的历史及高度文化，当然有其自己的基本准据。中国历史形成和培养了全民权益的广义性人权，但缺乏西方式的个人权益的狭义性人权。如果我们不充分了解其理由和原因，其优点和缺点，我们就不可以遽下结论。我们可以将中国意义的人权，视为一个独立实体，这即提示了一个"中国模式的人权观念"（Chinese model of human rights），与前述人权法案的"西方模式的人权观念"成一对比。

基于中国人在长远历史里所享受的实际人权，也基于一般中国哲学家，特别是儒家学者所抽象肯认和刻画的人权，吾人拟就"中国模式的人权观念"绎述其性格及要义如下：

（一）人权是关系性的（relational），而非实体性的（substantial）：在儒家社会伦理的礼法中，人是被各种关系所界定的，也在各种关系中发展。人不能脱离人际和时空的道德要求而有其本质，也没有绝对独立的美善原则。《大学》规范了一种交感互通的儒家伦理，说明了中国人权重视关系性的价值。儒家所言的"礼"之观念，也衍生了中国人权的关系性质。此外，虽然人人有共同的美善潜能（仁），但"仁"本身不是人权。以"仁"为根基，则人不能只求个人的权益，却须通过他人才能发展自己。而最实质性的终极人权，则为自我修养（修身）和自我完成（立己，达己）的权利。至于"礼"，则基于认知人际关系及其价值，于其所统辖的人际关系，并不要求权利。

（二）人权是独特性的（particularistic），而非普遍性的（universalistic）：中国传统的法律和政府，都没有明显公布人民的普遍人权，所有调适人民需要和判断人民行动的正义作为，必依据独特的内容、独特的关系，因时制宜；同时也依据后果和惯例，前文已略有提过。此处要强调的是，依内容、关系、时宜去判断和应用人权，这是独特性的进路。此一进路是以重视人的感受和全体性的"善"为其吸引力所在。人权之所以有意义和力量，全在乎能在各独特内容上关涉到人的感受和全体性的"善"，而非明显而必然地专注在逻辑性的理由与标准。

（三）人权是整体性的（collective），而非个人性的（individual）：这大概是中国式人权最突出而领导性的特征。自古至今，人权是人民整体权利多于个人权利。"人"一词的意思是"人民群体"独特性多于"个人"的独特性。虽然中国哲学的政治意识并非完全摒除个人性或个人独特性，但这些性质远不如人民整体性之重要。肯定群体的权利，则群中的每一分子都自然得益。而肯定个体权利时，也要含蓄地假定，在某些情况下，此等权利亦要让与群体利益的需要。人权的人民整体性，是中国社会伦理的原则，其表现则为由君主保障人民全体利益，也表现在个人以家庭为生活的目的事实上。吾人相信这种人权观念，在今日中国社会仍无巨大与实质的变化。

（四）人权是由权威所承认（recognized by authority），而非由个人所要求（claimed by individual）：这也是儒家政治理论和政治行动的典型。没有一个个人可以由反抗"保持现状"（status quo）而要求人权，只能抗议现状上的权威未能依公义而行，且会阻碍这种抗议。基本上，中国的个人都常自我抹杀，但又不能说他们不喜欢或需要人权。但他们假设此等权益必依于一良好社会制度或统治制度，理性而又正常地去要求和提供。如果缺乏这方面的权利供给，当权者就要冒社会大乱之险。承认各群体和集团在关系中互存，就隐含了秩序和谐。但这不是觉察到要由司法机构的无上司法监督权去保证权力平衡。直至现代，在1911年的辛亥革命与1919年的五四运动，作为个体的中国人才明显地自觉到个体人权要求的重要。中国个人开始努力结合起来积极去追求此等人权，亦终能获得政府保障人权的承认。

转化品德为人权：研讨儒家伦理学中人的动力与潜能[*]

一、儒家伦理学与美德的社会政治背景：中国的政治父权制

我已经在其他地方论证了古代中国人对天与人之间的血缘关系的信念，《诗经》与《书经》中就已经反映出了这种信念，这种信念提供了这样一种关于人的形而上学，即不仅解释了中国"祖先崇拜"产生的原因，而且解释了为什么不需要先验宗教的原因。① 我现在要进一步指出的是，这种信念自从夏朝之前就构成中国的政治父权制社会的基础。历史研究已经为中国社会的发展勾勒出如下的发展线索：首先产生了家庭的父权制，然后是父系氏族，最后是由许多异姓组成的父权制国家。使得这种"父权制"政治成为可能的原因是家庭道德甚至可能是氏族道德重新形成"礼"的体系，"礼"可以在一个世袭的贵族政治统治之下应用于更大的社群。②

然而，"礼"的基础就是"德"，在这个意义上，"德"使统治者适应天命，即既使他的统治是合法的，也有效地维护了他的统治。在这个意义上，"德"完全是对部落之间以及人民之间的情感在外表上的一致，完全就是统治者品行的内在修养，这使得统治者关心人民。设计或不断完善"礼"的目的，一方面是维护自律的社会精神气质（ethos），另一方面是维护社会的和谐以及政治秩序。这样，基于相信天与人之间的亲密

---

* 选自《成中英自选集》，311~324 页。

① 参阅我的文章《儒家关于人的道德与形而上学的辩证法：一种理论的综合》，载《东西方哲学》，21：2，111~123 页，1971。

② 《史记》提到中国社会与中国文化创立和形成的传说，可以把中国社会和传统追溯到部落—氏族的文化英雄，如有巢氏、伏羲氏、神农氏，后来最终进化为氏族国家，如黄帝、尧、舜、禹（夏朝，公元前 21 世纪到公元前 17 世纪），逐渐统一了许多部落。从夏朝开始，中国文化据以指导基本人际关系以及仪式场合的宗教仪式和习俗繁荣起来。它们不仅有助于政治控制，而且形成了社会秩序，而社会秩序给人的生活以及活动赋予了意义。在这个意义上，周朝的礼仪文化就是中国文化的一个成就，它既体现在对人性的理解中，也体现在对人与人之间关系的理解中，并且成功地发展为一种实现这种理解的形式。在"礼"中已经把对"德"的认识作为维护社会秩序与政治控制的一种方式。

关系，在"德"与"礼"的统一体之中，既发现了天与人之间存在着形而上学的统一，也发现了统治者与人民之间存在着形而上学的统一。重要的是认识到，无论在中国历史或中国哲学中，一个统治者所考虑的是，或者认为他自己，首要的义务是对"天"的义务而不是对人民的义务。"天"就是政治统治唯一的基础；在儒家看来，事实上的统治基础总是人民。从尧舜的时代，到后来的周文化，再经过儒家的传承，都继承了这种传统。

可能直到公元前 11 世纪，周公才制订出关于人类关系与人类行动之中全部的或几近全部的礼仪。可能这些礼仪在战国晚期还没有以《仪礼》《周官》的书籍形式记录下来。① 从现代道德观看，在"德"与"礼"的实践中，我们有忠于共同善的道德，共同善建立于"德"的普遍实践性的基础上，从统治者身上就体现出"德"的普遍实践性。因此，我们可以把"礼"的体系看作以社会为基础的美德伦理学的图式。

"礼"的世界是建立于发现人际关系、发现人际关系范围（capacity）的基础之上，这一方面反映了情感指向的（feeling-directed）社会性意识，另一方面反映了以能力为基础的（abilities-based）人性，这二者在孔子关于美德的道德人本主义中达到巅峰。社会性与人性都是在时空中扩展的整体人类存在的经验；结果，一种理想的人类文化随之产生，这种文化是人类创造性的一种表达与评价。个人生活世界的经验也在此基础上得到扩展，并不急于超越到彼岸世界。连死亡都在这个文化价值的世界中占据了一席之地，这种文化价值在祖先崇拜的仪式、尊敬老人、缅怀先人的美德中明确地表现出来。这就是为什么世俗礼仪能够变成神圣礼仪的根本原因。如果统治者能够实践美德，捍卫礼仪，他就能够毫不费力地进行统治。但是，为了用扎根于美德的礼仪来保证自己的统治，统治者也需要给人民提供基本的生活条件，以作为人民实践美德与礼仪的基础。

根据对美德、礼仪以及二者之间关系的这种认识，孔子在思考如何建立一个好政府这个问题时，希望通过恢复"礼"的精神来恢复周代的文化与社会。所以，他把"仁"定义为"克己复礼"。② 孟子认识到，恢复古代的"礼"并不容易，就不再把"礼"作为一种体系来谈论，而是谈论四种主要的美德，"礼"仅仅是四种美德之一。尽管孔子与孟子都没有说服统治者或使统治者把他们的哲学付诸实践，但是，他们的观点与理解都代表了当时人们的深刻情感的真正本质。与此同时，他们都讨论过"如何进行政治统治"这个比较深刻的问题。在公元前 4 世纪，孟子特别警惕政治父权制这个问题，这个问题也就是统治者如何为人民提供幸福，这样就可以在个体与社会的层次上教导人民进行道德修养、发展"仁"。再者，尽管孟子对福利计划的论述并没有得到统治者认真的考虑，也没有在一些小国，如滕、宋产生明显的影响，但这些国家的统治者还是被孟子所说的"仁政"所吸引。不过，孟子对任何社会或国家的核心关心是"德"的内在实践

---

① 对这两本书的撰写年代仍然有争论。第三本关于礼仪的书——《礼记》被认为是在战国时期晚出的儒家著作，其中孔子对不同的"礼"的意义做了讨论。

② 参阅《论语·颜渊》。

以及"德"如何在社会系统中外化为制度。①

在对"礼"与美德做了上述讨论之后，用"天命"来谈论统治就好像是一种巫术宗教，而统治者好像是一个魔术师皇帝，这并没有传达儒家根据"礼"与美德管理国家事务的本领。② 然而，在后来的历史中，"礼"与美德的确产生了其他的东西。《老子》说："大道废，有仁义；智慧出，有大伪。""失道而后德，失德而后仁，失仁而后义，失义而后礼。"③ 这些话可能有一定的真理性。然而，老子并没有认识到，当"礼"丧失时，法律和制度以及技术就出现了。最后，当汉代皇帝的大一统秩序确定下来时，其政治统治是建立于儒家、道家、法家微妙结合的基础上，这种结合一直延续到今天，成为隐含的中国政治思维方式的组成部分。在这个基础上，我们可以解释为什么可以把权利看作暗含在社会义务和政治义务中，这些社会义务与政治义务是从儒家美德和"礼"中得出的。然而，在当代，它们可能仍然需要进一步的发展。

关于最后一点，也可以进一步说，墨子和荀子与托马斯·霍布斯（1588—1679）都认为，在政府产生之前，人与人之间的原初自然状态是一种每个人对每个人的战争。墨子认为，正是从"天志"得出的"兼相爱""交相利"原则导致圣王统治的产生，这个圣王已经意识到这些原则。与此相似，对荀子来说，为了使分（社会分工）与群（社会组织）的社会发展成为可能，我们必须仰赖圣王的睿智与贤明，形成政府的权力来达到终极的礼乐之制。这些原则劝说人民接受父权或君权的统治。荀子的观点与卢梭的观点自然不同，卢梭提出每个人放弃了自治权以交换保护，以此来解释王权统治的君主权力产生的原因。这样，在中国思维中，人权就从来没有占据突出的地位，因为中国和西方对政府产生的观点是不同的。然而，这并不是因为中国传统中没有类似人权的观念。孟子根据自己人性体现了天命的观点出发，意识到为了人民的幸福可以改变政府的自然权观念，人民就是从天命出发，宣称"天"原本就关心他们。这是从人性善中得出权利的主要例子。④

---

① 参阅《孟子·滕文公上》。可以很容易地看到，对孟子来说，当许多变动的因素造成不稳定和不确定的情况时，社会规划与政治改革要满足时代的客观需要是相当困难。

② 参阅克拉克·巴特勒（Clark Butler）：《作为自由故事的历史》，阿姆斯特丹与亚特兰大，Rudoph 编辑，第7 章，149～166 页，1995。

③ 《老子》第 18 章、第 38 章。

④ 理解国家产生于圣人原则的发现时，并不能简单地把国家的产生看作残忍的征服或看作应用实用理性以追求自我利益而签订契约的结果，正如列文森所指出的那样，中国哲学家有些像亚里士多德，倾向于把统治方式看作集体智慧、集体意识的最好表达，这将在关注人民的需要与生活条件的基础上保证其合法性。如果这些条件得不到满足，政治混乱将随之而起，人民将揭竿而起，这就导致争夺真正关心人民利益的统治权。这在中国历史上的改朝换代中看得很清楚。它变成以履行天命或天德为借口对权力的争夺。在中国政权的这种改朝换代中，我们就看到霍布斯的观点与儒家或墨家观点可能的混合。

我们可以把现代的人类社会看作从一种理性的和谐秩序的起程，可以把人类社会看作从智慧原则产生的，儒家对过去的黄金时代的记忆（并不仅仅是一种设计）似乎是一种自然的记忆者，甚至暗含了对现代问题的批评。这保证了历史服务于未来。（转下页注）

二、儒家之中人的义务与权利

在儒家思想中，统治者及其政府的作用是使社会和个人的道德转化成为可能。这样，就在统治阶级中普遍存在着强烈的义务感，在统治者的利益与人民的利益一致的情况下，统治者及其手下的人认为他们进行统治的责任也是一种权利。因为统治者根据统治来界定他的身份，这意味着他的义务也是权利；另一方面，因为统治者把自己的身份界定为服务于人民的利益，这意味着他的权利也是他的义务。

当我们把权利与义务之间的这种关系扩展到普通人时，我们就可以明白，一个中国人为何能够把自己的权利看作义务，并且根据他的权利来界定他的自我，他的权利得到统治者或社会的考虑，而他只需要考虑应尽的义务。这就可以解释为什么在儒家影响之下的中国文化仍然没有一种独立意义上的人权观。然而，儒家已经根据涉及美德的自我隐约地界定了人权。那么，中国涉及美德的"自我"概念是什么呢？

由于社会与共同体的集体经验已经淹没了个人的经验，所以，个体生命的实在已经被这些关心所统治，即维护人与人之间的关系以捍卫人在社会和共同体中的地位。这就是"礼"与"德"为何会在古代中国文化中同时崛起的原因。这样，个人首要的或直接的意识就成为如何维护家庭或共同体的秩序与和谐的权利或能力，家庭或共同体的秩序与和谐是发展个体自我的基础，并没有反对某些外在的政治权威以维护自己的权利。换句话说，自我首要的、直接的关心是美德，因为美德被认为是人的内在和谐（精神态度）与外在和谐（制度）的动力，所以，它们以义务的形式而不是以权利的形式呈现出来。美德之所以成为美德，是因为它使个人适宜于社会整体，美德是通过修养和自我转化而获得的。美德主要是朝着社会的甚至政治的整合目标的自我修养、自我转化的权利。

儒家意识到的所有特殊美德都采取了义务的形式，正是这种整体之各组成部分之间的和谐，才使得美德成为一种义务。以"仁"这种美德为例，它表达出在自我中与其他人共同仁慈的意义。"仁"是一种义务，从这个义务出发，整个社会都将受益。尽管"仁"需要自我修养，它的目的并不是仅仅保护个人的利益。与此相反，它是一种使个人适宜社会的方式，正如孟子所看到的，它甚至可能使人变成圣王。正如按照"礼"采取合适行为的美德，对自我与社会来说，也是一种义务，这促进了美德的修养。儒家的

这也可以解释为什么中国文化经验的内在一致性作为中国文化发展的基础，而不是其先验性作为中国文化发展的基础，但是，它也可以解释为什么文化的内在一致性有时没有遇到时代的挑战。最终，在1919年的五四运动中，当遇到政治与社会压力时，在情感上对情感的反对有利于理性的重建，在重建中外在和先验的东西逐渐地被吸收到这内在的整体中。按照我的观点，中国现在已经超越了反传统的阶段，为了整合传统与现代，已经开始重新审视传统。以这种方式，可以在将来而不是在过去预期一个黄金时代的到来。

其他美德也是如此。

谁身体力行属于美德的义务，谁就自然地在社会中获得体面而受人尊重的地位。一个有德行的人，就会变得广为人知，甚至会获得政治地位以及权力。这意味着美德的义务概念用于保护社会和共同体中的个人。也许保护个人的唯一方式是一个人有权去做更多同样的事情，也就是说，有权作为一个道德人来发展自己。

在理解了儒家的"自我"后，我们可以大胆地提出这样一个哲学问题，即我们是否可以把美德看作权利而不是义务？一个人在做与其他人有关的行为或做与自己有关的行为时就需要美德。为什么一个人不能既是美德的实践者，又是美德的接受者，这是没有道理的。换句话说，我们可以认为社会自身就具有促进个人美德的义务。在这个意义上，某个人可能期望他人对他尽这种义务，这样就可以把这些义务看作个人的权利。如果可以把它看作共同体成员之间的相互义务理论，那么，就可以把一种明确美德的理论转变为一种暗含权利的理论。唯一欠缺的就是，没有明确地断言这些权利就是他们从政治上认识权利的基础。当然，这将促进社会与政治的革命性进展。

以这种观点看，我们会明白权利意识为何能够在当代中国产生，甚至类似于西方的模式，因为政治结构和政治文化也相应地发生了变化。但是，因为权利意识和中国历史与中国文化的背景对立，还因为中国历史与中国文化普遍自负地全神贯注于儒家的美德意识，这种权利运动既不会出现像现代西方权利运动所具有的那种势头，也不会像西方权利运动那样尖锐。如果我们谈论具有中国特色的人权，那将是一种基于儒家人性理论和人的美德基础之上的人权理论。当然，同样的理论将锤炼我们对民主的理解和实践，正如在日本和中国台湾地区那样。我们不能期望简单的西化，即将重要的抽象概念强行插入一个前进的、自我维护的文化。按照阿拉斯戴尔·麦金太尔（Alasdair MacIntyre）的观点，现代西方在发展权利和功利概念时，已经失去了亚里士多德美德伦理学的传统。麦金太尔想重新学习和抓住这种传统。① 在我看来，对现代中国人来说，重要的是如何维护儒家的美德，与此同时从儒家美德中推断出现代社会的权利伦理学。

三、从传统而来的人权和理性自由

尽管黑格尔关于普遍自由的理论和历史②——一种局限于个人的自由概念——是一个激动人心的学说，然而，由于它没有考虑由法律保护的个人自由是如何干扰个人以及社会的道德发展这个事实而产生一个根本的问题。例如，不工作的自由或不照顾自己父

---

① 参阅阿拉斯戴尔·麦金太尔：《德性之后》，又译作《追求美德》（After Virtue），第二版，圣母大学出版社，1984，第 2、4、16 章。

② 参阅黑格尔：《哲学史讲演录》，J. 西泊利（J. Sibree）（伦敦，1858）；E. S. 哈尔登（E. S. Haldane）与 F. H. 西蒙森（F. H. Simson）的译本在第三卷（伦敦，1892—1896，1955 年再版）。

母的自由给个人与社会造成严重的道德发展问题。因为随着一种基于历史与文化整体经验之上的崭新的价值感（a new sense of value），将来必然会实现一种崭新意义的自由。

自从五四运动以来，一种中国社会从其传统继承的理性自由已经成为中国知识分子永恒关注的主题。从理论上说，这种意义上的理性自由当然是可以预期的，即为了制定公共政策和履行政府的责任而克服历史习惯与风俗，朝着一种更加开放、明晰、有序的程序发展。很少有人怀疑这是一种变得民主、保护人权的合理方式。然而，没有任何理由要求理性自由只能采纳一种独一无二的形式，只要把平等、自尊、尊重人的尊严作为重要的基础，就应该容纳甚至尊重不同的理性自由形式，这是因为人权与民主在不同国家和文化之间具有普遍性。

这已经表明，儒家关于朋友之间（在等级上平等的基本关系之一）相互尊重、相互帮助的义务，可能是具有中国特色的平等人权的一种伦理学的本质源泉。这样，即使在儒家中就已经存在着人权的因素，但是，这个例子并不表明儒家的其他美德也必然与人权相协调。例如，儒家渴望按照人的能力与优点来确保在社会中占有恰当的地位，也可以认为这是一种人权。不应该仅仅把人权看作平权的功能（leveling down），而应该把人权看作使人民获得自觉独立的尊严（raising people up）。人权应该支持人与社会的道德发展而不是破坏社会。人权应该扩展到并包括所有能够有助于人以及人类社会全面发展的美德。在这个意义上，为了在即将到来的新世纪中获得可持续发展和生态合理的社会秩序，中国关于美德的人本传统以及西方关于人权的理性传统可以携手并进。

四、美德转化为人权

那么，在现代社会中，我们如何真实地刻画儒家美德向人权的转化？我提出如下的观点：

第一，我们必须认识到，美德是在这种情况下努力的结果，即人在受外界刺激时做出反应的内在能力与倾向。这在儒家中预设了一种人性论，这种人性论在进一步的发展中明确地表达出来。这个意义上的美德总是有社群共同体倾向的（community-oriented）和以社群共同体为基础的（community-based）。但这并不是说，美德仅仅是共同体行为的传统，而是说这种美德服务于社会秩序、共同体和谐（也就是共同善）的利益，也许还增强了这种共同体行为的传统。在这个意义上，美德表达了个人的创造性融入共同体中以服务于共同体和个人自我的需要。它们由自我和共同体组成并服务于这两者。

第二，在美德是由社群共同体培育的（community-nurtured）和美德具有社群共同体倾向的意义上，美德代表了个人对共同体的义务以及共同体对个人的义务。这种义务意识来自于自我与共同体完美的结合或统一的观点，在这种完美的结合或统一中，它们各自的需要都实现了。在获得理性的一致性与自我实现的过程中，个人有能力选择这些美德，由此就得出了美德的应当性。这就是说，这种应当性的感觉（the sense of oughtness）产生于在人已经具有的与人可以具有的之间的一致感（a sense of consistency），这样，维护这种一致感的需要变成了作为义务的应当性感觉。为了实现纯粹美德，自我欠共同体的和共同体基于同样原因欠自我的，变成了自我与共同体之间的义务意识，美德由此变成了义务。

第三，有时，美德的义务意识与公共利益（public utility）的感觉或期望相协调。儒家对私欲与公利的区别就暗含了这一点。因此，在公共意识和公利意识中预定的美德就值得人们尊重和维护，美德从善良意志出发促进了公共善，也处于公共利益中，所以，应该维护这种美德。问题是如何表达或清楚地说出这种共同体共同关心的公共意识。对中国传统社会提出的一个批评是，它缺乏对共同体共同关心的表达，这种共同意识作为教育体系的主要部分，并没有在公共意识中合理地提出，也没有成为独立于忠于统治者、孝顺父母的美德。如果对这种公共意识没有合理的认识，就不可能对义务有公共意识，也不可能共同认识到有德行的人暗含的权利，这个有德行的人是作为一个美德表现者或实践者的。

第四，与此相关的是，个人作为共同体的一员，也是任何其他人美德行为的受益者，尽管其他人可能没有意识到这一点。如果维护了公共善或公利，也应该维护社会中个人的所有非直接利益（来自于对公利的维护）。在这个意义上，应该把个人对这种公利的要求看作美德的组成部分，这在逻辑上证明了这种公利的存在；也就是说，这就是权利如何能被构成和认识，作为对公共幸福暗含要求的权利，这样，人就可以为了公共幸福去实践和培育美德。公共美德的存在和重要性暗示或继承了对个人权利的认识。这样，我们就看到权利如何能够从美德中产生出来：它们既来自于个人在发展和完善或磨炼美德时对公共或共同体的义务意识，也来自于对公共利益的要求，公共利益为界定和实现这些美德提供了理由。

第五，美德转化为权利的最终阶段，就是排除那些有可能扭曲或控制公共利益的权力和权威，这些权力和权威在有利于统治者利益的同时，就阻碍了公共利益的实现。至于统治者或统治阶级的私利侵占了公利或创造了保护它们存在的条件（常常以法制的形式），并不必要通过防止统治者在个人态度和社会工具中的自私和偏心来排除这种扭曲和统治。这包括并不代表长期公共利益的制度（尽管某些时候，开明的君主带来公共的善，而不仅仅为他们的私人利益服务，这也不能保证结果总是公共利益）。公共利益与统治者私人利益的冲突常常很严重，以致统治者得使用自己的权力保护自己反对人民，这就造成压迫。结果就需要抗议甚至反抗统治者的压迫。为了反对统治者的私利以维护共同体，统治者的压迫是否能唤醒要求个人做的道德行为中暗含的权利意识，并不很清楚。这样，革命就成为必需的，正如在西方与中国历史中发生过多次的革命那样。

　　我在早期的一篇文章中①，已经讨论过西方的权利概念是如何在人权法案中形成的，这个法案来自于成功地反抗了统治者或统治阶级为自己的私利而侵犯公共利益。当然，在中国历史上的改朝换代中，主要是为了集体的生存权而反抗腐败或不负责任的统治者。甚至在 1911 年的革命中，我们看到对清廷的革命也是为了人民集体的生存。在那时，孙逸仙博士就已经呼唤民权，但是，这场民权革命并没有完成。确实，在中国的宪法中，已经认可了对权利的保护，但是，在实践中并没有得到完全实现。这是因为还没有通过法律、教育、领导们个人的承诺有效地树立起用公共利益反对私人利益的意识。克服这种关于权利的理性思维方式的明确开化，将是非常有用的。

　　从上面我们可以认识到儒家为了人民的幸福限制统治者权力的观念就暗示了一种民主意识和认识到人民的政治权利。我们常常忽略了孟子站在人民的立场上呼唤统治者承认政治权利的论述：

> 　　左右皆曰贤，未可也。诸大夫皆曰贤，未可也。国人皆曰贤，然后察之；见贤焉，然后用之。左右皆曰不可，勿听。诸大夫皆曰不可，勿听。国人皆曰不可，然后察之；见不可焉，然后去之。左右皆曰可杀，勿听。诸大夫皆曰可杀，勿听。国人皆曰可杀，然后察之；见可杀焉，然后杀之。故曰国人杀之也。如此，然后可以为民父母。②

　　可以从这段话中得出两个观点：第一，人民的判断应该具有决定性，并不是仅仅与少数人民协商而是与大多数人民协商；第二，统治者的"察"表明他对特定人的功过所做的最终判断是合理而公平的。换句话说，必须应用理想与正义，这表明一个人有权维护自尊，不能仅仅因为其他人的观点就剥夺人的尊严，这也表明除非通过正当途径证明某个人有罪，否则他就有清白的权利，不过，在没有努力去清楚地表达这些权利、没有继续努力去增强和实践这种权利之前，这还是一个问题。

　　总而言之，可以把儒家美德转化为权利的可能性描述为：共同体中个人对美德的培育将唤醒个人对共同体和公众的义务意识，这又随后唤醒了个人参与公共事务（任何个人都不能与公众隔离开来）的合法可能。但是，站在个人的立场，个人对这种参与的要求也需要参与到对公共利益独立而合理的论述中。这进一步要求统治者要遵守公共利益。如果统治者没有遵守公共利益，就会随之发生对统治与压迫的抗议和革命，用与人民的权利伴随的要求反抗政治压迫。这种抗议或革命的结果将最终产生一个积极的、清晰的、以文字形式出现的对个人人权的宣言，包括自由权和美德权。

---

① 参阅我的文章《中国历史与中国哲学中的人权》，载《比较文化评论》，1979 年第 1 卷，1~20 页。
② 《孟子·梁惠王下》。

道德自我与民主自由：人权的哲学基础[*]

一、现代人权论的哲学基础

人权是人类现代文明的重要价值，它是个人自由、法律制度与民主政治的道德基础，同时也是对公共理性和立法的要求。但什么是现代人权的哲学基础呢？我认为，此一哲学基础乃是儒家哲学的人性伦理或德性伦理。

儒家的古典人性论是如何转化及展现为现代人权论，亦即如何由儒家的德性伦理转化成普遍化的人权伦理的呢？这种转化经历了八个步骤。

（一）道德（是非善恶）意识之呈现。人有自然的道德意识，即人有自然的是非善恶的意识选择，这种选择包含着人发展的能力，主导人的行为。人的这一道德意识代表一种权利，无论是在中文还是在英文中，我们所说的德都有权利的含义，但这种权利的中心意义是追求善、明辨是非的能力。

（二）道德自我之根源的认识：建立道德行为规范。道德自我是要自我认识的，这种认识是基于对人性中道德自觉的本质的掌握。人的本质的根源是人之区别于动物而之所以成为人的理由。在此前提之下，建立人的道德规范、建立行为的标准才成为可能。

（三）保持、完善此道德自我并力行实践，使德权合一。掌握了人的道德自觉的根源就形成了一种动力，这种动力不断完善人的行为能力，力图在人与人之间建立一种关系，使自我扩大，成为一个更大的、更有影响的存在。也就是说，道德自我不是封闭的存在，而意味着开放的、不断展开的需求。这种需求以宇宙整体为对象，是逐渐发展的伦理建设过程。从自我的认识，到社会的实践，再到对整个世界的认识，是一个不断完善的过程。

（四）为社群、社会示范与立法，促进建立共同规范。掌握了人之为人的行为规则，

* 原载《东岳论丛》，2000 年第 6 期。

主体就能够具有为大家所公认的公正性和规范性。这种公正性、规范性可以使人们从自己的行为中显示自己的价值，产生示范作用，由示范形成一种理性，即对客观道理的认识，这就是理性认知。掌握理性认知的目标是使理成为一种规范，而理的本质是自我认知和自我规范。所以，从人的行为规范的建立到价值立法再到共同的理性立法是一个很重要的步骤。这一立法是一种理性的认知，是对仁的中心意义的掌握，也就是建立道义标准和行为的准则。

（五）由自觉、自立、自达建立价值理性。在普遍性的道德立法之下，人人都能自觉遵循普遍的道德规范，从而自觉、自立、自达地要求自己通过示范，通过教育，通过人际关系来建立价值理性。它是更深入地对人性和理性的认知，也是对价值的发展。所以，这是一个使人人都能够自觉，人人都能够自我规范，人人都能够自我立法的过程。

（六）扩大理性共识，化仁爱为正义，因民本而尊重人民主权，进而认识与保护个人的主权，即是认识和保护人权。扩大这种人的自觉产生一种人人共同的意识，进而产生社会共识。在这种共识之下，民本和民主会同时发生。因为，以民为本的最高境界包含着认识人的意志、人的价值与人的主权。因此，能以人为本、以民为本，也就能以人为主、以民为主。

（七）实现理性立法基础上的个人自由、社会正义与政治民主。从这个意义上讲，仁转化为义、利，转化为社会立法，它不单纯是仁爱道德，而成为一种权利道德。也就是说人可以彼此相互尊重、相互交往，而形成一种共识或共同的意志，从而建立社会规范，建立社会立法。社会立法确立，共同理性形成，人的政治自由和社会的民主就是水到渠成的事了。

（八）不断回归人性，力求发挥人性与理性。要完善人的自由、完善社会和政治的民主，必须不断回归人性，完善道德是非价值的判断，以充分实现人的权利意识。人到底是什么，人需要什么，人能够做什么，只有当人不断地进行这样的反思和自我批判，才能进一步地发展完善社会正义和政治民主。这是一个不断完善的过程，就是要不断地回归人性伦理。也就是说，不断完善的人权伦理必须以人性伦理、人性论的不断回归和发展作为它的发展方向与动力源泉，才能真正实现人的价值。

以上是一个基本的框架，如何从一个道德自我出发发现、发生和建立社会伦理，再由社会伦理的建立进而建立社会民主政治是一个重要的哲学问题。因此，以上所论可总结为两个方面：第一，转化道德人性为人权的充分自觉。第二，转化社会正义为政治民主。其中的关键是建立合乎理性的社会立法，对个人、社会来说，这种立法都极为重要。换言之，只有在合乎理性的立法基础之上，人的尊严、人的公共意志才能充分地表达出来。但是，合乎理性的立法必须以人性的回归和道德理性的完善为前提。只有如此，它才能更符合人的要求和社会发展的需要。所以，我们今天探讨这一问题，必须认识到伦理、法制、民主、正义和人权之间的关系是动态的、相互影响的关系。

二、重新认识现代西方人权、民主思想之根源与发展

人权、民主这些概念首先是由西方人提出来的，这没有什么疑义。但是，现代西方人权论是在东方哲学，特别是在儒家哲学思想的影响下产生的，即西方人权思想的根源是中国的儒家哲学思想。作为一个学术问题我对此略作阐述。早在 17 世纪欧洲启蒙运动时期，西方来到中国的耶稣会士把中国的儒家经典包括《易经》等摘要翻译为拉丁文，传播到西方，这对一批西方的启蒙思想家产生了影响。例如，17 世纪德国哲学家莱布尼茨接受了中国儒家的政治哲学、人性哲学和伦理哲学，他的普遍语言论、单子论及二进位理论，都直接或间接地受到中国古典儒家学说的启示和支持，因为他和当时在中国的耶稣会士经常通信。耶稣会士把中国儒家经典介绍给西方是经历了一个过程的。1687 年，在意大利出版了《中国哲学家孔子》一书，该书首次简要地将《大学》《中庸》《论语》《孟子》翻译成拉丁文。此书出版后两年，英国哲学家洛克发表《公民政府两论》（1689）等两篇论文，其中一些概念和观点就来自于儒家思想，可以说是明显地受到儒家哲学思想的影响。此前，洛克曾逃亡法国与意大利，并跟当地学者多有来往和交流。在他之后，受中国儒家哲学思想影响的欧洲学者不胜枚举，如孟德斯鸠、卢梭、伏尔泰、狄德罗等，他们大多论述到人权、人性问题，形成了一股很大的潮流，这些思想最后汇合到康德哲学中，产生了很大的影响，成为西方理性主义人权论的基础。

我注意到在洛克《公民政府两论》中提到的一个重要论点是在政府与人民的关系中，政府有责任保护人民的利益，因为人民有他自然的功能、自然的权利，这种功能就是他的权利。因此，说到人民、公民的功能，指的就是他们的能力和权利。政府保护人民的权利，是构成政府合法性的前提。从这个意义上说，政府保护人民的权利就是保护人民的财产、生命等，这一观点为后来的美国宪法所采纳。美国的民主、人权思想的来源是什么？毫无疑问，其中部分思想来自于洛克。洛克的思想影响到后来法国的启蒙思想家和康德。洛克思想的双重影响是欧洲现代人权思想理论的起源。而研究洛克思想形成的根源，又不能不追溯到中国儒家的哲学思想。所以，我认为，西方人权思想是在中国儒家哲学思想的启示、影响下产生的。类似的佐证还有一些，如英国哲学家休谟在《人性论》中所说的"人性"即"仁爱"也是受到儒家思想影响的结果。他比洛克晚近百年，在法国做了多年的外交官。可见，英国启蒙思想家受法国启蒙思想家的影响，而法国启蒙思想家常常提到孔子，尽管英国启蒙思想家不提孔子，不去追溯自己思想的本源。

综合众多历史资料证明，西方现代人权思想的根源可追溯到洛克，洛克人权思想又影响到美国的人权思想，并被写进了宪法，那么，探讨洛克人权思想的形成与中国儒家哲学思想的关系就显得很有意义了。事实上，从洛克的思想看，其受儒家思想的影响是

可以肯定的，如《公民政府两论》论述政府与人民的关系完全是儒家的观点。洛克论政府与人民的关系可概括为政府应保护人民，人民有自然的能力、自然的权利，政府与人民的关系是信任的关系，政府要取信于民。政府如违背侵害人民的利益，人民有权去抗拒，甚至取而代之，这完全是孟子的思想。从这个角度看，至少洛克《公民政府两论》中所表述的基本思想，基本是儒家思想。他反对神权，主张人权，主张人的价值、人的发展价值等。所以他的人权概念，是人的发展概念，是人在社会中自然发展的概念，是以民本为基础的思想。由此可见，西方17—18世纪的人权思想是建立在儒家人性论基础上的。论述西方人权思想的起源，离不开儒家人性论、德性论这个起点。因此，我们可以说，中国自古就有人权思想，它蕴含在儒家的人性论之中。当然，近现代西方人权理论对中国当代社会的影响，我们也不能不予以充分的关注和重视。

三、重新认识儒家德性伦理之发展动力与人性社会思想

儒家思想对中国封建社会影响很大，这是人所共知的事实。我认为我们要重新认识儒家学说，重新认识儒家德性伦理，也就是我们要在认识到儒家学说对中国封建社会产生巨大影响的同时，更应注意到儒学是一体系完整的学说。这一学说包含对人的概念、人的发展潜力的认识，对人的生活、人的社会、人的未来的价值的认识等。所以，我们应回归到儒家原典思考人的自觉。另一方面，我们应整体性地认识儒家，要认识到儒家动态、开放的性格。儒家不是一个封闭的系统，而是一个整体的、开放的、实践人的价值的认识和自我反思的体系。所以，从这个意义上讲，我们可以把孔子看成这一认识和自我反思的起点，在他的基础上加以发展。但如何以孔子为基础，结合后来儒家的思想来彰显儒家的一些重要价值，使它成为一个整体，这是我们构建儒家人性伦理的需要。而构建儒家的人性伦理对今天的我们来说显得尤为重要，因为我们面对全球化的浪潮，人类科技、教育、经济、政治等迅猛发展，需要建立与之相适应的人性伦理，以维护人的尊严和价值，维护社会可持续平衡发展和扩充人的价值潜能及其可能性。构建新的人性伦理，就不能不重新审视儒家学说，重新整合儒家学说，以便在现代社会中发挥其重要作用。

就古典儒家思想的整体性而言，我认为可以从以下几个方面来体现：

首先，孔子把儒家的人的自觉提升到较高的文化层面。他强调人的自主性，强调人的意志性，强调人的道德的自主和自由。他说："我欲仁，斯仁至矣。"假如你要追求一个道德理想，你就可以尽自己的努力去追求，这是很重要的一点。人的行为自主与道德自由能够成为人的行为的基础，因为人的道德自主产生一种能力，这种能力也就是一种权利，它使人在自己的道德实践中完善自己。

其次，孔子强调人是平等的，他认为人人生而平等，强调人的类的平等性。在孔子

看来，人的善性是共同的，只是后天环境的不同造成人的差异。所以他认为，人的本质存在内在的统一性，人应当努力维护这种内在的统一性，也就是维护人的内在的平等性。孔子说，人人都可以成为圣贤，人人都可以成为君子，都可以"学以致其道"，都可以"志于道，据于德，依于仁，游于艺"。人的这种平等性是非常重要的，因为人的尊严来自于他的自主、他的内在的平等性，在这个基础上，才能进行人性的推广。这里所说的人性和人性的推广就是"仁爱"，就是"己所不欲，勿施于人""己欲立而立人，己欲达而达人"。由此再进行理性的思考，建立稳固的人的社会。我认为，孔子谈到"道"，这个"道"后来被朱子转化成"理"不是没有可能的。因为孔子的"道"具有普遍性和包涵性，它是一个大的道理，具有广大的客观性，它是在人的文化发展当中的人的价值，是人的理、社会的理。从这个意义上讲，从人的平等、人的自主，走向社会的法制、社会的道德性，都是非常有可能的。

最后，人的理想是什么？人的理想就是建立人能得到充分发展、完整发展的社会，这个社会就是大同社会。这一思想是可以从儒家思想中开出来的。这可以从三个方面来看，一是《孟子》，尽管孟子首先明确地提出了人性论，但正是孟子把孔子的道德意识进一步扩大为对人性的认识。他认为人之成为人，是长期累积起来的一种自觉，他加以开发推演，从而成为道德的基础。二是《礼记》，这里面有丰富的资源，如《大学》讲大学之道，讲人要掌握自己（"明明德"），然后要"仁爱""亲民"（即民本），最后还要"止于至善"。我认为，"止于至善"这个观点可以由民本展开到人共同存在的自主性和善性，从而构成大同社会、大同理想的理性基础。这是对孔子学说的继承和发展。三是荀子，荀子的理性立法尤为重要。荀子认为，圣人是一个完整的人，由此出发，他思考了许多问题，如他就知识、语言进行反思，掌握各种客观事物的经验基础和客观规律，然后进行分辨、梳理，形成一种规划，这就是他的"理"。他的"理"就是以理性为基础的法，用之于人际关系就是礼，用之于建立社会和谐秩序就是法。所以，用现代的法学观点看，荀子的"法"就是一种建构理性，就是一种建构性的、实证性的立法，也就是社会法制的基础。荀子由此实现了由道德意识向社会法制的转换。在这种社会法制上，人能够悠游其中，能够实现孔子的那一种道德的自主性。我们如果掌握古典儒家的这种传统，对我们认识研究现代人权思想、人性伦理会有很大帮助，这也是我之所以提出要重新认识儒家德性伦理和现代西方人权思想的原因。

四、当前我们所面临的问题及解决问题的方法

在当代社会中，面对着诸多的道德生活、社会生活、经济生活、政治生活所产生的问题，儒家传统能否或在多大程度上解决现代社会问题并发挥其作用呢？今天，东西方之间的沟通中存在一些问题，如果能沟通中西、结合中西，不但东方学习西方，而且西

方也可以学习东方，才能建立起更好的世界社会秩序。在我们即将进入 21 世纪之际，面对众多的社会问题，如果重新认识、重新思考，使人类有一个更好的未来，这是大家的迫切希望。所以，我们如何以全球的眼光，来掌握儒家思想丰富的资源，同时面对当前人类的处境，建立一套具有人性伦理内涵的人权伦理，是一个最根本的问题。现在我只提五点，来说明人类当前所面临的一些根本问题及解决这些问题的方法。

（一）整体伦理的观点：如何同时以人权与道德为内涵。

西方学术界认为西方社会已经发展到一个非常民主、非常重视个人权利的时代，认为可以抛弃过去所谈的德性、责任等，一切从功利、权利出发来考虑问题。这就是为什么我们看到在西方的伦理学里面，往往只谈权利问题、功利主义问题，而对人的德性、社会责任等强调不够。当然，也有部分西方伦理学家主张我们要回到德性，要研究社会责任，可见，这仍然是一个值得探讨的问题。就整个西方历史来看，西方历史开始是讲德性的。当然，它的德性，像亚里士多德所讲的德性，不一定刚好等同于儒家所说的德性，但它与儒家有互通的地方。到了康德，德性完全变成一种责任理性，他把德性中所包含的人情摆在一边，过分理想化了，这就成为一个问题。到了 19 世纪，由于工业革命导致社会利益的自觉，产生了功利主义。到 20 世纪，由于少数民族争取权益和频繁的战争，人更能够感觉到人的重要性，由此产生人权的观点，这是一个很好的发展。但是，人权伦理应不应该放弃德性，功利主义应不应该放弃责任，这是值得探讨的问题。我所提倡的是整体伦理，就是如何结合权利和责任、功利和德性这四种需要，使人类能更进一步地掌握人的整体，使人能够成为更整体的人，使人类社会更具整体性。儒家就人性论来谈人权，显然能进一步扩大人权伦理的内涵。今天，人权学说已发展到第三期。第一期人权是政治人权，第二期人权是经济人权，第三期人权可以称为文化人权、社会人权，也可以称为伦理人权。在第三期人权中，人作为人，他的整体价值是什么？在各方面力量的压迫下，人还能否维护人的自主性和创造性，以实现人的整体价值？

（二）经济伦理：如何重利而不忘义，如何不因利而背义。

经济伦理以功利主义为主，特别是卢梭在他的《社会契约论》中提到："只有在相对经济发展的基础上才能够谈民主与自由。"这一点说明了经济发展的重要性，因为只有在经济发展的过程中，我们才能掌握人的物质基础。孟子也谈到人无恒产难有恒心，意即人不能丰衣足食，就无法去谈礼义。这里的矛盾就是当人们丰衣足食之后，就可能为富不仁，就可能见利忘义，因此，经济发展很重要，但更重要的是重利而不忘义，不因利背义，能够在经济行为中掌握公平，掌握正义，这是最大的问题，这在第二期人权学说中非常重要。

（三）民主伦理：如何运用民主实现社会正义并开拓人权（有关民粹主义、民主政治、目标平等和公开性问题）。

民主寄寓于人权，有它的道德基础；民主是要实现社会正义的，民主不等于民粹，这是第一点。如何用民主来实现社会正义，用社会正义来规范民主的发展，是开拓丰富人权的内涵，使第一、第二、第三期人权成为整体人权所涉及的第一个问题。当人类打破许多界限、边界，如国内、地区贸易走向世贸组织时，就涉及一个国际平等和国际民主问题。我们注意到西方存在一种两项论（两面论），即国内民主，国外不民主。所以，在全球化的浪潮中，我们应该掌握国际民主和国际公平，在参与国际组织中要求民主。不能因为是强国就去强制弱国，所有国家都要参与民主，参与国际组织，以建立国际性的具有道德内涵的立法。

（四）教育伦理：认识人的整体性与社会的整体性。

教育伦理的重要意义在于认识人的整体性与社会的整体性。当代社会要发展，必须重视教育；人权的发展依赖于教育的发展，要教育人怎样做人，怎样修德而后治身。我们不但要尊重权利，也要尊重德性。在今天的美国，许多年轻人都很讲权利，很懂得权利，有权必争，但不懂得德性，不懂得在道德的基础上解决问题，常常就因为权利造成许多纷争，造成很多诉讼，造成很多浪费甚至大的悲剧。我认为，如何通过教育使下一代认识到人的尊严是建立在德性基础之上的，而不应当仅仅在法律保障的前提下去争取人的尊严和权利，这是极为重要的，也是建立和谐的社会所必需的。任何社会如果只讲权利，不讲道德，权利变成没有道德基础的权利，这个社会就不可能是健康和谐的社会。

（五）科技伦理：人不因科技的发展而丧失人性、人权及人的尊严。

随着当代科技的飞跃发展，人权面临着严重的危机。当今的科技发展有了质的飞跃，人可以掌握自己的命运，可以控制别人而为人所不知，如为伦理学家所关注的基因生物学发展到今天，研究证明人有 99.99 % 的基因是一样的，不管你是黄种人、黑种人还是白种人，大家都是平等的，差异的仅有 0.01%，这让我们了解了人类的共同性。因此，如何维护人的独立性，不使人变成被控制的对象，是维护人权和人的尊严的重要问题。因为，基因生物学的发展，使人的器官可以复制、人的生命可以改造，人甚至可以制造生命，这些都会造成对人的存在的意义和价值的危机，如何保护人继续成为自然发展的整体，这都是新人权理论必须要考虑的问题，也是在人权基础上的法律、在人性基础上的人权必须要考虑的问题。讨论人权，重点在发挥人的整体性，在尊重人，在寻回人的自尊，无疑，这个问题是人类进一步发展人权思想时的重要问题。

论德性本体伦理学（东方）与权利后设伦理学（西方）之综合*

　　——作为人性与理性之综合的道德正当：权利与德性共有的辩护

生活共同体（Life-Unity）的两个尺度——伦理和道德

　　伦理可以得自本体论和历史，特别是人类个体（human person）的本体论和伦理本身的历史。伦理与人类个体的道德行为及人类社会的道德关系相关，从这个意义上说，我们不需要把伦理从道德中区别出来。道德必须实行道德正当，而倘若道德个体的道德正当不仅对个人也对社会产生了影响，它就是伦理了；伦理必须保证公众一般的善得到保持和合理的辩护，而倘若其中卷入了个人的思考和修养，它就成了道德。因此尽管道德和伦理是可区别的，但却不能把它们各自分开。它们同时处理一个人应该做什么/不应该做什么、可能做什么/不可能做什么、能够做什么/不能够做什么的问题，对作为人类、公众和社会的一部分的人自身做了周全的考虑。

　　我们之所以可以对"道德"和"伦理"这两个词既互换使用又加以区分，其原因在于它们代表了同一人类共同体（个人与社会的共同体）的两个尺度。它们必须对人的存在、人怎样存在以及为什么要保存和养成他的人性并保持其社会性、一个人事实如何及其应当如何这些问题做出解释。尽管"实然"和"应然"从概念上说属于两个不同的范畴，按照我们对人类个体的本体论的理解，人之所"实然"导致和说明其所"应然"，反过来，人之所"应然"也会反映和说明其所"实然"。我们可以把道德称作见于个体的人性内在的尺度，而把伦理称作见于社会的人性的外在的尺度。道德和伦理统一在一个道德—伦理的理论中，并充任这个理论的两个尺度：正如我们所看到的，人的实存与人类社会的实存共同为道德实践和道德理论的建立提供了基础，对二者的综合不仅反映了道德和伦理是如何起作用的，而且阐明了道德和伦理与人的本体论如何根本对应，阐

---

　　*　原载北京大学《哲学门》，2003 年第 1 期（总第 5 期）。

明了作为人性和理性的人类理智与道德和伦理如何根本对应。

人类各主要文化中关于伦理的历史，为我们提供了一个自古至今人类个体与人类社会如何解决个人与社会生活中道德和伦理问题的全景。历史提示给我们很多经验教训，我将在此论及四个主要的方面。

首先，人类伦理的历史表明了在道德准则和道德实践中什么改变了，什么没有改变。这样的反省可以揭示有些道德准则和道德实践为什么会改变而其他那些为什么不改变。同时，这样的反省还对这些潜在于变与不变之下的动机有批判性的理解。

其次，我们是通过历史才看到道德与伦理是怎样地系于人类个体和人类社会的基本观念，从而意识到道德与伦理是如何为所有持续着的社会、文化和传统提供基础和方法的。我们甚至可以看到，一个文化或传统的兴起与衰败是如何与伦理和道德相关联的。从这个意义上说，伦理和道德意味着关于秩序的规定和法则，凭借它，一个文化或传统得以兴盛和延续。在历史中我们可以看到，罗马帝国的兴起就是由于它关于英雄的勇敢的伦理传统，而其衰败则是由于丧失道德约束的自我享乐的追求。伦理像宗教一样体现着人和文化的精神。由此看来，马克斯·韦伯在看到了新教伦理与近代西方资本主义的兴起的关系这一点上是很有远见的。同样，其他中国和西方历史上的王国和帝国的兴衰也是如此。

再次，必须承认，我们需要伦理和道德来解决特定的问题和保持社会的正常运行。随着社会根据工具和技术的发展而来的进步、发展，人类社会在组织和构成上变得越来越复杂，伦理和道德也必须进步和发展以适应这些变化所带来的挑战。正如我们为应对现在和将来而从历史中借鉴前人的许多努力成果一样，过去占主流的道德、伦理的准则和惯例看起来并没有过时，现当代道德准则中仍然吸收和体现了它们的成分。这说明了为什么现当代伦理经常会回到过去的伦理体系中建立新的学说、阐发对新的道德问题的解决方案。这并不是说我们在建立新的道德学说或阐发新的结论方面总是成功的，但是让过去面对现在总是必要的。历史上的道德学说和准则自然地成为现今道德洞察和道德智慧重要的、不可缺少的资源。

最后，从世界的历史的角度理解人类历史中的伦理和道德，从中分辨出各种道德和伦理传统的多样性和差异性也是非常重要的。当代西方关注的焦点已经落在了关于权利的伦理学和微观伦理与后设伦理解决道德问题的方法上，而庞大的设想和实际的问题则受到了冷落。但是仍然有其他道德传统，它们提倡从总体上对人性做宏观的理解，召唤着不管是在日常生活中还是特殊环境下都存在着许多道德难题的普通人的将来。这些问题是由作为经济和政治的世界共同体的发展导致的。经济和政治的全球化尤其为一些新问题提供了舞台，例如武器竞争、对军事力量的支配权、大气污染、世界金融的资本集中以及跨越边界和时代的人权。全球化还引起了对本土固有的传统中个人的与公共的同一性的追寻，引起了对文化价值和作为人性的自尊和自我肯定的根源的宗教的注意和肯定。这样无论属于何种传统的一切有世界意识的道德哲学家都面对着一个道德多元论和道德交流与对话的问题。在此背景下，东西方道德传统的并存与共在不仅在提供不同的历史经验方面，而且在对寻求解决方案的参考点以及摆脱崩溃和对峙的局面的手段的比较方面都有着极为重要的历史意义。

从以上对当代伦理和道德的关键点的分析可以看到，我们亟须为理解道德准则和道德理论开辟一个新的视域。这个新的视域特别关系到东西方道德和文化观点的对话、交流以及综合或融合。值得注意的是，对视域或观点的融合这个紧要的伦理问题在伽达默尔的哲学诠释学中也被含蓄地提到。① 所不同的是，我所谈论的是各种道德传统观点的融合，而伽达默尔所谈的视域融合则是各人文学科对文化和传统的理解，特别是语言学、历史学和艺术学。使伽达默尔的理论在这三个领域适合于对道德和伦理实践的理解和历史的理解并不困难。事实上，正如伽达默尔诉诸实践理性、实践智慧和实践以说服别人赞成他达到既体现于个人的习惯中又可以为别人分享的真理的观点，这种结论最好的应用和拓展就是伦理和道德，因为正是在道德和伦理中，我们才运用我们基于思考的实践理性和历史感处理问题、面对选择。

在这一点上，我的综合东西传统中伦理和道德洞察力及方法的观点可以阐明伽达默尔主义的方案，并且还同时给它带来新的刺激，把它引入新的思考领域。我的融合东西传统中道德洞察力的综合伦理学还将通向一个新的诠释学理论，我称之为本体诠释学②，它研究的是在一个系统整体的表达中关于现实、人性及其潜在可能性的历史的、非历史的和反历史的观点的综合。

伽达默尔已经讨论了人性和人的科学（human science）中诠释意识的普遍性。③ 这是他对于人性与自然的客观知识的统一体的突出见解的实质所在。在这里，诠释意识显然代表了一种历史的理解和对人类个体的历史思考。诠释意识的普遍性为根据历史来表明对人类当下处境的理解和诠释以及借助于人的实践理性来理解和诠释我们当下的经验提供了一个共同的参照点或基础。在这里，这个观点对于我们的意图非常重要，因为在这个理解的基础上，我们必须为综合东西方传统的道德洞察力和方法寻找、确认一个公共的基础。这样一个公共的基础可以由拓宽了的世界范围的人类道德和伦理的历史及其所暗示的人性的存在来共同确认。一种新的伦理学的恰当的意识和道德价值之所以成为可能，恰恰应归因于历史的反思和人的本体论。换言之，在道德洞察力的融合获得了真正的价值的全球语境中，我们可以看到建立在对价值和人的尊严的反思的基础上的新的

---

① 见伽达默尔：《真理与方法》，修订版，第二部分第二章和第三部分，Joel Weinsheimer & Donald G. Marshall 译，纽约，Continuum Press，1999。并见于他的选集《哲学诠释学》，第一部分，David E. Linge 编选，伯克利，加利福尼亚大学，1976。

② 见拙作《什么是本体诠释学》，见《本体与诠释》，成中英著，北京，三联书店，2000。

③ 见伽达默尔：《诠释学问题的普遍性》（1966），见《哲学诠释学》。

伦理学意识的可能性。

雅斯贝尔斯让我们对 2 500 年前无论是东方还是西方古典哲学的轴心意识加以注意。这种轴心意识的显著特征就在于每一种西方或东方传统（例如美索不达米亚、中国、古希腊和印度）在互相不了解的情况下都达到了相当高程度的道德意识，今天我们必须看到，一个建立在全球化基础上的即将来临的世界意识必然会使一种伦理学价值的全球或世界意识成为建立在共有的知识和共有的理解基础上的全球或世界价值。正是在这个基础上，我们才有可能避免各种文明间的冲突，才有可能对世界资本主义的开发加以控制。这并不是要对不同伦理传统的多元性和差异性加以限制，而是要创建一个一方面能够容许最大程度的理解和一致，另一方面能把冲突和对峙减到最小的体系。这是我们努力寻找一个建立在这种人类普遍关系和历史的反思基础上的综合伦理学的理由和动机。

下面，我将首先论述作为西方道德学说代表的权利伦理学，它同时也是西方最新式的哲学伦理学。我将探讨它是如何从西方伦理学中兴起的，从历史学反思和人类诠释学的观点来思考它的强处与弱处，然后我将把儒学作为东方伦理学——我称之为关于人的德性的本体伦理学——极为重要的样本进行介绍，论述它如何运作，如何在漫长的发展的历史中延续，我将从历史的和理论的观点集中讨论它在现代的命运以及它的衰落、转变和复兴。在这些研究的基础上，我将试图不仅从全球或全球伦理的角度提出一种综合，而且根据个人在人类共同体和社会中的发展以及相对于个人而言的人类共同体和社会的发展来论述它的理论框架。

现代权利伦理学及其背景和根据

关于权利的伦理学始于关于自然权利（天赋权利 nature rights）的讨论而止于包括人的权利和动物的权利在内的对各种权利的讨论的扩散。要理解权利，我们必须注意到关于权利的论述起初是在呼吁人的平等权利和人在政府或国家的压迫下所得到的保护的政治语境中发生的。因此自然权利的倡导者约翰·洛克（John Locke，1632—1704）说：

> 在一个平等的国家中，所有的权利和权限都是相互的，没有人可以比别人享有得更多，各个种类、各个级别的生灵生来就享有同样的自然优势这是再清楚不过的了，而对于同样的天资的运用，也应该是彼此平等，不存在从属或隶属关系的，除非他们的地主和主人明白地宣称某物高于另一物，并通过清楚明白的任命赋予它确实无疑的统治权和主权。①

美国 1776 年 7 月 4 日的《独立宣言》的声明就是由此而来的。"我们认为这些真理

---

① 约翰·洛克：《公民政府两论》（*Two Treatises of Government*），第二章，1960。

是不言而喻的，人生来是平等的，造物主赋予他们不可剥夺的生存、自由和追求幸福的权利。"

美国《独立宣言》显然受了洛克的影响：它们都强调并清楚表达了人的平等权利和所有人（摆脱从属关系）的自由。但仍有一点细微的差别：在洛克处，造物主可以通过指令使一个人成为统治者，而《独立宣言》则表明管理者应从人民的代表中选出。《独立宣言》在生存权和自由权之外还进而强调了追求幸福是人不可剥夺的权利，这就从某种程度上走向了个人中心的自治的个人主义，而这在洛克处是根本没有的。

不管怎么说，洛克派哲学家关于自然权利的见解的确引导了英国议会政府的发展和18世纪美国和法国的革命。依据这个历史背景，以关于人的自然权利的哲学为资料来源，在19世纪和20世纪也发生了一连串的政治独立革命。在20世纪晚期，这一关于自然权利的理论还引发了（60年代）公民权利运动和美国的女权运动。关于权利的理论如何久远而广泛地影响了人类制度的发展，又如何深刻而恰当地转变成为一种伦理学，成了政治哲学家和伦理学家不得不争论的两个主要问题。我将对这种影响和转变的几个主要的方面展开讨论。

很显然，关于权利的谈论是我们过去的社会生活中常见的话题，甚至如果不能算是关于道德的全部话题的话，也应该算是绝大多数了。在要求自由权以及追求幸福的权利的基础之上，人们进而要求不再遭受饥饿和恐惧的权利以及拥有没有烟尘、噪声和其他污染的纯净空气的权利。以对最低工资、工作场地安全以及特殊生活形式如同性恋生活的要求等为例，这些权利是"freedom from"（"免除……的自由"），是区别于"freedom to"（"为……的自由"）的。在新的科学和技术下，人们仍然在争取安乐死、通过基因治疗恢复青春，甚至以某人为样本造出令人满意的后代。在关于对与错的道德演说中，我们可以清楚地看到，好的和坏的在关于权利的演讲或术语中可以整个转变：我们可以看到，当我们说怎样做是对的，也就是说一个人有权这样做；而怎样做是错的，也就是一个人没有权利这样做。而关于权利的讨论似乎是把这个过程反了过来：如果一个人有权做什么，那么他这样做就是对的；如果一个人没有权利做什么，那么他这样做就是错的。这是一个对错与权利何者更基本的问题：是权利更基本还是对对与错的认同更基本？

正如我们所能看到的，从道德的观点看，对与错必须由对事态的考察所决定，由诉诸价值的标准或规范以及法规的章程来决定。对的和错的行动有许多可能发生的场合，我们在道德行动的不同场合都是有权利的吗？或者仅仅是涵盖对的或错的道德决定的典型的权利？很清楚，在权利的演说和关于对与错的演说之间一定存在着许多差别，这并不是说关于权利的语言和关于好与坏的语言之间的差别。这表明，如果我们把权利的演说道德化（moralize）为一种关于权利的伦理学，我们将不得不放弃所有关于对与错、好与坏的独立的谈论，并且要找到一个把后者简化为前者的途径。不管我们能不能做到，这都至少是个有争议问题。既然权利是可以被肯定或否定的、接受或假定的以及容许的或放弃的，那么我们能不能用同样的表述来看待对与错、好与坏呢？

也许，我们可以肯定或否定一个对或者错（的判断），但是很难说我们可以使一个对或者错（的判断）被放弃或者被容许。这再一次表明了权利的演说与关于对和错的演说必须怎样相区别。前者被认为是一种主体的个人选择和决定的东西，而后者则是一种令人信服地独立于个体意志的东西。这也并不是说，对与错跟权利没有关系。做得对或宣称有权利意味着权利之中包含着"做对的事"，这是可以认同的。但是事实表明，它（权利）不是必然如此，因为一个人的权利中包含了什么不一定就是道德正当所包含的。这表现在授予权利的法律（rights-conferring laws）和道德与伦理的差别之间。相反地，道德正当不一定要符合法律授权所做的事。而事实上，关于权利的语言是如此之流行，以至于关于对与错的语言竟被遗忘、被隐蔽起来了，这使得我们的时代成了一个权利占统治地位的时代。这只能说明法律有取代道德的趋向，而道德则显得无力和不重要了，人们在现代制度和法律的阐释下变得更像是一组复杂的头衔和角色了。

必须承认，权利概念的力量就在于维持了人们政治上的平等和自由。从这个意义上说，它指的正是人权和公民权。它们涉及关于人民的权利和国家权利之间的区别和分离。它们必须为国家所认同并被编入宪法和法律当中。它们反映了那些为权利而战的人们的斗争和成就。从这个意义上说，它首先是统治者或国家在权利上的一个让步。但是，毫无疑问，人权和公民权也可以被构想为肯定的，即如社会安全、医疗待遇以及特殊情况下的基础教育等的权利。人们当然也可以把人权设想成为政治发展程式的一个逐渐成长的相关物：人们从人权开始，然后转移到公民权，然后转移到经济权利，然后渐渐转向文化和教育权利。权利可以从置身事外转变为实际的利益，这种实际利益是被政府所强行占有的，虽然他们也可以放弃。尽管联合国 1948 年的《世界人权宣言》（Universal Declaration of Human Rights in 1948）已经在 30 项条款中逐渐列入了许多权利，很清楚，从第 18 条开始对权利的论述变得越来越肯定，并且被规定为向现代文明的有教养的政治上活跃的人的转变和实现。这些权利对政府以及个人生活于其中的其他社会机构提出了许多要求。也许正是由于对这种负担的恐惧，美国政府一直到现在都没有通过这个关于扩大了的权利的法案。

人权除了可以由基本的人权或自由权发展为公民权和道德权利之外，还必须与职责、责任和人人应尽的义务相关联。因为权利在具体的要求和行动上面是如此个性化和特殊化，以至于我们常常搞不清楚在每个个人那里用什么来为权利的归属或占有辩护。这种辩护是否可以根据为了有益于自身的权利一个人会做什么或者可以毫不含糊地贡献出什么来理解呢？当然，从基本的人权来看，人既成为人，便应该被赋予人的尊严、平等和自由。但那样的话什么是"成为人"呢？"成为人"是不是简单地指成为一个公民或者社团社会中的一个成员呢？这些是权利伦理学家所没有回答的问题。从更加积极和先进的权利义务论看，义务和责任往往被认为是公民权利、道德权利和教育权利或经济权利或者甚至文化和宗教权利的条件或必要条件。但是每一个权利的宣称都必须伴随着局部的或者个别的详细的说明。从这一点来看，很清楚，权利是独立于个体化的义务、职责或责任之外的个体化的利益。这正符合许多现代国家在宪法中对权利和义务条目的分列。

不管怎么样，权利总是在某种意义上与义务有关，也就是说一个人的权利自然而然地要求尊重和认同社会中其他人的平等权利。因此，拥有权利也带有尊重他人权利的义务以及不冒犯他人权利的义务的意思。这个互动的原理由 J. S. 密尔在其自由概念中明确地提出。① 权利与义务之间的互动在这一点上甚至允许权利伦理重新组合为义务伦理或者义务论。这样，以尊重他人的义务为例，就会联系到和引起其他人对绝对的尊重的要求，并宣称对这种尊重的权利。此外，在同等的基础上，我尊重其他人的义务同时也期望和宣称其他人也有同样的义务尊重我、授予我绝对的权利去要求得到尊重。从逻辑上讲，权利的话语与义务的话语并无什么不同，二者之间存在着同时发生的相互关系。但是在这两种话语形式之间有着较大的文化的社会意义上的区别：二者中一个是导向社会的，而另一个则是导向个人的；一个是他人认同的，而另一个则是自我认同的。回顾历史我们可以看到，在 19 世纪工业化在欧洲扎根以前，与 19 世纪发生的一切相比照，18 世纪欧洲社会基本上是导向社会的和他人认同的。说 18 世纪的欧洲社会是导向社会的和他人认同的，就是说那是一个义务伦理流行的而不是权利伦理流行的社会。我们从康德（1724—1804）那里还可以看到他在很大程度上表现出的这种义务论的倾向，以及 18 世纪欧洲社会的这种特征。

在这种联系中，我准备做一个关于西方伦理学史在近代的发展的解释性的假设。正是在近代，从笛卡儿开始，西方思想开始发展一种建立在关于自然规律的理论科学的实例基础上的道德。物质的属性被认为是体现和遵循自然规律的，这些自然规律在本质上是必然的和普遍的，它们说明和揭示出上帝是一切强大力量的原因。同样地，康德认为人具有实践理性，实践理性可以预先规定和命令道德行为，体现和遵循自然的道德律（laws of moral nature），或人普遍必然的道德法则。这些人的道德法则是自我立法的，表明了人的道德自治，它们听从义务的指挥而不是权利的，并因此形成一个关于义务的伦理学体系，而不是关于权利伦理的。但是必须从另一方面注意到，在某种程度上，这些自然的道德律也代表了人的道德意愿，它们还能够被视为人的道德权利，因为没有其他的存在还能具备这样内在化的自我立法行为的法则。它们代表着理性的规定，理性是与人类尊严和界定了人类本身的自我尊重同时存在的要求或权利。在这一点上，我们无疑可以认为康德既是一个道德义务的道德哲学家，又是一个道德权利的道德哲学家。

① 见 J. S. 密尔：《论自由》，1859。

在义务伦理和权利伦理之间还存在着一个基本的区分：尽管在康德那里一个人可以决定自己的义务，但是权利是必须被国家和社会中的其他人所认同的。争取权利的历史表明，权利必须被法律认同和保护才是有效的和正当的，否则一个人可以宣称有许多权利，而这些权利只能是宣称的权利或者经验事实的权利，它们必须经受许多测试和考验才能得到国家和社会中其他个人的认同和承认。为了使权利不致成为空洞的和形式的，这些为获得认同和承认而进行的测试和考验是非常重要的。同样，我们这样说也正是因为康德哲学中的义务没有为社会的认同和承认所实体化，义务作为理性的规定还仅仅是形式的、空洞的。它们不能像普遍必然的所应然和所不应然那样被客观地实际地把握到。这正是康德哲学的道德义务论在后来缺乏应用和实际效用时遭到批判的原因。

在 19 世纪的欧洲，发生了从康德义务论到边沁和密尔的功利主义的道德范例的转变。这次转变意义非常重大，因为它标志着对必然效用的认同和对平民的伦理的应用，并且真正注意到了在一个消费者的民主的社会中，大多数人实际的具体的需求和愿望的满足。同时还有另外一种认同，那就是认同伦理学是用来解决社会问题和提出对于一般的善的方案的，而不是用来提高道德的完美或者保证个人道德行为的权利的。据此，我们可以理解为什么义务论关于责任的伦理学在伦理学思想中会被功利主义的伦理学所取代。不用深入了解功利主义的细节，就可以充分地指出，与要求在社会中对义务或职责加以明确表达的义务论不同，功利主义强调了有益的方案和工作中实际的结果，并且因此把道德的善和正当与一个确定行为或执行私人或公共政策的结果结合了起来。关于最大多数人的最大幸福的理论是功利主义伦理学的精神的总述，无论是在行为的形式下还是在法则的形式下，它都真诚地希望能对最大多数人的实际需要有益。但是如果那样的话，那些在被给予的功利主义的行为或政策中没有受益的少数人怎么办？除了密尔著名的对于天然的快乐和美好的幸福的性质区分，我们如何为这种功利主义的行为辩护？

也许正是由于功利主义伦理学家不能够对这种基本的批判性的问题做出令人满意的回答，人们又开始寻求另外一种新的范例。以美国 20 世纪 60 年代的公民权利运动为特定的根据，人权成为对功利主义的批判的回答。在我们应用功利主义关于社会中最大多数人的普遍利益的原理之前要求每一个个人必须拥有他或她的基本的人权或者甚至是基本的公民权，这显然是合理的。除此之外，为了得到社会中不占优势的少数人的支持，功利主义的方案，无论是公共的或是私人的，必须在保证最大多数人的最大利益不受侵犯的同时也能够适当地为不占优势地位的少数人带来利益。在极个别的情况下，少数人的极大利益如果也能够为社会中不占优势地位的多数人带来可接受的很小利益的话也是可以容忍的。功利主义要求对基本人权和自由权的保证，同时又要满足社会导向的和他人认同的，像康德哲学一样建立在义务基础上的利他主义的目标，这完全符合上面所提到的这种思想方式。它可以解释关于权利的伦理学的兴起，特别是罗尔斯正义论的兴起，罗尔斯在他的两个原则中把权利伦理学的考虑和功利主义伦理学结合在了一起。①

我想回到对权利伦理的批评，并提出疑问：罗尔斯的正义论是否可以回应这一批判？对权利伦理的批评主要在于它是非常局限的，而且有矫揉造作的趋向。杰里米·边沁曾经说过："这纯粹是胡说。"② 边沁解释说，权利自法律而来，如果没有真正的法律也就没有真正的权利。在他看来，自然法不是真正的法，因此建立在自然道德律或者规定着人性的人的本性基础上的法律只是简单的想象。他说："自然权利是一个没有父亲的儿子。"③ 边沁的这一批评是极富启发性的，尽管这种批评本身限制住了自己。我们所谓的权利必须是法律认同并且在法律上有效的，人们为他们基本的自由和权利而战正是因为他们要为得到国家的认同和保护而战，其他权利也必须根据这个标准来评估。由协议和契约缔造的权利，由于协议和契约是被法律保护的，这些权利也因而是真正的权利。自然权利只是对一定的免责和权利的宣称，它们必须与国家任何基本的法律相结合。

从外延上讲，任何非由现存法律得来的权利，事实上只能是虚假自称的权利，它要求诉诸一般道德感知或者道德习俗以及更高一层的道德良知来得到认同和实现。这一主张的可能性强调了经验事实，除非我们很清楚人的天性，不然我们的主张很有可能会是无效的或失去任何意义，成为一件很没意思的事情。但是这种主张又不是完全没有意义的，它并不是没有根据的，而只是未澄清的。从这个意义上说，建立在人类理解基础上的德性伦理学就变得格外重要了，因为它将为使人类的真实权利成为可能而构建一个基础。那样我们就可以回答边沁了："自然权利有一位自然的父亲，但是这位自然的父亲必须被认同为父亲并且必须是一位合法的父亲。"

第二种形式的批评出自麦金太尔，它与边沁的批评非常相似。权利往往被当作社会习俗而提出，没有客观性，没有独立性，并因此缺乏公正性。④ 这样，在他看来《世界人权宣言》中关于定期的带薪假期的权利就缺乏一个普遍的客观基础了。这也许是对的，因为许多这样的权利都是预先假设或提出一个完整的人类制度的体系，而这些体系往往是建立在对人的需要的理想化的理解基础之上的。这些都是权利对不能被官方必然地接受和认同而只能被争论和争取的辩解。这些权利的辩解又存在着有效性上的级别或在呼吁的力量上的级别。这样，在当今的世界，根据我们关于环境和我们的身体状况的知识，吸烟的权利当然会比拥有纯净的空气的权利要弱许多。除非我们了解自己和世

① 见约翰·罗尔斯：《正义论》，第二部分，坎布里奇，哈佛大学出版社，1973。关于我对他的两个原理的批评和讨论，见拙作《我们能够公平对待所有关于正义的理论吗？——面对综合古典与现代范例的正义》，见《正义与民主——跨文化透视》，181~198 页，火奴鲁鲁，夏威夷大学出版社，1997。
②③ 见拙作《从儒家的德性到人权：儒家伦理学中人的作用和力量》，见《儒学与人权》，William de Bary 主编，142~153 页，纽约，哥伦比亚大学出版社，1997。
④ 阿拉斯戴尔·麦金太尔：《德性之后》第二版，66~70 页，鹿特丹，鹿特丹大学出版社，1984。麦金太尔简单地认为权利只是权利的假设，就像效用在他看来并无客观地位。

界，不然我们不能够决定这些权利的有效性的和力量的等级。

第二种批评是谁可以拥有权力。这就从方式上和标准上提出了关于一个人如何改进人的形象和本性的问题。如果对于人以及人的本性没有什么了解，我们如何构想出是什么养育了人类并发展了他的潜能？关于如何推论出我们应该具备什么或者从作为人这一点上看我们应该得到什么的问题已经在上文提出了。对这个问题的回答只是简单地去承认一个人具备什么、他应该怎样：人具有一种潜质，它可以潜在地意识到生活中的理想条件，而这些条件以及它可以成为什么都是个人的关于人的存在的存在论的一部分。当这些条件清楚起来了，权利以及对权利的宣称也就会在关于一个人所实然及其所应然的整体框架和图景中找到它们合适的位子了。

我们现在可以得出结论了，我们必须严肃地对待权利，这不是由于每一种人权都是实现了的或可实现的，而是由于它们是指示器，可以指示出人类存在中更加深刻的东西。去允诺权利，仿佛它与人生活中的一切事情有关，就是去生活，它会限制和阻止人的潜能的发挥和实现。但是它真正的功用却是促进团体的利益，保护基本生活和发展条件不受政治迫害或者侵犯，不受那些生活和发展条件的计划或安排的干扰。在某种更明确的意义上，我们甚至可以说权利的伦理学会保护我们的发展能力，我们能够因此成为有德之人，并且有能力反抗政治的压迫。我们甚至可以说权利的伦理学是在设计一个更加开放的社会和仁慈的国家。从这个意义上说，罗尔斯的两个原则对功利主义伦理学与权利的伦理学的结合是很好的想法：它们的主要作用在于保护了基本的平等权和自由权，以及为各种可能的政治制度竞争中的社会基本利益提供保护。但是为了对持续的批判性的判断和社会安排以及阻止的修正形成一种后设的标准，它们还是指向了对人的需求和本性的理解。

中国传统中关于德性的本体伦理学

要阐明中国儒家传统中关于德性的伦理学，有两件事是非常重要的。一件事是关于整个人类的发展的。在这一点上中国的德性伦理学与西方的德性伦理学不同。儒家经典《中庸》中说："仁者，人也。"所以对德性伦理学的研究其实就是对人的研究。第二件事是对生活中问题的解决的评价和行动做出正确的判断的问题。这是一个关于"义""公正"和"正义"的问题。培养"义"的精神、做一个正直的人，是人之为人的一个重要部分。它的实现要求以"仁"为基础，并且需要知识、智慧和正确的行为方式。它同时还需要道德洞察力和实践理性。它甚至还需要更多的条件：它需要对生活本身以及它如何在现实世界中实现有一种道德的理解。在这一点上，儒学的德性不是列举出了许多美德，而是对人的总体面貌提出了整体的方案。因此，它要求对生活是如何经营的要有深刻的洞见，它要求对"道"（这种方式）要有所了解。这无疑会引出许多关于人的本性的形而上学的主题，我们在《中庸》《易传》《孟子》《大学》中可以看到。而其要旨则在于，我们在解决人的生命的问题的时候是根本无法逃脱那些问题的。我们将看到这种对生命的理解以及它的发展是如何成为一种道德形而上学和本体伦理学的，而这种本体伦理学对于道德、伦理的形成以及道德的伦理的人来说是至关紧要的。①

从开头我们就提到，儒家伦理学天然就是本体论的。我用"本体论的"来意指一种真理和事实的实现，即一个人在实践中可以理解和具体表达的真理和事实。当然这并不是说这种真理和事实在实现的过程中对所有独立的个体都是固定的，而是指出了人在了解其本身以及整个世界的时候可以达到一种处于世界中的状态，这种状态被描述为价值的、文化的，是适合于好人生存的。在关于他自己的论述中，孔子自称"五十而知天命"。但是什么是天命？一个人怎样才能了解它？我们只能把天命理解为一种人在生活中经验到的富有深意的或具有特殊意义的命令或决定。"命"不仅仅是由自己创造的，它在人生经历的构成中还反映出一种外在的权威或者强力。因此，孔子说："死生有命，富贵在天。"②"天"在孔子看来是生命和万物至高无上的源头。天的创造力还显示于依次轮转的季节中。由天所生的以及世间万物所依从于天的便是道。在孔子那里，道与其说是一个我们在像《老子》《庄子》这些道家著作中所能找到的自然主义的概念，不如说更是一个人文主义的概念。

然而道并不是一个专断的概念，而是反映和体现了实在以及天的创造性。道是人在与世界的相互关系中发现的，也是在人对自身的反思中所发现的。它不仅反映了天，还反映了人存在和理解的过程。在这个意义上，他说："吾道一以贯之。"③ 这种统一是天人合一的统一，它以这种方式实现在孔子的思想之中。因此，对于孔子来说，道是一种非常珍贵的东西，他对天有多么信赖就有多么想要依从道。所以他说："朝闻道，夕死可矣。"④ 道因而代表了最高理想的价值、原则或人生的真谛。由于天创造了生命并规定了人的才能和能力，道也必须在自我实现和自我发现的过程中显示出这些总称为"德"的才能和能力。可以说道与整个世界的秩序和真理有关，而"德"从另一方面看则与人的本性有关。但是作为全部的真理，道必须包含作为部分真理的"德"。因此"德"必须符合道，而"道"必须引导"德"的发展。孔子在晚年把"道"与"德"结合了起来，他说一个有德之人必须"志于道，据于德"⑤。还应该注意到，孔子相信他的"德"为天所生，"德"是权力和力量的来源，没有人可以把它取走。所以他说："天生德于

---

① 当代著名的新儒家哲学家牟宗三曾经在他的著作《心体与性体》中用过"道德形而上学"这个术语。见《心体与性体》，三卷本，台北，1993。这个概念是在其对康德的两大批判的批判中产生的。

② 《论语》，12—5。

③ 《论语》，4—15。

④ 《论语》，4—8。

⑤ 《论语》，7—6。

予，桓魋其如予何?"① 这意味着一种命运，同时也意味着一种主权。

孔子事实上没有把"天"与"道"连接起来。如果"道"代表的是人的真理和国家的真理，它当然会自然而然地扩展开来，包含世界或者实在的真理。在这个扩大的范围中我们可以想象得出，"道"会获得一种类似于道家所讲的"道"的意思。在那种意义上，我们既可以称之为"天道"，也可以称之为"天德"。在新近发现的简帛中我们的确可以看到这种本体—宇宙论以及这种道德的后设伦理学在孔子晚年思想中的发展。但是从诠释学来说，在《易传》和《中庸》中如果不是孔子本人至少也是他的门人已经提出了明确的看法："道"是天之道，因此它同时代表了创造的根源以及创造活动终极的实在，人的意义只是在于用人的社会的以及国家的"道"来实现这种天的"道"。

正是在这个总观人生及其在世界中的地位的基础上，孔子演绎出他的"仁"（爱、关怀、仁慈、仁道、爱人）的哲学。如上文所引，孔子说："仁者，人也。"② 这就是说终极的"仁"来自人自身，它同时还有通过人自身的了解和经验达到对其他人的仁慈、关心、爱护的美德的意思。因此，"仁"通过体仁说明了"仁道"的意思。一个人如果没有一个与他人相关的确定的同等的基础，是不可能单独认同自己的，而这个确定的同等的基础便建立在"仁"上。一个人可以具备这一点，而具备这一点便与人类的存在、人世的存在形成了区别。在《论语》中我们看到所有的德性必须以"仁"为前提，并且所有的德性必须由"仁"而起，正如它们必须具备"仁"的德性。这样，"仁"由爱父母开始而最终达到对全人类的爱。它可以进一步扩展为对整个宇宙以及宇宙中所有东西的爱，即如宋明理学中所着重讨论的那样。事实上，通过天和世界来界定人，早在传统儒家哲学经典《中庸》和《易经》的"象传"和"系辞"中已经得到了很大的发展。

正是在这个语境中，我们才能够看到儒学是如何发展了关于人的本体伦理的哲学。生命价值的标准和道德的规范是在对把人当作世界上至高无上的生灵的本体—宇宙论的认同中被理解的。道德是根据体现了对真理和实在的根本观点的"道"来实现"德"，同时也是根据"道"来培养一个人的"德"。"道德"与"得道"一起构成了一个理解和实现的本体诠释学的圆圈（循环）。它体现出知与行的合一、理论与实践的统一，据此，天和人的基本的原理在一个共同的视界中实现和结合。这样道—德首先成为一个创造性的辩证的过程，一个合内外之道的过程，内心拓展为能够接纳外物的更广阔的内在实体，而外物则关注于内在的人性并凸现为人性内在的中心。整个这个过程被看作对自我的培养（修身），我们可以从中看到"道"对"德"以及"德"对"道"的双重培养。

在孔子看来，这一过程可以简单描述为"致仁""用礼于仁""知仁""求仁""依

---

① 《论语》，7—23。
② 《中庸》，第 20 节。

仁""欲仁""归仁""成仁""守仁""好仁""得仁"。这是使人"成人"的过程，"人化"人的过程。这并不是说人不能为其他的人的特征所界定，如亚里士多德所说的"两足无毛"或"有理智的或有理性的动物"。但是，表面看来，其他界定人性的方式都不是最核心的也都不够彻底。孔子在这里所暗示的是：一个人除非是关心他人的，并且有能力认同他人，不然他就不会意识到什么是人的普遍性、什么是创造性的人以及什么是深邃的宇宙的创造性。甚至哪怕一个人有极高的智力，如果他不关爱他人，他也不能说是实现了普遍意义的存在，或者是实现了他全部意义的存在。因此"仁"对于实现人性和超越人性来说是非常关键的，它是人性创生性的本质所在。

在儒家思想中，我们并不把"仁"看作简单的抽象的理念或精神，而是一种具体的行为或者说是一个培养、转变的过程。在回答对"仁"的疑问时，孔子说："克己复礼为仁。"① "克己"就是克制人身上那些妨碍"仁"实现的因素，那些表现在"小人"身上的东西。"小人"是自私的、顽固的、只认私利的、追求享乐的，他们对"道"或"德"丝毫不关心。"小人"还是固执己见的、难应付的、有成见的、自我中心的、对真理和生活毫无知识的。具有较高德行的人要克制和改变的正是这种状态，这样他的心灵就可以向更广阔的真实世界开放，可以更全面地理解生活的意义。对"复礼"的强调暗示了那些引起了人类文化的繁荣的社会、文化和道德价值的具体化。"礼"，如我们在儒家思想中所看到的，是一种生活形态，一种行为的方式，它保持和促进生活与社会的和谐，同时也是对理解人作为社会存在的方式的表现。人性中"仁"的本质正是通过"礼"而表现和真正形成的。与其他德性一样，礼也是一种建立在"仁"的基础上的德性，因为正是基于"仁"，我们才会关注文化和文明，并关注能够培养、提炼生活的和谐的生活样式。

"仁"另一方面还是一种实践理性。正是孔子的名言"己所不欲，勿施于人"② 与另一句名言"己欲立而立人，己欲达而达人"③ 的结合为儒家德性伦理学的前进提供了一个一致的主线。第一句话告诉我们一个人不应该做什么，第二句话则告诉我们一个人应该做什么。这两条法则都是建立在个人的感觉与理智基础上的。在此基础上，他能够反思自己，他能够看到人性存在于什么之中，人性存在于哪里。这两条法则是一种道德实践理性，它们可以决定应该做什么，不应该做什么。同时，它们也是一种道德实践原则，它们可以区分对与错、好与坏。从这个意义上说，是这些法则引出了公正或正义的德性。什么是好的，就是所有人希望得到什么；什么是对的，就是所有人可以接受什么。什么是坏的，就是所有人不想得到什么；什么是错的，就是所有人会指责什么。并且这些法则是公认的，它以一个人的能力为基础，通过感觉和反思决定了一个普遍的标

---

① 《论语》，12—1。

② 《论语》，15—24。

③ 《论语》，6—30。

准和法则。

这一标准有多么普遍、多么使人信服，取决于一个人能够把他创造性的想象力和敏感的感情培养得多么深刻和敏锐。他还必须为依从这种标准和实践而负责，因为这是对公共生活的许诺，对相信人性中的普遍性的许诺。在这一点上，儒学展示出了他们理解人性的根本源头：人皆出于一源，他们分享同样的情感、同样的敏感，所以他们是一家人，有手足之谊。一个人可以相信别人，并且相信别人也会相信自己，这正是由于他对自己本性深深地培养、了解和激发。道德理性和道德行为准则成为人内心的存在、深沉的信仰或本性的表现。这被称为达到了"诚"。当达到了至高的"诚"，一个人就获得了创造世界和使事情发生的创造力，便有了作为人的创造性的存在和创造性的生成。

必须指出，正是在这种为达到其他道德客体而深化道德主体性的能力的基础上，我们意识到在人身上有一种可以被称为人的天性的深沉的力量。这种深沉的力量既被发现了，并且被看作被给予的，子思便提出了他富有洞见的、有影响力的评价：人的本性是上天给予的（"天命之谓性"）。在这里，很清楚，"性"不是人的本质所固有的，而是人的某种正在生成的东西。在此意义上，子思讲"尽性""尽人之性""尽物之性"。"尽性""尽人之性""尽物之性"就是实现天地本体潜在的统一与和谐。

继子思之后并且在子思的基础上，孟子继而讨论了人性为什么以及怎样是善的。首先，他看到一个人能够在经验那些可以为德性之根所认同的情感和情绪的时候体验到人性的良善。重要的是孟子把那些道德情绪归因于人的天性，并且在这样的归因中把道德情绪从非道德或不道德的情绪或要求中区分出来。为了论述这一点，孟子详细说明了道德和伦理意味着什么。这种公认的道德立基于对人自身的本体—宇宙论的理解以及良心为达到对社会、国家的一般的善的预期而进行的自我养成的过程。这种对人自身的本体—宇宙论的理解表现在他关于世间万物广泛存在的论述中。它同时为个人尽性以养得宇宙的强力的方案所支持和表现。这种理解与实际的行为达成了某种一致，它揭示出并认识到人是创造性的存在。在这种统一中，我们可以看到"实然"与"应然"的二元性在自我超越和自我转变的过程中得到了综合。

除了子思、孟子之外，《易经》对于这种儒家本体伦理学理解和本体论（或本体—宇宙论更好）与道德伦理融合的哲学以及对道德预期的意义和对象的认识来说也有很大的贡献。在《易传》中我们可以明确地看到"道"和"太极"的本体—宇宙论如何在道德和伦理上丰富和成就了人性。从这一观点出发，道德和伦理只不过是人性创造性地实现的模式。同时，如果一个人真正了解道德和伦理，他就必须面对世界与人的创造性的转变的广大的潜在的现实。这也是当代新儒家牟宗三的观点。不过牟宗三更加看重经由道德体验达到生命的终极实在的重要性，而本体伦理则更看重通过加深对实在的认识来实现道德的重要性。但是，从逻辑上讲，本体伦理学与道德形而上学的确形成了一个本体诠释学的圆圈（循环）。

　　体现在儒学中的关于本体伦理的论断还有两个。一个是理论的。必须承认，在本体伦理学中一切本体—宇宙论的实在在生活和现实中既是儒学的观点又是儒学的经验。其关键之处在于这种想法或者说合乎规律的理解立基于我们关于"仁"的自我体验。在肯定"仁"的经验与意识中，一切都可以这样经验和想象。"仁"，质言之，为一致性和相互联系提供了基础，并且正是通过对"仁"的理解和体验，不仅其他人和一切事物都由于情感与人联系在了一起，而且所有的人和一切事物都把自己与一种有机的秩序和一种理想化的和谐关系联系在了一起。是人把这种和谐带入到了现实之中。其他一切德性都是实现这种和谐的途径，而担当起改变世界秩序和人的秩序的任务的是人。这意味着一个人如果投身于这项任务，就必须按照这种德性改变自己的生活和天性。这些德性在为适应达成世界的统一与和谐的需要而表现出的不同的能力和力量时必须与像它达成统一时一样是自明的。它们构成一种极大的统一与和谐，这种统一与和谐如我们在朱熹哲学中所看到的那样统治着世界。在这一点上，人不应该有他自己的有限的像亚里士多德伦理学中的那种目标，而应该具有一种可以加深扩充为包含整个宇宙而最终达到终极的整体的天性。但是这样说并不是否定本体伦理学可以比普通的伦理学更像本体论或本体—宇宙论。相反，它正是为了加强本体论经验所强调的那种伦理的道德的实践。

　　以"义"为例，我们可以看到正是在对人和事物的相互关系的理解的基础上，我们才说每个东西在被给予的境遇或场合中都有它适当的位子、角色和功用。在具体的境遇中认同这个适当的位子、适当的角色和适当的功用就是对"义"的理解，并且在此意义上说，"义"被定义为"适宜"（宜，另一种性质）。但是我们很难了解在"仁"的理想化的统一与和谐中，事物是如何结合在一起的。因此我们应该培养我们的才智，并尊重道德习俗，而向现实批判地开放我们的心灵，这样我们就会做我们应该做的事情。这使"义"成了一种实践理性的德性，它不要求正式的思考，而要求按照理想化的秩序对人们的相互关系有切近的体会。保持不冒犯在所有人的相互关系中和对所有物的差别及不同功用的认识中的"仁"的量度或法则，就是矫正事物中的"义"，这就是"正义"之所在。道德的目的就是要在具体境遇和日常生活中保持正义，而伦理的目标则在于在人的相互关系中保持正义。对于在生活的整个过程和关系中保持心智的健全和品格的尊严来说，二者都是必需的。在此意义上说，本体伦理学的理解与实践理性的理解也很相像，都是在每日生活的基础上遭遇和解决问题，并因而具有高度的实践性和适于实践理性。在此意义上，我们还可以说，孔子的"仁"既是一个实践的运转的法则，又是一个体验人的实在的法则。因而本体伦理学的本质就在于在道德境遇中将本体伦理洞察力归入人的天性的同时，把本体伦理学方法转变为实践道德的抉择和行为。

　　下面我将谈到第二个论断，它主要是历史的。说贯穿中国伦理学传统 4 000 年的主线是本体伦理学，这并不夸张。在这里我们并不是要从时间和空间上回溯到本体伦理学的源头——周之前的时期。但自有了《周易》和《周礼》，儒家和道家便都继承这一早期本体伦理的传统，建立了不同的本体伦理的体系。在上文中我详细论述了儒家的本体伦理学，我们还可以从"无为""自然""无欲"再来谈一谈道家老子和庄子的本体伦理学。

还有一点需要注意，那就是在实证的法家思想中也提到了"道"，他们把"道"看作确定的法的终极辩护和统治者的政治意愿。在墨家那里"天志"被视为道德的来源，并被看作道德行为的标准。道家和墨家都像儒家一样界定了一种生活形态，而法家则构想了一种国家形态。但是道家、墨家和法家都没有成为中国历史中道德传统的主流，它们在儒家本体伦理学的发展中被以不同的方式湮没和吸取。公元 3 世纪之后，印度佛教传入中国，并逐渐改变自身而发展成为中国本体伦理观念中的一个重要要素，无疑中国的本体伦理学非常适合实践的形而上学的"空"。在中国佛教的各宗派中，我们甚至可以说有一种佛教本体伦理学的启蒙，它在禅宗中达到了顶点。① 儒家本体伦理的发展不能忽视宋明理学从周敦颐到王阳明的发展，在每一个新儒学哲学家那里我们都可以看到本体伦理的延续、养成和巩固。

然而不幸的是，在王阳明之后的晚近发展中儒家的本体伦理本体论多过了伦理，这也是近代儒学在作为辩证的实践理性处理现实变化和社会、个人问题时失去了活力的原因之一。但是这也并不是说儒家本体伦理学或整个中国本体伦理学不再代表伦理和道德生活中解决人和生活基本问题所必需的重要理解和实践了，这种传统会在近代复兴，这毫不奇怪。

"道"对德性和权利的综合

在关于权利伦理的讨论中，我们已经提到过，我们之所以可以把权利归因于人，是因为人是人。但是，权利伦理的问题在于，它不能详细地解释人性的意义和内容，或人的存在。如果我们把人的权利看作一个非自然的品质，那我们如何可能以人的自然属性为根据，赋予他权利呢？我们能够仅仅用人的自然属性来定义人吗？尽管我们可以把人描述成有理性的，能做出自由选择的，有感觉和意识，或者有意志以及其他才能的，然而除非我们能给这些范畴赋予道德含义，我们还是不能从这些非道德的品质中逻辑地推导出道德的品质。这样理解之后，可以很容易地看出，为什么我们不能把权利归之于人，不能说出一条原则或是方法将各种各样的权利推进或是扩充。

① 见我关于禅宗之辩、慧能与道元、悟的本体知识论与《坛经》的文章：《论禅宗语言和禅宗之辩》，载《中国哲学》，Vol. 1，No. 1，120~147 页，1973；《从禅宗到海德格尔，道元与慧能：悟的观念》，见《国故新知：中国传统文化的再诠释》，汤一介编，446~470 页，北京，北京大学出版社，1993；《禅宗佛学中顿悟的本体知识论》，见《庆祝王元化教授八十岁论文集》，413~427 页，上海，华东师范大学出版社，2001；《"合三为一"与三种创造力形式：〈法华经〉与过程哲学》，载《中国哲学》，Vol. 28，No. 4，449~456 页，2001。

　　因此问题的关键在于我们是否能够指出某些人类的特性，正是这些特性使人类具有权利，同时使得权利可以归之于人类。在这条原则的基础上我们可以看出，权利自身应该达成一致，正像每一个个人与所有的人都应该相互一致。个别的权利必须组成一个整体，正像所有人和社会的权利必须构成整体一样。那么根据这一原则，权利伦理最主要的弊端就可以被超越了。即如我们所看到的，其弊端主要在于缺乏赋予和指出权利的根源和基础，无法协调、凝聚权利以避免有可能出现的权利滥用，同时，权利的伦理还不能指导与他相关的人和社会的物质的进步和发展。

　　正是在儒家的本体伦理学中，我们找到了建立和指出权利的来源的基础。在儒家的本体伦理学中，人被看作有能力爱他人同时又关心所有存在物的存在。这是人很容易自我证实的。孔子所言"我欲仁，斯仁至矣"① 明确地指明了这一点。他还说："为仁由己，而由人乎哉？"② 如果仁是内在于我的，而我可以立刻发现并且把握到它，那么我们可以用具备了"仁"作为人的准则，如果一个人能够认识到他对他人的爱的话，我们就可以称他为人。我们可以进一步把这个准则扩展，如果一个人有能力认识到他的仁，或者他"能仁"，就可以称他为人。儒家的价值在于一个人最低限度地意识到仁的能力和他实现仁的最初的意图。通过这种最初的对仁的倾向，我们可以期待一个人能够发展并且更好地实现仁，并把他的仁提升到一个更高的层次。这个观点在晚于孔子两百年的孟子那里得到了加强。他谈到了四种德性之端或者说是起点，只要给予正确的关注和养育，它们可以发展成为完整的德性。

　　根据孔、孟的这种理解，我们可以看到将权利指出并赋予人的基础或者是最后的基础就是一个人内在的对他人的爱或者爱他人的这种倾向。我们可以说，如果一个人有"仁"的能力，他就具有基本的人的权利，并且，如果他的爱增加，爱的范围变得更加宽广，在实践中更有影响，他的权利也将得到加强。

　　这条标准是否可以表明，如果一个人没有表现出"仁"的德性，他就会被拒绝赋予人的权利。不，这是一种经验主义的推进，最可恶的罪犯能够认识到他的罪恶和错误，并且在最后一刻表现出懊悔。他确实拥有人的权利，但是，当他实际的行为背离了人性，也就背离了他作为人的自身的时候，他就失去了这一权利。第二个问题在于：既然动物没有仁的感觉，我们怎么谈论动物的权利？答案是，正是因为动物有关心他的同类或者至少关心它的后代的能力，我们才能赋予它权利，使它们能作为一个种类，或者是自然的一种存在坚持和生存下来。如果有一种动物，根本不会关心它的同类，那么这种动物除了一种生存下去的冲动之外，没有别的权利。也许有人会说，它有生存下去的权利，所以，没有东西可以减缩它的生命。

---

① 《论语》，7—30。
② 《论语》，12—1。

通过以上将权利建立在仁之上的讨论，我们现在可以看到权利伦理必须建立在本体伦理学之上。权利需要成为和谐的、有活力的内在的凝聚性将是这种理论提供给人类的一个参考。因为，在本体伦理学的范畴中，人的权利是隐藏在实际的德性中的，也就是说，宣称一种权利，就是宣称做某些对的事情、认清某些对的事情并且保护它们，也就是认同一个人有能力表现他的权利并不是建筑在他的个人的喜好或者利益之上，而是建立在人的集体之上，其中也包括他自己。如果权利的宣称（right claim）仅仅是为了自身，而且没有为了整体利益的背景，那么它将不是真正的权利，而是虚伪的权利。这再一次说明，权利必须在整体中，作为人类整体的或者是世界的德性才能被证明是正当的。正是在这个意义上，我们可以把权利设想成为一种德性，如果我们将本体论意义上的生命建立在仁的经验或实践之上的话。

如果我们能直接将权利转换为德性，我们可以说，权利是德性的条件和保障。这是说，人的基本权利要求人的基本德性的发展，例如子女的孝敬和正义的感知。在现代社会，即使是自由迁移的权利也不得不要求人照顾他们的父母。这种基本的供养权利对于保持和提供完成儒家德性的条件是极其重要的。正是在这个意义上，权利不能仅只是为了自我的兴趣，除非这种非道德的权利的发生有私下的约定。考虑德性的发展和完成对权利的需要，我们可以看到与各个系列的人相关的、有效的经济的权利、受教育的权利、文化的权利，甚至宗教上的权利（一系列的权利）。因为它们需要维持和保护一些文化的价值以及可以养成人生命的宗教的道德。由此可以推断出，权利存在的理由可以在它们能够创造出一个发展人类德性的安全空间中确立。但是，不能忘记，权利并不能代替德性，权利的伦理同样也不能代替德性的伦理。

我曾经讨论过我们可以将儒家的德性改造到人类的权利之中，通过把这些德性设想成为关于义务的德性，就像它们是关于德性的义务一样。① 如果一个道德水准较高的人具有仁和义的德性，那么他将被迫按照仁和义的准则所确定的与其他人的关系来行事。他的德性的义务并不能为他从其他人那里带来相应的权利，但是，在最佳的状态下，义务的德性和德性的义务互利主义的原则将可以代替权利。在以义务为基础的德性伦理学中，权利是作为义务和德性的目标为人所固有的，暗含于其中的。人类是在与义务和德性的关系中被认识到的一束权利的集合体。当然，即使是在最亲近的关系中，我们也不能保证道德上的德性和道德上的义务能从他人那里得到相等的回应。在这个意义上，法律和宪法整体上的担保显而易见将受到欢迎，甚至是必需的。

儒家力图通过将统治者转变成圣人，以及把一个随心所欲的政府转变成实行仁道（实行慈悲的方式）的政府来解决这个问题，这样，有德行的统治者和慈悲的政府将会

① 见拙作《儒家德性向人权的转变：关于儒家伦理中人的作用与力量的研究》，见《儒学与人权》，William de Bary 编，142~153 页，纽约，哥伦比亚大学出版社，1997。

给人们提供一个标准和榜样，使他们能在生活中尽力效仿并且努力赶上。在历史上，这是一个受人欢迎的目标，它同时也表现出了儒家不朽的洞察力。孟子在这一点上走得更远，他甚至主张人民拥有推翻暴君进行革命、为了道德和伦理的目标建立一个新的国家的权利。在做出这一结论的时候，孟子实际上已经将人类的基本权利通过他们谋求基本的生活需要，以及过一个好的幸福的生活表达出来，甚至还包括为他们提供成为圣人的良好的教育和环境。如果对洛克在意大利流放时期思想的影响给以足够的重视，我们可以说，洛克关于人在文明社会中的自然权利的观念，是得到了孟子的革命权利理论的启发，并不仅仅是一个与孟子相同的声音。如果是这样的话，人类的历史已经将权利和德性构成了一个圆圈，儒家的德性伦理学能够被看作东西方共同的普遍的基础。①

根据我们对德性伦理和权利伦理之间的关系的讨论，我们实际上已经勾勒出了德性伦理与权利伦理在理论上如何相互支持，以及它们同其他两种伦理学——义务伦理学和意志主义、功利伦理学和功利主义——之间的关系。首先，我们必须认识到，权利、德性、义务以及利益，实际上是一个有机的整体，而且，它们都集中和植根于人性或仁的情感或情绪上。那么我们必须指出，它们是如何有组织的、相互关联的。我们已经看到，权利和德性是有关的。同样，很容易看出，在关于义务的理论中，权利将带来强制。正像康德曾经指出的，对于普遍性和必然性来说，权利和义务同样是必不可少的。但是，我们必须知道，权利和义务并不是处在一一对应的关系中，而是一种整体对应的关系。正是实践理性为人做出具体的决定，平衡了权利和义务之间的关系。同样，我们可以看出，义务是如何内在于德性之中的，因为，义务是关于德性的义务，就像德性是关于义务的德性一样。我曾经在其他的文章中谈到过这个问题。②

最后，我们必须澄清德性和功利主义之间的关系。非常明显，孟子曾经为了建立在儒家仁义原则基础上的圣王统治下的良好经济状况而争论。他看到，如果一个统治者被他对人民的爱所激发，他就会为他的臣民创造一个良好的生活。在这个意义上，正当的就是有益的，在个人的层面上与"义"有着明显区分的"利"，在良好的社会层面却有

① 我注意到约翰·洛克在1675—1679年（法国）以及1683—1688年（荷兰）去了欧洲大陆。在1688年回到英国之后，他出版了他的主要哲学著作，包括《公民政府两论》，出版于1690年。在欧陆的这一段时间或更早些时候，以"Confucius Sinarum Philosophus：sive Scintia Sinensis Latine Exposita"为题的最早的儒家经典译介于1687年在拉丁语系国家出版。（见David E. Mangello的著作 Curious Land：Jesuit Accommodation and the Origins of Sinology，Stuttgart：Frany Steiner Verlag Wiesbaden GMBH，247~299页，1985。）这本由四位基督徒完成的书包含了四书的主要内容。这本书的出版引起了欧洲人极大的注意和兴趣，并成为欧洲启蒙运动的重要背景。莱布尼茨读到了这本书，并且立即鼓励基督教与明代的中国建立了联系。在对所有这些相关的要素进行过考察之后，我形成了一个假设：约翰·洛克极有可能在读这本孔子及其门人的著作时得到了某种灵感，从而构思出一个市民的政府必须保护人民的自然权利，人民甚至可以通过革命推翻他们的统治者，一个明显的孟子式的宣告。由于并未在洛克那里得到确认，我的假设只能是个假设，洛克所做的一切也许只是巧合。但是我仍提出这一点，作为对中西会以怎样复杂和难以预测的方式相互遭遇和相互影响的一种暗示。

② 见拙作《论目的论义务论观点对儒家经典伦理学的理解和重建》，见《汉学研究》，124~159页，1989，台北；《儒家本体诠释学：道德与本体论》，载《中国哲学》，第27期第1号，33~68页，2000。

可能同时出现。孔子也没有完全反对人对利益和财富的追求，但是，他指出，这种谋求必须符合正义的要求。这表明，功利主义可以被用来使社会富裕起来，如果它是为了社会和国家，并且是在德性伦理的基础上进行的。

这里，我们必须区分儒家传统中的"保守的德性伦理"和"激进的德性伦理"。从保守的儒家德性伦理的角度看来，一个道德水准比较高的人其生命的目标就是寻找一种方式，在道德上培养自己准备担当圣王的角色。这就是孔子说的："君子谋道不谋食……君子忧道不忧贫。"① 功利主义不能成为个体生命的指导原则，即使在另一方面，为所有人谋求最大的利益，也必须由一个儒家的统治者来完成。既然激励儒家行为的不是个人的物质上的需要，那么有用就不是目的，甚至也不能成为方法。在社会和国家的层面上，有用既是增加物资的目的，也是方法。即使是这样，利润和利益也不需要成为人们关注的焦点。所以，孔子再次指出："丘也闻有国有家者，不患寡而患不均，不患贫而患不安。盖均无贫，和无寡，安无倾。"② 这一思路在《大学》中得到延续，其中甚至把为国家谋求财富看作很少一部分人的行为。

另一方面，在对《易传》的注释的传统中，还表现出了一种激进的德性伦理。在那里，正当性或道德（义）被看作同各种兴趣和利益（利）相和谐的存在（《文言传》）。其中同样认为，变易（易）是为了发展人的天资，而对各种物品的使用，使人的生命能够得到发展和好的照顾。显然，这种善待生命（厚生）的观念来自于人类最初对那些有益于生命的东西的寻求，以及对破坏人生命的东西的避免。在原始的占卜文本中，利益和好处明显与个人的功利的考虑相联系，在实践中，这种考虑容易导致德性。换句话说，德性之所以得到发展是因为它们确实有益且能够带来好处，我们在儒家传统对《易》进行解释的《象传》和《彖传》中很容易看出这一点。

我的观点是，存在着一个与保持和增进生活的快乐和幸福密切相关的基本的德性伦理，正是对它的思考，使对德性的寻求变得意味深长，这种思考没有必要区分个体和群体与"有用"的不同的关系，即使这种关联是重要的和有远见的。他使得德性可以和"有用"并存，并且德性伦理可以和功利伦理相互符合。道德行为的动机和结果可以在德性与有用的统一中得到统一。一个人因美德激发起他的行为，他最终可以得到很好的结果（包括物质的、社会的，以及精神的）。这是我们可以在《墨子》中看到的明确的立场，也就是说按正义行事就可以得到利益，要得到利益，就要按正义行事，这对于个人和社会都是一样的。当然墨子在坚持这一有用的立场时，在某些基本原则上走得更远。

有了以上关于德性伦理和功利伦理的讨论，我们可以看出，从儒家德性伦理的角

① 《论语》，15—32。
② 《论语》，16—6。

度，不但德性和有用之间没有冲突，两者之间实际上还存在着某种统一综合的关系。由这个相互关联的统一体中产生的功利主义的结局，是一个建立在个人和人类社会的统一和和谐之上的关于生命的功利主义的设计。它既不是行为的功利主义，也不是规则的功利主义，而是朝向特定的物的，我们称之为整体的功利主义或者德性的功利主义。

通过对德性和功利之间密切关系的正确理解，很容易看出，权利和义务必须作为一个整体赋予个人和社会。如果我们把有用当作某些有用的东西放入生命之中，那么"有用"这个词就不能仅仅当作某种与个人的快乐和幸福有关的东西。相反，它可以被看作对一个价值的统一体系做出贡献的任何东西，通过它可以实现快乐、幸福、自由以及繁荣等。在这个体系之中，人类的相互尊重权利的关系以及对义务的关注的引导都是必不可少的。这样我们就能够看出权利、义务和功利之间的紧密的联系，就像我们在权利和德性之间，以及德性和功利之间的关系一样。

德性本体伦理学同权利伦理学的综合采取以下的形式：在德性本体伦理学基础上，我们将权利伦理看作保护和发展德性的必需的条件；在权利伦理学基础上，我们需要义务来作为我们的共同体和社会以及国家整合的标准。而不管是权利还是义务都是由最原初的德性"仁"衍生出来的，后者为权利和义务提供了标准，我们将体验到为了社团、社会利益自然产生的结果的功利。我们甚至可以把"善"界定为在权利和义务中由对德性和行为的关心而产生的功利。这是把个人和社会生活的四个标准综合为一个有机的整体、一种根源于并集中于人对普遍的人（人、人生）的关怀的创造性的统一，一种儒家用"仁"的概念和法则界定和认同的关怀。

为了简明起见，我将把对人和人生道德的四个标准的有机的整体的综合用下面的表格表示出来：

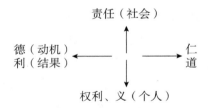

如果我们把本体伦理首先作为一种关于"仁"的伦理学（人及人的生活的本体论），我们就得到了下面这种有机的相互关系：

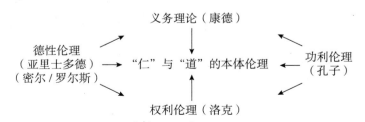

　　我们是以对比较和综合儒家本体伦理（如儒家德性伦理中所阐明的）与当代西方权利伦理的思考开篇的，继而我们看到了为了综合二者我们必须面对西方权利伦理从义务论到功利主义的历史的发展。因此对儒家传统的本体伦理和西方权利伦理的综合就要求把对义务和功利的考虑结合在一起。这样我们就达到了上述的综合的形式。我们注意到一件非常有意思的事情：通过揭示西方权利伦理从义务论到功利主义甚至亚里士多德的德性伦理的历史发展，我们同时看到了儒家本体伦理的历史发展也与义务和作为义务下隐藏的标准的功利结合在一起。儒家德性的本体伦理的统一是通过对其个别内容的分析和列举来解释的。基于这种理解，我们最终得到两条基本结论作为这种综合的结果：

　　1. 德性的本体伦理学是综合的、整体论的，而权利伦理学则是分析的、原子论的。就人与人的生活而言，二者我们都需要。我们既需要道德许诺又需要道德洞察。我们需要整体，也需要部分；需要根源，也需要分支。我们还需要知道如何去做一个个体，如何去做一个社会的成员。如何平衡二者之间的关系成了对道德的人的最主要的挑战。道德的人需要发展他们的实践理性，它为人在一定境遇中应该如何行为提供了洞察力，同时为人在日常生活中养成自己提供了有意义的形式。上面所述关于综合的原理说明了这种洞察力是如何在整体论与原子论、综合与分析两极之间的平衡和统一中获得的。

　　2. 儒家传统为本体伦理对人的道德生活的本体伦理学理解提供了丰富的资源。另一方面，权利伦理学的传统则带来了许多现代人在处理复杂的制度结构关系时所必须面对的问题。两种传统对于解决现代人的道德问题都是非常根本的。每一种解决方案都将是一个综合这两种传统的机会，同时也都将是对这种综合的一个挑战。这是对东方和西方的综合，是面向人和人类社会的未来发展的综合。我们的综合在活动中有多成功将决定人的命运，决定人在全球的伟大的新世界中将如何面对自己和度过真实的、有意义的一生。

走向模糊化的普遍性[*]
——论跨文化传统与生活理念的价值包含

普遍性与普遍化的经验

在日常生活中，我们经常会碰到"普遍性"这个词。那么，我们在用"普遍性"这个词的时候，是不是指在经验意义上看到的一些事物或生命共同的性质、价值与特征呢？当然不完全是，尽管我们可以称它们为普遍性，但显然，普遍性不是脱离具体事物，也不是脱离对具体事物的观察经验来指称的。比如，当我们说起人性的普遍性的时候，一般是指人人都有向善、爱美的天性和愿望，而这些所指是寄存于我们对具体的人性的观察基础上的。那么，普遍的人性是否有独立存在的价值，并可以提炼出来作为普遍经验的基础呢？也就是说把普遍性的人性作为界定，赋予它一定的意义，且把它作为理想性的目标，看成永远不变的存在呢？

为了说明这个问题，我们以孟子为例。孟子主张人性本善，他指出人人都有道德的四端，人人都可以体验与观察，因而可以说人性是一般而又多元的存在。在这里，一般指的是性质，多元指的是个体。普遍性因此只是多元个体中的一般，而一般却又是可以通过个别检验的。那么美和善是否可以看成多元的个别存在？其实也不然，它们还只是存在于具体的个体之中，而又有某些共同性，因为它们都属于价值与人性。而价值与人性也必须针对个体的人而言，因而美与善只是人性与价值的内容，我们可以说它们是人性普遍性的特殊性，同时也是人的个体的普遍性。

如此说来，我们不能把普遍性当成单一的、脱离现实的存在，也不能把它看成单一的、抽象的、已经规定好的存在——普遍性必须相对具体事物而言，也必须相对事物的特殊性而言。总而言之，普遍性必须和现实性、特殊性、个体性连接在一起，才能取得

---

[*] 原载《探索与争鸣》，2009 年第 1 期。

其意义。普遍性只是经验的存在，不具有超越时空的价值，它是经验上的一般性，而非超越存在的普遍性。由于必须相对于个体、个体经验、个体的特殊性、个体的特殊性的体验才能获得意义，所以我们说普遍性在一般的用法中是一个模糊的概念，也就是它具有相当大的模糊性。

普遍性与普遍主义

当普遍性（universality）作为一个概念被引入中国之后，人们往往把它说成了普遍主义（universalism），甚至说成是普世价值（universal value），这其实是一种错误的理解。这几年人们喜欢谈论普世价值，所谓的普世价值，实际上是现代性的价值，它代表启蒙时代延续下来的价值观。一种价值被作为普世价值，意味着它是独立于每一个文化、每一种传统的经验之外的客观存在、价值和标准。普世价值脱离了现实，脱离了经验，从中国哲学的角度来讲，是不被认同的。中国的历史观、宇宙观、生命观认为，人类是不断发展的，价值内涵也是越来越丰富，而不是一成不变的。普世价值并不是死板的哲学，也不是教条化、规定好的东西。人还要从历史经验中汲取教训，来改变世界。具体的东西一旦抽象化，就恒定了。这种西方二元论的思维方式，与中国哲学是相悖的。

此外，在普遍主义的认识下，一旦谁有权威或谁有权力，谁就会用自己的权威或权力来推广普世价值，这就变成权力的运用，产生了强迫性、压制性的权力。西方的普遍价值的内涵——自由、平等、民主、人权，即四个所谓现代性的普世价值，如果把它们看成独立的存在、客观的存在、固定不变的存在，成为大家都必须去追求的目标，那么我们要反问的是：谁来证明它们是独立的、客观的、固定不变的存在呢？谁有权力强迫我们必须走向柏拉图的"理念世界"，追求独立于人的经验之上的理念世界呢？"理想国"怎么实现，依靠一个或多个强有力的神明吗？那么谁来代表神（如果有神的话）？谁能代表神？谁能掌握强力的道德权威，来拯救这个世界，来改造这个世界？无论是神或是神的代表，对现代人来说，都是一种压迫。

其实，每个人都可以谈理念世界，每一个人都可以发展有利于自己的神。基于经验不同，每一个人的理念世界不一样。虽然可以有一般的公共性或相互重叠性，但是每个人只能就其实际的经验和主观的想象力来补充与扩大我们能够掌握的公共空间或仅仅是描述它。每个人独立追求理念，不能受到别人的压制。人们有对世界理念追求的自由，但却不能妨碍别人对不同世界理念的追求。由于人们或国家没有这样的自觉，我们必须承认因此很可能产生宗教、道德、价值与文明的冲突。这是因为人们看到不同的价值，或看到同一个价值的特殊性，而这些价值却又离不开人们的经验和感受，不能约化为同一的价值，或同一的特殊性（否则即非特殊性了）。因为特殊性的存在，那么人与人之间、国与国之间是不是必然要发生争执和冲突呢？基于正确的认知与语言意义的澄清，我们是否可以彼此协调，消除冲突，建立和谐的关系呢？

模糊性与模糊化的普遍性

普遍性与模糊性可以被想象成客观的存在，也可以把它看成必须与经验联系在一起的存在。不能因为想象普遍性有其独立的存在，就可以强加于他人。反之，如果不承认价值的独立存在，否认其普遍性，那么是否意味着每个人都可以追求自己肯定的价值呢？这是不是又导致另一种冲突呢？以后现代为例，后现代反对现代性，在后现代看来，每一个人追求的东西，都是相对的，每个人都可以是对的，没有普遍价值，每个价值都是独立的存在，每个人都按照自己的价值行事而不必相互冲突。这只是后现代一厢情愿的想法。我们必须指出，在这种情况下，相对主义并不能解决冲突的问题。因为在生活中没有形而上的共识的标准，行为上就会自然地导向冲突了。

要解决文明冲突问题，我们必须认识到普遍性其实是一个模糊性的概念，它本来可以变为个别的经验所延伸的空间，并相互交错，而且还可以以此延伸的空间来相互磨合、相互包容，因而形成沟通的可能。这种相互磨合与包容的延伸空间是建筑在人性的基本的善意与同情共感的情感上的，代表的是人性的原始的共同性，以及人生共同的命运感。在此理解的基础上，我们不必把普遍性当成规定好的、完全客观的、静态的对象存在或机械程序。我们在与对方接触的经验中，首先就要允许公共性认识的可能与必需，才能进一步展开普遍性的丰富性。一种信念或者理念，要把它看成既普遍又特殊，既一元又多元。它既要达到一个共同生存的目的，又要实现自我特殊身份建立的目的。普遍性的模糊化是经验的、动态的、多元的，也是导向公共性的理念的建立的动力。此公共性并非外在强加，也非个别性质的耦合，而是从主动地对模糊性的自觉与认知而来，是人们生活真实体验来的成果。我们要模糊化普遍性，也就是要把普遍性看成模糊性，以展示它的开放性与创造性。

现代性与普遍性的历史霸权

西方启蒙主义的价值观是以自由、民主、平等为内涵的价值观。但我们要追问：这个价值观是怎么形成的？又有谁达到了这个理想的目标，有哪一个国家达到了这个绝对现代性的要求？西方人以为他们已经达到了，并认为他们有权力、有理由要求其他国家追随他们，学习他们，以他们为师。西方人是纯粹为了普世价值的实现，纯粹为了追求与构建美好的自由社会，还是为了维护先进的西方国家的既得利益与道德和政治权威？我们如何区别这两种不同的目标？而且这里还有现代理念的合理性的问题：难道每一个国家必须要走同一条现代性道路么？难道现代性的价值是唯一充足圆满的价值吗？难道人的社会存在只能允许这些现代性的价值的存在吗？如果不是如此，现代性又如何与各自的传统性调和呢？现代性又如何转化为不同的后现代性呢？不同的后现代性又如何调和与和平共处呢？这一连串的对重要问题的思考是不可避免的，正如某一种片面的历史主义是不可避免的一样。我们不能忘记历史，但我们也不能占据历史的某一制高点来颐指气使。很不幸，西方的现代主义往往是打着超越历史的大旗走强烈的片面的历史主义的路线。

西方的现代主义也可能确信为了美好世界的实现，未充分现代化的国家或传统国家必须要唯西方国家马首是瞻，忠诚地去追随他们，以他们的意旨为意旨。你不同意，他们就要教育你、打击你、压抑你、胁迫你。如果这被作为一种道德，道德是不是必然成为胁迫的权力或权利？美国是一个现代化的国家，为了它自己的利益，也为了营造一个理想的世界，它有制裁他国的软硬实力，但是能不能说它就是上帝的代表呢？我们必须认识到，没有一个国家能够脱离历史的处境而避免可能成为自己的私欲与私权的承载者或工具。西方国家怎么能够证明自己是正直开放的自我，而非强制他人的霸权？假如一个国家把道德变成法律，把法律变成强权，把强权变成实现个人意旨的力量，这就等同于创造了一个世界帝国，那与古代西方的罗马帝国有何两样？在古代西方的罗马帝国，帝国的意旨就是法律，帝国的法律就是道德。你不服从，你就有错，我就有权惩罚。你不和法律的普遍价值相配合，我就有权制裁。但这是道德吗？这符合道德的精神吗？必须指出，真正的道德只能示范，不能强制。

道德与政治哲学思考的历史性与模糊性

道德与政治的哲学思考往往无法完全脱离历史处境，但这不是说它必须完全超越历史，成为纯粹的理念构建。从价值建立的需要角度来说，道德哲学与政治哲学都应该兼顾历史与理念，要自觉地达到善的目的，也要自觉地对待容易陷入不自觉的自我利益与不择手段的思考。人们甚至无法证明自我不是已然陷入此一泥淖之中，也就是人们无法把自己的利益与公共的利益绝对地分开。理性化往往是一种心理的掩盖。在此处境下，我们是否放弃对普遍道德或普世伦理以及理想的政治制度的追求呢？回答是，不应该放弃，而应该包含与转化。

在哲学上，我们很难脱离这样与那样的质疑，也很难把特殊的个人价值与意义和普遍的价值与共同的理念分开。

再者，就生活来说，允许在不同阶段，不同方式与多元化的生活形态与生态的发展，是生命发展自身所原有的内在开发力与承受力的表现。比如，宇宙是一个开放的宇宙、变化的宇宙，允许多样物种的存在，允许生物的进化，允许人类不同个体相互沟通，允许不同社会相互学习，来自觉地完善自己与完善社会。这个认识事实上是从人类几千年的生活经验中获得的。因此，我们不能通过战争达到自私的目的，我们也不能放弃理想与价值的追求。

21 世纪人类应该具有高度的自觉，确立多元的与多样的发展眼光，允许在人类高度自觉的发展过程中，能够趋向《易传》所说的殊途同归、一致百虑。大家考虑的问题可能不同，立足点可能不同，但是相信共同的基础、共同的善的认识、共同的善之伦理。这个共同的善，是同一个梦想，共同的善是建构在不同的善的基础之上的。一个人梦想的实现，也就是千千万万梦想的实现，而不是说所有人的个别的梦想都被取消。我们要建立这样的观点：我们要用模糊性的、变化性的、开放性的经验，来理解世界与个人的关系，来掌握德性与权利的正反转化；用个别实现方式来选择并实践共同的善以及各自个体的善。

自由、民主、人权与人本的整合性

人们虽然最早认识自由的重要性，但却假设人生而平等，都具有追求幸福的权利。其实人生来并不是完全平等的。从生物学上讲，生物是演化过程的产物，自然中并不是每一个物种或每一个生命都能就其处境发挥自己的生存繁荣的优势。就人来说，人必须通过文化的进化、道德的自觉、社群的发展才能逐渐实现美好的价值及对自由与平等的渴望。每个人希望从原来的状态中解放出来，得到更大自由。自由是能力，平等是享有，两者都必须在追求至善与共善的基础上存续。如果自由与平等的目标就是追求至善，自由与平等就具有笔者所说的模糊的普遍性了。每个人都可以追求共同的、更高的自由、平等，即共同的善。在共同的善的价值里，我们可以体会到丰富的内容与多元的差异。每个人都可以享受同一种形式的平等，但却享有不同的心灵自由与精神超越。凡是抽象的价值都可以看成模糊的理想，凡是抽象的理想也都可以看成模糊的价值，可以包含很多价值，并不只是一种价值或某个个体的价值。最高的价值是融合不同层次、不同方面与不同社群、不同个体的价值为一体的价值。

民主实现的方式，是全民投票，还是协商民主，这些都要跟具体的历史条件、环境结合在一起来考虑。民主有多样的实现方式。中国传统儒家关心民生，对人性重视，也对个人重视，所以《尚书》有两个传统，一是以人为本，以人为主；一是以民为本，以民为主。两者不是全然一样的。总的来说，原初儒家，从孔子到孟子，都极重视人的存在，而此处所谓人是个体的人、活生生的人。孔子问人不问马，就是明证。孟子认为，人人都能成为自得的君子，甚至像尧舜一样的圣贤。人是宇宙所生，天地所养，每个人都有自己的自主性，可以直接与天地相通。作为君，尊重个人的尊严，看重人的独立性。为民做主，要以民为本，最后仍是以民为主，以人为主。总之，儒学的民主，是允许人们追求自己独立的生活，但同时要求社会公共性与社会伦理的建立与参与。这就与西方自由主义走向极端的个人不一样。中国走社会民主的路线，其道德的意涵就是儒家的个人与社会融合一致的理想。这种理想当然不是纯粹的自由主义，而是以人为本、以民为主的民主精神。如用孟子的话来表达，那就是要同时做到"与人为善"及"与民同乐"，这是一个人权、民主与民生相互平衡的理想价值。

儒家融合社群的价值，要通过自我修养来实现。每个人的经验不一样，个人价值各有选择，最需要的是沟通。由于文明的冲突，沟通成为必要。前几年，联合国提出文明的对话，这是很重要的话题。文明对话的意思是两个群体，无论是国与国之间，宗教与宗教之间，首先以约束冲突的心态来表达自己的价值观，来寻求对方的支持，来解决现实问题。虽然不一定能够解决真正冲突的问题，却能提供一个思考问题、理解问题的空间，允许冲突的双方或第三方有一个认识问题的深度与致力探索问题解决的空间。最重要的是双方必须建立一个普遍性的概念，认识共同的普遍原则，在客观的知识和现象上取得共识，在事物发展的过程中认识共同的起点。但如何从个别的立场去找寻这一个共同的知识的起点呢？回答是，个别的观点就包含了模糊的普遍性，而所谓的普遍原理与理性原则在落实与应用的过程中也可以转化为一个模糊的活动空间，允许多元的存在。所谓模糊是指整体概念所能包含的多元标准，也指客观所指共同确定前的非确定性，当然也指主观自我的开放态度与你我之间的基于善意与同情共感的包容。在这个模糊化的普遍性的认识上，我们才能发展共同的知识基础，彼此理性对待，从而追求不同程度的价值观的协调与共同利益的商议。因此我们无法先行假设共识或固定的单一标准，否则文明的对话又怎么可能。

文明对话如何在模糊空间里寻取可能

对话需要在模糊的空间里寻求共识。在对话中，本应预设与允许模糊的空间的存在，更应允许自由发挥的空间，以创造共同的视角及公共的视野。模糊性里蕴含着创造性，在动态的时间与稳定的空间里能够接受变化的影响，是个体存在的开放性所在。针对人际关系与相互理解的建立，个体与个体、个体与群体、群体与群体等之间的交往与交流都必须掌握这个前提。这也是开拓多元空间、发展普遍性中的模糊性的前提，只有如此才能有包容性，才能先行避免冲突，才能逐渐取得信任，才能建立人心与人性深处的沟通。当然这是一项艰巨的工作，在哲学与宗教信念的辩难上，在国家目标与利益冲突的外交上，都是如此。西方人有不信任对方与怀疑主义的文化传统，中国有包容与和合差异的传统，两者之间，是可以创造出一些模糊性的、普遍性的空间的，两者可以相同，也可以不相同，西方学一份包容，中国学一份存疑；两者经过沟通与谈判，必然能够建立一种善意的存疑与存疑的包容，让时间与空间发挥变化影响的作用。笔者在管理哲学中提出解决冲突之道，或在提高层次、扩大范围，或在降低层次、缩小范围，或在提高层次、缩小范围，或在降低层次、扩大范围，都是为了实现与争取普遍性或共同性的模糊性与创造性，以便于沟通与理解，然后建立和谐与整合。

儒家讲个人修养的重要，是强调建立一个主观的普遍性而又有创造性的人性平台与界面的意义。人是非常独特的存在，因为他生活与成长在各自独特的文化与历史环境里，但人也来自人性的根源，受命于天地的创造，如何把个别的独特性发展为人性的普遍性或普适性，这就要通过道德的自我修养，寻求一个人与人之间相容的空间及和谐的关系，同时体现道德的普遍性亦即相互关怀、相互尊重的普遍性，以及个别利益与尊严的特殊性。如果人与人之间都能做到此点，则在一个全球化的世界之中，即使没有政府国家，人与人也是可以和平相处的。但我们知道政府与国家的重要性，因为它们已然在共同文化与历史的基础上，形成了一个民族或多民族的理解与理想空间，因此在全球化的世界中，政府与政府之间、国家与国家之间，甚至民族与民族之间、宗教与宗教之间都是需要相互沟通的，都需要加强自我修养，既要成为一个利益与权力的中心，也要成为道德修养的载体，如此方能从事政府与政府之间、国家与国家之间、民族与民族之间、宗教与宗教之间的理性的沟通与道德的对话，以及在此基础上进行多种方式的理解、协商与谈判。

从儒家的观点看，法律和道德是决然不同的，社会秩序的维护靠法律，但社会与个人的转化与教化却必须靠道德。道德并不用强调非达到目标不可，但它可以使对方理解立场，感受关注，进行反思，彼此信任，发展一个互动以及相互诠释的意义空间。如此方能实现人与人之间、国与国之间、文化与文化之间、宗教与宗教之间的和平共存、和解合作。进一步说，我们只能靠道德而不是法律来进行相互了解和沟通。

世界与中国的关系发展到现在，中国不能说真正理解了西方，西方更不能说真正理解了中国。事实上，西方对中国有很深的错解与误解，甚至具有恶意与敌意的曲解。对奥运火炬传递的干扰就是明证。当然这也说明中西交流还不够，西方对中国的想法有极大的隔阂，并未建立一个模糊化的善意空间来面对诸多的基本问题。我们特别要强调，中国人的认知方式与西方人的认知方式是有差异的，因而要认识文化传统的差距，在哲学上解决这个问题，重新建立更好的沟通关系。

综上所述，中国要认识到，西方主流提倡的普遍主义，某种意义上也是一种狭隘的个人主义。而中国自己还没有准备好向西方展示中国的价值到底是什么。中国不反对自由、平等、民主、人权，但是不能把它们看作普遍主义的价值，而只能把它们看成普遍性的人类价值之一。中国应让人们在整体性的空间里各自追求自己的价值。在中西文化交往中，中国必须提出自己的价值观，提倡相互理解、相互转化的开放理解。中国应当强调更高的整体价值，在开放的空间里融合不同的族群与文化的经验价值，借以建立共同的生活世界。中国更应认识到，普遍性就是不同的可能与多元差异的模糊性与转化性以及持续的和谐性。对于历史问题，强调传统经验的和谐，强调价值自身的和谐，强调价值与人的实际之间的和谐。

全球和宇宙背景中的道德教育：两种哲学范式*

一、人类发展的进化论是道德教育的根基

人之为人，在于人的生命是从向环境学习和向他人学习开始的，人必须学会成为环境的一部分，成为群落或部落的一员。而且，他还必须学会为了环境或部落而超越自我，甚至为了环境或部落的利益，不得不超越他所在的部落或环境。所以，教育是一个复杂而连续的个体自我塑造的过程，这个过程是通过对处于部落生活和自然环境中的个体的理性认识和实践体悟完成的。如果研究物种进化的自然史，我们就会发现，在众多物种中，或在单一物种内，确实是强者生存。但是，我们该如何理解强者？该如何理解幸存者呢？显然，一个物种或一个个体的力量，不单单在于它的体能或生存技能，而在于它适应那个没有其他任何物种可以轻而易举入侵的环境产生的小生境（niche）的能力。这个物种成为生存的能手，也成为这个环境的一部分，它能够在天然环境的保护下以自然的方式活动。这个物种及其成员幸存下来并大量繁衍，是因为没有其他物种具有适应那些环境的生理优势和特定的生存技能，也因为其他物种必须适应它们自己的小生境，而不能在特定的环境区域内超过这个物种。所以，我们可以把物种进化过程视作对环境的适应，依据环境做出功能分化（differentiation）并特定化（specification）的过程，是个体进行选择和转化的过程。所有这些都可以被看作一种教育的过程。这一过程隐含在物种形成和物种个性化，包括物种的各种形态和基因的预制过程中。

根据物种发展的这一进化模式，要存活并大量繁衍，就要进化；要进化，就要引发潜能（educe）；要使潜能外显，就需要总结（induce）生活经验，能在做陈述时提出理

*　原载《中国德育》，2006 年第 5、6、7 期。此文原由我用英文撰写，题名为 "Education for Morality in Global and Cosmic Contexts: Two Philosophical Models"。该文在 2005 年东西哲学家会议全体大会上宣读。原文发表于 *Journal of Chinese Philosophy* 中的《2006—2007 教育哲学专辑》。在英文原文未发表之前，应《中国德育》主编朱小蔓博士邀请，先用中文发表。中文由中央教育科学研究所胡玲、徐卫红翻译，经过本人审阅。

由（adduce），会交换物品（conduce），会吸引异性（seduce），会从事生产（produce），甚至为了达到富有成效和有用的实际目的，还要会推演（deduce）或归纳（reduce）。我不是简单地在玩文字游戏，而是相信，一组词语的构形有一个核心或词根，它表明人的一种根源行动或根源状态。拉丁词根 duce 就是这样一种根源行动。它表明一个实体向另一个实体状态的有效转变，也表明在结束和改变某种处境后一种关系的现实化。因此，按照对一种根源行动本来意义的理解，要使不同的生活方式和进化样式变得可能，应归于人类祖先所预想的不同情境和不同意图。由此，人类可以从前提推出结论，从经历过的事件中总结规律。从吸引异性的方面来说，人类在暧昧的情境中懂得了诱惑。当人类为了获得支持能够很自然地出示一些东西的时候，就懂得了引证；当人类通过设计和劳动制成物品时，就有了生产活动。人类按照根据预定法则提出的社会规范而生活。当人类从某种基本条件出发来解释或接受一些特定情况时，还学会了归纳。最后，人类才有了一种作为身心发展形式的教育活动。教育能够通过各种方式使个体成长和达到一种理想的生存状态，即成为一个有价值的和对自我负责的人，一个可信赖的和有用的社会成员。而且人们认为，一个受过教育的人一般说来将会对其他人的成长和整个社会的发展做出创造性的贡献，他还能够在整个社会和整个宇宙那样更为广阔的生活背景中，通过创造性地改变人类的生活条件展示出自己更大的创造力。

从这个意义上说，教育必须从生活的原动力入手，从生命的最初开始去进行自我塑造和自我定位，而且必须不断努力，直到一个人在人与自然、与社会、与他人的相互作用中找到自己的位置。但是，所有物种的确都经历了同样的进化过程：许多物种由于缺乏适应力和对环境变化的警觉（如气候、地球运动和像陨石撞击等其他因素）而灭绝，另一些物种则为了更好地应对环境危机而改变自身，成为新的物种而生存了下来。作为环境的一部分，一个物种会随着环境的变化而兴衰不定。然而，它能够通过保存或发展自己的潜能克服困难，应对挑战。或许，正是因为有这种超越环境并适应环境的可能性，高级动物，比如人类才能自我发展和进化。一个物种的进化，特别是人类的进化是极具有教育性的，而且在这个进化模式中，必须从这一基本层面对人类教育的本来意义做出解释。人之为人，是因为与其他动物不同，人从环境中学习，并且超越和整合环境要素以适应更大的、变化着的环境。从某种意义上说，人学会做自己的主人，却一直都是环境的学生。人类进化为人不是偶然的，因为这种进化需要在把握环境的实践和知识层面付出许多努力。这意味着人类必须始终对周围环境保持敏感，并且创造性地置身于环境之中，从而使自己既在环境之中又在环境之外。

人类在进化中获取成功的故事是富有教育性的，因为它是一种从适应到超越再又重新适应的教育活动。它是人学会自我教育的过程，某种意义上说，就是学会从惯常的无意识状态提升到更高水平的生存状态，这种状态需要意识和关于世界的知识（包括其他人、世界上和宇宙中的各种事物），也需要那种不忽略环境中各种事物状况的自我反思意识。从这一点我们发现，如何能够重新界定从有意识的学习中产生的、原始的但又是很重要的和不易被人觉察的教育概念很重要：教育主要是学习，而且是从学习中学习，这就使人不再只是一个接受者，而是既当接受者又做开拓者。人除了做接受者外，还要成为开拓者，而且要成为愈来愈具创造性的开拓者，甚至就创造力而言，人还要成为一个愈来愈具创造性的接受者。要实现这一点，在于人要超越自我并且成为一个新的自我，同时，要在适应环境的过程中保护环境免受人类破坏。人变得有创造性要经历一个过程，在这个过程中，要洞悉和践行各种价值观念，以便个人的美德以及个体之间、个体与社会之间的和谐能够得以演化和确立。

教育的进化模式最终是一种教育的相互作用模式。如果同时虑及进化和环境因素，并把它们作为一个背景的话，教育必须被看作既是我们称之为人性的那种属人品质不知不觉地、自然地、本能地形成和发展，又是人类将自己塑造、规定、提炼成一个真正的人、一个道德生命的一种自觉和认真的努力，因为人性最终被认为是既含有社会性又含有崇高个性的道德性。由于教育的变化带着根深蒂固的进化论倾向，所以教育作为基本的人类活动，我们就渐渐忘掉了它的意义，结果就渐渐忽略了它作为一种基本需求的存在，没能处理好它与环境背景和进化资源之间的关系。现在，我们必须将教育重构为一种个人的天然和内在的动力，这种动力必然会导致一项为了个人和社团利益而提出的关于社会、文化甚至是政治的计划。我们必须从对进化过程的反思中重新学习，从而更新我们对基础教育的认识，这种认识同时具有个体性、特定性、多样性、互动性、社会性、环境性和宇宙性。我们必须发现和重新发现教育的自然背景和文化背景，以便使我们在这样的背景中能够重新定义人类自身价值所在，从而重新确认教育要达到的创造性适应和创造性发展的目标。在一个不断变化和充满挑战的背景中，我们必须重新认识天与地、动物生活与人类生活对于自身的意义，也必须重新开发、重新认识为了达到一个高质量、高层次生活所需的能力和智力。在这个意义上，教育是一种自我唤醒，唤醒人类自我改进的努力，唤醒人类重建对于世界和环境是自身一部分的认识。

因此，教育就其本质而言，是自然的、全球的、宇宙的和宇宙本体论的。关键在于：我们能否保持这种视野，在充满创造性适应的开放进化过程中，清醒地认识人类的需求和潜能；我们能否获得睿智的自由意志，以便不会受缚于日常思维定式和习惯，也不会受缚于妄自尊大的意识；我们能否超越自我并关注所超越的环境和社群，并尽力融合各种生存方式，为更好地成长和多向度发展提供开放的时空；如何教育自我具备世间基本的、全面的德性；如何教育自我在一个为他人谋福利的和平、繁荣、和谐的世界里贡献自己的力量。

基于这种既强调参与世界变革，又在全球和宇宙视野下强调个体创造性成长的教育新理念，我在下文中将考察教育哲学的两种基本范式。这两种教育哲学的基本范式是情景性的、以经验为基础的实用主义的杜威范式和以修己为基础的本体宇宙论的孔子范式。这两种范式都有各自的优点，而且都可以参照对方而作改进。我要指出和说明的是：根据人类物种在全球和宇宙环境中的基本进化方式，这种改进一定是既来自于从经验中学习道德，又来自于从道德中学习经验。这是全球和宇宙背景中的道德教育问题，只有这样，是什么和应该是什么，才能够形成一个有机统一体。这也是对全球和宇宙为促进人的自我道德转化的教育呈现和提供了什么进行反思的问题。

这一考察所得，可以照亮当今各国和全球通向人类团结和世界和平的道路，也即：对来自现代欧洲传统的、强调逻辑的理性主义进行重新思考并使之富有生气；引导对来自现代美国的、宽泛的新实用主义进行一场开放性反思；为来自中国传统的道德人文主义引入和贯彻一种民主的视角。可以看出，为了建立一个使人类得以长久生存和繁荣的、全面和谐的、创造性的、可持续的全球和宇宙秩序，达到人类团结和文化融合的目标，全球和宇宙意义上的道德教育需要融合上述三种传统。

二、基于人的经验和人与环境相互作用的杜威范式

对杜威（1859—1952）来说，所有的哲学归根到底都是教育的哲学。我要试图阐述的这种教育，是使人进入一种更加现实的完满状态中的教育。这意味着，人必须在与他人以及世界其他事物相互作用的过程中发展自我，这种相互作用便是一种有用的、有意义的经历。事实上，个人只能通过置身于有关人与事的情境中而不是专注于自己，才能够做到这一点。人的存在方式不是静止的，而是探究周边环境的一种活动。自然环境不可避免地会对人类施加影响，因而，正如我们所解释的，大自然要求人类调整自己以适应环境，而且，吸纳和驯服人类顺应环境也是一种自然趋势。人作为一种生物，必须发展智力，以便在与自然和他人的互动中获得成功。对杜威来说，成功即是克服与世界和与他人打交道时遇到的困难，通过这种成功的经验来丰富幸福的内容、提升生命的价值。对人类来说，美好的含义，就是通过不断成功的经验去实现理想。

基于这种理解，杜威明确表述了在某些情境中，人们克服困难时大脑活动的五个阶段，即"思维五步法"。像任何大脑活动一样，思维是一种经验形式，它用于反思我们所遇到的情境。在生命进化的过程中，我们经常会遇到各种实践中的问题和抽象的概念上的问题。之所以存在实践中的问题，是因为我们常会置身于遭遇冲突和障碍的场所（需要把握解决困难的实际经验和行动）；之所以存在概念上的问题，是因为它或许可以反映我们思维的局限性（需要反思来分析、理解和形成计划、寻求办法）。在经历困难时，愿望会受挫，目标也会受阻，这将导致我们超越表象经验，寻求解决途径。问题不仅挑战人们的思维、理解和行动，也是进一步探究和推理的基础。没有问题，人们就不能受到激发，进行有目的的思考，并检验以往的经验或观念。正如美国实用主义创始人皮尔斯（Charles Peirce, 1839—1914）所言，问题真正成了自我怀疑的基础，需要我们

分析经验和所经历过的情境，以便更加清楚问题所在及其起因。所以，问题是智力探究的源泉，也是了解关于自己和世界的知识的开端。

在解决问题的过程中，我们更加明确自己的生活目的，也更加清楚自己的价值和能力。正是在解决问题或探究问题的过程中，我们能够运用大脑，发展智力。此外，包括形成假设在内的所有逻辑规则和推理能力都应当得到发展。值得强调的是形成假设的重要性，它对于形成解决问题的方案至关重要，它代表着对当前经验的辨认，对过去经验的回顾，也是大脑对未来的谋划。假设不仅要解释已知情境，还要预测即将发生的未来事件，并且需要切合问题的呈现方式和对已有经验的解释。同时，它还暗含着一种控制方式。形成假设需要大脑积极深入地思考。这是科学和技术发展的基础。但是，为了使一个假设合理有据，我们必须确定这个假设可使当前经验与过去经验一致，并经得起检验和证实。为了检验、证实或证伪一个假设，我们需要构建抽象理论或模式，以便适用于广阔的经验范围，这意味着我们必须清晰阐述一个假设的应用条件。为了应用假设，需要建构复杂的实验和程序，如果证实，即是真，如果证伪，即是假。以这种方式寻求解决问题的方案，使理论和行动紧密地联系在一起，这就是通常所说的在情境中寻求真理。

从杜威对"思维五步法"的基本描述——感知困难、确定问题、提出解决方案、进行推理、接受或拒绝假设——我们可以看出，教育正是运用和体现这种思维方式的过程，因为教育是要识别生活和成长中的问题，寻求解决这些问题的途径，以使生活变得完满而有意义。倘若不培养这些思维和反思的能力，教育就会失去与个体发展的关联，就会失去其理论和实践的意义。这五个解决问题的思维步骤，使我们想起了孔子"修己"理念中，成为思维清晰和行为严谨者的五个必要条件。《中庸》中说道："博学之，审问之，慎思之，明辨之，笃行之。"对孔子来说，学习是最基本的生存方式，我们要从生活的新旧事物中学习。学习就要经历和体验，在经历和体验中遭遇困难，并学会如何解决困难。人要运用大脑，就会不可避免地运用杜威探究和思维的概念来发现解决问题的途径，根据自身的知识和理解采取行动，以达到预期目的，获得和谐与成功，然后又发现新问题，再用同样的方法予以解决。

显然，杜威关于如何思维的理论是建立在总体反思经验的基础上的，也正是基于此，他才提出应当如何思维的探究的逻辑过程。但对经验的反思不仅仅是一个探究的逻辑过程，因为经验是个体与世界发生动态联系的过程。尽管杜威没有明确举出自然环境中进化性适应和生物发展的例子，但在社会生活中，个体与环境之间的确存在着相遇——产生不安情绪——发现新事物——新旧经验产生关联——调整适应环境与未来的关系，这显然也是对杜威所认为的经验的一种例证。个体通过积极应答并采取正向行动获取成就，这也代表着人类的成就。在与环境的相互作用过程中，个体的这种应答和正向行动构成了杜威理论中经验的意义。

杜威在 1917 年的论文《哲学复苏的需要》（"The Need for a Recovery of Philosophy"）中列举了人的经验的五个特征，这代表着进化发展的一种观点。第一，经验不只是知识，因为它涉及人与环境在多层次上的相互作用。知识源于对经验的理性反思和组织。第二，经验涉及客观和主观两个方面，是两者并列、排斥或一致的有机统一。在这个意义上，经验在区分主观和客观时，有着形而上学的意味，即不是对体验本身有利，就是对其造成伤害。所以，经验暗含着截然对立的两极，其中主观和客观相互斗争、相互作用，导致明显的后果。第三，经验是暂时的，涉及过去、现在和未来，表现形式是记忆、感知和期待。这种意义上的经验，必然涉及行动的选择，这种选择基于对未来的预见，以及对预见做出的关于过去和现在的比较性评价，反之亦然。第四，经验是连续性的，这意味着正在发生的经验能把所有不同的、分立的经验联系在一起。第五，经验提供了科学探究的基础。在科学探究中，经验和推理可以区别开来，但在检验假设的过程中，两者又密不可分。鉴于经验的这些明显特征，正像黑格尔（Hegel）唯心主义逻辑所指出的，经验是个体创造性地发展，具有逻辑理性（logos）的作用。还有一个更为有趣的比较，就是孔子有关"学"的观念。"学"对孔子来讲，恰如经验对杜威而言一样，涉及了杜威经验的所有五个特征：它是人类自身与世界的接触，是在主体和客体两者之中发现新事物，是暂时的，为了确立事物之间的联系，为了拥有知识和采取行动。

杜威对经验的认识潜含着形而上学的因素。为了促进个体或社会的发展，需要实现一系列价值观，如开放、自我调整，以及与他人及变化的世界进行相互调整和适应。同样，孔子的学习观念也隐含着"修己"的形而上学，这种形而上学也是以宇宙本体论为前提的，为了实现自我发展，以及在人与事的相互作用中拥有道德、实现自由的转化，需要创造性时时呈现。学习便是人的自我转化，以及人与世界都发生创造性转变的过程。这种创造性转变的哲学，在儒家关于人的哲学的基础和发端，以及道家对现实的理解中，都有很好的阐述。

在杜威看来，道德教育既是必要的又是必然的。首先，人性和道德都要在经验的背景中思考和定义。如果希望人成为人，能够保持人性的话，人就应该是道德的；如果希望道德的意义和价值是具体的、活生生的，道德就必须是人的道德。经验的内在逻辑，使得我们必须有道德地成长，必须在与他人分享和交流经验的过程中成长。道德也成为自我在与他人的联系中实现人生目的的途径。我们需要在一个更广阔的环境和更长远的未来中整体考虑道德问题，而不应仅局限于人本身。道德教育要求从自己的经验和别人的经验中学习，以便能够把个人与社会、未来的需要联系起来。这些作为学习对象的经验，应该是多层次、多维度的，必须涉及行动层面，也包括与推理和思考有关的相互作用。道德教育的最终目标，是使人具备能够维护所有人利益和幸福的能力及行为习惯，作为一个学习过程，它也要塑造人的良好品格。只有当学习条件优化、没有限制、没有外在目的强加于人的时候，这个目标才可能实现，道德教育才可能是卓有成效的。学习是修己的过程，不能存在任何内部限制。道德教育必须是学习者、学习组织或学习社会在行动和相互作用中，表现出内在需求和兴趣等经验，必须通过经验的融汇来形成美德性情和道德智慧。因此，道德教育既需要人自身的内在指引，也需要一个由有智慧的人组成的开放社会。为了实现道德的价值观并保持社会的开放性，就必须找到生活的方向，保证智力的成长，而这些都需要上述意义中的道德教育。由此可以帮助我们理解杜威在《民主主义与教育》（*Democracy and Education*，1916）一书中认为的：教育即生活，学校即社会，教育即人的发展。

我们可以进一步看到，杜威的形而上学（metaphysics of experience）和探究逻辑（logic of inquiry）是如何认为教育必然依附于民主社会的形成和民主实践的。杜威的经验观念是一种要求个人在社会中成长并将个人体现为社会发展的动力，因为正是经验的本质和探究的兴趣使得我们作为个人融入社会当中，以便能够与他人分享和丰富经验，实现个人和社会利益。教育的实质就是促进经验的融合和分享，换句话说，教育最重要的是能够促使人们做出为社会利益负责的明智决定。以感悟经验和引领道德成长为目的的教育，解释了组织和设计如何实现这一社会目的的最佳途径，这意味着个人必须约束自我，必须发展和依靠民主。如果要设定教育内在的道德目标的话，民主的教育最终会实现个性自由、社会关怀和社会公正等基本价值观。

为了加强经验与教育、教育与道德教育、道德教育与民主之间的联系，我们必须强调（对杜威来说，经验是要普遍共享和共同开发的，一个迫使社会遵守强制性规则的独裁政治和权威主义是会引起社会敌对的），人类经验的开放性需要互相交流、参与问题解决并达成经得起公众评判的最佳解决方案。因此，经验需要民主的学习机构。杜威认为，民主不仅仅是一种政府生活方式，它首先是一种共同生活的方式，是一种共同交流经验的方式。人们参加一种有共同利益的活动，每个人都必须考虑他人的行为从而确定自己的行为及方向，这样的人在空间上大量地扩大行动范围，就等于打破阶级、种族和国家之间的屏障，这些屏障在过去使人们看不到他们活动的全部意义。这些数量更大、种类更多的触点表明每个人必须对更多样的刺激做出反应，从而促使每个人改变他的行为。这些触点使个人的能力得以自由发展。

显然，民主社会是指那些允许多种文化、哲学和实践观点并存的开放社会。这样的社会是有教育意义的经验开放和有秩序地发展的结果，自然会导致多种观点共存。反之，鼓励和维持一种能够唤起和活跃民主理解和实践的教育过程是民主社会的责任。教育过程和民主制度之间，同经验过程和道德教育过程之间一样，也存在着一个假设和必要条件的循环。

教育的内在目的和民主的内在目的在两方面是一致的：打造根植于社会的个性和以个性为中心的社会性，以及由此引起的产生于个性化社会和社会化个人的自由意识。要具有这样的视野，必须跟杜威一样把经验看作存在的总特质。这个观点在他的《经验和自然》（*Experience and Nature*，1925）一书中有所阐发。然而，为了看到以各种形式存在的经验的普遍性，把以人为中心的经验这个提法替换为我们前面提到过的"相互作用"这样一个中立的提法，是有益的。在相互作用中，所有实体的组成部分也都服从于变化和转化。在这个意义上，"相互作用"意味着不同层次之间、跨越复杂的有机系统的不同层次间的内部行动和亚行动，因而也是有组织的相互作用。

在描述自然界所有事物的相互作用时，杜威也提到情境和背景是辨别具有独特品质的单个整体的基础。根据我们的经验和观察，事物的确会形成单个整体并具有个性。对杜威来讲，正是通过相互作用和自然凝聚的过程，那些具有逐渐显现和自我实现的独特品质的单个实体才得以诞生。

杜威认为，一个实体的独特品质不是先天具备或外界强加的。它们是在某种背景和情境中通过各种元素相互归属于彼此而合成产生的。在这个意义上，一个实体的独特品质就是处于一个背景和情境中的新生物。这种独特品质一旦出现，便渗透在单个实体的各组成部分中，使其有别于其他个体。因此，它是创造性的和统一的。

在《作为经验的艺术》（*Art as Experience*，1934）一书中，杜威把经验精炼为"一个经验"（an experience），也就是指渗透于一个新生事物或一件艺术作品中的一个完整品质的圆满完成。品质生成于尚未形成的事物的基本元素中，它是整体上具有美感的、本质上具有创造性的一种内在价值的实现。这是因为，任何开始存在的事物都一定有一种可以被描述为美的，或者的确能够被感知到的品质。这又意味着，任何事物的产生都具有与人的主观性相对照的一个方面。然而，这一主观性（用怀特海的话说是"主观目的"）的形成不是或不能与一个实体的形成相分离，这个实体就是公开存在的客体。也许在这个意义上，我们必须把经验看作本体论的，而把本体论看作创造性的和生成性的。

鉴于对经验和相互作用的深刻认识，我们可以看出，具有各类品质的事物的生成和相互作用是相互关联的，并体现着使经验成为可能的基本的创造性因素。这样的创造性也是偶然的，偶然包含着挑战人的经验的不稳定因素，存在着从物质到身—心再到纯智力这样不同层次间的相互作用。个体内、个体间、个体与团体、团体与团体间的相互作用是同时存在的。所有的相互作用都有创造性潜能，它促使带有渗透性品质的新的有机实体的产生。整个宇宙可以被认为和看作一个具有历时性和共时性的、会引起新的发展变化的各种相互作用的整体存在。杜威认为，像个体一样，社会是一个独特的类别，因为它的品质是社会性的。同样，就相互作用和品质形成可以被观察到这一点（后者实际上规定了这些类别的内容）而言，我们可以看到世界、地球和宇宙是如何成为独特类别的。我们也可以看到，像各种事物的存在一样，相互作用有一个不断扩大的范围，这个范围是由经验和相互作用的相互重叠的层次、维度和层级构成的。作为人，我们通过那些本身就是相互作用的经验，来经历这些相互作用。当自然发生变化并对我们施加影响时，我们了解并体验着自然的这些变化和影响，我们或者取得创造性的进步，或者停滞不前。在这个意义上，我们体验到人与自然的相通。

对杜威来说，存在的品质规定着一个实体的个性。同样，当我们的生命成为具有一种独特品质的整体时，我们就有了个性。由于个性产生于经验的整合，所以它是可以预测的，并可以导致对与事物和世界有关的、开放的经验做出有效的选择。我们处在某个情境中，也受情境的限制。然而，既然没有哪个情境是封闭的，我们就能够运用我们具有创造性品质的头脑，以一种积极体验的方式感知和探究未来，并对未来的发展做出抉择。作为人，即使受自己过去经验和历史条件的制约，也能够对世界上的各种情境做出反应。有能力作出抉择，我们就获得了自由。获得自由并不是要否认过去，正是创造性的行动使我们获得自由，使未来发生变化。在进行抉择时，也不是要违反自然法则，正是利用经验和知识，我们才能够利用自然法则的知识，做出对未来的抉择。

鉴于上述对杜威的经验哲学、人与自然的相互作用、个性与自由观点的理解，我们可以得出杜威道德教育范式的三个主要结论：

第一，教育是一个过程，这个过程可以导致完整人性的实现。成为完人，就是要在社会中获得个性化并体验社会，这个过程可以用个体发展的道德和民主的形式进行创造性的整合。有了个性，我们就可以获得自由；有了自由，我们就可以期待一个未来，这个未来对后代的人性和道德的不断实现来说，既是一种价值，又是一种挑战。教育保证着这个过程创造性地持续下去。

第二，由于经验和相互作用是普遍的、渗透性的，是形成有机整体和有意义个体的完整活动，我们不能把道德教育看作限定在某个地方、某个地区或某个国家的过程，而要把它视作可拓展到人际间、地区间、国际间，最终是全球和宇宙层面上的教育。在每一个层面上，我们都将目睹一个经验和相互作用的过程，也可以使自己发展和探索这样一个经验和相互作用的过程。教育要成为全球的和宇宙的，这样人们就不仅可以获得局部的自由，而且可以获得全球的和宇宙的自由，获得一个具有开阔视野的更加有意义的世界，这个世界并不一定能战胜冲突，但是会获得美与善的审美品质。尽管杜威的经验和相互作用的哲学没有在这样一个广度上做出讨论，但是他关于经验的、开放的、创造性思维的精神，已经使在这样一个广度上做出讨论不仅成为一种可能，而且成为一种必要。

最后，我们可能会问，为什么杜威的经验和相互作用的哲学与道德教育有关？是什么使经验具有道德意义？为什么道德在这里最要紧？正像上述强调的那样，在我们的经验与他人、与环境的相互作用中，道德是固有的，这会引起道德思考和道德规范化。

道德是经验，作为经验的相互作用，它会导致根植于社会的个性化和形成以个性为中心的社会。没有离开了真实的人类经验背景和情境的道德，也没有什么重要的人类经验不被看作为取得社会化的个性和个性化的社会团结而付出的努力。因而，道德是我们为获得社会中个体的个性和个体自身社会化的行动和动机，既要获得个性自由，又要获得社会和谐。在这个意义上，任何教育都是为了道德的教育。事实上，当我们谈到道德教育的时候，我们把道德具体化，而忘记了道德发生的背景。在这个背景中，道德是道德化，道德化是使道德品质，如整合、自由和美的体验等成为可能的一种经验。杜威认识到了这一点，并做出了最具洞察力的论述："所有培养社会生活中可以有效分享的能力的教育都是道德的。教育培养一种品格，这种品格不仅会对社会起到特殊的必要的作用，还会对成长所需的不间断的适应抱有兴趣。向生活中的各种联系学习的兴趣，是至关重要的道德的兴趣。"

三、基于自我修养的本体宇宙论的孔子模式

在阐述孔子教育模式的特点之前，有必要强调一下"为了道德的教育"（education for morality）和"道德教育"（moral education）的区别。"道德教育"有一个明确的道德目标，有相应的道德课程；"为了道德的教育"含义更加宽泛，它是一种为了使人成为一个能够保持并完善其人性的人，营造人与人之间相互信任和尊重的社会氛围的教育，这种教育保证人的发展和完善。

一个人成为道德的人是他成为人的一个自然结果。因此，"为了道德的教育"涵盖了传统的道德教育，但作为指导原则，在认同个人实现和社会发展上，又超越了传统的道德教育，它强调人的提升和教育，使人的道德趋于完善。事实上，没有这样一个为了道德的教育过程，就不可能有对人的道德进行定义的任何条件。在道德实践中可以发现，正是一个人的人性品质引发了道德品质，道德品质导致人们采取道德行为以满足人际关系或社会成员的道德需求。孔子的教育观念主要是"为了道德的教育"，而不只是"道德教育"。儒家思想是一种人的哲学和自我成就的哲学，并不像早期西方学者认为的那样，只是一种道德哲学或道德说教。

孔子的教育观念涉及人的本质发展，即获得个性和社会性的发展。这种教育是要使个体能够体现社会的社会性，使社会实现个体的个性。因而，个体的发展不能与从亲子关系、家庭、社区、社会到国家、全球，直至整个宇宙的不同层次的社会形式分离开来。任何真正意义上的社会联系和社群组织都不能够与从自然人到受过教育的人，再到睿智贤明的人的不同层次的个体存在形式或个性发展阶段分离开来。我们看到，在可以感知的空间世界内，人与人之间的关系是如何生长并延展的。我们一定要理解，在有限的一段时间内和在这段有限时间外，就形成和展示这些关系的实际能力和行为表现来说，一个人是如何形成和成长的。一个人能够树立让后人仿效和爱戴的令人振奋的形象。在一个发展的世界中，一个人所能达到的，就是成为一个社会中的个人或世界中的

个人，他体现了赋予人生以意义和精神的价值观和境界。

很多时候，学者们只把社会关系的和谐看作孔子教育的显著特性，而没有看到在社会和谐建立的同时，个体实现自我的自由与创造力。某些学者把孔子的个体概念解释为一套社会关系，而没有看到个性的德性层面，恰恰是这一点既具有重要的社会意义又具有重要的本体—宇宙论意义。或许我们必须强调与个体的道德自由和创造力共存的社会和谐，如孔子和他的学派所主张的道德和谐一样。《论语》首篇提到的"和"，是一种令人向往的道德的社会和谐。这样的"和"，是"礼之用""小大由之，有所不行"。这种和谐状态，以社会和个人相统一为特征，社会与个人相互制约、相互支持。这当然是孔子所设想的个人教育的目标和以这种个人教育为基础的社会发展目标。"礼"是一个难以把握的术语，具有祭祀、礼仪、仪式与适当等意义。如果我们把它看作社会中的每个个体所获得的，既有关心又有尊重的内在和谐的综合表述，我们就不难理解其意义，并通过反思将意义深化和扩展。

使一个人认识"礼"，是很重要的。"礼"反映着社会的约定，这种约定尽管在本质上是社会的，但却根植于人的心灵或情感深处。人都有情感，人的情感可以分为两类：一类是《中庸》中所说的喜、怒、哀、乐等自然情感；另一类自然情感，也包括《乐记》中所说的爱、恶、欲等。一个人在与他人交往中，在面对和处理生活事件时，就会流露出自然情感。他也会以这样的情感对自然做出反应。在孔子哲学里，情感是自然赐予的心灵状态，或者已发，或者未发。当情感未发时，是平静的状态，即"中"。此时，心里和平、宁静，处于一种清醒状态，可以时刻警惕，做出反应。这意味着宁静的心依然有着一个清醒的头脑。朱熹经过三年的反思，认识到了这一点。或许正是由于精神上这种清醒的作用，我们的情感才能够被人、事物甚至是头脑中的形象唤醒。

尽管儒家哲学在公元前4世纪的《中庸》时期还没有得到全面发展，但那时的儒家思想就认为，人会对不公正感到愤慨，会为成功感到兴奋和喜悦。对某种事物产生适当的情感，是一件和谐的事，是人与自然之间的共鸣。和谐是内心世界对外部刺激的一种情感反应，是内在与外在相遇、体验或相互作用时感情的自然流露。获得内在与外在的和谐，是将"中"的原始状态转化成为"和"的状态的过程。这个过程和结果是积极的、有创造价值的，是个人价值实现了的状态。关于和谐的形成，有三点需要说明。

第一，一个人可能对适当的物体，或在适当情境中不会做出适当的反应，或者，不会对现有情境做出适当反应。因此，一个人需要正确地了解和体验情境，正确地控制和锤炼自己，能够自然而恰当地对情境做出反应，以避免不良后果。这就是说，"和"是一件自我修养的事，需要努力以达到一种自由和具有洞察力的状态。因而，"和"不仅是一件由"礼"支配的有关社会关系的事，也是一个人在面对生活境遇时心智的一和状态。

第二，要实现和外在的"和"一样的内在的"中"，需要看到内在之"中"本身就是"和"的一种美好状态，正像与适当的事物产生适当的共鸣是一种美好的"和"一样。对此要有一种重要的认识，自我锻炼和自由是心智力量的两个方面。正是基于心与智的结合，"礼"才成为可能。这里涉及"仁"（人性、善行、爱）的产生。如果一个人能够达到内在之"中"与外在之"和"，他就一定已达到所谓"仁"的状态，"仁"是对他人的一种感觉。当一个无辜的人受到伤害时，我们会感到忍无可忍，这是一种关心和爱的感觉。

一旦"仁"与自己相关，并对此有过深刻的体验，一个人就能够感受到作为道德源泉的其他种类的道德情感，因为在"仁"中可以看到其他美德的根。这样便有了谦逊的情感，它会导致"礼"的规则或礼节行为；尊严和自尊的情感，它会导致正直、正义的实现能力和美德的发展；判断对错的情感，它会导致道德智慧或道德认知的美德。孟子论述了这几种情感，并将其称为人之"四端"。

正是在培养情感的道德之根的过程中，孟子把人性看作道德情感的天然居所。道德情感是人们对于其他人、为了其他人和以其他人为中心的反应。相比之下，基本的自然情感是人们为了自己而对物和事的自然反应，因而是自我中心的。道德情感和自然情感是密切相关的。为了达到内在之"中"与外在之"和"，两者都是重要的，都是需要培养的。道德的和谐主要是建立在道德情感基础上的，而个人的内在和谐主要是建立在自然情感基础上的。

第三，《中庸》认为"中"的状态及"和"的状态导致宇宙间"中和原则"的形成。《中庸》曰："致中和，天地位焉，万物育焉。"认识到个人的和谐如何与宇宙的和谐相联系，宇宙的和谐如何与个人的和谐以同样的方式运作，这一点是重要的。正如《易经》中所描述的那样，天地合一，两者相互作用产生了生命。由此，我们看到了创造性的本体宇宙论是如何隐含在孔子"和"的概念中的。"和"有三个层次：个人和个体的、社会和道德的、本体—宇宙的和本体—宇宙论的。每个层次都启示了另一个层次，三者共同形成孔子天、地、人三位一体至高和谐的视野，这是孔子教育要达到的终极目标。这个目标无疑是基于本体伦理学基础上的本体宇宙论。

现在的问题是：孔子教育如何实现人的发展这一理想状态？为什么要达到这一理想状态？我们认识到，人是一个被赋予了情感、思考、认识、反思、愿望、期待等能力的存在体。我们要通过我们的情感、反思和观察，认识我们自身与他人。我们与生俱来就有用以感知的大脑和用以行动的身体。我们有这种天赋，但不完全被天赋所决定。天赋和被决定是孔子所谓的"命"（命令了的、决定了的、秩序、克制），而非天赋和不被决定则是孔子所谓的"性"（本性、性情、创造力、深层秩序）。《论语》中并没有过多地谈到本性，但《易传》里面写道："继之者善也，成之者性也。"由此，"性"（这里指孔子哲学中的人性）有两方面：它根植于世界之深层本体，因此是"道"（真理的方式）的一种表达，同时也是创造或实现的趋势。正是在这个意义上，孟子对人之"性"

做了详述："性"是适合个体人的自然表达和自然活动。

对"性"的这种理解，要与孟子对感知、愿望、食色及其局限性的认识相对照。他把人生活的这一方面称作"命"，这也是孔子关于"命"的详细阐述。"命"是既定的、不易改变的。然而，在这个世界上，"命"对于维持生活和生计也是必要的。"命"作为人生活的决定因素，也受制于物质世界的因果规律，受制于他人的行为，受制于环境条件的偶然性。

对孔子和孟子来说，"命"也许都是不易改变的。但孟子认为，可以通过我们所拥有的知识和寻求个人潜能实现的本性来把握"命"。也就是说，我们可以"改造命运"（"正命"），不去过一种漫无目的、不负责任的生活。"正命"可以进一步理解为：丰富生活，寻求善的实现。另一方面，"性"不仅被体验为实现个人潜能的愿望和能力，还被体验为好善恶恶。我们会体验和了解善，做出利己且利他的行为，从而实现自我，建立家庭和社会团结。所谓"恶"，是其阻碍了我们实现"善"，因此伤害了他人，妨碍了个人生活和人际关系。我们有这样的认识与了解并不是进化理论的一个偶然：人类寻求生存和繁荣发展的人生经验已经走过了漫漫历程，在这一历程中，甚至改变和修正了人体及其内部构造。

虽然人并非天生就具备某种现成观念和知识，但他具有作为一种生活和生存方式的学习和知识迁移能力。我前面提到的适应的概念，意即寻求一种内在能力和外部条件相和谐，以使生活美满。作为适应的结果，是人的智力获得发展，人的生存条件得以改善。这样，人的生存状况（"命"）被人的创造性（"性"）改变了。在"性"改变"命"的过程中，我们必须区分善恶、正误、真假、美丑、正义与非正义、公平与不公平。

所有这些术语都表述着"性"改变"命"，即不确定的事物被重新确定或改变确定了的事物。道德只是通过人类创造力对命运和境况进行重新确定和创造性改变的一个方面，然而被确定了的事物对一个人创造力的自由运用始终是一种束缚和限制。人的境况或"命"的任何改变都意味着一种新境况的诞生，同时也意味着将激发出一种新的创造力来面对这种新境况。道德、知识和审美价值在这一"性—命"相互作用的背景下变得有意义，并成为一个人为了发展"性"的创造力而追求的指导原则和目标。因此，对孟子来说，人的生活是天赋的，并且人是具有意识、感知和愿望等大脑能力的。教育就是使人意识到自己的能力，意识到人的自然属性并成为一个好人。它使人更具有自我控制力、进行更多的创造活动，成为与他人和自己存在意义相关的更大的自我，这也是竞争与合作的理想目标。

通过人的"性"改变人的"命"，会导致对人的创造性的认识，会导致作为人与世界关系内在维度的道德的确立，还会导致对人的本性或"性"的最终本原，也就是人的局限或人的境况本原的认识。在两个终极本原中，"性"和"命"的统一是"天命"。

尽管"天命"观念起源于早期统治者所寻求的对人民进行统治的正当理由，但在儒家经典文本中，它具有高度的本体论、宇宙论甚至是宗教意义。

对于"知天命"，孔子认为，尽管生命有限，但人会渐渐懂得自己人生的使命。"天"作为生命的源泉和目标，赋予了生命的正当性和意义，使人可以带着自信、热情和愿望朝着自己能够和应该做的目标生活。"天命"观念不同于"命"的观念。一个人接受自己的命运和境遇不必强制自己。它指出了一个自我的维度对一个带有创造性的自我身份的认识。正是在自我理解的基础上，孔子能够进入到创造性地灵活处理世事的阶段，进入到在正义与自我约束的框架内保持行动自由和精神自由的阶段。正是在这个意义上，儒家思想的道德教育达到了一个理想的最佳境界。

带着这样一个关于人的发展的基本思想，我们可以回到孔子哲学中关于"修己"的最早阶段。在"修己"的过程中，一个人认识到自己是有创造力的，是要寻求理想境界的人；认识到自己是有自身局限并要克服局限的人；认识到自己是有潜能，要塑造和发展的人。因此，"修己"是在生活和与他人的关系中，自我发展、自我整合、自我应用的过程，因为一个人的生活，从人生一开始，就不能与他人相分离。人的生活和人的本性不可避免地是社会性的，是以社会为根基的。

对孔子来说，一个人在以社会为取向的基础上发展自我是很自然的。但是，为了有意识地沿着社会方向发展自己，人一定要关注他人，而不是本能地只关注自己。关注他人，就是要考虑和关心他人，像对待自己那样对待他人，做到"己所不欲，勿施于人"。一旦人认识到要关注他人，就会认识到，那些不希望别人对自己做的事情，自己也不会对别人去做。在这个意义上，孔子谈到"仁"（善良、人性、爱、慈）是人的本质。

认识到关注他人，把这种认识加以深化和扩展，可以应用到自己亲近的人，逐渐应用到更远的人，甚至应用到世界上的其他生命和事物上。生命是神圣的，任何对生命的毁灭都被认为是一种对自己的毁灭。对于大自然，和谐与美的感觉会阻止人做任何伤害和打扰自然的事。"仁"作为一种情操，可以扩展到所有事物和谐统一的境界，它使人心从没有自私和晦暗，达到充满光辉德性，进而达到反映天地及全面和谐与创造性，它是对美与和谐的一种自然感觉。在"仁"的这种深化和扩展意义上，周敦颐（1017—1073）能够做到"庭前草不除"，王阳明（1472—1529）认为击碎岩石也会造成伤害。孔子认为，"仁"是人心中如此微妙和重要的力量，它能够明确我们的生活方向，给予我们每一个人的生命以意义和深度，我们必须严肃对待。

"修己"就是要提高个人自身"仁"的质量。这种质量也决定着人们正确行动和实现善的能力。首先，"仁"的情感是人行动的基础，在适当的情境下，它会带来善。个人内心的"仁"所引发的向善动机需要知识等因素支撑，这是因为世界既是具体的，又是复杂的，由跨越时空、跨越历史的不同关系组成。

我们需要通过一种途径，实现从人的良好愿望和"仁"的动机到适当结果或有益目的的转化。要了解这种途径，就要了解人类的共同价值观和有益目的，了解文化（"文"）和语言（"言"）。要了解这种途径，就要了解在正常和非正常情境下，人的情感的特定内容，人们交往的方式。因此，就要了解礼仪或适当的行为（"礼"）和适当的音乐（"乐"），以保持和提高作为"仁"的表现形式的人类分享和回应的情感；就要了解如何公平和正确地对待他人（"义"），以便为了所有人的利益，而保持良好的人际秩序；就要了解作为领导人如何管理和影响人民，以维护人民最大的利益和长治久安。但是，要了解这些，就必须不断学习，必须向老师学习，以使这种学习变得更容易，更能够登堂入室，得到强化。显然，对孔子而言，教育便是学习，是持续不断地学习，向老师学习，这种学习反过来会促进和丰富人性的形成和实现。

"学"和"教"是人在进化过程中获得的最重要的能力。"学"和"教"这两个字都与教育年轻人、儿童有关，因为正是在年轻人和儿童身上，我们看到自我不确定的创造性可以被开发，其局限性可以被克服。教育，在年轻人这里以"学"开始，在老一辈这里以"教"开始。激发年轻人学习，并为他们的学习提供条件，对老一辈来说既是自然而然的，又是有义务的，这也是"教"的最基本的意义。"教"还有一个更深层的意义，即"教"也是文化价值观和人性道德的代代传承。因此，作为"教"的教育被认为具有启迪学习和传播有价值内容的神圣使命。正是"学而不厌，诲而不倦"的孔子，开启了把"教"作为培养年轻人成为人，并向他们传"道"以完善人性的先河。

孔子开创了传"道"的传统，对此韩愈（768—824）、朱熹（1130—1200）都有所阐述。在儒家发展过程中，"教"就是把孔子经典作为"道"的有价值的内容进行传递。因此，"学"主要是传承儒家文化，这种历史保留下来的传统，无疑僵化地理解了孔子的教育精神。孔子关于"学"和"教"的教育精神，把人类文化看作人性化的形式和载体，以创造出新形式，丰富新生活和新视野。从历史角度思考和关注人类文化与文明，被认为是理解道德行为的新标准和新理由的起点。儒家教育关于文化与文明的这一方面，实际上就体现在孔子所谓"学"与"教"的教育观念中。"礼"作为支配人与人之间社会生活和社会交往的原则，可以被视作文化成就的象征和标志，这也是学习"礼"的重要意义。

孔子说："不知礼，无以立也。"因此，教育就是教"礼"和学"礼"。同时，也是关注他人、约束自己，做到"仁"，把"礼"作为社会秩序和社会价值观来践行和维护。由于人具有关心他人的原始情感，所以就要教会和学会唤醒人的"仁"这种最基本的情感，使人能够对社会联系有自我意识，同时实现作为一个有道德的人的自律。

人的美德的形成是学习的结果，也是修己的结果。学习就是向外物学习，但是学习也可以理解为，当人有自知之时，向学习者自身学习。因此，学习是修己过程中不可或缺的部分，它借助于"教"，通过向经验和事物学习而与外部世界相联系。在学习的这个意义上，学习不是学习知识，而是学习如何行动、如何思考、如何调整自己适应世界，学习如何根据社会目标转变自我。在这些意义上，"学"与"教"是人的心智的创造性活动，其结果是使世界和自身发生变化。因此，《论语》中说："君子学以致其道。"《中庸》中说："天命之谓性，率性之谓道，修道之谓教。"从这两句话中可以看出，"学"与"教"有相同的核心价值观和目标，就是使个人与社会、世界相和谐。"道"不仅仅是知识，也是实践的力量和能力，是创造世间和谐的方法，因此孔子说："君子学道则爱人。"

同样是谈与社会相关联的个人修己的教育，《大学》所罗列的从研究事物、扩展知识到带来世界和平的八个步骤，是对学习过程和教学计划的反思，是一种自学和自教的安排。这里我想强调，在学习中，我们积累经验，需要把经验整合成为知识和理解的形式，以便我们依此行事，改变自己和世界。但是，在把经验组织成为知识形式和行动原则的过程中，应当对原则和原理的生成进行反思和自学。我们也需要采纳外在的观点，使我们的心智看到纪律和组织的重要性。另一方面，在学习中，我们还要具备内在的观点，根据这种观点，一个人必须把学过的内容与我们所学到的、所接受的和所依赖的核心价值观联系起来，以使我们可以在自我的重新组织和重新建构中获得成长。我们既需要外在观点，也需要内在观点，才能达到一个情感平衡、结构和原则全面发展的境界。正如《中庸》中提到的，"学"与"教"对于内部与外部的统一是重要的。

朱熹和王阳明都为自我教育和修己做出了各自的贡献。朱熹认为，我们应当从考察外部事物开始，激发我们对外界的理解，最终完全觉醒，直至彻悟，这是一种能够对行为和人际关系做出推理和判断的能力。正是基于这种知识和自我了解，一个人才能真正知晓自己想要的是什么和如何得到自己想要的。对他来说，"正心"和"诚意"是通过对事物原理的探究而来的。王阳明把"正心"和"诚意"作为至善和将知识转化为行动的基础。因而，他创造性地重新解释了《大学》，以至于有些学者认为他是对原有词句的歪曲，如对"格物"与"致知"的诠解。对他来说，"格物"是正人之事，"致知"就是对一个人所追寻的真和善的内在意识的外部引申。他与朱熹的分歧是巨大的，两者的争论绵绵不休。

我们暂时将文本解释放置一边，可以看到，每一位哲学家在结局和起始相连的关系圈中，只看到了起始的一点，而忘记了心智活动的方式实际上是统一的、整合的、多样的和辨别的。为什么人心既从外部了解事物，又同时在内心认识到自己求善的愿望？正如"学"与"教"可以同时进行一样，"知"和"行"也可以同时发生，因为它们始终是我们称为心智的完整统一体的两个方面。两者同时存在又相互作用，所以，我们可以真正明白做什么和怎样做。道德知识是了解做什么和怎样做的一种知识形式。正如杜威所言，如果一个人不知道达到结果的方法，他是不可能知道结果的。正是通过积极的相互作用，"知"和"行"才统一到一起，道德与智慧才合二为一。回到孔子和孟子，可以看到知与行、道德与智慧之间积极的统一和创造性的相互依存关系，这就是孔子称为

"修己"的人的发展与教育的最终境界。

必须指出的是，孔子关于"修己"的教育观点产生了许多结果。它使人成为教育的中心，即人既是客体，又是主体；既是目的，又是手段。它是完全以人为本的。但这并不是把教育局限于人本身，而是把具有自我意识的个体培养成为一个具有从家庭到整个宇宙实体的意识的人。而所有的"学"与"教"都是围绕着各类关系进行的。人可以通过扩展自己的情感和性情，极大地践行作为人最高层次的"仁"，就可以和天地统一起来。《大学》强调"治国平天下"，《中庸》强调"赞天地之化育"。但所有这些都必须根植于个人的心智。它必须从人的内心最深处涌流，渐渐向外，直到世界最外部，再回到人的内部和心灵最深处。这意味着我们应当意识到自我的内在和谐，并通过扩大这种和谐和保存其背后的创造力才可以达到世界和谐。

有人可能会提出这样的问题，"仁"的扩展是否会给我们带来关于客观世界的知识。我的回答是否定的。但是，它会给这个世界带来价值观。这样说也不是要低估孔子教育模式的重要性，而是要让它与可以获得科学知识的科学探究模式互为补充。一旦拥有了科学知识，我们就可以把它整合到用善良意志造福人类的项目中来。这表明，在获取和应用知识上面，孔子模式可以与杜威模式整合起来。

四、两种教育范式的互补：经验和实践上的修己

文章到此，要探究的便是上述两种教育范式如何相互支持。孔子教育范式可以通过杜威教育范式关于客观物体的科学知识方面得到丰富，它也可以提示杜威范式，人需要把修己的过程作为发展的内在方面。事实证明，单一的科学探究活动会将人从价值和自我整合的世界中孤立出去，会使人变成与他人缺乏联系的情感贫困而紊乱的个体，也会导致价值中立或道德价值和道德洞察力的真空状态。杜威范式缺少了"修己"的中心观念，因而会导致个体以牺牲道德洞察力为代价，仅仅追求对高深知识和科技的占有。因此，极为需要把孔子对教育的人本主义理解作为人成长的新基础，这样，人们才不至于被世界的客观知识所控制。我们需要认识到，基于人的自我认识，把人类从家庭到社区、从社区到世界甚至到大宇宙进行整合的重要性。

很有必要指出，杜威模式强调了不只是在人类经验中，而且在事物间，相互作用作为一种普遍的行动和过程的重要性。同样有必要指出的是，孔子教育模式是建立在《易经》的哲学基础上的，它使我们得以了解和洞察现实本质，首次提高了体验和相互作用的重要性。孔子是在他晚年才开始学习《易经》的，他认为这一古籍提供了理解人性与物性的基础。可以从《易传》看到孔子及其后学是如何认识到一个本体宇宙论的世界的。根据这样的本体宇宙论，不仅物和人生被解释和理解为天地创造性变化的结果，而且可以看到关心他人的道德和自我修养的道德是如何产生的。宇宙的过程和图景成为道

德提升和政治进步的基础，人正是在事物的普遍变化过程中、在事物之间、在人与人之间和谐与不和谐的行程中领悟到了创造性与偶然性是相互联系的。因为这样的教育，一个人必须特别留意不要给世界和自己造成伤害。和谐是一个人要学会成为自己必须要学习的最后箴言。正是在这最基础的学习中，我们可以看到杜威的经验和相互作用哲学可以同儒家对《易经》哲学的诠释联系起来。事实上，就同中之异化与异中之同化来说，相互作用这个概念可以简单地描述为一种创造性变化的行动和关系。

就此联系来说，指出在《易传》（孔子对《易经》的解释）里所描述的客观真实的、连续变化的世界中，儒家的自我理解和自我修养的经验如何起作用，是很重要的。这种经验可以分为五个步骤：

第一步，观察世界的变化，进行分类，并运用符号系统描述自然界的阴、阳两种力量的变化，这就形成了《易经》中由单卦和复卦组成的卦的系统。这一系统通过解释，与自然界中纷繁复杂的事件和变化过程相统一。解释源于人们对阴、阳两种力量消长的反思。或者说，人们通过经验和理解，根据阴、阳力量的复杂组合来解释纷繁复杂的事件。

接着是关于活动模式和秩序的经验，它们整体上又源于个人或团体组织化的经验。这是第二步。

如果这种对本体的自然主义动力学的解释是一种秩序，那么第三步就是要看到，建立在人类有目的行为和追求理性理解的需要之上的人生意义和实践意义。这第三步是根据对人类感情进行类比和直觉，但却是整体论意义的描述而提出规范性的结论。人类精神通过"语义上的行（semantic ascent）的方式起作用"。"语义上的行"不仅追求理论意义，而且力求在实践上能评价和形成有目的的活动规范。这一点在《易经》里的《彖传》到《象传》的形成过程中得以生动体现。不过，《彖传》是对变化的本体宇宙论陈述，而《象传》在这一陈述中看到了一种个体以解释他的存在以及追求其心目中的善或目标的方法。在这里，存在宇宙论的世界便转化成为道德的和实践价值论的世界，乾卦被重新描述为天的创作性活动，就是一个很好的例子。《象》曰："天行健，君子以自强不息。"

第四步，是与其他人分享其在存在宇宙论陈述和实践规范性指示上对变化所达到的主体间性或客观性的经验。这一点是通过奎因所谓的"语义认同"获得的。"语义认同"反映了在确认经验（主客观关系）和事物时语言的共同用法。一旦获得这种认同，行为规范便获得道德意义。因为这些行为规范关系到利与害、秩序与无序、生命质量的提高与降低。

第五，是孔子在关心他人、为他人奉献和生命整体方面，将人类自身的内在力量集中在获得作为人性未来发展基础的人类文化和道德价值上。他把人与天看作在一个理想的目的上的整体。在这个整体中，人的因素会被自然化，自然的因素会被人化。这无疑在许多层面上，与人类世界和身处其中的人的变化有关。

这五个步骤代表着与变化的实体相关的人的五个经验水平：变化的经验、秩序的经验、标准的经验、社会和道德的经验、整体创新的经验。根据这五个经验步骤，在一个自然主义现象学的象征体系中的变化的经验导致了一个与实体相关的本体宇宙论体系。通过人脑对经验所做的综合与分析，是一种处于社会中的人的价值与道德行为。这就形成了一个经验的等级体系，这在儒家的人性哲学中很容易看出来，它和杜威提出的经验的、作为人类和自然存在的基本模式的相互作用的前设解释颇为相应。

尽管孔子和杜威可以用相似的语言描述与实体相关的经验，但他们有不同的关注点、方向和阐述。对杜威来说，关于变化的经验会导致对变化世界的经验主义和客观的询问，从而产生科学理论，使我们通过技术设计控制自然。对孔子来说，变化的世界使一个人专注于自己的行为，以及对"为了避免灾难和不酿成大错，人类应该做什么"的反思。此一追求导致了自我修养和自我约束的道德发展计划的产生。更有哲学意味的是，在孔子模式中，关于变化的语言转化成了道德心理学和积极心智的语言。而在杜威模式中，变化的语言变成了科学的物理定律的语言。孔子的语言是第一人称的，是描述行动中人的情感的；而杜威的语言是第三人称的，把经验描述为物质世界中的非永恒性事件。但当我们谈及物理世界和精神世界时，两种语言都是我们所需要的。

关于实然与应然、自然与人、主体与客体、外在与内在的关系，杜威模式和孔子模式是一个铜板的两面。它们起点相同，归宿也相同。

追随自然主义以及在美国开始于皮尔斯并为詹姆斯所继承的实用主义，杜威把人生看作一种解决与环境相互作用时遇到问题的挑战，环境的特征就是变化不拘，充满不稳定因素；人生还是一种对自己的判断力和智力的挑战，他可以理解这些生命中的问题，努力通过组织自己的资源解决这些问题，并朝向一个预定目标行动。相应地，儒家的观点是，这个世界的确是一个变化的世界，如孔子在《易经》中所持的作为其世界观基础的本体宇宙论以及在《论语》中都是这样预先假定的。

由于两种模式有着不同的哲学传统，它们无疑也存在着许多不同的地方。但是，这些不同仅仅使两种途径变得更加有趣、更加有吸引力。因为两者相互重叠，各自丰富了对方。我们可以看到，儒家如何使与儒家许多社会道德价值观如孝、悌、忠、信、仁（也许还有对人类起源和人类终结在宗教情感上的"敬"）相关的杜威的经验和相互作用哲学成为可能。也可以看到，杜威的实用主义和实验主义可以使孔子的与科学、民主甚至宗教相关的，涉及变化和道德—政治的本体宇宙论在现代社会环境中成为可能。

约瑟夫·格兰奇教授在新著《孔子、杜威和全球哲学》（2004）一书中，从杜威的立场上提出了如何理解和应付源于绝对恐怖的恐怖主义。在一个充满恐怖的世界里，人与人之间、国家与国家之间，没有爱，没有相互信任和相互尊重。为了避免人类未来的这种道德堕落，我们必须面对这样一个问题：如何通过消除绝对自由，恢复由善良、爱、相互信任和相互尊重为基础的世界秩序来消除绝对恐怖。要回答这个问题，就要理解儒家和杜威的联系，看到他们之间的相互关联和相互强化；就要看到人性伦理学与和谐伦理学的关系，这就是儒家哲学；就要从思想开放和能动行动重新出发，这就是杜威的实用主义。

格兰奇深刻地看到，恐怖主义源于自由的丧失，因为一些人相信"绝对自由"。一个恐怖主义者完全没有孔子所谓的"仁"，不尊重法律和秩序，满脑子都是破坏的念头，也包括破坏自己。他从事着无所忌惮的破坏和暴力事件，更不用说自我约束和顾及他人。这样的一个人，完全丧失了自我反省能力，因为他的仇恨和自私蒙住了他含有爱的种子的生命冲动。仇恨引起仇恨，不受自我反省和自我约束的细小伤害会积累成重大灾难。在这个过程中，绝对自由导致破坏，它是诸多原因的结果。其中最主要的一个原因是，一个人开始时就缺乏自我修养，这样会导致一个人丧失善良意志的最初自由。由于私欲和贪婪，武力炫耀会泛滥，会遮蔽人性中最初的"仁"。

我们可以，也许是应该拥有善良意志的自由，这是说，对于所有生命而言，没有一个生命在正常情况下会希望通过结束生命的方式伤害自己，也不会希望伤害他人。而且，我们还可以将这样一种善良意志的自由绝对化，可以在社会制度（如西方的市场经济制度，政治和社会的个人主义价值观体系——这些是经济学理论的基础）的设计中观察到这样的善良意志的自由。由于人的自私，并且缺少深虑和智慧，绝对自由便会由于缺乏自我反省和自我约束而产生，从而导致我们炫耀武力、充满优越感。我们忘记了时刻检查，因而在新的生活环境中无力改善自身。这样，我们逐渐陷入慢性堕落的系统中，其后果就会导致一种绝对自由的灾难性的崩溃（相对于积极的和创造性的意义而言）。

明白这一点，即使我们可以相信最初的善良意志的自由，我们仍然会崩溃。因为我们缺乏持续不断的监督，缺乏培养自我的意志，缺乏对现实秩序和理性的自律计划做出自新的努力。如果我们不做这种努力而造出恶与害，那么意志的积极自由就完全有可能导致一种消极自由，从而与其最初的善良意志不一致。总之，绝对意志，缺乏自我约束、自我调节和自我修养，会陷入自私的境地，会导致伤害、破坏和毁灭，进而会促使反道德或反"仁"情绪的形成；其不受约束，没有限制，最终会产生其对立面：罪恶目的的绝对意志，当然就是绝对恐怖主义。

对于道德教育的全球哲学，或者说，在处理一个有着许多传统和民族的世界中人与人之间的关系问题上，孔子和杜威是如何相关联的呢？

为了说明孔子，格兰奇严格遵循所谓"银律"的行为标准："己所不欲，勿施于人"，将违反这一定律称为"伪善"，这使我们想起了《论语》中的"乡愿"一词。"乡愿"是"德之贼"，因为他假装有道德，却利用道德的表现为他反道德的欲望和自私目的服务。这是一种"自欺"的例子。我们最好指出那些因为对其行为动机缺乏自省而意识不到自欺的人对自欺无意识的实例。《论语》中，曾子强调了每天三次自省的重要性："吾日三省吾身，为人谋而不忠乎？与朋友交而不信乎？传不习乎？"也因为认识到了这一内在约束的重要性，子思（《中庸》的作者）强调目的真诚（"诚意"）。在保证真挚感情（"诚"）的自觉努力中，一个人会产生真正的善良意志，一种指向扩展自我的意志，指向通过相互理解、相互尊重和相互支持导向和谐世界之善的意志。这是导向理想世界的起点，如我们的家，在其中的所有人都值得我们关心和爱。

以真诚为起点，并致力于自我省察和自我修养，才可以说"仁"：一种给社会和世界带来秩序的训练自我约束的行为，此之谓"克己复礼"。所以，在儒家那里，"仁"这个核心概念（我称之为"合作人性"）有两个组成部分。它们可以分别描述为自我综合的、做到完全真诚和完整的"忠"和关心他人的部分——"恕"。前者最重要，因为扫除了堕落和自欺的根源，为后者作了准备。《中庸》说："诚则明。""明"是获得世界和人类的真正知识的基础，因此成为道德自我或德性自我的开端。道德自我或德性自我是合乎道德的行为的基础。没有合乎道德的思考或者拥有真诚的心以及真诚地关心他人利益的愿望的道德自我，便没有真正的合乎道德的行为。这就是考虑"仁"时，关心他人的合乎规范的部分，因为其保证了要求不断诉诸行动的自我约束和关心他人。在此意义上，一个人可以选择根据其行为是否出于自我修养、自我提升的愿望和像帮助自己一样帮助他人的愿望而行动或不行动。这就是孔子所说的："己欲立而立人，己欲达而达人。"如果预先假设了推己及人，那么一个人就能够感受到并尊重别人的感情和需要。不只是简单地理解和尊重别人的感情和需要，而且能够主动地帮助别人达成目的，这是"仁"最终的意义。对孔子来说，只要一个人审视自己，"仁"无疑就可以在自己身上找到。"仁"之于我们，正如日夜更迭之于地球。孟子说"仁"是人的自然本性，因为在人的本性中发现了不受自我欲望限制的自由意志的行为，同时也是一种善良意志的行为，它被有意识的自我约束、自我省察和自我修养所引导，所以"仁"是人的本性。"仁"在此意义上，是一种没有被偏见和环境因素污染的自然感情，其根源于自然（展现在宇宙之创造性中的整个实体），在我们对于天的意识中，甚至在我们对于天之命令（"天命"）的意识中，可以想象和确认它。

为了解释杜威，格兰奇强调关键的途径是开放。他说，开放是虚伪的疗药。意思是说，我们应该向实在、事实及其原因开放自我。很明显，还有他未提到的理性的开放：无所畏惧，没有偏见。他要求我们考察"我们的行为如何伤及他人"。他要求我们使用一种"更宽广的道德想象力"，以便发现"紧张关系中的恰如其分"，以及从冲突中获得更大的平衡与发展。这里杜威有一个基本观点：在我们关于世界的经验中始终存在着不可靠、不稳定和不安的成分。我们需要发展我们的"感性智慧"（felt intelligence），以发现解决办法，其一定是由"适度"组成的，我也可以称之为公平和公正。没有一套能解决所有问题的观念和原则。而且，我们不必把自己捆在一套固定的价值观上，而无视其他的价值观体系。在这里，格兰奇明确表达了对建立在自由市场经济之上和以占有为目的的美国精神的批评。他甚至表示，应修改学校课程，以使美国人受到教育而能机智有效地应付生活中的各种问题。美国人必须学会"一致地"热爱自由。于此，我们无疑会想到孔子那句话："己欲立而立人，己欲达而达人。"

杜威主义者认为，我们在保证自己的自由的时候，首先要保证他人的自由。当我们寻求自己的自由和利益的时候，牺牲别人的自由和利益，反而会事与愿违。对杜威来说，可取的，而不是想取的，是我们行为的标准。不让自己向与他人相互作用的经验开放的人，是看不到什么是可取的。当然，这也是孔子的观点，如果我们在追求自己成功的时候，不考虑到他人的成功，甚至牺牲他人，那么我们也不会真正成功和获得真正的自由。因为会有机会、资源的不均和不和谐的结果。

最后，要说说孔子和杜威关于人际关系方面的相互联系。如格兰奇所指出的，孔子和杜威把社会关系作为他们思考的核心。然而，孔子希望达成一个"礼"的秩序，即建立在人们相互关心他人的制度、习俗并致力于达成公正和正义的基础之上。杜威也希望促进作为能引导我们朝向一个更大的、适宜的、可以解决冲突的、开阔我们共同生命境界的目的和手段的价值观与标准的发展。两者都要求我们富有责任心，对我们的行为负责，以使我们可以导向一个具有创造性的、不断进步的生命，朝向一个秩序与和谐的境界，在其中所有的人都有所立，并得到满足。这种秩序、这种和谐，是我们整个的经验，包括我们的历史、现在和对未来的展望。这意味着，我们的头脑必须保持开放，我们必须时刻准备着当新的冲突和新的问题出现时修正自我。杜威关于经验中有不可靠成分的思想，可以看作一个对涉及他人时我要保持审慎思考和谨慎行动的警告。

在孔子那里，我想说，我们也一定不能忘记，人心是不可靠的。如《大禹谟》中的十六字心传所言："人心惟危，道心惟微，惟精惟一，允执厥中"。它的出现，成为任何希望在生命中保持平衡的人的自我修养的基础。"仁"的伟大转化力量，能解决冲突和产生新的人性境界，表现为在人们之间加强创造性的和谐和进一步的自由。杜威关于经验的深刻洞见，与孔子在每天的实践中发展"感性智慧"的仁义伦理学绝对相关。经验对所有的人开放，还预示着所有有着不同传统和价值观体系（包括世界宗教）的人都相互尊重，这会导致更大的开放和更深的相互理解。公正等民主概念，对杜威哲学和孔子哲学来说，都必须是一种基本价值。为了一个更好的、更和平的世界和一个更开明的人性，两种哲学最终融合，促进和丰富对方。如果我们真正严肃认真地对待我们的生活经验和我们的人性，即，如果我们关心在全球和宇宙背景中的道德教育的话，作为我们对世界和生命的经验结果，"仁"的价值观终会盛行。

中国伦理体系及其现代化[*]

两类伦理体系及其现代化

"伦理"一词是指人类社会中关于人与人关系与行为的秩序规范。人类社会是在历史的过程中形成的。其形成及以后的发展、变迁或维护都有其精神与物质的决定因素。物质因素主要指生态环境、自然资源、科技与经济创设，精神因素则主要指政治体制、社会伦理规范与文化活动。如果再区分人类社会中的外在生活秩序和内在生命秩序来表明人类社会精神因素的两个层次，则伦理规范显然是属于内在生命秩序层次的一个重要的内容，甚至是唯一重要的内容。如果人类社会没有伦理规范，则其群体生命必然失去自主与自律而面临崩溃涣散的命运。

基于上述意义，伦理规范应该具有下列各项特质：1. 它有历史演化的特质：伦理规范基于民族历史演化而来，它与民族社会的形成有密切的关系，自然也直接决定及影响民族历史的发展。2. 它有社会结构的特质：伦理规范有其社会结构的基础，如果社会结构改变，产生新的社会需要，则伦理规范也可以有相应的改变。但其社会结构瓦解，则伦理规范也会陷入失序和混乱，加速社会趋向衰败和毁灭。3. 它有理性自觉的特质：伦理规范固然一方面依自然形成，另一方面却是发自个人的自由意志，表现为一种理性的自觉。无论是透过宗教的立法和透过哲学的启蒙而建立，它都包含着一种对人类主体性与尊严的肯定。4. 它具有目的性与理想性的特质：它不但提供了一套人际关系与个人行为的规范，也隐含了此套规范所以为规范的理由以及其指向的理想目标，因而彰显了个人存在与社会存在的共同意义。在此一意义下，伦理规范紧密地结合着社会中的各项秩序系统，为社会的发展同时提出推动力与制约力。

基于上述诸特质，伦理规范不能脱离实际的伦理行为，更不能脱离理性与哲学的批

* 选自《文化·伦理与管理》，贵阳，贵州人民出版社，1991。

评，作为改进社会、创造新规范的经验基础，这是由于伦理规范同时有其传统性与时代性。它的传统性指向它的文化根源，它的时代性则指向社会进化中的文明与理性标准。一个社会的内在需要若有所改变，则其伦理规范当与时偕进，作适当的调整。事实上，我们看到的是：在一些条件下伦理规范往往引导一个社会和文化走向新的经济和社会形态，由此形态再导致伦理规范改变。这种伦理、政治与社会经济的相互制约和相互影响，显现了伦理规范与社会各因素形成的多重机体相关性，而不可对其意义与功能采取片面和单向的理解。

于此，我们应更进一层理解伦理（ethics）与道德（morality）的差异和关联。伦理是就人类社会中人际关系的内在秩序而言，道德则就个人体现伦理规范的主体与精神意义而言；伦理侧重社会秩序的规范，而道德则侧重个人意志的选择。固然就具体行为及其目标着眼，两者不必有根本差异，但就个人与社会的相互关系而言，伦理与道德可视为代表社会化与个体化两个不同的过程：道德可视为社会伦理的个体化与人格化，而伦理则可视为个体道德的社会化与共识化。透过社会实践，个体道德才能成为社会伦理；透过个人修养，社会伦理才能成为个体道德。伦理与道德的相互影响决定了社会与个人品质的提升与下落。若要促进一个社会向真、善、美的高品质发展，显然社会伦理与个体道德的双向发展必须推行。因而一个社会中的伦理规范教育与道德修养教育是维护一个社会中的内在秩序及其健全发展的枢纽。

人类社会可以包含不同层次的社会组合。从个人、家庭、社区到社会、国家乃至国际社会都展现了人类社会不同层次的组合，每一层次的社会组合都有其每一层次的人性需要及满足此等需要的伦理秩序，因而我们可以相应这些层次界定不同层次的伦理。就上述的社会组合而言，我们可以区分个人伦理、家庭伦理、社区伦理、社会伦理、国家伦理乃至国际社会伦理。如果视人类全体形成一个人类社会，自然我们也可以界定人类伦理或世界伦理。如果我们把人类与宇宙的关系当作"内在秩序"建立来考虑，我们也可以提出"宇宙伦理"的概念。事实上，目前人与自然环境的密切依存关系已不能不让我们面对"环境伦理"的课题了。若就中国人的伦理精神而言，环境伦理自然导向宇宙伦理，因为它强调个人与宇宙中天地精神的合德与合一，并具备了浓厚的宗教伦理的意味。

除上述不同层次的伦理规范外，任何持续影响社会全体的团体行为或专业行为都应有实现其内在秩序的特殊要求的伦理。因之，商业行为应有商业伦理的要求，工业行为应有工业伦理的要求，法律行为则应有法律伦理的要求。以此类推的各项伦理并不必然互相矛盾，更不必与普遍化的社会各层次的伦理规范有所冲突。事实上，吾人应以补充或充实社会生活及其伦常秩序为前提来规范各项专业性与特殊性的伦理要求，使社会生活的内在秩序在科技、经济、政治新发展的气候下获得平衡和改善。

个人伦理与个体道德的区别在于前者纯以个人存在为单元建立行为规范以达到个人

生活的和谐，后者则以个人主体的自觉来建立和实现精神的自由和人格的价值。两者的差异也就是西洋哲学中"伦理"（ethics）与"道德"（morality）的差别，上文业已指出。但中国哲学中"伦理"与"道德"两词含义的分野则比西洋哲学中两词含义的分野更为显著，此乃由于"伦理"即指人伦之理，而"道德"则指得（德）道之行，后者显然有强烈的形而上学意味。这是由于"道德"一词是与老子《道德经》的本体论与人生哲学有密切关联的。经过宋明理学、心学的陶铸，"道德"之学更与一个人的心性与智慧修养融合为一。这不但提供给伦理学一个形而上学的基础，更把"伦理"内化为心性的"道德"成就与境界，使伦理与道德形成心性的知与行的一体两面，并发展为一个"合外内之道""故时措之宜"的大系统。

基于以上对中国哲学中伦理与道德合而为一的了解，我们可以在理论上指出人类文化中伦理体系的两类：

第一类的伦理体系从涵容一切层次的伦理的大系统着眼，强调个人伦理到宇宙伦理的一体性、统一性与连续性。此类伦理体系并以个人伦理的内在化道德为整个伦理体系建立及实现的起点。事实上，个人伦理与宇宙伦理被认为具有共通的存在基础，故宇宙伦理即为个人伦理实现的最高目的，而个人伦理的建立则有赖于宇宙伦理的启发。依此观之，两者互为因果，互为基础，构成一个动态的"道德"与"伦理"、"形上"与"形下"思辨的融合体。

第二类伦理体系却与第一类伦理体系有相反的性质。它是以各层次伦理的不相隶属、不相关联为前提的，同时也不作包含一切伦理的大系统的假设。个人伦理独立于家庭伦理之外，正如家庭伦理独立于社会伦理和国家伦理之外。当然，社会伦理与国家伦理也相对独立，两者并同时独立于宇宙伦理或宗教伦理之外。这种各层次伦理不相隶属、不相关联的认知是基于视个人之事无关于家庭之事、家庭之事无关于社会之事、社会之事无关于国家之事，而前述各事也无关于宇宙之事的认知。这种认知并非否认个人、家庭、社会、国家、自然宇宙等存在之间的逻辑和自主关系，但却明确地肯定这些存在现象的相对独立性，即以这些存在现象的相对独立性为此一认知的对象。我们也可以说此一认知即是西方古典逻辑与西方古典科学的认知。在此一认知下，整体复杂的现象被抽象与分析为互不相连的性质空间，以便找寻每一性质空间中事物的规律性。科学分门别类的知识就是基于此种认知方法而来。应用此一认知方法于伦理体系的建立上，就是先行区分不同的存在领域，并假设不同的存在领域应要求一个相互独立的人的行为秩序规范。因之，每一个伦理都有其应遵守的行为准则，正如每一种游戏都有其独特的游戏规则而不必相互关联。若将伦理主体化为道德，则每一个个别伦理都有其相应的内在的道德意识，不容相互逾越与相互连贯。

此一针对个别存在现象规范的伦理或道德是以客观的个体为单元的，而非依主体与客体的相互依存的关系作整体性的伦理或道德规范。据此，我们可以理解第一类伦理体系着重追求道德目的性和实现此一目的性的德性能力。第二类伦理体系则着重从客体现象的道德责任性和承担此一责任性的理性能力。第一类伦理体系可名为德性伦理，第二类伦理体系可名为责任伦理。

目的性的德性伦理是与第一类伦理体系中各伦理的一贯相连性有密切关系的。个人伦理的目的在追求生活的和谐和人格的完美，为达到此一目的，一个人必须经过家庭、社会、国家等伦理修养层次才能达到最高的天人合一的境界。这就必须假设各伦理的相连一贯，并在一整体的大系统中融合为一。与目的性的德性伦理相反，分辨性的责任伦理是以知识而非单纯的主体的目的性为其成立条件的。在分辨性的责任伦理中，目的性是在知识的限定下存在，即个人必须在知识认定的范围内找寻目的。即使先有目的提出，目的可行性却要经过知性的评估来确定，故人生最高的目的只可看成个人的信仰部分，而不必与社会伦理或国家伦理相互关联。至于知识的新开拓及其社会化则必然导向新的目的性的产生，这就是各行业的专业伦理发生之由了。知识既限定既有目的，也导向对新目的的认定，因而更精确地固定了各层次伦理，也扩展了不同的专业伦理。在此种了解下，目的性转化为责任性，目的性的德行也就转化为责任化的行为。责任行为具有内在的目的性，但却不具有目的性德行具有的最高目的指向意义，这一特性也就是个别伦理相对独立、不相联结的重要原因。由于此种相对独立与不相联结，一个伦理不必为另一个伦理的起点和终点，而表明此一特性的第二类伦理体系也就不必有一公认的起点和终点。在此一理解下，社会伦理与各项专业伦理均可视为社会与其所面对专业所必要遵行的不成文规则而已。同时，在此一伦理体系中，由于并无一个作为起点的个人伦理，也无一个作为终点的宇宙伦理，宗教则往往被看作结合个人伦理与宇宙伦理的超越伦理，而独立于各项伦理系统之外。

以上两类伦理体系可以用下列图形表示之：

第一类连贯目的性伦理体系：

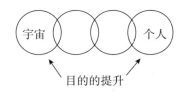

目的的提升

第二类不连贯责任性伦理体系：

知识的约化

上述两类伦理体系实为中西文化与哲学中实际体现的两套伦理系统的理论描述。第一类连续、贯穿的伦理体系是典型的传统中国儒家伦理，而第二类不连续、不贯穿的伦理体系则是典型的现代西方责任伦理，是在康德伦理学与基督教新教伦理及神学的影响下逐渐完成的，因之，可名之为现代西方伦理体系。此一伦理体系以责任意识为主体。面对人类社会各项需要，基于理性分析和科学知识，建立了各层次的伦理规范和法则。这一现象也可视为社会现代化的主要特征，标志出西方从古典的德性伦理和中世纪的目的性宗教伦理演化为现代工业社会多元生活和专业领域中责任和能力分化与分立的过程。

社会现代化所包含的责任伦理有其优点，也有其弱点，此处不拟详加讨论。但可以立即指出的是：此一责任伦理对理解与规范人的行为，具备了理性的分析力和精密度，故较能掌握权利和义务的分野，并较重视行为的效率和效果。然而，它却因之削减了人的主体性整体的投入，限制了自我担当的道德创造力，使人的品质平庸化和现实化，把人推向机械化商品的存在，根本无法真正突显人的崇高和尊严。

相反地，德性伦理体系具有强烈的目的性，也更能激励人性中的创发力量，展现人的道德勇气、智慧和活力以及为理想牺牲的精神。这是人的主体性的至高表现，且基于其与宇宙本体的连贯性，充满淋漓尽致的生命精神。但是在社会与国家层次，它面临现代科技和经济分工的需要，却无法有效地动员协和众人的力量。这是由于德性伦理无法和责任伦理透过理性的立法，使社会产生共识与共同责任，要求每一个人都能理性地去实现社会的共同目标。这就有赖于社会与国家现代化和知识技术化的进步。

综观上述两类伦理体系的优点和弱点，我们应能了解这两类伦理体系面对的相互挑战。这也就是中西伦理体系的相互挑战和相互批评。首先我们要问：西方伦理体系如何安顿人生的最高目标？如何掌握人的根源和人的理想？如何建立各不相属的伦理系统之间的整体关系？这些问题都是针对人生的需要提出的，不可单纯地解释和轻易地化除。同时又由于科技快速发展，如何避免机械化及非人性化的危险以掌握人生的价值，更是现代化社会急需探索的课题。至于中国伦理体系如何掌握知识和理性，适应现代社会的需要，建立责任与权利相互界定、律则与自由相互依持的功能社会秩序，更是中国社会必须严肃面对的问题。在这一个现代化的过程当中却又不能不关注人之为人的主体性与最高目的性的精神安顿和维护。这原是中国伦理体系的精华所在，是不容忽视和漠视的。

我曾在我写的《孝的伦理及其现代化》与《自目的论与责任论交融观点上重建儒家的道德哲学》两篇论文中提示了一个中国伦理体系保存化及现代化两面兼具的架构。在这个架构中，就以个人伦理与家庭伦理、宇宙伦理为目的性的追求，以社会伦理、国家伦理和专业伦理为功能性的追求。个人伦理在提升个人德性及品质，家庭伦理在完善个人生活，宇宙伦理则在实现宇宙与个人本质上的和谐和统一的人生最高境界。这都是目的论和德性论的。但社会、国家及各行专业都是个人生存和发展的路途和工具。人不可逃于天地之间，也不可逃于社会、国家和工作职事，故面对庞大的社会、国家和分类日繁的工作职事专业，必须要以平衡互持的权利和责任意识来尽一己之长，以求创造一个能够完美实现个人伦理、家庭伦理与宇宙伦理的最有利条件，也为完美实现整体而多元的世界伦理创造最有利的环境。在此一架构中，德性与理性必须并重，智慧与组织必须兼顾，目的必须寓于生活，自由必须寓于责任。此一架构也可说融合了中西两个伦理传统体系，形成了一个新的伦理圈，解除了两者之内潜存的困境与危机，更为世界文化开拓了新方向。对于中国伦理体系来说，也是为它厘定了一个世界性的价值地位与贡献功能。我们也可以用简明的图示来表达这个新的伦理圈的架构（见下图）。

Ⅰ 世界伦理
Ⅱ 国家伦理
Ⅲ 家庭伦理
Ⅳ 社会伦理
Ⅴ 专业伦理
Ⅵ 个人伦理
Ⅶ 宇宙伦理

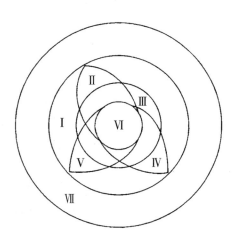

中国现代伦理体系的根源及其发展 [*]

中国伦理体系的建立是中华民族作为一个民族社会，逐步糅合、凝聚、演化出来的一个成果。中华民族起源于远古华夏诸族，到公元前 21 世纪至前 11 世纪，夏商周之时逐渐混合为一体，自名为华夏。故《左传·定公十年》有曰："裔不谋夏，夷不乱华。"此一华夏民族又汇合东夷荆吴百越诸族，形成汉民族。发展到近代遂形成了包含中国各民族的中华民族。此一融合同化的过程可看作中华文化凝聚与扩展的过程，亦为中国社会伦理秩序之凝聚与扩大的过程。一个民族与一个文化有凝聚和扩展的过程，而中国伦理体系就表现了一个民族与一个文化的凝聚力和扩展力。在开始阶段，此种伦理秩序的建立也许并未成为民族社会的自觉与共识，但在文化日新、文明日进的行程中，乃渐发展为伦理规范自觉的要求和实践。此处吾人可举出中国古代文献《尚书》中所包含及提示的伦理政治哲学为中华民族社会早期伦理体系的自觉范型，也可视之为中国伦理体系之原点架构。

《尚书·虞书·大禹谟》中说："舍己从人，不虐无告，不废困穷。"又说："罔游于逸，罔淫于乐。任贤勿贰，去邪勿疑。疑谋勿成，百志惟熙。罔违道以干百姓之誉，罔咈百姓以从己之欲。无怠无荒，四夷来王。""德惟善政，政在养民。水火金木土谷惟修，正德利用厚生惟和。"《皋陶谟》言"在知人在安民"。这些话明显地包含了一套力求社会稳定和谐的国家伦理。《皋陶谟》中列举"行有九德"（宽而栗，柔而立，愿而恭，乱而敬，扰而毅，直而温，简而廉，刚而塞，强而义），又言"慎厥身修思永"，与《大禹谟》所说"人心惟危，道心惟微，惟精惟一，允执厥中"等言均显示了一套完整的个人伦理。更值得注意的是：这套言国家之治的"国家伦理"与个人之修的"个人伦理"已连成一片，认识到国家之治乱是以个人的守德与否为前提的。同时更进一层把"民"与"天"联系起来，也就是把"宗教伦理"与"政治伦理"结合在一起，使"政治伦理"有其形而上的基础。《皋陶谟》中"天聪明自我民聪明，天明畏自我民明威，

＊　选自《文化·伦理与管理》，贵阳，贵州人民出版社，1991。

达于上下"，也就是《尧典》中所说"克明俊德，以亲九族，九族既睦，平章百姓，百姓昭明，协和万邦，黎民于变时雍"的基础。这是一套贯通首尾上下的大伦理系统，到了《周书》记载的《洪范》篇更明显地扩大为涵盖天地万物及人事政治的一贯圆融的伦理系统了。"洪范"一词表示天地之大经大法，故为一套"宇宙伦理"，包含了自然论的五行五纪，治民哲学的三德、卜筮、庶征、五福、六极，以及为人处世的五事、从事生产的八政，而统之以皇极之中的大准则。

以上举出《尚书》中之伦理体系以表示中国伦理体系由来有自，可以溯源到中华民族社会及华夏文化的造形阶段，约当中国历史中夏商周政治文化发皇扩展时期，综观此一伦理体系，我们可以举出下列五大特征以为中国伦理体系理论性的说明。

（一）整体性：伦理是以建立整体为目的，因之不必限于一个有限的层次，而是要伸展到世界层面，与天地万物合为一体。在这个意义上，伦理体系也就与宇宙体系合而为一了。此乃把宇宙伦理化，而宇宙也不必具有独立的单纯本体意义。中国伦理系统的伦理化宇宙与西方知识系统的知识化宇宙正好形成一个对比：西方知识体系把人知识化，正如中国伦理体系把自然伦理化一般，都是整体性原则的推演。但西方的知识有其向低层次约化的倾向，而中国的伦理则有其向高层次提升的倾向。近代西方的伦理学在西方的知识约化原则下，依循基本的律则体现意志自由或追求最大的功利。传统儒家的伦理原则在中国的价值提升原则下，提出贯通人类范围、天地与万物一体同流的"仁"的理念，以为人生价值追求的最高目标。

（二）内发性：伦理的建立是以一己的修持功夫为起点的。此即是说，伦理是根源于人性的内涵，绝非外缘于宗教或政治的规定。孔子的"修己以敬"，孟子的"四端说"都表明了伦理发自于内在的生命根源。这种内在的生命根源叫作"性"。故伦理的内发性就是指伦理行为和伦理秩序都发自"性"。"性"是根源，也是动力。人的求善行善也莫不以"性"为依据的理由。而人之趋向于伦理并努力使其整体的实现也就是"尽人之性"了。明白简洁地指陈伦理这种内发性的根源意识是《中庸》的首句："天命之谓性。"性来自于天，天是生命之源，更是涵盖一切存在的。故"天之所命"既是生命又是实现生命的潜能。故伦理必然要扩展到天地万物，由"尽己之性"达到"尽人之性""尽物之性"，以及最后的"参天地之化育"的境地。这种"尽性""与天地参"的过程就是伦理秩序内在性与内发性的最好说明。

（三）延伸性：在上述整体性与内发性的阐释中已提及中国伦理体系的逐层发挥、依次推广的特性了。伦理体系的建立是以宇宙为最高的和最大的内涵，但却开端于个人的自省和修持。若谓伦理的最高目标为"至善"，则其最初的起点即为"至诚"。从"至诚"到"至善"是要逐步推展的。在一般正常的情况下，是历经"个人伦理""家庭伦理""国家伦理""世界伦理"等建立的过程，表现为实质的"修、齐、治、平"的效果。《大学》在"个人伦理"的层面上，特别强调"格物""致知"以及"诚意"

"正心"。这又表现了一个尊重客观、容纳知识以规范主观心志的灼见，也可以说是孔子"智及仁守"精神的发挥，依此，中国伦理体系中的"致知以诚意"或可与西方尊重知识，并以知识为德性的基础的重知主义（首创于苏格拉底）相互发明，兼可为现代"责任"奠一基础。但自《大学》看，无可否认的是：重智是返回重德的一个进阶，故格致之道实可看成个人心知的伦理，循此可以发展个人的"心意伦理"亦即诚正之道。"个人伦理"自然也可以看为心知到心意的发展以及心知与心意的综合一体，这就是《大学》所谓的"修身"，也就是孟子所说"尽心以知性"的过程。这自然也与《中庸》的"尽性"之意相合。"知性"是偏知的，"尽性"则是偏德的。基于心知和心意的统一，两者也就合而为一。修身、齐家、治国、平天下都是一己心知和心意真切笃实的推展，以达到"宇宙伦理"中"天人合德"与"天人合一"的最高目标，于此也可以看出人性本质的善和人性追求的至善的合一。

（四）提升性：上述伦理的延伸性是就其涵盖的时空而言的。若就其延伸的动力方向及其价值高低来判断，则其延伸性就是提升性了。中国伦理是提升人的精神生活和精神价值的，故可称之为德性的修持和发扬。《尚书》中提到修持九德的重要，《尚书》中的帝尧、帝舜也都是德化的权力。权力若无德相伴则只是威势，若有德则具启导与感化之功。故《中庸》有"小德川流，大德敦化"的说法。事实上，从中国伦理的理想来看，权力必须依恃德性而成立。《尚书》中的尧、舜都是以大德或玄德继帝位的。尧的"钦明文思安安""允恭克让"，舜的"濬哲文明，温恭允塞"都是德的表征。后来儒家继承此一重德的传统，把德的自我修持看成人性的一种实现，此即为人性同时向外的延伸与向上的提升，不但自觉地掌握了生命的精神价值，也使人的生活有所寄，有所安。

《论语·述而》言"志于道，据于德，依于仁，游于艺"就点明了人性自觉以求实现的精神境界。"志于道"，以至"致其道"都明显地表明了人性提升的方向。这一提升性也显示了中国人伦理体系所包含的宗教意义。中国伦理体系发展到"天人合一"而人能"赞天地之化育"的境地，已不是西方哲学中的伦理体系了，它已兼含宗教的"终极关怀"之意义。古代中国以天为至高的精神境界，中国伦理体系的根源和目标都指向天，透过"天命之谓性"的内在人性的动力，把内在之性实现为外在之命，即为一种终极与超越的行程。当然这种"超越"不是离性而至命，而是即性以至命或即性以即命的修持，与西方宗教中之离性以至命的外在超越不一样，故可名之为"外化的"而非"外在的"超越。"外化的超越"即实现自我之性于"民胞物与""与天地参"的投入与贯注之中，此一投入与贯注在价值上即是至善，亦即人性最高的精神提升。上述指出中国伦理体系中的"宇宙伦理"隐含了一个宗教伦理之意即在此。

（五）连续性：基于对中国伦理体系的延伸性和提升性的了解，中国伦理体系实已涵摄了政治体系、经济体系和社会体系，而呈现了一整体性的结构。事实上，从《尚书》等古代文献及制度历史的探讨中，我们就已看出古代中国政治全以伦理为基础。不但政治的权力德性化了，德性也政治权力化了。同时，德性也被认为是政治合法化的唯一依据。人有德即中天命，天命又与性一致，故有德必能唤起百姓大众的共信与共识，形成政治权力的基础。政治权力之施行又有待于教化百姓，使百姓同登德性之堂，故伦理又为政治的手段与工具。由于伦理与德性包含甚广，凡是增进及维护整体生活秩序的都是伦理之事。因之勤劳、奋勉、俭廉、恭让、和谐、协力等行为都是德性的表现，其效果则不仅为社会政治上的安和，也是经济上的自足自给了。

在历史上，中国为一历经凝聚和扩展变动的民族融合体，因地理环境发展出一重农经济的体系，其表现为一重德至命的一元政治。中国的伦理体系也以此一经济和政治体系为其背景，发展为与此一经济和政治体系相互依存的连续整体。甚至说中国伦理、政治二者为一体两面，并与中国经济互为因果，也不为过。这也就说明了何以在中国历史中赤裸裸的政治权力也要借用德性来做文饰，而且更利用伦理体系来达到专制统治的目的。这种现象相应于儒家"以德率政""政教合一"的理想而言，可称之为中国伦理体系的异化作用。

中国伦理体系的多面连续性也间接说明了何以在现代化的中国社会中经济发展必然受到社会伦理体系的刺激而得到支助，同时也因其发展，逐步破坏了及转化了传统的社会伦理体系。

以上所举五种中国伦理体系的特性是与中国早期民族社会的形成以及此一民族社会的经济政治体系化的发展密切关联的。春秋儒家伦理哲学的建立显然是此一伦理体系更细密的、自觉的、理性的发挥，因而突出为一个理想社会建立的指导原则。孔子的"述而不作""好古敏求"指的就是这种伦理文化的继承。孔子哲学表现为伦理体系，但在其深层的文化意识中已实质地包含了形而上学、宇宙论和宗教哲学。这是由于中国伦理体系原来（也就是在其原点上）已包含了宇宙层面与宗教层面。这在孔子后儒家哲学的开展中已清楚地表现出来。故就中国伦理体系的整体性言，孔子哲学也不可以单纯地自伦理学来了解，而应视为一个包含上述五种特性的一个整体开放体系。

值得注意的是：孔子哲学中的德性都可以从以上所述五种特性来进行了解。表现这五种德性最完美的德就是孔子哲学的中心观念——"仁"的观念。无疑"仁"是一个整体性的、内发性的、延伸性的、提升性的与连续性的观念，因为"仁"是涵盖人的生命一切的，内发于人性的，是推己及人的，又是提升人性并完成人性于逐步扩展的人格与行为中，更是实践于实际经济、社会与政治中的连续活动。"仁"之具有这些特性也许并非偶然，因为"仁"可以说是中国伦理经验和精神自觉的集中表现。因之"仁"也就可以被看作一个至德或全德了，而儒家的"仁"的哲学也就成为中国伦理体系的最高发展了，不但为中国伦理体系找到了一个"原点"，也为中国伦理提出了一个理念和理想。

在"仁"的哲学架构上，其他诸德也都或多或少地显示了上述伦理体系的五种特性，然而却没有任何一种德性像仁一样兼具五种特性到丝毫无缺的地步。这也就说明了

"仁"何以涵盖着诸德，而诸德则在不同的社会层面上遵行"仁"的观念与理想。

首先，我们可以视"义"为相应"整体性"的"个体性"原理，显示辨别差异的重要。"义"就是兼重分别和差异，以寻求部分和部分、全体和部分之间的平衡与对称，借以实现整体的个体性与个体的整体性。"义"也有内发性，但相对于"仁"而言，却有较多向面的外在性。这也就是告子与孟子辩难"仁内义外"的缘由。"义"有扩伸性，然就"义"的实际应用言，则表现为因人因事、因地因时制宜的凝聚和关注。"义"可以提升到宇宙的高度，故孟子言"吾善养吾浩然之气"是可视为由"集义"而来。但一般言之，"义"是要对人对事而言的，是有特定对象的，故与其言有提升性，宁可言其有落实性更为妥当。"义"之兼具伦理与政治两面，是毋庸置疑的。使民固然要以仁，但只有"务民之义"才能使仁政落实。故"义"的功能是同时依据仁的原理与事实的需要而建立的。

"礼"之为德也兼具社会伦理与政治伦理两面。就儒家言，"礼"是道德规范，也是政治规范。故"礼"原与"法"并列合用，到荀子则几与"法"合一。"礼"的提升性与"乐"相同，是一种社会教化与安定的力量。这在《礼记》中言之甚详。但"礼"的内发性却是间接的，是透过"仁"和"智"的功能而来的。故儒家认为具体的"礼"是圣王所制作，而非个别人性的发用。"礼"当然是整体的，也是延伸的，但却如"义"一样，必须考虑人事、物象、时空等因素的相关与限制，表现为不同的形式和内涵，也随着时代的转移，获得新的形式和内涵。

"智"是与"仁"有同功异能的人性之德。孔子言"智及仁守"，并以为"智"就是对"仁"的选择，对善之固执。故"仁"之德的自觉实行就是"智"的开始。经过反省，"智"就能引发为更大的"仁"，而"仁"也能促进更多的"智"。"仁者无忧，智者不惑。"不惑就不忧，不忧就不惑了。故"智"有整体性，经下学而上达，能致天下之道。"智"也有内发性，是人性的启蒙和自觉，经"学"与"思"的并用而有发展。故"智"应兼具推展性与提升性。但"仁"与"智"虽相互为用，相互为基，"仁"与"智"却在连续上显出不同："仁"是包含的，智是分别的。"仁"以爱民、亲民为目标，故可言仁政，"智"却是以正名、正己、正人、守法为行政的手段。故"智"倾向于法治，"仁"却倾向于人治。这是很大的分野点。

"信"具备内发性与推展性，是基于"仁"与"诚"而来的个人和社会的凝聚力，可视为"仁"的推展、"诚"的凝聚。"信"也可说有提升性，因人之立足于社会就在其信之有无，可信度之大小，故孔子有言"民无信不立"。在整体和连续性上，"信"不能没有"仁"和"义"的引导。故"信"之为"信"就是"仁"和"义"在人的实际行为中的表现和效应了。

以上仅就儒家伦理体系中的重要德性，依据上述五特性，进行了较系统的分析和鉴定。其他德性自然也可比照此确定。同样，其他诸子百家（道、墨、法等）的伦理体系也都可以依上述五特性进行分析和解说，它们在中国社会发展的历史中扮演的角色和贡献也可因之得到一个较为客观的判定。

基于上述的理解，我们可以看到儒家哲学及其显示的伦理体系，都有其历史上的源头活水和理论上的价值标准。就此言之，儒家哲学的发展也就有其内在的动力。两汉是中华民族另一融合时期，儒家的伦理体系就发挥了当时融合诸族的功能。两汉以后，外来民族陆续融合于汉族之中，外来的佛教更直接地提供了当时社会秩序所需要的稳定力和包含力，而儒家伦理体系则处在"退藏于密"的地位，成为隐含于制度与社会生活上（非价值意识上）的凝聚力量。到了宋明，儒学融合了佛道，在更细密广博的层面上建立了宇宙哲学与伦理哲学。而此两者，较之先秦儒家，更能表现形上本体流行与形下时空事象的一贯性、圆融性、系统性。明清以来，这个大系统，固不论其为理学或气学或心学，已成为近代中华民族伦理精神之所系，并为其表达。但自清中叶以后，西方挟其经济、政治、社会、科技的力量冲击了中国传统的经济、政治、社会与学术，遂使中国伦理体系面临空前的崩溃危机。百年来的中国近现代历史，事实上更证明中国传统的经济、政治、社会与学术已有实体的与结构的改变与发展。中国社会的伦理秩序在人的主观意志和理念上也应做相应的调适，借此主动而整体地重建一个现代中国社会所需要的社会伦理秩序。

在此一自觉的要求中，中国伦理体系要求大幅度的改造是自然的，这种改造在我本文开头部分的讨论中已确定为融合西方伦理体系中的理性化的知识化的"责任伦理"于中国伦理体系中的心性化的德性化的"目的伦理"之中。若相应于本部分所析中国伦理体系五特性而言，此一融合乃在接纳、强化与引进个体性、外化性、一般立法性、离宗教独立性、离政治独立性等原则，以建立一个个人、家庭、社会、国家、世界、宇宙相互区别并相对独立的伦理体系。这是人类社会步向现代化、理性化的一个重要特征，也是人类社会满足其发展的需求所必需的。但吾人也不可忘记人类建立伦理秩序之时有其积极的主动性与主体性的需求，又不可忘记中国伦理体系具有包涵及融合的能力，而包涵及融合也原为人性个体与世界整体所必需。因之，理性化的现代伦理体系也面临着如何整合人性个体和世界整体的难题，这也就是后现代化的一种要求。面对这种要求，中国伦理系统中的五种特性又显出其重要的时代意义了。理想的人类伦理体系也许就在于如何结合、融合中国伦理体系的五种特性与西方伦理体系的相反特性以形成一相辅相成、机体关联的大系统，不但为未来人类的个体定位，也为人类未来的社会定向。

现代化的儒家伦理和儒家伦理的现代化[*]

一、宏观伦理和微观伦理

自孔子时代起，儒家伦理日渐渗入中国社会。这不仅因为儒家学说已通过民间和官方吸引了学人和平民并为他们所接受，而且，因为孔子教学和学府中的儒学被认为当然地保护和发展了古代中国的政治、社会、思想的精华和体现于周文化中的智慧。① 这一儒家传统代代相继地调整了中国人的家庭、社会和民族的伦理关系，同时，为中国人对人生、世界和宇宙的看法奠定了基础。张载（1020—1077）的《西铭》和朱熹（1130—1200）的《论善》两篇理学名著是熔形而上学与儒家伦理学于一炉的典范。近年，儒家伦理与中国社会特点之间的密切关系已为学者们注意，人们看到自秦始皇起，以东方式家庭为基础的中国社会在政治上一直受着强权统治者的思想的控制。经济方面，农业是中国社会的基础。社会、政治和经济制度是儒家伦理在平民的理解和接受中得以发展和巩固的契机。②

就相互吸收的角度而言，很明显，无论是社会还是政治、经济、思想都必然对儒家伦理的本质发生影响，反之，人们又确能用儒家伦理学说阐明中国传统社会、政府、政治、经济的某些重要特征。由此可见，我们可以提出儒家伦理学、形而上学与儒家实际政治、经济生活形式一体化的理论系统。③ 换言之，儒家伦理以集权和组织机构对中国社会施加影响，若不深入儒学，便无法理解中国社会的形成和变更。

在以往的二十年里，以中国文化和儒家精神为指导的新加坡、中国香港、中国台湾

---

* 选自《文化·伦理与管理》，贵阳，贵州人民出版社，1991。

① 列文森在他的 *Confucian China and its Modern Fate*（伯克利，加利福尼亚大学，1968）谈及中国需家的命运。中国由于其大部分历史无疑由儒家传统所决定，这一再显示和发展了中国古代思想家的最初探索，这种探索是建立于普通中国人民的经历之上的。因此，儒学中国的术语拥有合理的用途。

② 参见列文森的著作：*Fear and Trembling unto Death*。

③ 康德反对这种形而上学，但却强调道德形而上学。但他的道德形而上学只是对人类理性道德公正的假设。

和韩国"亚洲四小龙"的经济尤其是工业的大幅度发展，已为世界认可。对这一发展应作何理论说明呢？这个问题日益突出。许多欧美学者提议用儒家伦理来说明这个问题，他们的兴趣旨在弄清"亚洲四小龙"经济高速发展是怎样获得的。他们认为这应归功于儒家的"德行"，正如西欧、美国将工业发展归功于基督教的"德行"一样。这一看法的症结在于，它只摄取了儒家伦理思想的一个侧面来解释"亚洲四小龙"的经济发展，何况，所谓儒家"德行"，也必须用整个儒家伦理学说及其实践来说明。此外，我们不可忽视这样一个事实，即"亚洲四小龙"经济发展并非对传统价值观的简单运用。"亚洲四小龙"二十多年前的社会变革是其二十年以来各方面发展的先导，因此，评价儒家伦理在"亚洲四小龙"经济发展中所起的作用，应考虑诸多历史因素。事实上，从历史发展观来看，"亚洲四小龙"经济发展是与日本同时起步的，因而它的发展汇入了宏大的潮流。再从历史渊源来看，明治维新促成了日本经济的现代化，但明治不可能不把儒学和理学伦理观作为社会组建和革新的理论源泉。因此，必须深入探讨完整的儒家伦理体系，才能获得对"亚洲四小龙"近年的经济发展及其相应的政治、社会改良的全面而正确的理解。

深入理解有关现代化事业的儒家伦理的途径是：面向社会、政治和经济现代化的潮流，致力于儒家伦理思想核心的现代化和变革。儒家伦理学的核心就是忠孝伦理以及儒家传统观念中的家庭伦理。为了探讨儒家忠孝伦理观的现代化和革新化，必须指出以下问题：儒家忠孝之伦理的基本含义是什么？其作用如何？其理论基础是何？面对社会、经济的现代化要求，它是否还具有存在的理由？若它对于现代社会尚存有价值，那么又怎样使它现代化并适应现代化的要求？以往哲学的论述中没有充分的答案可提供，也不存在涉及社会、经济现代化结构的现成公式。

中国自1919年的五四运动以来，包括儒家伦理思想在内的儒家伦理学说失去了其至上的权威地位。尽管离开了合理、理性及有益的阐发与改造，儒家伦理也很难被摧毁，但它还是遭到了学者和作家的纷纷批判。努力做出合理阐述并寻求理性的和有效的改造，因而成为儒家伦理学说现代化和革新化的前提。可见，不能简单谈论儒家"德行"，除非当作经济现代化的一种说明。反之，经济现代化的现象会构成破坏传统意识中整个儒家价值体系的潜势。因而，我们面临着如何将儒家伦理同中国台湾的以及其他受儒家伦理学影响的地区的社会和现代化联系起来这一课题。

虽然我们不能武断地给现代化下定义，但我们很容易说明所谓现代化是由工业和经济发展所构成的。这一现代化的概念是以耗小益大为主要目标的，这样就意味着一个社会应据此效益原则组建，从而满足其要求。工业只是体现这一原则的社会建设形式，而此项原则却是通过有组织的智力和体力，谨慎地融入获取自然资源的过程的。由此可知，现代化最终必须与科学技能与技术的不断革新和发展相结合，从而带来经济增长和生活改善。在现代化的这一推动下，调整人与人关系的伦理标准及价值观也必须得以相应地调节，毫无疑问，调整父母和子女之间关系的家庭伦理亦无例外。

有两种实现伦理关系现代化或调整伦理关系的方法，认识到这一点很重要。其一是被动的改良：伦理关系须应外界压力而变化；其二是主动的改革：其源自个人对改革的内在的、自愿的努力。因而我们谈及儒家伦理学现代化，便包含这两种改革的方式。事实上，确实存在着由经济、社会现代化促成的被迫的变革，然而，我们也能为现代社会的伦理准则提出完善的改革计划，从而使伦理现代化成为自觉和积极的行动。在此意义上，以下将讨论儒家伦理学说中的忠孝以及其他富有生机的人伦关系。

考察了关于现代化的理解问题，我们将进而阐发儒家伦理学与现代化的关系。显然，实际与理论存在着矛盾。许多欧美学者早已将"亚洲四小龙"经济的现代化归因于儒家"德行"，而我们曾指出：经济现代化导致了"亚洲四小龙"社会的家庭伦理关系的破灭。由此，便产生如下问题：儒家伦理学如何产生出经济现代化而又为经济现代化所击败和摧毁？如果儒家伦理仅仅成了废墟又怎样说明现代化？如果儒家伦理是现代化的中坚力量，便不应遭到破灭的命运。

为解决这一矛盾，我想指出"宏观伦理"和"微观伦理"的区别。"宏观伦理"是蕴含在某一伦理体系中的形上学之生活观和宇宙观，这一体系是信仰、行为和价值抉择的基础，甚至，它能成为系统阐述一项政策以适应改革的基础。因此，它也是整个现代化过程的基础。"微观伦理"只是为具体特定的行为所设定的准则和规范，它反映特殊的学说和特殊集团的道德习俗。通过鉴别，我们很容易看到现代的发展能溯源于"宏观伦理"，这一伦理中拥有高度的创生力和进步性，正如《易经》哲学所显示，现代化运动在包括中国在内的东亚社会中所摧毁的是与儒家"微观伦理"相关的具体准则和价值观，由于儒家"微观伦理"的破产，儒家"宏观伦理"得到解放并因此发挥出革新和创生的威力，从而产生出现代化结构，注意到这些是有趣的。据此叙述，我们不仅能解决现代化和儒家伦理之间的矛盾关系，而且能说明儒家的忠孝伦理及其他美德如何能现代化，从而成为"亚洲四小龙"，尤其是中国社会生机蓬勃的革新源泉这一问题。

二、儒家伦理现代化的深层影响

现在我们来探讨儒家宏观伦理对现代化运动进程的更丰富更具体的影响。现代化是一个含义丰富的整体概念，虽然现代西方（主要指欧美）已达到现代化，但现代化并不等于西方化。在有关现代化的学术讨论中，现代化如何产生并成为可能的问题常常与我们所理解的并加以模仿的现代化形式混为一谈。很明显，当代西方发展着现代化，并且西方传统的某种因素必定是其现代化起步和前进的关键。但是，不同种类的现代化模式或方式依然存在，它们不一定产生雷同的现代化结果。因此我们可将日本的现代化与西方现代化加以区别，然而这一区分既不能忽视现代化中的某种普遍因素，也不能否认现代化进程的一定的基本要求。

论及现代化，我们所要重视的是：现代化总体过程终将在一有机形式中得以实现。现代化之有机体存在着多种形式，每一种形式都带有特定的组成方式，然而每一种形式都包含并显出某种基本的普遍的因素或形式。我在此所指出的是，现代化既有特殊性又有普遍性。将现代化构想为仅有普遍的性质和过程，那便是误解。

由于将现代化看作仅属西方，许多中国知识分子在1919年的五四运动中，用西方传统反对中国传统，并强迫自己全盘抵制中国传统以图现代化的实现。也许这种单纯的感情冲动是当时历史条件的必然产物，但它确实产生了不幸的后果。可见，对于传统的全盘否定并不能导致现代化基础的诞生。相反，现代化要求某种来自传统本身的激发力，并需要将自身的传统作为动力和源泉。人们应该懂得西方现代化是一个普遍而又特殊的过程，我们只有在特殊结构中才能理解现代化的普遍性，这种了解是以懂得如何反映并利用自身的传统来获得普遍性为前提的。我们不能机械地复制西方现代化的普遍方面和特殊方面，若如此，我们必将全盘抛弃传统，丧失真正达到现代化的基础及根据，从而铸成大错。五四运动中陈独秀、胡适等知识分子犯了此一错误。

作为总体概念、有机过程和系统，现代化内含着将传统社会改为现代社会的尺度，这主要是针对经济、政治和社会的组建和改建而言的，因而现代化要求在调整和改革个人和社会生活各个方面及各种水准上获得更多效果。由于西方和日本的现代化始于经济技术的变革，我们因而需考察儒家的人文伦理怎样面对并解释该问题；而后，我们将了解儒家观点怎样适应并加入现代化的其他方面，诸如价值定向和伦理关系。

马克斯·韦伯依据新教责任伦理学，说明了现代西方资本主义经济的高涨。这一伦理学引导个人形成探索和冒险精神，引导政府和社会建立理性社会秩序。显然，在韦伯看来，哲学传统的新教人文观使现代科学、技术、经济的高涨以及社会发展成为可能。由于儒家宏观伦理中的人文观迥异于基督教，因而韦伯所谓儒学中国的现代化结论便成了反面指南[1]；然而，现代化是当代的必由之路，难道所谓韦伯结论就意味着儒学中国若要现代化就得放弃自己的人文和哲学传统？若如是，儒家人文观点之于现代化的影响及现代化之于儒家人文观点的影响便是否定、空泛和虚假的。但是，正如我们所分析的，现代化并不如此简单。现代化既不是机械的程序，也不是机械的模式，而是高度有机的人类活动，它能产生极其多样的组织形式。与此相似，我们同样不能将儒家学说简单化。从本质上看，"人"和"天"的多重关系是可被现代化吸收、利用和探究的，尤其能为传统儒家和当代整个经济技术的现代文化相结合的有机现代化服务。以下，我将简要地讨论三个方面的问题，从中可见儒家宏观伦理学能够有益于中国社会现代化的建成。

---

① 参见马克斯·韦伯的著作：*The Protestant Ethic and the Spirit of Capitalism*。

首先，儒家观点认为人具有发展自身的潜势和能力。尤其值得指出的是，人能发展某种手段，而不是某种手段发展人。对于儒家学者说来，现代化既为个人也为人类社会福利造福。然而，个人福利的要求并不能如社会福利的要求具有说服力，因而儒学传统强调社会福利胜过强调个人福利。还应该看到，儒家学者认为追求个人物质享受不利于个人道德理想的自我修养和自我完善。个人的自我修养和自我完善，一则要求个人献身于他人（在广泛复杂的范围里），再则要求克制、节制自身利益和愿望。但是，不能因此就认为儒家学者并不关注其个人、社会和国家的物质福利。不但孟子强调君王应维护全民的物质利益，而且，在《大学》《荀子》《中庸》《易传》以及《书经》的传统中，所有儒家学者都强调开物成务、为民造福的重要性，即使撇开统治者的观点，个人往往为家庭的利益而奋斗，那么，仍然可以从儒家伦理学中找到其合理依据。自然，忠孝也并不排斥在合理限度内为父母求得物质待遇这一合情的动机。①

根据以上分析，我们可以看到儒家学说怎样才能为现代化所接受。就现代化能促进人类社会利益和国家管理问题的解决方面而言，儒家学说将给现代化以强大动力；此外，儒家学说极力主张国家以开创精神发展整个人民的幸福，并且，儒家学说鼓励个人献身于追求其家庭幸福的过程，而且将此视为为社会团体谋利的伟大开端。自然，个人很容易以家庭为中心而不能使自己全力投入对团体利益的追求，这的确使现代化这一全社会、全民族的运动发生困难。但这种困难是可以在经济的迅速发展和现代化的过程中逐步克服的，中国台湾的现代化进程和运动正是接受和采用了儒家方式，因而取得经济的巨大飞跃的。过去二十年里中国台湾的成功，应看作儒家思想的成功。事实上，韩国、新加坡以及中国香港的经济成就，都应是基于儒家思想的。然而，必须指出，众多提倡东亚经济发展理论的人士，并不真正懂得如何用儒家伦理学观点阐明这种经济的发展。

如上所述，虽然儒家学说为了家庭而节俭、勤劳的美德可以作为经济发展的部分动力，但却不反映全部情形。儒家学说强调社会福利和国家成员的责任感这一精神也应予以赞誉。还须看到，以儒家伦理为基础的现代化，从整体来说已展现了其为社会和国家带来的益处和用途。西方及日本的历程和成功，为我们提供了经验和教训。当然，儒学是否能如我们所理解的那样独立自主地推进现代化则是另一问题。但是，儒家人文观念不能由自身带来西方那激动人心的现代化进程，而只能推进唯有中国所独具的现代化形式的发展，这大概是一种恰当的看法。儒家学说蕴含着现代化的潜能，因之，在世界上各种现代化的形式中，儒学能够被看作其中一个主要成分。

关于现代化和儒学关系的第二点，即现代化和儒家是有机完整的统一体，现代化经

---

① 见本人著作《面子观念及其儒学根源》，in *Journal of Chinese Philosophy*，Vol. 13，No. 3，329～348 页，1986。

济发展是现代化的一个方面。即使儒学已被用于促成经济发展的过程，但儒学还是要求当代世界的经济有更多的发展。由于经济过程只是现代化的一部分，因而在工业水平和社会水平之间存在着因相互束缚而产生的矛盾冲突和价值观的失调。经济发展可能在某方面会侵害传统社会价值观，并要求维护经济发展的新的价值观和行为规范的产生。这样，便引起儒家伦理学和整个儒家社会伦理学的现代化问题。另一方面，为了建立新的人伦关系秩序，使它免受现代社会对效率、标准、目的和理性的要求危害，应重视儒家对人性的考察。因此，儒家自我修养的伦理学必须推广而笼罩新的职业关系，并为普遍实施的法则所补充。这样，儒家学说就必须经历广泛的适应和采用过程，从而有确定的位置、地位、独特职能以及新型组织形式，以达到整体的有机平衡。这是一个艰难而漫长的过程，可又是全面现代化的唯一道路。一旦成功，儒家人文观念可能发生重大变化。但是，这种变化并不影响儒家宏观伦理中天人一体的核心理论。这一理论若能得到善存，儒学现代化的过程便不仅能产生以传统性和现代化为基础的独特的现代化典范，而且能为全球提供有助于现代化发展的深刻认识。①

最后，在此指出现代化和儒学关系的第三方面的内容。这一方面主要谈儒学的现代化影响和后现代化影响。儒学人文观对所有人类的幸存者以及全部人类社会，无论其是否处于现代化的结构中，都是重要的。这一点并未得到注意。事实上，西方现代化带来的道德问题造成的影响，集中体现了对人进行后现代化整顿的重要性。西方现代化和后现代化有时导致了人性丧失。人性的丧失是不知不觉的，现代化虽不是有意识地使人类退化，但却会累积诸多问题，以后这些问题将从外部（环境）和内部（身心或社会）毁坏人类。现代化的社会里存在着一些典型的社会问题，如吸毒、青少年犯罪及老年人安置等。现代化将人类世界变为无人性世界，将人变成机器和社会的毒品。现代化还有更深的问题需要指出和治愈。据此，儒学关于人的及其与自然、天的关系的看法因而显得特别有意义和有用途，儒家和谐、完美和有机联系的价值观以及责任、义务的自我修养观是医疗现代社会弊病的良药。这些就是儒学的后现代化影响，它能为探索后现代化人类利益服务，尽管它面临着现代化的挑战，儒家学说仍然提供了永恒的价值观。

---

① 参见本人《中国历史与哲学中的人权意识》一文（in *Comparative Civilizations Review*，Issue I，1980）。

论儒家孝的伦理及其现代化：责任、权利与德行 *

一、导言

儒家伦理思想自先秦以后就逐渐根植于民间，不但规范了一般中国人的家庭伦理观念、社会伦理观念以及国家伦理观念，甚至影响了中国人的人生观与宇宙观。张载的《西铭》与朱子的《仁说》就是儒家人生观与宇宙观的最好说明。① 近世学者注意到儒家伦理是与中国传统社会的多项特性相互关联及相互影响的。中国自古为家族社会，秦汉以后为一统政治，经济上则以农立国。这些社会、政治与经济三方面的制度与环境都密切地与儒家伦理结合在一起。从三者之任何一面或全部均可彰显儒家伦理发展的轨迹以及其相关性的作用。另一方面，吾人也可以用儒家伦理来说明传统或现代中国有关社会、政治与经济形态的一些现象。值得吾人注意的是，儒家伦理是与儒家政治哲学、心性论、宇宙观及本体论形成一个"整体系统"（holistic system）的②，其对中国社会各方面的影响也是整体性的，中国社会各方面若具有任何整体性，自然也可以儒家思想的整体性来加以说明。

近二十年来新加坡、韩国、中国台湾与中国香港经济突飞猛进，跃向工业化社会。欧美学者提出儒家伦理来加以解释。其实他们所解释的重点还是经济上的生产力方面；而用以解释的则是所谓儒家的"工作伦理"（work ethics）。此一解释只可说是用片面的

---

* 选自《文化·伦理与管理》，贵阳，贵州人民出版社，1991。

① 中国民间自两汉以后讲究忠孝节义，不特别强调仁之德。这是与古典儒家讲五德或五常以仁为首是不完全一样的。至于家庭伦理，则以父子、夫妇、兄弟为讲求对象，其内容则不外乎父慈子孝、夫妇互敬、兄爱弟悌。

② 我所谓"整体系统"是指一组个体相互关联而最后统合于一组相互参摄以及相互支持的有机性的关系之下。若就观念系统言之，一个完整的观念或命题用之于不同方面可形成一个"完整系统"；但一组相互涵摄的观念，只要具备了一致性，也可说为一个"整体系统"。儒家的孝道哲学或孝的伦理就是这样一个"整体系统"。目前社会科学或工程应用科学所说的"系统分析"（systems analysis）则是基于一个"整体系统"的假设而来。"整体系统"也可称为"整合系统"（integrated system）。"整体系统"或"整合系统"的范例与观念一部分来自对有机体生物组织之研究。

观念解释片面的现象，对解释整个现代化、工业化现象的发生并不周密。而所谓儒家的"工作伦理"更不能不在整体性的儒家伦理中求得说明。更进一步，现代的"亚州四小龙"诸社会也并非完全的传统社会，故不可不把其他配合的因素考虑在内。若就历史观之，"亚洲四小龙"经济的发展实为一环状的展开，其开始国家应推日本。日本明治维新政治的革新运动以及其所带动的经济建设，都与中国儒家思想及其伦理哲学有深厚关联。故吾人不可不自深层的儒家思想的"整体系统"来了解"亚洲四小龙"的经济发展以及其他相应的政治与社会变革。

本文的主题在讨论儒家伦理中有关孝道及其现代化问题。孝道是儒家伦理的中坚，在传统中国的历史中发挥了极大的作用。但吾人如果问：孝道在儒家伦理中究竟含义是什么？其扮演的真正角色为何？其立言根据何在？面临现代化社会的要求，孝道有无存在价值？其本身是否也可以现代化？以及如何现代化？一般人对这些问题不一定有明白的认识，更不一定有确切的答案。就是对孝道在传统中国所扮演的角色以及其在政治、社会及经济各方面的影响得失，也需要一一梳解。五四以后，儒家思想体系在西学冲击下，失却传统的权威地位，其所笼罩的伦理规范价值更遭受到严厉的批评，但引起儒家伦理逐渐失去其有效性的还是社会向现代化的变迁与迈进。现代化的压力已促使儒家家庭伦理濒临崩溃。即以中国台湾地区为例，台湾二十年来的离婚率有增无减，层出不穷的家庭社会案件，涉及各项人伦关系，更是司空见惯。儒家伦理似乎不但失去其行为的规范性，也似乎失去其理论的向心力了。造成这种现象自然是由于"现代化"的压力及冲力。

不论"现代化"的最后意义为何，吾人至少可以简明地指出所谓"现代化"就是工业化、商业化、效能化与发展化。工业化与商业化是指制度形式与内涵的建设而言，效能化与发展化则指价值动向的确定与设计而言。尤其有关"现代化"的发展，指的乃是力求科技改良、经济增长和生活素质的提升。在这些"现代化"的要求之下，作为人与人间行为规范的伦理系统自然也就相应地需要调整了。家庭伦理自然并不例外。"现代化"带来的内在个人的以及外在环境的压力更不能不促其形式与内容的改变。有关父母与子女之间伦理价值问题的提出也是极其合理的事。不过吾人要指出，社会伦理价值的改变有两种方式以及两种意义：一是被动的变，因外力而不得不变；一是主动的变，因个人意志的自主以力求变。吾人所谈及"社会现代化"引起伦理价值的变是第一个意义的变；但如果吾人要重新规范伦理价值的应变，使其成为"现代化"整体设计的一部分，这就是第二意义所说的主动的变了。在这个意义下，吾人可以谈儒家伦理的"现代化"，自然也可以谈儒家伦理中孝的伦理的"现代化"了。

涉及"现代化"问题，此处还需要指出：时下学者谈儒家伦理与现代化关系在观察与理论两个层次之间存在着一个矛盾。上文已提及欧美学者解释"亚洲四小龙"的经济开发成功应归功于或导源于儒家伦理。但吾人以上也指出现代化造成儒家家庭伦理以及社会伦理的破坏。两者并言，岂非有矛盾？如果经济的"现代化"发源于儒家伦理，如何反将其自身破坏？如果儒家伦理只是被动地受破坏，则又如何用以解释"现代化"？对于此一有趣的矛盾处境，吾人在此提出"大伦理学"（macro-ethics）与"小伦理学"（micro-ethics）的分别以为解决矛盾的理论基础。"大伦理学"指一个伦理系统中所预设及蕴含的人生观及宇宙观，在个人可以发挥为意志的选择，在社群则可以实现为价值的信念，在政治上甚至可以形成制定政策的原则。"小伦理学"则指具体行为的规范，表现为行为教条或风俗习惯者。在这种了解下，如果吾人观察"现代化"的确得力于儒家伦理，此处所谓儒家伦理则是指儒家伦理整体系统中的人生观与宇宙观取向，此即儒家的"大伦理学"。由于"现代化"而遭受破坏的乃是有关个人行为的规范与价值，此即属于儒家的"小伦理学"。吾人若作此一分别，则上述矛盾不复存在。同时吾人也可因之指出本文要讨论的孝的伦理同时具备了"大伦理学"的层面和"小伦理学"的层面。

本文将就下列三个主要方面提出讨论：1. 传统儒家孝的伦理的要旨何在？2. 就西方现代化社会立场观察，有关父母与子女的伦理关系如何确定？3. 中国现代化社会应采行何种形式的孝的伦理？亦即孝的伦理如何"现代化"？当然此一问题的提出假设了孝的伦理并不必因社会的"现代化"而消失或失去存在价值。面对以上三个问题，本文将发展三个孝的伦理模型：一是传统儒家孝的伦理模型，亦即父母权威、子女德行的伦理模型；一是现代西洋父母责任、子女权利的伦理模型；最后乃是折中两者，父母与子女相互建立责任、带动德行的伦理模型。此一最后的模型将用来说明孝的现代意义以及"现代化"内涵，故此一模型亦可名为孝的伦理的现代化模型，可为现代化中国社会所采用。最后要说明的是：本文并非社会学的研究报告，而是就哲学分析孝的伦理所包含的观念及价值问题，故可视为一哲学理念的分析研究与价值判断的研究。

二、传统儒家孝的伦理之分析

儒家孝的伦理有其长远的文化背景，此可见之《尚书》的《虞书》①。但作为伦理学的观念提出来讨论却是自孔子《论语》始。《论语》第一章就有有子的一段话："其为人也孝弟，而好犯上者，鲜矣。不好犯上而好作乱者，未之有也。君子务本，本立而道生。孝弟也者，其为仁之本与？"② 有子虽然得出一个结论："孝弟也者，其为仁之本与？"其实他却做了两个观察：一是为人孝悌者不犯上作乱，故容易治理；二是孝悌是仁德的基础。可说整个儒家孝的伦理都是围绕着这两个命题发挥，也可说儒家对孝悌的看重也是基于这两个命题。这两个命题分别说明了孝悌具有政治的价值与道德的价值，

---

① 《虞书》中有描写舜之"克谐以孝，烝烝乂，不格奸"等语。虽然此一文件被断定属于伪古文《尚书》，出于孔子之后，但有关古代之善孝的流传，却可见一斑。孟子并据以讨论，见后文。

② 《论语·学而二》。

同时也分别标示了两个观点：政治的观点与道德的观点。儒家哲学包含了道德哲学与政治哲学，而且是把"政治"建立在"道德"基础之上。道德是要求每一个人的，无论其为君为臣。政治则仅就君与臣的关系看问题。因此，道德上的孝悌既然能够为仁德之本，为孝悌者不但容易治理，为孝悌者也应该行仁政以治人方是。这一重点有子的话并未明白地说出来。总结言之，孝悌的重要性在于：1. 孝悌是君子行仁政的基础；2. 孝悌是个人仁德修养的基础；3. 为孝悌者易于治理。当然，这些结论是否正确，一方面要看孝悌究竟何指，另一方面则要看事实上孝悌是否在政治上及道德上真有效用。

何为孝？孔子把孝的含义归纳为三：1. 无违；2. 能养；3. 有敬。三者对孝是必要的，三者缺其一就不能真正称为孝。先说"无违"。

> 子曰："父在观其志，父没观其行。"①
> 子曰："三年无改于父之道，可谓孝矣。"②

"无违"是尊重及遵从父亲的志行，甚至父没仍要守其志行到三年之久，这也就是对父母的"礼"。

> 孟懿子问孝。子曰："无违。"樊迟御，子告之曰："孟孙问孝于我，我对曰，无违。"樊迟曰："何谓也？"子曰："生，事之以礼，死，葬之以礼，祭之以礼。"③

故"无违"不是盲从，也不是一时的服从，而是要长久合于礼的尊重。

> 子游问孝。子曰："今之孝者，是谓能养。至于犬马，皆能有养。不敬，何以别乎？"④

子女对父母奉养是必要的，但却并不充分。能养还要"有敬"。所谓"敬"乃是一种诚笃的心态，可说是礼的内涵与精神，而礼只是敬的形式而已。人不但对父母要敬，对"执事""修己""处世"都要敬。故孔子言"事思敬"⑤"执事敬"⑥"修己以敬"⑦。"敬"还要带有一份亲切。故孔子回答子夏问孝："色难。有事，弟子服其劳，有酒食，先生馔，曾是以为孝乎？"⑧ 自孝的心态言，除敬重、亲切外还要有一份深刻的关切。故"父母唯其疾之忧"⑨，又"父母在，不远游，游必有方"⑩。对父母之年，则不可不知，

---

① 《论语·学而十一》。
② 《论语·里仁二十》。
③ 《论语·为政五》。
④ 《论语·为政七》。
⑤ 《论语·季氏十》。
⑥ 《论语·子路十九》。
⑦ 《论语·宪问四十二》。
⑧ 《论语·为政八》。
⑨ 《论语·为政六》。
⑩ 《论语·里仁十九》。

知则"一则以喜，一则以惧"①。值得指出的是：孔子既以侍奉父母并非盲从，而是父母有过也是要去劝止的，是为"几谏"②，但父母不听，子女的态度仍然要不失于敬，且要无怨。

《论语》有关孝的观念在《大学》《中庸》里更显示出其在儒家伦理整体系统中的地位。在《大学》中修身是齐家的基础，而所谓修身则是就一己所处的地位与关系，力行此一地位与关系所规范的德。《大学》说："为人君，止于仁。为人臣，止于敬。为人子，止于孝。为人父，止于慈。与国人交，止于信。"故人既为人子就要孝，这是由人子地位与关系所规范的。《大学》不但从修身立场肯定孝，也从齐家立场肯定孝："故君子不出家而成教于国。孝者，所以事君也。弟者，所以事长也。慈者，所以使众也。"齐家是为了治国，正如修身是为了齐家。故孝在治国平天下的政治哲学中扮演了一个重要的角色。

《大学》对孝的认识有一个特点，乃是把《论语》中隐隐提及的絜矩之道加以明白地发挥。孔子重正名，而所谓正名则在于"君君、臣臣、父父、子子"③。如果"子子"就是为人子止于孝，则"父父"就是为人父止于慈。就为政而言，"父父、子子"是应同时要求的，故孝、慈也就可以看作两个相应的或相对的德行。但从《论语》对孝的说明来看，孝显然并未被视为一相对或相应的德行，而是被视为做人子者必须行的德，也就是被视为具有目的性的绝对的德。这里看起来似有矛盾存在，但事实上并无矛盾存在。儒家伦理哲学是以人心、人性为德行的根源，而非以权利与责任为行为的基础。故对于人之所应行或所不应行应以个人所处的地位、关系以及人心的情操来决定。这在孟子说四端时极为清楚。子女爱敬父母乃为人情之自然，故亦为人性之当然，然后扩而充之就是孝德。就为人父者言，为人父者当然应以仁慈对子女。从治国观点看，天下应是父慈子孝同时推行，方足以为政。但这并不表示父母子女间具有相对的权利和责任。儒家伦理讲的是人与人之间关系启发出来的个人德行，此可名之为"对应德行"（relational virtues）。此项"对应德行"并非现代社会基于理性原则与意志同意规范出来的"交互权责"（reciprocal rights/duties）。"对应德行"不等同于"交互权责"，这是中西伦理思想传统中一大相异之处。此一相异亦可视为古今伦理思想之相异。在西方，以亚里士多德哲学为中心的古典伦理学讲的就是"对应德行"。但自18世纪康德倡导理性主义的道德哲学以来，西方伦理学遂走向"交互权责"之说了。④

---

① 《论语·里仁二十一》。
② 《论语·里仁十八》。
③ 《论语·颜渊十一》。
④ 亚里士多德伦理学重视人与人间之德行，与儒家伦理学有绝大相似之处。但康德自理性意志之言，则与儒家的德行主义相差甚大。但康德的责任论是否已完全走入"交互权责"思想则未可定论。有关儒家伦理哲学与亚里士多德伦理哲学以及与康德道德哲学之比较与分疏，请参考拙作《自目的论与责任论分析与重建儒家伦理哲学》一文。

《大学》的"絜矩之道"讲的乃是"对应德行",而非"交互权责"。《大学》说："所恶于上,毋以使下;所恶于下,毋以事上;所恶于前,毋以先后;所恶于后,毋以从前;所恶于右,毋以交于左;所恶于左,毋以交于右。此之谓絜矩之道。""絜矩之道"所说的上下、前后、左右都是人际间位的关系,也可称为"人际定位关系"。"絜矩之道"是人在"人际定位关系"中就一己已定之位来测度及了解其他定位中他人的感受。进行此测度及了解的乃是人心。一个人的心能够了解他人之心,而且能在此一位上了解另一位上人的心,这就是"絜矩之道",也就是仁了。故仁乃为"善为人想",是普遍性而又特殊化的德行原理。这与康德所说的"无上命令"就人之为人的抽象立场理性地规划道德行为不一样。就《大学》言,人之为人应为他人想,但他人之为人并非一抽象的理性思考对象,而是具体"人际定位关系"中的感受对象。故"若为人想",则人子要为父母想,人君要为百姓想。这才是真正的"絜矩之道"的道德。据上面所分析,吾人总结"絜矩之道"可得三重含义:

1. 从个人看,个人当定位落实。从"人际关系定位"中去体现与发挥人心之仁。故因位有远近,爱乃有差等。

2. 从为政目标看,每个人均应在已定之位上行其应行之德。此一要求即是"君君、臣臣、父父、子子"的要求,也就是父慈子孝的要求,但却并非规范父子间的权责关系。吾人只可说父慈子孝为孝悌普遍化提供了一种对应的激励力(incentive)。

3. 从治国者看,治国者要发挥身教与示范作用,因而使孝悌的普遍化获得巩固(reinforcement),而为仁政的基础。

《大学》说："所谓平天下在治其国者,上老老而民兴孝,上长长而民兴弟,上恤孤而民不倍,是以君子有絜矩之道也。"就是这个意思。

与《大学》相较,《中庸》也是从儒家仁政的思想来肯定孝的伦理的地位的。所谓为政要自"亲亲"始。"故为政在人,取人以身,修身以道,修道以仁。仁者,人也。亲亲为大。义者,宜也。尊贤为大。亲亲之杀,尊贤之等,礼所生也。""事亲"是五达道之一,也就是修身的先决条件。但要达到"事亲",更不可不知人、知天。"事亲"不仅为做人之理,且是顺应天地之理了。"故君子不可以不修身。思修身,不可以不事亲。思事亲,不可以不知人。思知人,不可以不知天。""事亲"就是"顺亲""有敬""能养",也就是孝了。《中庸》更进一层把孝推向人之"明善""诚身",为孝提出一个人性论的与本体论的基础来:

> 顺乎亲有道,反诸身不诚,不顺乎亲矣。诚身有道,不明乎善,不诚乎身矣。

自此一观点看,孝就更成为一种人之为人的绝对性的德行了。在此一观念下,《中庸》乃把舜、武王、周公作为孝的典型,说明"达孝"与"至孝"者不但修身有成,也能善治天下,以仁政化天下。

　　《孟子》一书在先秦儒家伦理思想中发挥极重要的作用。相对孝悌的伦理来说，孟子所说的仁义均为人性之显的肯定，自然也包含了对孝悌为人性的流露的肯定。孝悌为人天性之情，见之孩童，因"孩提之童无不知爱其亲者，及其长也，无不知敬其兄也"①。孟子因而视孝悌为"良知""良能"，也就是一切善行德政的基础。孟子继孔子"推己及人"之旨扩而充之：孝悌扩充就是仁义。君子之行乃在于如何"老吾老以及人之老，幼吾幼以及人之幼"。故孝悌并非立于诸德之外，也非高于诸德之上，而是诸德的基础与起点。这是与《论语》中的思想一致的。但孟子也有不同于孔子之处。他讨论了个人的孝的实际内涵：他肯定了他所谓"世俗"所称的孝与不孝。他举出"世俗"所称的不孝有五："惰其四支，不顾父母之养，一不孝也；博弈好饮酒，不顾父母之养，二不孝也；好货财，私妻子，不顾父母之养，三不孝也；从耳目之欲，以为父母戮，四不孝也；好勇斗狠，以危父母，五不孝也。"② 孟子又另外提到"不孝有三，无后为大"③。所谓三不孝，据赵岐《孟子注》乃为"于礼有不孝者三事，谓阿意曲从，陷亲不义，一不孝也；家贫亲老，不为禄仕，二不孝也；不娶无子，绝先祖祀，三不孝也"。"五不孝"还是就孔子孝当"有养"立言：不孝之极不但无养于父母，且使父母陷入危境，遭受伤害。因为"有养"于父母是必须要顾及父母的安全的。"三不孝"则显然扩大了孝的要求。一不孝还可以自孔子《论语》中找到根据：孔子主张"对父母几谏"，当然不可以对父母阿意曲从，陷亲不义；但为孝而仕，为孝而娶，却并未为《论语》所道及。当然为人子者赡养父母必须有立身之道，不讲究立身之道，自然也可以说是不孝。至于娶妻生子是为使祖祀永享，也可以说是为孝的必要条件，因而不娶无子也就可以说为不孝。《论语》并未对孝的细节进行发挥，更未讨论到孝的细节引起的矛盾如何解决的问题。这在孟子都提出讨论了。

　　孟子对舜的"至孝"问题做了相当重要的反省与解释。舜的至孝问题有三方面值得重视。一是舜对其父恪尽孝道，无论其父瞽瞍如何顽固不慈，或屡欲杀己。虽舜父最后还是为舜的孝行所感化，但问题是：孝是否有其极限？是否有其相应的德行条件？二是舜对父至孝，但娶妻却不告乃父，此是否为孝？三是若舜父犯罪，舜已贵为天子，基于孝道，舜将何以处之？这三方面可说都涉及了孝的德行与孝的价值的限度问题，以及孝与其他德行间的相互冲突问题。就孝的德行与孝的价值言，孟子显然是以孝的德行为无限度的，以孝的价值为无条件的。他以舜的孝的事迹说明了这一点。在《万章上》第一节里，他肯定舜为大孝，终其身怨慕父母，并不以父之无德不慈而改变，也不以己之富贵华荣而改变。对于"悌"孟子似乎也持同一看法。这可以从孟子描述舜对其异母弟象的态度看出。但值得吾人注意的是：孟子对"忠"的德行并不持相同的看法，忠是要求

———————————

① 《孟子·尽心上十五》。
② 《孟子·离娄下三十》。
③ 《孟子·离娄上二十六》。

忠的对象有一定相应之德才能持续下去的。换言之，孝悌在孟子是绝对的德行，无论其对象有相应的德或无相应的德均需尽己之性、尽己之心以行。但对于忠，孟子却把它仅视为"交互权责"，而不完全属于"对应德行"的范围，此可见于下列引语：

> 孟子告齐宣王曰："君之视臣如手足，则臣视君如腹心；君之视臣如犬马，则臣视君如国人；君之视臣如土芥，则臣视君如寇雠。"①
>
> 孟子曰："无罪而杀士，则大夫可以去；无罪而戮民，则士可以徙。"②

一个人臣对人君的忠是有相对的条件的。如果人君不仁无义，人臣自然也不必尽忠效命。甚至孔子也说过："君使臣以礼，臣事君以忠。"③ 这可以说是儒家对家庭伦理的看法和对国家伦理的看法的最大不同之点。一般世俗意见以"忠、孝"并举，然"忠、孝"的本质仍有差异，不可不察。此一了解自然也与以能尽孝者即能尽忠或以孝为忠之本的某些儒家看法有所出入。但吾人若深入分析，当不难发现，从孔孟立场言，家庭伦理与国家伦理是不同的。孝（家庭伦理）之与忠（国家伦理）发生关系在于下面两环节：孝能导致仁，故孝可以为仁政的基础；又一般为孝者不好犯上作乱，故如果移孝作忠来事君，则必为君所喜，故从人君立场也当以孝为忠之范本。由于这两环节所包含的立场不一样，孝为仁之本与孝为忠之本这两类关系也不是一样的。孟子可说借述舜之孝德说明了父子关系与君臣关系本质上的不一样了。

关于孝德所涉及的细目冲突问题，孟子是以"孝的统一性"来解决的，亦即用较大的孝来包容较小的不孝。舜之不告而娶是不孝之小者，但为了人之大伦，无后为大不孝的设想，娶乃孝之大者，故孟子不以舜之不告而娶为不孝。他说："告则不得娶，男女居室，人之大伦也。如告，则废人之大伦，以怼父母。"④ 这显示孝之适用在于能明辨是非，区分轻重。不可盲目地"有养"与"不违"，而是要从大体着眼以尽孝之意。

孝的重要性更见于国家伦理与家庭伦理之间的取舍：

> 桃应问曰："舜为天子，皋陶为士，瞽瞍杀人，则如之何？"孟子曰："执之而已矣。""然则舜不禁与？"曰："夫舜恶得而禁之？夫有所受之也。""然则舜如之何？"曰："舜视弃天下犹弃敝屣也。窃负而逃，遵海滨而处，终身䜣然，乐而忘天下。"⑤

孟子并不像孔子一样主张"父为子隐，子为父隐"⑥。他认为舜作为人君身份立场

---

① 《孟子·离娄下三》。
② 《孟子·离娄下四》。
③ 《论语·八佾十七》。
④ 《孟子·万章上二》。
⑤ 《孟子·尽心上三十五》。
⑥ 《论语·子路十八》。

不当为父隐，而应该让执法的人按法处理，但他又认为舜作为人子身份立场则应辞去人君之职以为父隐。孟子这样的建议固然做到了孝义两全，但在实际实行上无疑产生了两个效果：法令不得推行，国家失一良君。但这里也反映出儒家肯定的一个基本立场：孝的德行是高于其他德行的。人若为了尽孝，则其他德行均可商榷。当然儒家并未肯定不孝必导致其他非德。但从儒家对孝的始终的、无条件的以及彻底的承担与坚持中，也可以看出儒家对孝的意义体认之深了。在这种体认下，是否孝的伦理有时导致社会伦理与国家伦理的破坏则非其所问了。不过吾人应该指出，孟子也提出了一个有用的反省：他认为正因为舜事亲达孝，视天下为草芥，反能使"天下之为父子者定"①。因孝之达而定天下父子，亦是以定天下，故仍有致治天下实行仁政的效果。

在孟子与汉初之间托名曾子写成的《孝经》可说是正面地把孝与国家伦理更密切地结合起来，同时也把孝与其他德行的关系更系统地规划出来。《孝经》首先肯定孝为"至德要道""德之本也，教之所由生也"②。后来又说："夫孝，天之经也，地之义也。"③ 对于一般人，《孝经》提了一个普遍的要求："夫孝，始于事亲，中于事君，终于立身。"④ 之后，更明显地说："君子之事亲孝，故忠可移于君；事兄悌，故顺可移于长。"⑤ 这显然是把孝悌为仁德之基的意义忽略，而以孝悌为忠顺之始取代之了。这是与孔孟对孝悌原始的了解不一样的。《孝经》又规定："身体发肤，受之父母，不敢毁伤，孝之始也。立身行道，扬名于后世，以显父母，孝之终也。"⑥ 因之，《孝经》把一切行为动机与行为目的都联系上对父母的孝，使吾人对孝失却一个明确的了解以及一个正确判断的标准，与孔孟所讲的孝更有出入了。

不容否认的是：《孝经》采取了一个就人所处不同的政治地位来规定不同的孝行为何的方法。这使孝行的范围决定于人所属的政治地位而有其层级性。故上自天子，下至庶人都有其应行的孝行："天子之孝"是"爱敬尽于事亲，而德教加于百姓，刑于四海"⑦；"诸侯之孝"是"在上不骄，高而不危；制节谨度，满而不溢"⑧；"卿大夫之孝"则为"非法不言，非道不行"⑨；"士之孝"则是"以孝事君则忠，以敬事长则

---

① 《孟子·离娄上二十八》："孟子曰：天下大悦而将归己。视天下悦而归己犹草芥也，惟舜为然。不得乎亲，不可以为人；不顺乎亲，不可以为子。舜尽事亲之道而瞽瞍厎豫，瞽瞍厎豫而天下化。瞽瞍厎豫而天下之为父子者定，此之谓大孝。"

② 《孝经·开宗明义章第一》。

③ 《孝经·三才章第七》。

④ 《孝经·开宗明义章第一》。

⑤ 《孝经·广扬名章第十四》。

⑥ 《孝经·开宗明义章第一》。

⑦ 《孝经·天子章第二》。

⑧ 《孝经·诸侯章第三》。

⑨ 《孝经·卿大夫章第四》。

顺"①；"庶人之孝"则以"谨身节用，以养父母"②。如此则每一个人在其不同的政治地位上均有其所应行的德，而这些德均发之于孝的动机，而为孝的实现了。我们也可以说，《孝经》的孝是说明其他德行实践的理由，而其他德行也就成为实现孝的方式了。这自然与孟子以孝悌为人之"良知、良能"，应扩而充之为其他德行的看法有异。

我们不能不说《孝经》确有其基于反省孝的力量而来的智慧；它把孝的重要性予以肯定，又把孝与其他德性的关联予以肯定，自然也就能因孝而治天下了。《孝经》一般的论证是：为了以孝事亲，人子就不可以就其所位而行适当的德行以免灾祸，以争荣誉等。"事亲者，居上不骄，为下不乱，在丑不争。居上而骄则亡，为下而乱则刑，在丑而争则兵。三者不除，虽日用三牲之养，犹为不孝也。"③ 这显然不只是把孝看作百善之先，而且把孝当作其他德行实践的动机、目标与理由。在此一意义下，《孝经》也可以说为诸德找到一个统一的基础，《孝经》又以孝悌为普遍性原理，人人均可行，而人人行之则可以安天下。这就自然地把孝看成了国家伦理的一面。然而，《孝经》并未考虑到如果孝道不行于天下，是否国乃灭亡；又是否会因孝道如此受到重视，有人会假借行孝之名或自以为所行为孝从事或导致国家伦理之破坏。

总结以上所说，吾人不能不指出，自孟子以至《孝经》，孝已演变成为一项终极价值，而孝的伦理也成为"孝的宗教"④ 了。至于此一终极价值的孝其行为效果是否尽如理想，或实际与理想相左或相反，则是一个值得提出的问题。若就事实言之，儒家孝的伦理走向极端就会发生两个弊病：一是由于孝行，侧重家庭伦理，造成国家伦理的薄弱化；一是移孝作忠，造成专制时代的愚忠主义，为专制君王所利用。吾人也不能否认，此一孝的伦理与孝的宗教已根植于中国社会，其影响是既大且广。面临传统社会的逐渐现代化，提出孝的伦理的现代化问题自是必要。

三、现代欧美父母子女间的权责伦理

现代西方社会的伦理价值观念也有其长远的历史文化背景。希腊古典理性主义的伦理学、基督教神学的伦理学以及18世纪启蒙时代的现代理性主义的道德哲学（以康德为代表）都分别地影响了西方人的伦理价值观念。我们可以说，在西方未工业化以前，西方人的伦理生活是以上帝为中心的，正如传统中国人的伦理生活是以父母为中心的。但西方工业化以后，尼采宣告上帝死亡，西方的伦理思想就走向以个人为中心的权利、

---

① 《孝经·士章第五》。
② 《孝经·庶人章第六》。
③ 《孝经·纪孝行章第十》。
④ 《孝经·感应章第十六》有言："昔者明王事父孝，故事天明；事母孝，故事地察。长幼顺，故上下治。天地明察，神明彰矣。"又说："孝悌之至，通于神明，光于四海，无所不通。"这就是一个"孝的宗教"的描述。

责任观念了。权责是以理性对自我作规范，与德行发自自我之性而为人的功能的发挥，在性质上完全不一样。前者可说是由外制内，后者则可说是因内发外。前者具强制性与必然性，后者则具自然性与自由性。现代西方人的权责伦理所根据的原理乃为：除了遵行能被证明为具有强制性与必然性的道德律则外，已没有自然性的及自由性的德行观念了。此一伦理原理的行为效果为：个人可以采行任何自然性与自由性的行为方式，而不必接受德行观念的节制与要求。

现代西方社会日益复杂，基于理性共识与意志同意的法律与契约观念也日益重要，不但"权责伦理"取代了"德行伦理"，而且"权责伦理"也愈来愈细致精密化：每一权、责均有其相对应的责、权与之形成一交互对立的要求关系。此一关系可说明如下：相对一个共识的理性律则，一方个人（责任主体）有责任，另一方个人（责任对象）就有权利。因而，后者成为了一个权利主体，而前者也就成为了一个权利对象了。同时，同一个人因其有责任（义务），乃就有相关的或不相关的权利，而因其有权利，乃就有相关的或不相关的责任。就此一了解观之，权责不但是相应对立，而且也是交互决定。吾人可以下图示之：

$$A \begin{array}{c} \uparrow \text{权利} \longrightarrow \text{责任} \\ \downarrow \text{责任} \longrightarrow \text{权利} \end{array} B$$

在此一权责对立与权责互生的了解下，父母与子女的关系不再是儒家孝的关系或孝慈的关系，而变为权责交错的关系了。父母有责任（义务）教养子女，子女也就有权利享有此一教养；但父母也有权利要求子女报偿父母对子女教养所作的贡献，因而子女也就有责任（义务）作此报偿。此一权责对应及权责互生的关系也就理性地决定了与规范了父母与子女的伦理关系。吾人可用下图表示此一关系：

$$\text{责任} \begin{array}{c} \text{父母} \\ \updownarrow \\ \text{子女} \end{array} \text{权利} \longrightarrow \text{责任} \begin{array}{c} \text{父母} \\ \updownarrow \\ \text{子女} \end{array} \text{权利}$$

"孝的伦理"与"权责伦理"相较，两者根本的差异有二：

1. 孝道是以德行为中心的思想。相对孝的德行，固然仍可谈子女对父母的责任，但孝的德行却非"责任"一词所可涵盖。孔孟所谓孝乃为发自人心的情感与意向，并非理性规定的命令。"权责模型"则以父母子女间的理性规范为内容，理论上可以不带有任何人心的感情。

2. 孝道只要求人子一方面，与为父者之应止于慈只是对应关系，而非交互要求。双责关系则并非德行的对应，而为交互要求的对立。若用权责的语言解释孝的伦理，则孝的伦理在于子女对父母有责任，而不在于父母对子女有责任。相反地，父母不必对子女有责任，但却对其自身的父母有同样的孝的责任。吾人可用下图表示此一关系：

注意在此一图示中并无"权利"出现，孝的责任的补偿乃在一代又一代的孝的责任的传承中。如果子女对父母无条件奉献，则他们可以期望，但却不可要求他们自己的子女对他们作同样孝的奉献。

如果把子女对父母的孝视为一种责任，则父母可说对子女有一重隐藏的权利关系。吾人可图示之如下：

如果把权利明显化，把责任隐藏化，则吾人也可以得到下列的权责关系：

当然如此用权责关系来解释孝的伦理本质上仍是不当的，因为孝乃是由内而外实现的人性之德，与由外而内理性规定的权责思想有本质上的不同。

由于 60 年代美国妇女解放运动的推行，家庭伦理中的夫妻伦理关系在美国备受注目，与之相应的父母与子女的权责问题也就成为讨论的对象，加上这十数年来美国社会中父母虐待子女（child abuse）的现象日益严重，子女与父母的权责问题也就更受到立法界与学术界的重视了。

在美国高度工商化、效能化与省电化的社会中，子女与父母的权责关系究竟应如何了解与规范？此一问题提出的前提就是预设了美国社会已完全走向权责伦理，父母与子女的关系自然也就受到权责观念的支配了。本文将依据哥伦比亚大学哲学系教授杰佛利·普鲁斯坦（Jeffrey Blustein）新著《父母及子女——家庭伦理》（*Parents and Children——The Ethics of the Family*）一书①来提出一个对西方父母子女权责模型的了解。普氏之书分为三部分：第一部分首先探索西方哲学传统中的家庭观念，包含了自柏拉图到罗素的家庭伦理观；第二部分重点在建立一个父母与子女关系的权责模型；第三部分则为对家庭政策的探讨。本书的精华乃在第二部分，故本书可视为有关父母与子女伦理关系的主要著作。

普氏在论及"现代社会对家庭的挑战"时，指出工业化社会打破了社会阶层及职业角色的固定性。在此一情况下，父母对子女的教育方式就应当与工业化前的社会不同。

----

① 该书由 Oxford University Press 出版于 1982 年，共 274 页。此书出版后受到学者重视。

在工业化前父母有责任为子女选择职业方向，但在变动性大的工业化社会中，父母却有责任去发展子女的选择能力，也就是使子女具有独立自主的判断力。但此一观念却导致子女的权利（或自由权利）与父母的权利的分野与冲突问题：相对民主社会的要求，父母对子女有多少的自主权（autonomy of parents）？子女对父母又有多少的自主权（autonomy of children）？普氏注意到现代一般父母对父母权威抱有某一程度的疑惑，因为害怕对子女过分管束反会影响子女的自主能力。此一态度产生了两种效果：一是父母过分松弛对子女的管教；一是一旦子女行为不符父母期望，父母就施行纪律高压。此两和后果显示"子女自主"与"父母权威"之间的矛盾冲突有待于一个完善的调和之道：两者不可偏废，而必须统一在一个基本观念之下。因而有人指出应强调父母的教养权利，并以父母为子女的利益着想的能力与愿望为父母权威之根据。父母权威的重要性也由此肯定。但反对者却又指出父母权威并不能保证为子女获取适合子女自身的生活方式或子女所愿选择的生活方式（包括宗教信仰）。因而父母的权威应仅限于教养子女使其能自主选择价值，而非为子女选择价值。

主张子女权利最极端的当代学者是约翰·霍尔特（John Holt），他在其 1974 年所著的《逃离儿童》（*Escape from Children*）一书中宣称："与其努力使所有儿童获得吾人认为对他们最好的经验，吾人应尽量使其获得最多之不同经验（除却那些对他们有伤害的经验），而任其自由选择其所认为最佳者。"① 霍氏甚至建议法律规定所有儿童，不论其年龄如何，均享有成人享有的一切自由与权利。固无论儿童是否可实际要求或主张这些自由与权利，重要的是他们有权可以如此要求与主张。霍氏并分别所谓"选择权"（option rights）与"福利权"（welfare rights）。霍氏认为儿童应享有这两类权利。"福利权"保障儿童的福利，"选择权"则能促使儿童成长为能负责任的公民。所谓"选择权"包含"为赚钱而工作之权"、"旅行权"、"离家居住权"（不需父母允许与同意）、"学习自我监督权"（即不受父母监督）。儿童最大的权利乃是监护人的选择权：儿童可以选择其父母为监护人，也可以以契约方式选择非其父母人士的监护人或选择无监护人的生活。在此一了解下，父母对子女的教养只能在子女同意及自由选择下才可以进行。这种对子女自主权的观念当然不能为多数人所接受，但反对者却不能不提出有力的反对论证，也不能不提出对父母与子女权责关系更合理的说明。

普氏对上述霍氏立场是反对的，首先他不认为子女有与生俱来的自主权：子女的自主权乃是在父母与子女持续稳定的关系中逐渐建立起来的。在一般情形下，父母是最能提供此一持续稳定关系的人。基本上普氏还是自代表子女权利的最佳利益来衡量：他认为亲生父母最能满足子女的"福利权"，只有等子女的"福利权"满足后，子女才能逐渐发展其"选择权"。另一方面他又指出：在一个家庭中父母有其自然的自主权，而子

---

① 引自普氏书第八页。霍尔特的《逃离儿童》一书于 1974 年出版于纽约 Ballentime 公司。

女应尊重此一自主权。此一父母的自主权乃是父母考虑到其自身利益以教养子女，故有权把他们的理想与价值传授给子女。更有甚者，此种自主权的行使也是对子女有利的。当然父母同时也要顾及子女合理的要求。于是父母对子女行使教养、传授价值等权利也就成为子女对其"福利权"的享有：这些对子女的权利也可说是对子女的责任了。此处普氏指出一个重要事实：父母与子女具有共同利益。就其共同利益言，任何一方的权利即为另外一方的责任，任何一方的责任即为另外一方的权利。权利与责任是由两方共同利益的满足来确定的。

西方伦理学论及责任与权利时，即已假设每个个体的人都有其不同的利益，而且假设仅仅因为一个人具有个体，就有其不同于他人的利益。一个人对其自身利益的主张为权利，对其他人利益之必要的满足即构成责任或义务。所谓"必要的满足"则来自理性的普遍认定或来自社会全体利益的共识与国家的立法（包括不成文法）。反观孝的伦理，却并非以权利责任为其基础，而是以子女的尽心、尽性的德行为其基础。子女尽心、尽性的孝的德行固然事实上是符合父母利益的，甚至也是符合子女的利益的，但利益的考虑却并非孝的理论或实行的基础（justification）。这是孝的伦理与父母子女权责伦理最根本的不同：此一不同乃出发点的不同，也是形上学的不同。

相关父母子女的权责问题，普氏更提出政府立法及其执行的相关性。普氏认为法律应保护子女的利益以及因之而起的自主权益，但这是要从整体社会对下一代的责任感来肯定的。在一个民主社会中，所有家庭的子女都应享有平等机会之权，但平等机会的获得却依靠很多条件，其中有经济能力的条件、家庭环境的条件（包含父母的关心与不关心）。这些条件不平等，机会的获得就不平等。就以平等进入大学或进入好的大学为例，并非所有家庭的子女都有平等机会进入大学或进入好的大学。在此，政府的立法自然十分重要。譬如有关童工保护、义务教育、医疗服务等的立法均能影响家庭中子女的福利权，因之也间接地影响其平等争取机会的权利。但在政府无法为家庭中子女提供环境条件平等的保障时，我们必须认定家庭的影响是十分重大的。这也就显示出父母责任的重大了。就实言之，家庭可以是社会正义与公平措施的阻碍，但也可以是其助力及基础。若自其成为阻碍社会正义的可能性观之，家庭应被废除，子女应该由国家或社会"共同教养"（common upbringing）。"共同教养制度"在柏拉图的《理想国》中就已被提出来。但问题仍是：它是符合子女的最佳利益吗？若就子女的心理健康言之，"共同教养制度"缺乏个别性的特殊关爱，对幼儿的心理健康发展有害，自然有损于幼儿自主能力的发挥了。再者，"共同教养制度"会带来一个只重同一、忽视差异的社会，这不应是吾人理想的社会形态。

总结以上的讨论，吾人可以看出普氏分析父母子女的权责问题引出了权责所必需的基础的价值问题。对此一问题他并未深入探讨，但他很明显地肯定幼儿需要"深厚的个人关爱"（deeply personal care），他又肯定此一"深厚的个人关爱"只有亲生父母能够给予。如何了解父母能够为其子女提供此一关爱，他也未讨论，但此处吾人可以看出儒家孝的伦理的相关性：孝的伦理可以被假设为子女对其亲生父母之"深厚的个人关爱"的一种反射和一种回报。在孝的伦理中，父母对子女的关爱应被肯定，它包含了父母对子女所做的牺牲。故从心理学看，孝的伦理可视为子女对父母付出的一种激励力（incentive）。从社会学看，父母对子女的深厚关爱也是符合社会正义及社会利益的，因为父母基于其对子女的关爱，可以牺牲自我的利益为子女争取平等发展的机会。儒家孝的伦理可说是子女对父母爱的恩惠的一种理想化的回报或回应。吾人也可以说在子女对父母"孝的伦理"中隐藏着父母对子女"爱的伦理"，此即《大学》中所说"为人父，止于慈"的伦理。正因为此项父母对子女"爱的伦理"已包含在子女对父母"孝的伦理"的了解中，因而父母对子女爱的伦理并未明显地规范出来。这里也反映出儒家对人性的假设与认定：父母有爱其子女的天性，故在自然情况下是不言而喻、不喻自明的。但相对于社会现代化的环境与要求，父母与子女间的权利与责任都似乎不能不有一番理性的自觉及反省，因之也不能不有一番理性的整体的规范了。此一认识即可引向孝的伦理现代化的考察。

以上吾人已指出现代西方父母子女间之权责伦理与儒家孝的伦理迥异之点。相应于儒家孝的伦理对孝的细目的规定，吾人可以问西方父母子女间之权责伦理如何规范子女对父母的责任。从此一问题的回答中，吾人更可看出儒家德行（孝）的伦理与西方权责的伦理在内涵上的差异。普氏在他的书中有专章（第二部分第三章）讨论子女责任。普氏同时肯定子女相对父母有责任与权利，子女的权利即父母的责任。子女的权利是应以其自身利益为根据的，但此一根据也构成了子女对父母的责任：子女有责任遵从父母以实现其自身的权利，包括福利权与选择权。但父母对子女的责任并非全由子女的权利决定。父母生出子女应尽教养与保护之责，这是社会的需要，也是理性的要求。

对应父母责任与子女权利，普氏归纳出三项子女对父母的责任。普氏的看法是动态的：父母与子女关系有不同的阶段，因而子女对父母也有不同的责任。子女的成长是从依靠父母到独立于父母，是从其福利权的满足到其自主权的满足。这些不同阶段的变化带来子女对父母不同的责任。相对子女责任的改变，父母对子女的责任以及基于此一责任的父母权威也因时间阶段的不同而有所改变。在此一动态的父母子女关系的发展下，父母与子女的权责关系也就有动态的相应的发展了。普氏归纳出来的三项子女对父母的责任，就是相应于未成年及已成年的子女而言的。

1. 未成年子女对父母服从的责任（the duties of young children：obedience）：子女在其未成年受教养阶段应对父母服从。其理由不仅为父母有责任教养子女，故有权要求子女服从其教养子女的意志，而且在于子女为其最佳利益以及其基本权利着想，也有服从父母的义务。服从表示与父母合作，使父母能为子女的最佳利益着想，以嘉惠子女。这两点考虑就是未成年子女应服从父母的道德基础，也就是父母对子女持有权威的道德基础。服从既自子女的权责考虑而来，而且以子女的利益为中心，则服从应导致子女对父母的信念与尊重。在这种服从的意义下，子女才能逐渐完成其独立的人格，逐渐把服从父母转变与内化为自律自尊，并发展为有用于社会的自主权。当子女成年已有自律自主的能力时，父母即当放弃其对子女服从的要求，子女对父母服从的责任也因之逐渐地消失了。

2. 子女成年后对父母报答的责任（the duties of grown children: gratitude）: 父母为子女付出许多心血，作了许多牺牲，教养子女成功，子女自然应对父母有报答的责任，但如何了解及解释此报答责任乃一问题：报答责任是清偿债务的责任（duties to repay debts），或是感恩的责任（duties of gratitude），或是友爱的责任（duties of affection and friendship）？如就子女差欠（owing）父母的牺牲言之，此一报答责任乃是清债与感恩，而不可能为友爱的责任。故普氏把成年子女对父母友爱的责任看成第三种责任。

普氏并不把报答责任看作清债责任，因父母所给予子女的非仅为物质及金钱的付出，且为情感与精神的付出，因而是无法用实物来衡量的。故子女的报答责任应是报恩责任。报恩责任自然包含了奉养父母、敬重父母和关怀父母的福利。但他并未特别认定此即为父母之权利。事实上，由于社会保险及父母独立生活的能力，父母也无须主张以为父母的权利。再者，如果子女对父母的责任为感恩，则父母主张受恩报的权利会与施恩的观念冲突。施恩若期望或要求回报则非施恩，而为交换了。总之，子女对父母报恩的责任不仅是物质的，也应是精神的、情感的，而这些是父母能希望的，但却不是父母能要求的。

子女对父母报恩的责任包含了子女对父母特别的优遇（preferential treatment），而此一优遇责任在与其他责任相冲突时，是以父母为优遇的对象的。面对此一优遇责任，当父母利益与自己的子女利益相互冲突时（如在一特殊情况下，拯救父母或拯救自己的子女？），普氏认为应以父母的利益为优先考虑。此点显然与阿奎那（Aquinas）的主张若合符节。阿奎那的理由是：吾人对父母的感恩不但包含对父母的尊重（respect），也包含对父母的崇敬（reverence），而这些是在对子女的责任中不包含的。除上帝外，父母为我生命及其成长之源，故对父母的感恩责任应使吾人选择父母利益而非子女利益。阿奎那此项看法显然与儒家孝的伦理的看法完全一致。在儒家孝的伦理中，父母即是天的代表，故其地位与阿奎那神学中仅次于上帝地位的父母地位一样。

从普氏观点，子女对父母的感恩责任是与父母之尽其父母的责任相应并成正比的。如果父母并未尽父母之责，或尽责者并非父母本人，则子女的感恩责任自然也相应地改变。即从权责观念出发，子女的感恩责任之为责任是以父母实质地付出为理性的考虑的，因之也就有其内在的相对性与限制性。这点是与儒家孝的伦理对孝的要求不一样的，因为舜的至孝不可能只认为是一种感恩责任。但康德肯认感恩责任是永远及神圣的，而且无时或止，这种对子女感恩责任的重视则是与孝的伦理对孝的重视完全一致的。

3. 子女成年后对父母友爱的责任（the duties of grown children：friendship）：上述报答责任或感恩责任是子女基于父母过去的付出而产生的责任。若撇开父母过去的付出不谈，子女是否也有对父母友善的责任呢？在今日的西方社会中，子女对父母往往并无亲切的感情，甚至由于个性不合，子女不愿与父母有太多接触。在这种情况下，友爱的要求是否合理呢？子女可以对父母报恩，但却可以无友爱之情。这在儒家孝的伦理中自然无法构成孝。孝是要关怀父母的，孟子所谓"怨慕"之情就是。站在现代社会观点，普氏分辨感恩责任与友爱责任是对的，但如上所示，感恩责任不足以涵盖孝，友爱责任也不等同于孝的"怨慕"。

就普氏的分析，友爱责任乃是由友爱的双方友爱地交互来往引起的：这种友爱的交互来往愈持久，则友爱的责任愈深厚。友爱责任由友爱引起，故与感恩责任由感恩引起不一样。友爱责任趋向友爱双方平等的交流，而感恩责任则基于不平等或不对称的关系。友爱责任的另一要素乃是友爱双方看重友爱本身的价值而无他求。依此之故，若父母永远对子女要求补偿或牺牲，则父母与子女间将无友爱可言。当然，还有其他心理及社会因素可以阻挠父母与子女间友善及其责任的形成：这不仅由于父母与子女之间可以有因年龄与环境所引起的代沟问题，也可以由于父母子女关系的定型化，因社会变迁与职业差异造成隔阂。无疑友爱可以有一种应变的能力，但是否父母与子女能够同时发挥此一能力，还靠许多因素来决定。父母早年教育子女的态度就有重大关系。约翰·洛克在其教育哲学中就特别强调父母子女间相互的关怀、生活的沟通与共同了解是父母与子女间友爱责任与善意的基础①。

总言之，友爱责任以友爱为责任是好的，因为友爱本身就是好的。父母子女间的友爱显然是一种特殊的友爱，且要逐渐培养出来的，也是在父母的权威与子女的报恩责任之外开拓出的一个新境界。在此一境界中，父母承认子女独立自主自尊的人格，而子女也了解父母整体的心境而给予父母以精神的依傍。当然，友爱责任并不能代替感恩责任，但友爱责任却能使感恩责任更自然地完成；感恩责任自然也能加深友爱的感情。从事实考察，友爱责任与感恩责任有时是难分的，有时却可以分得很清楚。在今日西方社会中，许多父母为了保护与子女的友爱关系而拒绝子女的回报行为，这就是一种分辨。

相对儒家孝的伦理言，友爱责任仍不同于儒家所谓孝德、孝行或孝思。孝固然可以包含子女对父母关爱的感情，而不只是感恩的责任或感情。如孔子所说："父母唯其疾之忧！"这就是子女对父母的一种关爱的感情。孝之不等同于友爱责任乃在孝仍含有上下等级的差别，而非如友爱之具有平等性。若就感情言，孝是子女对父母的一种特殊的感情，而此种感情固然可以引发子女对父母的责任，但也可以说只有子女对父母的感恩

① 普氏引 *John Locke on Education*，edited by Peter Gap，New York，1971，普氏引文见其书 191 页。

责任才能产生这种特殊的感情。在孝之中责任与感情的两面是交互决定的。

四、结论：一个现代化的孝的伦理模型

以上吾人已对儒家传统的孝的伦理与现代西方父母子女间的权责伦理做了个别的分析与讨论。总结以上的分析与讨论，我们可以说传统儒家孝的伦理具有下列特点：

1. 孝乃子女自我实现的德行，而不仅为对父母的责任。孝可包含责任，但孝的责任不等于孝。

2. 孝不以"对等的交互权责"为前提了解，"天下无不是的父母"，子女不可因父不慈而不孝。

3. 父母的权威是天之所赋，故《孝经》说"终身不可违"。

4. 子女对父母不可言权利。

5. 一切德行均要以孝为基础、为起点，国家伦理的忠与社会伦理的仁都建筑在孝的伦理上。

吾人也可指出现代西方解析性的父母子女间的权责伦理具有下列特点：

1. 以子女权利与父母责任为出发点。子女权利甚至比父母责任更为重要。

2. 父母权威接受子女权利及国家立法与社会伦理之限制。父母权威来源于父母对子女的责任。

3. 父母与子女权责关系隐含了"交互对换原理"（principle of reciprocity）。故父母不能尽责，则无权教养及管束子女，但子女若对父母不尽责，则无任何社会之制裁（此在美国社会尤甚）。

4. 父母责任及子女权利因政府立法及社会舆论所向而逐渐成为社会伦理之一部分。

5. 国家的福利制度逐渐削减了子女责任的观念。子女对父母只有在友爱责任上与子女本身利益无关，但友爱责任却必须基于平等及对等互惠发生。（未成年子女的服从责任仍是为子女利益着想而确立的。）

比较以上两个模型，我们可以说传统儒家孝的伦理是以父母为价值核心的，而现代西方家庭权责伦理则是以子女为价值核心的（传统西方伦理则是以上帝为价值核心的）。两者之产生各有其不同的文化背景。吾人若以儒家孝的伦理为农业社会的产物，而以现代西方家庭权责伦理为工业化社会的产物，则吾人可以问：是否在中国逐渐工业化的过程中，孝的伦理必趋淘汰，而权责的家庭伦理则必将应运而生？这将是一个十分值得研究的问题。这个研究自然应涉及经验的考察，但也不能脱离价值的判断。更重要的是：一个社会有一个社会的特色，一个文化传统和一个价值传统也并不会因现代化的过程而消除其影响。吾人是否应使其影响保留、削减或完全消除则仍是一个价值的抉择问题，这自然又涉及价值的思考与判断。日本文化的传统并未因明治维新以来日本社会的工业

化而消失。相反，日本的社会努力于调和之道，使传统文化与现代化并行或融合一体，成为一个既是传统又是现代化的文化整体。这是一个值得吾人参考的历史经验。

基于吾人对传统儒家孝的伦理在价值上的某些认定——认定孝为德行，而非仅为责任，又认定孝的自我实现有其内在的意义并对社会和谐与安定的促进有正面的影响力，也基于吾人对传统的现代化与现代的传统化能做交互影响的理解，更基于吾人对自由选择与理性设计的有效性予以肯定，吾人可以提示下列一个现代化的孝的伦理模型以为中国文化现代化的参考。此一现代化的孝的伦理模型可看作现代西方权责伦理对传统儒家德行伦理的一个改进，但也可以看作后者对前者的一个补充，当然更可视为两者创造性的综合了。

1. 同时以子女责任与父母责任为出发点，确定父母与子女间的相对责任以及共同社会责任。

2. 肯定德行可以完成责任，责任可以限制德行；但却以孝的德行扩充子女责任，并以子女责任实现孝的德行，而不把传统的孝等同于子女责任。

3. 以父母子女责任的对等交互要求转换父母子女间的对应德行（relational virtues）为对等交互德行（reciprocal virtues），并以两者为父母子女相互关怀之源泉。

4. 把权利关系完全视为隐含的关系，不必明显规定为父母权利和子女权利。此即孟子言"何必曰利？亦有仁义而已矣"的精神的坚持。

5. 以国家伦理、社会伦理与家庭伦理（孝的伦理）相互规范，而不以孝或子女责任为社会伦理或国家伦理的起点或基础。

在此一现代化的孝的伦理模型下，吾人一方面可以避免现代西方社会及家庭伦理趋向权责化（尤其是权利化）的极端，另一方面也可以避免步入传统儒家孝的伦理侧重家庭利益的极端。此一现代化的孝的伦理是把古典人性论的和谐思想与自然要求和现代社会人际间的权责关系与理性要求自然合理地结合起来。

若就逻辑分析，吾人应该有八种父母与子女间的权利与责任的组合，因而吾人可以形成八种父母与子女间权责关系的模型。这八种模型为：

1. 父母责任型

2. 子女责任型

3. 父母权利型

4. 子女权利型

5. 父母子女并行责任型

6. 父母子女并行权利型

7. 父母责任、子女权利型

8. 父母权利、子女责任型

逻辑分析地说，第 2 型是配合传统儒家孝的伦理的参考系统；霍尔特所主张的乃为第 4 型；普鲁斯坦所主张的则属于第 5 型与第 8 型。吾人所提出的现代化的孝的伦理模型则以第 5 型为参考系统。吾人可用下列图解表示此第 5 型中的权责关系：

父母　　　　　　　　父母

责任 ↕ 　权利 ⟵ 权利　 ↕ 责任

子女　　　　　　　　子女

若对此图示加以孝的德行的考虑，则第 5 型的权责关系可以补充如下图：

父母　　　　　　　　　　父母

责任 ↕ 　慈的德行 ⟵ 孝的德行　 ↕ 责任

子女　　　　　　　　　　子女

此即吾人所提示的现代化的孝的伦理模型了。

发展全球价值伦理[*]

——中西价值体系的层次与其整合体现孔子与儒家仁爱伦理与忠恕之道

一、关于价值的起源与价值的普世（适）性问题

价值是人之作为人的存在的方式。也许动物只有本能而无价值，人却不能只靠本能生存，而必须要在生活中实现价值。有价值，生活才有意义；无价值，生活就没有意义。荀子说："水火有气而无生，草木有生而无知，禽兽有知而无义，人有气有生有知亦且有义，故最为天下贵也。"（《荀子·王制篇》）义是一种价值，而且是人的基本价值。何以故？诚如荀子所指出，人能形成群体社会，以其能分工而合作，又能尊重各守其分的伦理秩序，也彼此尊重，维护一个共同建立的道义或正义标准，作为规范行为与分配权责的原则。有了义，人们就可以安和地生活与工作，尽己所能，去追求合乎义的目标，这些目标只要能促进个人的发展或社会的发展，只要不违反正义，都可以看作价值。因为价值是在义的前提下满足个人与社会的需要的。

但何谓义？此处我想指出义有多向根源、基础与目标。首先它是根植在人性之中，因而可名为仁义；它也可以来之于为人之道，可称为道义；它也建基于人与人间的礼仪规范与伦理关系，可名为礼义；当然它也来自人与人间的信任与善意，故可以称之为信义。我们可以看到任何人之德的成就与发展都可以形成一种人人可以遵行的义，因之我们可以谈诚义，也可以谈智义，或正义，或和义。这就说明了义代表的是一种普遍性原理或称普世原理。荀子说的义基本上是指道义或正义，但也可以延伸为信义、礼义、智义，甚至仁义与和义。所以可以看作最为普遍的价值，因为它使一个德性的普适性彰显出来成为普遍性原理。由于此，儒学中的仁义礼智、诚信安和、元亨利贞都是普适性以及普世性的价值，都是义之所在，都是一个人之所以为人、一个社会之所以为社会的基

* 原载《江淮论坛》，2009 年第 2 期。

本原则，并借此来维护一个人的社会的存在与繁荣的。因此我们可以把儒家诸德看成社会存在（也是人的存在）的基本价值，它是保障与规范人的所有的价值的。我在此并不否定其他文化或义理系统的价值，因为每一个系统决定一个人生、一个生活方式、一个社会形态。我们必须承认多元的人生、生活方式和多元的社会形态。而普遍性也有程度上的不同，我们不能不承认要建立任何社会，要完成任何自我，都不能忽视普适性与普遍性问题。

人的社会是由小而大，是基于社会的发展的需要与人的发展的需要而进行的。但无论如何发展，都不能脱离维护社会存在的正义秩序，也就是必须紧密地切合人的生命与人的知识而发展，即使道义也是建筑在生命的需要与知识的需要之上的。一个全球化的社会就必须要有一个维护生命秩序的知识体系和一个维护知识体系的道义体系。当然今天的人类历史还没有发展到这样一个能维护生命与知识的正义体系，使人们在生活中可以享受和平安全与生活的福利，充实生命，开拓知识，可以进一步来完善我们的社会以及道义的秩序。但完美的社会是可以追求的，也是可以作为目标来改善现实的，至少是我们生活的动力与生命的价值所在，所谓"虽不能至，心向往之"。这是儒家的信念，也是中华文化的信念。

从以上所说，我们看到了几种有关人的发展的价值：维护社会存在的价值、促进社会发展的价值、关心人生福利的价值、充实社会生活的价值、结合全体向未来发展的价值，最后是统合这五种价值为一体的而有促其发展作用的整体价值。第一种价值自然是上面讨论过的义，其次就是仁，再次就是合理的制度及法律（可称之为礼），又次就是信，最后的总体价值就是和谐的价值。此处我把"和谐"当作动词看待，或可曰"和谐化"。这些价值正好是中华文化中儒家孔子重视的价值，其实也就是人与社会存在与繁荣的原理与原则。它们都具有普遍性，但要再强调的是，它们是根植在个体的人的生命与人的内在的性能之上的，不能脱离个人的存在和社会的存在，因此它们不是抽象、空洞的，而是具体、实在的，因而可以实践与学习。

二、四个理想的价值层次

作为现代人我们不能不在不同的情况下提出下列四个问题加以思考：

什么是一个可以想象的完美的个人？如何实现？

什么是一个可以想象的完美的社会？如何发展？

什么是一个可以想象的完美的国家？如何建立？

什么是一个可以想象的完美的世界？如何促进？

为了回答此等问题，就我们反思的理解，我们可以列举出这四项可以想象的完美必须包含的理想价值，有了这些价值就可以称之为起码的完美，没有这些价值就不能称之为完美。所谓有之不必然，无之必不然。

可以想象的完美个人的理想价值：自由、健康、诚信、智慧、仁爱、勇敢、道义、正直、公平、文明、幸福。个人的德性有些是以自身为对象的，有些却是以社会中他人为对象的。

可以想象的完美社会的理想价值：自由、平等、民主、人权、正义、和谐、理性、快乐、仁爱、富庶、秩序。这些德性是这个社会透过个人的交往组合发展出来的，显示这个社会的基本属性与形象。

可以想象的完美国家的理想价值：强盛、富裕、安定、安全、有为、民主、自由、高效、正义、道德、科技、法治。这些国家的属性所表现的德性是体现在国家的制度与政策上，是从历史与现代的国家的属性的比较中评估出来的。

可以想象的完美世界的理想价值：最大的和谐、最大的和平、最大的宽容、最大的富庶、最大的发展机会。如果我们不是纯粹地谈乌托邦，那么我们必须把我们对一个理想世界的愿望建筑在近世人类生活世界的扩大与开拓的理解上。

前三者相互依存，互为条件。完美世界却必须构筑在以上三者的持续平衡与和谐的基础之上。

理想价值是否为普世价值（universal values）？此处所谓普世性应该仍是一种理想，或可称为理想的理想，为人类美善的意志与良知的情性的表达，却不必看成绝对自存的外物，也不必看成实际具体的制度设施，因之它们仍然是概念与观念的投射而为人的理想的理想，并不脱离人的特殊性而存在。理想价值可以事实地普及化，形成"经验上的普世价值"，流行于一时，可称为普适价值（universally adaptable values）。但在本质上却仍具有理想性，必须与现实的条件结合来看。现实中并无理想的价值的完全具体实现，要分析哪些条件是促进理想价值的条件，哪些是阻碍者，哪些是过渡的，哪些形成困境。

在人类历史发展中，我们可以看到每个时代突出的价值。普世价值作为一个理想价值，其实现的方式可以是多样的、多功能的。我们还需把理想价值的实现与理想价值的规范分别开来，理想价值即使未能实现，也有规范的意义。理想价值规范我们的现实，可以引导我们乃至主导我们的行为。所谓"虽不能至，心向往之"，我们可称之为"规范上的普世价值"（universally regulative values）。总言之，普世价值并非柏拉图式的抽象存在，也非空洞的名词，而是横跨人心的一个价值指向，具有相互重叠的共识性或不同意向的高度相似性，有如维特根斯坦所说的家族相似。从这个意义上说，许多人心目中的"普世价值"往往就已假设了一个非常不现实的形上学的框架或呈现了一个根本不做任何假设的模糊思考。①

---

① 在 2008 年 9 月上海社科院举行的"中国学论坛"上，我提出普遍性必须普遍但不离开特殊性的观点，因之普遍性也是可以变动的；我又提出普遍性的模糊化的概念，并接受了《探索与争鸣》杂志的专题采访。

因之，我们可以有多种实现所谓普世价值的管道，但都显示了所谓普世价值的网络性与境遇性。只有在适当的网络与境遇之中普世价值才真正地出现与体现。

我们还要强调一点：价值的根源性在个别的人的具体体现，而此体现的是具体的情感与需要，尤其有其历史性与文化性。普世价值是由实际众多的个人、族群与社团逐渐实现与发展出来的，有其一定的内在的历史性与文化性。由于西方文化与东方文化的不同以及历史发展的不同，所谓普世价值是具体的情志集合为一体发展出来的，到了一定的层次就成为自觉的理性的普遍要求，具有一定的目的性与理想性以及规范性，但仍不脱离情志的现实及其发展的条件。

基于任何普世价值都有特殊性的一面，而不能脱离特殊性来谈，我们必须说尊重特殊性方是发展普世价值的重要手段。而自觉为普世价值的文化与政治主导者必须反身自省，是否应该尊重他人的历史与文化行为。尊重他人的特殊性，并非不可以以己之所具有与所成就向世人示范，引发他者的学习兴趣与尊敬，而非以之为获取自身利益的手段与实现个人或国家权力的方法，甚或强加于人，勒索于人。这里牵涉到一个普世价值如何落实与应用的裁断的问题：如上所说，普世价值是一个理想的价值，是人们应该去追求的，但不是所有的普世价值都可以在同一情况下同时实现，因为这有一个起点的问题，有一个先后次序的问题，有一个整体需要的缓急问题，有一个实践资源的发展问题，也有一个不同价值的冲突问题，等等。

就以西方干涉中国对西藏主权的问题为例来说明：欧美一些自认开明的人士支持达赖领导的"西藏独立"活动，他们难道不知道这等于是要分裂中国，毁灭中国吗？就实分析之，这样做不但对全体的中国人是不利的，对作为中国人一部分的西藏人也是非常不利的。难道要恢复西藏的农奴制度吗？难道要把西藏变为西方的傀儡吗？何以如此？因为这些人士不理解西藏的真实状况，他们不理解藏族与汉族或中华民族的历史与文化关联，他们也不理解中国少数民族与汉族和合发展的历史，他们只想利用西藏问题来反对中国的发展。他们，也包含达赖在内，根本无法说明什么是对西藏最好的选择。如果他们真想用强力与诡计挑起民族间的对立关系，他们只会导向中华民族为生存为正义的战争，当然最后对世界也是不利的。当然这不是说西藏不要人权与自由，西藏的人权与自由一如其他地区的人权与自由，都必须放在历史的具体情况中体现出来，或者更进一步地实现。总而言之，我们不能把追求政治独立的活动混淆为追求人权与公民自由的活动。

鉴于普世价值的重要，我们就普世价值的从内在到外在，再到内在的发展过程做出如下的示意：

价值的内在性→真实的表达性→行为的示范性→理念的普遍性→他者感应的特殊性→他者存在的内在性→人我意向的共通性→群体意识的协调性→社会行为的和谐性→国家治理的安定性→全球经验的回归性

限于篇幅，具体的说明在此就从略了。

三、中西差异及互补的价值体系

基于理想价值的历史性与文化性，我们有中西两个不同的价值系谱，包含两类不同的理想价值。此处就中国和西方社会与国家一般的理想价值来表露：

西方社会与国家对内的理想的价值系谱是：自由、平等、人权、法治、制衡；西方社会与国家对外的价值取向是：强权、实力、先进、占有、控制。这些都具有不同的目的性，但也往往形成相对的工具性，都与西方实际的历史发展有关。举例言之，古希腊城邦制度的发展容许不同城邦各自发展有利于自我生存繁荣的政治体制，导向了雅典民主与斯巴达的军权的相互竞争，罗马帝国的发展则导向了专制独裁的法治社会。至于近欧，自由经济与资本主义以及科技发展则在其强力的工具性上形成了强力的目的性，譬如人们以聚集财富或大量牟利为最大之乐，此为西方发展出来的资本主义走向侵略压迫他国的帝国主义强权提供了发展的动力与动机。西方社会与国家强调了个体与全体的对立性，故在国内处处防范集体或个人权威的压迫，发展了民主与法治，但对外却为利益与权力无限扩张，逐渐成为强权霸主。西方过去的大国兴起莫不如此，而今天的美国更是突出这个内外矛盾的特征，形成了对内民主、对外霸权的不伦组合。由此观之，我们不能只就一个或两个基本政治价值来评价一个国家的政治形态。

中国对内的理想的价值系谱是：诚信（良知）、忠孝、仁爱、信义、礼数、责任、和善。中国对外的价值取向则是：传统的恩威并施、以德服人、怀柔、道义；现代的自主、互惠与友善。在传统中国文化中，情感与需要从个人类比地转移到小团体，然后扩大到大团体，并不强调大群体对小群体与个体的可能侵害或个体与团体的对立；相反，强调的是大对小的关注与小对大的依赖或信赖。当然这也就给当政者一个假公济私的机会以及扩大权利的机会，形成了中国历史上的政治专制与封建独裁，也使道德的五常伦理转化为政治上的三纲体制。但中国在近代史上经过了多次革命与斗争之后，却不必走传统政治的老路，也不必接受西方的发展模型，而大可融合中西文明之普适价值，走一个整体的和谐化、上下的沟通协调、左右的相互合作互惠之路，把自由民主与社会和谐及道德责任结合在一起来发展社会，建设国家。

中西之间，哪个体系更为真为善为美？应该说并无绝对固定的答案。我们可以月最后效果来衡量，也可以用人性的最初偏向来衡量。其实西方是更偏向国家主义，要用民权宪法来限制国家权威，故强调超越个人德行而走向康德的绝对责任主义，随后又建立功利主义的新典范，相对地废除了康德的绝对责任主义，20 世纪西方又建立了个人权利主义的范型，在英美形成了民主自由主义的世界观。中国事实上更重视个人的发展，重视在个人层次上的理想价值，因而不以国家为对抗的对象，而以之为个人发展的依托。

此一事实说明了个人修身的重要，走向向上发展的德性主义，潜在地涵括了责任、功利、权利等价值功能。

必须指出：凡是西方正面的普世价值，中国也都能理解与实行，并进行制度化。同样我也相信凡是中国具有的正面价值，西方也可以理解与实行，并进行制度化。但如用西方已发展的普世价值及制度来衡量与促进另一国家与社会的发展则是不当的；这实际是一种工具性的权力运用而已，此一现象可名为"现代普世价值的工具化问题"。要认识到的是：以儒学为代表的中国文化中早就摒弃了强加己于人为普世的行为原则，即使是善，也不可强加于人，只能"善与人同""与人为善"。这也才是"推己及人"的真正意思。

四、五种人类价值伦理及其整合

为了理论化与系统地理解，我们可以从上述四个价值层次与两个价值体系的概念、经验与问题的分析中，建立五个相互衔接甚至重叠的价值伦理：

个人层次的生命尊严伦理：只因为有生命，就有被尊重的价值。

人我之间的生命仁爱伦理：基于仁爱，舍己为人，牺牲自我、完成大我的个人价值与社群价值。

社会层次的生命责任伦理：德性晋升为理性的责任与义务要求，并透过契约方式予以群体或个别认证。

国家层次的生命功利伦理：国家用立法保护生命、救济伤残、赈灾济贫等措施都从长短期的功利后果考虑，而并非纯为人道主义的立场。所谓以德治国是从领导者的立场着眼，而依法治国则不能不从国家利益的立法来考虑。

国际层次的权力和谐伦理：不能不建立国与国间的沟通管道，以协调国际的相互利益，并发展一个国际的架构来处理与面对国与国间的矛盾冲突，进而促进人类整体的实质利益，确保个人生命、社会生存、国家独立自主的权利。

所谓普世伦理或普世价值只能在此五个层进的价值伦理框架中实现与发展，并无独立此一框架之外的普世伦理或普世价值。因为如果我们不采取二元论的柏拉图主义，不把普世伦理或普世价值建立在抽象世界里面或上帝的王国之中，我们就必须认清人的宇宙性、时间性、整体性、生命性与发展性，以及人的普世价值的宇宙性、时间性、整体性、生命性与发展性，在此一动态时空的系统中见证人及其价值的出现与发现、发展与成长、强化与弱化、创造与消灭等，也见证人类以对价值的新自觉，超越以往的历史而走向一个新的世界价值秩序。

五、孔子忠恕之道的普遍性与具体性

我们现在用孔子的忠恕之道来简要说明仁爱伦理的普遍价值的具体根源与理想发展。首先我们要认识到凡人皆有两类欲望：所欲（能满足自己的行为）与所不欲（能伤害自己的行为）。对于他人我们如何处理我们的所欲与所不欲呢？显然这里有四种处理的行为方式，第一种为"己所不欲，勿施于人"，第二种为"己所不欲，则施于人"，第三种为"己之所欲，则施于人"，第四种为"己之所欲，勿施于人"。显然在此四种行为方式中只有第一种真正具有普适性与普世性，为什么呢？回答是"己所不欲，勿施于人"是尊重他人选择的自由，不把自己之所不欲加于人，也许人们一时会有人弃我取的情况，但那毕竟不是通则。重点在我的行为动机必须是自重重人的、自爱爱人的。我必须把我心推人心，相信人同此心、心同此理为基本原则，是普世价值建立的本体基础。基于此，第二种方式是普遍地不可取的，虽然在具体的生活中可以有些反例。第三种方式也是如此，当然这也要看我之所欲的层次与种类而言。在适当地诠释下，第三种方式可以获得普世价值性。第四种方式则倾向自私的表现，但也要看所欲者为何来定。

我想孔子鉴于对第三种方式与第四种方式的深度考虑，提出了如何施己之所欲于人的正确方式，那即是"己欲立而立人，己欲达而达人"的主张。此一主张显示了高度察人察己、知人知己的智慧，己所欲是要有所立、有所达，人之所欲也要有所立、有所达，但我之所立所达并非人之所欲立与人之所欲达。我只能帮助他人追求他人所要立的、所要达的，而非把我所要立的、所要达的加之于他人。如此，做人的仁爱与忠恕之道不只在"己所不欲，勿施于人"，也在积极地把我所欲的一般实现方式施于人，但却仍是以他人为自由的主体的。我只是帮助他人实现他人要实现的目的而已。这也是"助人为乐""与人为善"的意思。这样孔子就把第三种、第四种中的善意转化成为一个可以普遍化的价值与具有普遍意义的伦理行为了，这也证明了孔子与儒家的人性伦理或忠恕之道包含了一个真实可行的价值伦理。首先它根植于具体的人性，却又认识并尊重人之个体的独立性与自由性，所要求于人的是人的自我的理性约束与仁心扩展，因之它又是一个人人可追求实现的理想。此一具体的基于人性动态的道德精神应当可以作为任何普世价值的最好典范与说明。事实上它也是任何普世价值的最原始的根源与最终极的理想。

六、中国文化的道德力量与示范作用

中国文化的最大特征是先求诸己，然后求诸人，"反身而诚，乐莫大焉"，此一特征是一种自主自强之德、返本之德、创化之德、求同存异之德、包容之德、信任之德。然后开展仁道，寻求义道，建立礼制亦即行为的规范。人的本性根植于天地之道，故为人之继善成性、发性为德之源，为儒道所共享。道家进行了人与自然的整合，儒家则更关注人在社会中的价值实现，因而发挥了人性中的共同价值积极进取之一面。何以为普适？乃因人人均可行也，但做不做则在乎个人的自觉，做不做得到，则在乎个人的修己以及人知己以安人，推己以立人。固先不必问效果，而在如何自强而后助人，自强而后立人，自强而后达人。至于如何最终解决人类的福利、世界的和平问题，从儒家的观点，在发挥"子帅以正，孰敢不正"的精神，以示范代替强加，正是所谓先求诸己，然后求诸人。

面对文明社会：伦理、管理和治理[*]

来西安交通大学很多次，古朴的建筑留下的印象颇深。这次来到这里，巍然挺立的教学主楼带给人焕然一新的感受，交大的发展令人吃惊。实际上，交大的变化是整个中国的崛起的一个侧面，楼房的建设越来越高大，园区的开发越来越宽阔，同学们的精神越来越饱满，这是非常好的现象。中国是一个快速发展的国家，尤其是物质文明发展得令世人瞩目。但我们不禁也要问：在当前物质文明高度发展的基础上，我们有没有一个相对发达的精神文明能够足以支持和延续人类文明的进一步发展？这是一个重大问题。这个问题包含着一个我们必须面对的危机：当一个国家在物质文明方面实力很雄厚的时候，我们也会为其所拘束、限制，陷入所谓的"现代化"中。这不仅是中国的问题，也是当今世界的、人类的大问题。

中国的崛起为什么让西方感到不安？不仅仅是因为中国迅速发展的综合国力、军事力量使西方国家感受到威胁，而是因为任何一个国家的经济发展、政治发展都会让人不安。这种不安缘何产生？在现代社会经济、技术飞速发展的过程中，物质文明成果并不能成为滋养人类文化的土壤，致使生活于其中的人们不能感受到一种参与其中的亲切感，现代发展的成果不能进入人的内心，成为人的一部分，反而使人们感到一种疏离感，使人们陷入一种现代性的危机之中。要解决这一问题就必须建立起一种正确的管理概念和一种正确的人的发展概念。这是当今国家面临的重大问题，这不仅是对自我的考验，也是对人类再发展的一种挑战和考验。

我们处在后现代社会，这是一个让自我有很多发展空间和机会的多元时代。科技的公平分享，时间、速度、体制、信息传递方面的资源整合是非常明显的。后现代带动着太多的专业，成为人类生活的一部分。比尔·盖茨说：速度是最重要的。但我总记着孔子的一句话：欲速则不达。速度太快，可能会产生一种粗制滥造、忙中有错的后果。所

---

* 本文是我于 2007 年 4 月 20 日在西安交通大学作的学术报告。原载《西安交通大学学报》（社会科学版），2007 年第 4 期。

以，发展必须要面对速度的问题。速度多少为合适？从哲理上看，分秒必争的速度，是要追求更大的空间和掌握更多的时间。但当后现代文明面对这样一种速度、自由和多元的选择时，人类怎样掌握？个人和具体生活如何实现？这就涉及管理的问题了。

管理涉及各种层次的治理和发展，这是哲学在人类文明建设中重要的一环。现代化发展的中心是知识——科学发展的系统的知识。知识作为管理的基础，推动社会、经济的发展。而知识如何做管理之用，使管理落到实处？笔者将这些因素垂直划分为几个层次：本体为上，知识居中，原理在下，技术、具体的实践依次排列于知识之后。所谓"本体"，就是中国的"道"，如天道、地道、为政之道、治理之道。道是思想，代表一种最高的标准、最根本的原理。在基础性环节中，技术管理可以成为具体的实践的操作；如何运用知识形成政策的管理就是伦理的管理；将原理运用于大众，就实现了公共管理；在这个基础上，管理便提升成为治理。治理意即在更高的层次解决问题。什么是治理原则？这涉及管理哲学的重要思想。管理（management）是以目标作为基础的物质性、控制性的行为。在管理过程中制定影响公共利益的决策实际上也是个哲学问题，因为这也涉及人和人的关系问题。

一

当今中国在政治哲学治理方面、治国方面的思想存在很多缺陷：往往只重视治理而忽视为政思想。什么是为政，什么是治理？什么是政，什么是治？在探讨公共管理和大企业治理时，我们对这个问题的探讨不够完整。很多哲学家致力于这个问题的研究，例如，牟宗三先生说政治就是体制，中国治道中缺少政道。然而一些反对意见则认为政道即治道。我赞成治道需要探寻政道，因为政道不同于治道。孙中山先生在《三民主义》中对"政治"进行了简洁明了的界定：政是众人之事，政治就是管理众人之事。最近在探讨中国政治哲学和治国思想时，我认为中国的传统思想，包括儒家、道家、法家，缺乏"政"和"治"思想的综合，只强调治国思想而不讲为政哲学。很多从政者在追求治国之道时仅强调治法，而偏离对"为政"的研究。《论语》第二篇讲的就是"为政之道"，从字面讲："政"是正义。正义的立场、表现、价值观成为他人的榜样，具有权威地位和作用。正义的立场和表现，是一种姿态、一种观念、一种行为，也可谓是一套哲学，即做人的基本要求和标准是什么。在公共空间治理上，要求一种具有客观性、普遍性、群体性的公共的"正"。"正"是一种具有价值性和真理性的价值标准和价值信仰。"正"意味着被人们认可，是一个可以达到共识的、安宁的、安己的基础，代表着平衡、稳定的状态。而"政"则是一个动词，意为使不正的东西"正"。所以"政"是一个使大家认同的行为标准、制度准则、组织结构，它是一个体制。也就是说，"政"是一个众人所接受、所依赖、使行为可以依存的标志，它代表着基本的组织和制度。其中更重要的是，"政"代表着对事物认识标准的价值准则。

世界在不断变化着。《周易》在几千年前就认识到宇宙的这种状态。而变中有不变，不变亦包含着变。变是持久的，其内涵是持续的存在，即"生生不已之道"。"生生不已"如何在人的社会出现？人如何找到"此道"使自己安身立命，使社群、国家建立？国家的建立就是做个人不能做的事情。从这种意义上讲，国家的制度是基本的制度。所以，"政"是在变易之中不易的东西，涉及整个体制、制度的建立，包括君臣、礼制，涉及天地及人的关系的建立。这些关系的建立和伦理脱离不了关系，但又不仅仅是纯粹的伦理关系。确定了政的概念，下面来介绍"治"是什么。

什么是"治"？"治"是在"政"的基础上实现符合"政"的标准的具体工作和目标，是为了达到"政"的整体目标的手段、方法和过程。政和治不同，政是目标，治是方法；政是基础，而治是手段。"治"包含两种意义：一是达到目标的过程，例如"治天下"，英文称其为"task work"，即"治天下"的"治"；另外还有一层含义，指达到的目标和状态，例如"天下治"中的"治"，英语译文为"achieved work"，成就之意。因此，国家治理要求首先应找寻目标，并经过一个过程以达到这个目标。故治道包含三个方面：首先要求预设为政之道，经过治理过程，最后达到理想的完全境界。从这个角度看，中国哲学所包含的治国之道就是《大学》中所讲的三个步骤："大学之道，在明明德，在亲民，在止于至善。""明明德"是政道，显示什么是"政"；"亲民"是治道的方法和过程；"止于至善"是到达政治要求的目标。在这三个步骤中，"明明德"标举出为政之道的基础和价值，成为自发的基础即"亲民"——只有"亲民"才能产生"明明德"的后果——成己、成人，因为"至善"不仅是个人的境界而且是整体的境界，最终才能从个人的实现达到群体的实现。中国有句古话："修身齐家，治国平天下"，只有"平天下事"才能达到"天下治"的成就。从以上来看，中国的政治哲学具有很强的逻辑性，它是对人所以成为人即人性的内在需求的了解。

二

下面我们界定心性。人之成为人不是因为人具有人形，而是因为人心的存在。人形中具有人性，二者不能分离，它们是内在的有机整体。在西方心身分离称为二元论，包含特定的含义，例如，永恒存在的灵魂，上帝和人之间的关系等。西方这种形而上的二元论的存在是根深蒂固的，但这种形而上学并不是空穴来风，而是西方哲学家对生命发展的认识，这和中国传统对生命的认识有很大差异。简单说来，西方的认识趋向对象化、超越化，而中国的认识趋向关系化、内在化。通过对比，更能显现出文明和文化导致人对生命、事物、自然认识的差异。这些差异会产生哪些影响和后果？在当今全球化的环境下，不同文明之间的沟通、对话，能否进行有效的整合和真正的沟通？这些问题值得人文学科、管理学科的学者们深思。

为什么中国人强调这个问题？心同人而存在，心的存在有两个作用：其一为观察宇宙天地万物，其二是反省、找寻、构思己之为己。从观察万物到深思自我，是一个整体的循环过程：观察万物必定深思自我，反之，深思自我又必定建立在观察万物的基础上。心的存在意味着人可以进行从外到内、从内到外的整合。整合的基础就是性。心性这个非常重要的概念，在西方也存在，但中国对它的理解更为动态和完整。人是整合内外经验的一种存在，欲了解天地万物必须了解自我，欲了解自我也须通过天地万物才能深化；同理，要了解他人必须了解自我，了解自我必须在了解他人的基础上。这又是一个运用整体循环方法论的实例。欲了解天地之道，必定要借助相互影响的因素，只有内在地了解、揭示其中的关系，才能不断探讨、深思。从这个角度看，只有循回的整合才能建立人和人、人和天地万物的沟通。例如，庄子和鱼的沟通，儒家思想中人和人的沟通等。这些沟通是自然的，但沟通的过程必须经过内外整合。这是人成为人、成为人群中一分子的条件，也是形成人群的条件。在这种条件下，性就是共同的基础。心性哲学的框架早在先秦儒学中就建立起来，在宋明时期得到深化，朱子、阳明的著作中也均有不同表述。总之，中国心性哲学的基础是生命和生活的自我体验。所谓"天命之谓性""万物皆备于我""人同此心，心同此理"等，这些概念都是在发展中逐渐总结的。这说明人的存在发展成为有心性内涵的存在是一个活动的、不断整合的、不断开放的存在，这种存在形成了人能够建立人和人之间关系的基础，这种存在也是人的心理、心性结构的存在。而其中的"理"具有内在的普遍性和客观性，所以，心性都包含在理的概念之中。

"理"是一种可以理性感受的对象，也是一种可以感受、体现的存在。"理"作为内含于事物之中、人内心之中的一种价值，被看成心性的基础。所以不论是心、性，都以"理"作为基础。"理"既是天理、人理，又可理解为物理、地理。朱子说过，"理"是之"所以然"。"所以然"是事物成为它自己的东西。内部挖掘、整合得越多，内在感受就越深。整合是一个思考的过程、经验的过程，更是一个自我完善的过程。因此所谓管理的基础就在于人的沟通以建立人之间的关系，这种关系的建立关键在于人心性关系的建立，即心性和心理的基础；因此，人之间关系的建立是伦理的问题。伦理是管理的基础，管理是治理的基础，这是一个自然形成的过程。

下面我们从政治方面来看"德"的作用。孔子说："为政以德。譬如北辰，居其所而众星共之"。为什么孔子得到这样的观点？笔者的结论是：为政的人应能控制自己，通过自己的心性掌握一个普遍的道理，并发展成显示自我内涵的一种能力。人早就具备这种能力，这种能力在潜意识中指导自己的行为，作为一种感受、一种德行控制人自己的行为。德以各种方式存在，表现为自我控制。孔子竭力强调"克己""复礼"，"礼"不是虚假的仪式。德要求人在了解一种内在的东西时，强调建构、思考和创新的重要，而更重要的是对自我理解的过程——在"礼"的过程中对自在的感受、自我的实现。人之所以为人的标志是因为人具有心性，具有宇宙性、天地性。德让人们都能受到启发。在一种自然、平衡的状态下，人的德即不忍，恻隐之心就会自然地表现出来。人之所以为人，在于人具有高度的感受性和敏感性。在这种情况下，人的德像光一样表现出来，感染他人。但这需要条件。只有"北辰"不被宇宙中众多的暗物遮蔽时，明亮的光才会凸现出来，达到"众星共之"。也就是说，当"政"成为"德"时才成为"治"，内圣成为外王。圣者产生的能量感动、感染其他人的情绪，这样的状态被称为"为政以德""众星共之"。"居其所"即自己有了定位，天地就有了定位。做到这一点，才达到真正的内圣于外。

孔子讲："尊五美，屏四恶"，五美中强调"泰而不骄，威而不猛"。泰而不骄，一身正气，自然在群体中产生威严、威信，在朋友之间，家庭里面，群体之中，令他人心服口服威望较高的人，自然是领袖不二人选。这就是儒家所讲的身体力量。身心一致、"内圣外王"是最理想的状态。然而宇宙发展过程中，生命的发展是量的增加、力的多元。"内"的增加是有目的性的。这就要求人整合这些多元的因素使其合而为一，成为和而不同的存在，这是天地赋予人的思路。若人不能实现整合，那就面临自然选择，优胜劣汰。天地赋予人的这种能力，可以整合、消除不必要的痛苦、矛盾、冲突。从这个意义上讲，很多问题的存在，是人的决策的问题。萨特讲过这样一句话："他人是地狱。"他人的不理解、压迫是人生中最大的痛苦。人可以使人过得更好，也可以使人更痛苦。人的问题是人带来的，人没有真正发挥他应发挥的功能，在这种情况下，人的问题是重大的问题，所以应从理智等方面加以解决。

三

我们引出下一个问题：为什么会有不同的管理？我把它分为两种，一是伦理的管理，二是权力（power）的管理。此"权力"非彼"权利"（rights），权力是依靠力量来管理（control by power），而权利则意为利用人际关系的管理（control by human relations）。内正是一种力量，德（virtue）就是一种内在的力量（power）。

下面先看第一种，伦理的管理。伦理的管理是人在能产生关系时建立的一种能力。"管"，最早在乐器中出现，如管风琴。"管"的重要性在于通过管道把声音变成音乐。而管理，就是通过规则的管道，以形成规则，使人们达到一种相互为善、相互为用的关系。人有两种本性，一方面人既需要独立自主，另一方面又需要结群协力，两者互为依存。结群协力是为了更好地独立自主，独立自主又有助于群的存在。在这种情况下，人之间在小范围内产生一种关系，这种关系就是伦理关系。这种关系通过两个条件形成，一是自然，另一是和谐。社群、家庭的关系是自然的，经过和谐化形成一种制度。人的关系不仅包括社群关系，还包括人与自我的关系、与天地宇宙万物的关系，这些关系是由儒家提出的。儒家就是要建立一种关于人实现为人的学问。伦理的管理中最重要的是"和"，要求一种自然和谐的、自发的、内在的关系。伦理是内在的管理、自在的管理，自己去决定、去满足、去纠正、承受后果，即自己处理自己之道；所以自我管理就是内在的管理，内在的管理也就是伦理。这是把内扩大为外，把外收缩为内。父子关系，是自然形成的，经过感情磨合而形成内外合一；兄弟关系，也是在自然基础上形成的；包括国家、社群，也是自然形成的关系，在这样一个自然的基础上共同完成一个目标。所以同一种族人们可以形成同一的目标。当然，在历史发展中，也有很多情况不完全是这样的。因此，下面我们来谈管理的另一种类型——权力的管理。

权力（power）的管理，是基于一种权力的运用来实现个体或群体所要达到的目标。它是一种功用交换。伦理关系是互动的、双向的、比较平等的关系，而权力关系是上下的、单向的、外在的。这是因为在人的发展中，小的群体发展成为大的群体后，面对内在惩治和外在防御的需要，必须找到一个共同面解决问题，以达到最基本的生存条件。能力强的人成为统治者，他便拥有较多的权力。这是"治人者"与"治于人者"的差别。在发展过程中，权力管理逐渐完善。权力管理的关系分为两种：第一种是在争斗之后，胜者掌控权力，形成被胁迫的契约论，如西方哲学家霍布斯的学说。胜者拥有权力，保护另一方，同时接受保护者不得不放弃自己的自由和权力。这种学说说明政府的权利来源于强权，例如西方基督教中的神权就是以上帝之名生杀予夺，控制一切。西方很多国家的形成也是经历了这样的过程，如英国就是用强制力量实现统一的。第二种是基于友善的选择，双方在自然需要下构成一种同盟，建立一种自由的权利契约，如洛克的理论。然而当自由契约成为契约后，便成为强制性的胁迫契约。契约是一种人必须遵守的存在方式。人在压力下被胁迫同意，这就是人在自然律下的处境。这两种形式都不是伦理的管理，而是权力的管理。

权力的管理和中国传统提倡的"为政以德"的管理方式不同。子曰："道之以政，齐之以刑，民免而无耻。道之以德，齐之以礼，有耻且格。"意思是统治者不仅要用刑法、体制约束、管制百姓，更要用道德、礼仪来治理天下。圣人自动约束自己，将冲突化解于无形。中国传统文化中，道家的"小国寡民"思想和儒家的"道之以德"，都是强调用道德、礼仪治理天下。但中国传统思想中并不否定法律，首先"道之以政"，用政令治理，若有违犯则"齐之以刑"，但此时"民免而无耻"，仅仅这些是不够的。美好的社会，应将权力统治转化成为伦理统治、道德统治，所以提倡"道之以德"。所以，发展教育以提高人性，使百姓自律，便能"形成于理"。为达到这个要求，只能通过"修身"完成。圣人就是以修身为本成为天下的标准和示范的。通过修身避免灾祸是一种良好的愿望，但他的基本目标是在法律的基础上去实现的。从这个角度看，儒家是在肯定法律的基础上实现"免而无耻"。而西方坚持一种观点：人在压迫下或经过自由选择后形成的制度必须要体现人和群体、自由和权力的平衡关系。当权力太强束缚人们生活时会招致反抗，这是西方整个政治制度成为民主制度的原则，即在压迫之下追求自我。人拥有自我空间，但在实现过程中若出现公和私的差别，就需要建立一个规则，法治精神依此形成。例如，英国民主的开始就是从圈地到赋税的过程。西方政治制度是从胁迫的契约到权力的管理，最后到法治的形成。法治是协调政府权力和个人自由之间的关系。个人要求具有更多的自由，同时统治者要求更大的权力效力。在个人和统治者的斗争及其发展中，理性法律是建立、保障自由和权威的工具。人的理性发展为权威和自由的关系发展提供了条件，因此，西方法治盛行。在此意义上讲，西方的管理制度不完全等同于伦理的管理，因为伦理的管理是在法的基础上实现人的存在，实现更多的权力和自由。美国是一个法治社会，所以，在法律规定之外做不道德的事情是被允许的。法律的精神是为了实现更多的自由与和谐，因此，法律需要进一步改进与完善。

法律必须成为稳定社会的基础，这是伦理的要求，然而在众多的事物和人群之中发生的问题是无法避免的。以下两点说明这个问题：一是管理的发生。首先看关于协调的管理：外在的协调和契约无法彻底协调人们和公共权力的关系，因此亟待公共的规范来界定私权和公权，界定权威与个人的自由。但是，这样的界定并不能代替人最原始的自然和谐状态。在现代社会，真正和谐的境界只能在小国寡民、家庭中存在，即使连朋友的关系也形成契约关系，这是可悲的，不能不引起我们对人的发展的重新思考。但在人追求自然和自由的过程中，法仅仅是必需的条件，而不是充分的条件。二是人为管理的重要性。人群中形成的冲突等，需要人为的管理来避免，即以规范或法律来胁迫人的行为。而法律需要道德来补充，道德又必须在法律应有的范围内实现。在法律范围内，被统治者即"治于人者"可通过道德得到更多的自由和利益；"治人者"即统治者，通过道德能够完善自身，更好地实现个人及群体的利益。也就是说，法律并不排除统治者和被统治者发展伦理的管理，法律仅是一个稳定社会的中线，而人应在其基础上充实个人的价值以实现个人的自由。所谓政治的伦理化，在于把胁迫契约转化成为自由契约；儒家对其表述有这样一句话："人同此心，心同此理"。从心到性，从性到理，理的外表化就是法。好的法律应该是普遍的并且合乎人的心性而不让人感到胁迫的，真正的自由应该是能够实现人的能力的自由。在今天这个科技、经济如此发达的社会，伦理和政治的合一并不是不可能，这也就是儒家表达的理想，即"人同此心，心同此理"。但康德对其的表述是最好的。康德重视人的整体性，重视法律和道德的统一，他在第一批判中就谈到自然的合法性、规则性，认为理性的基础来源于人，道德是自己规范自己，自己为自己立法。儒家所说的人要"自立而立人"亦表达出"己所不欲，勿施于人""非己及人"的理性精神。

四

伦理学是政治学的一部分。西方伦理学是从德行主义走向权利主义的，而中国的伦理学开始于本体性的、天人合一的德性主义，即本体和道德统一的本体伦理学。今天我们讲自然与人的和谐，不仅仅是出于政治需要，而是中国文化的精髓所在。从一种管理的思想走向道德和政治的伦理学具有重大的意义。

一个能保障国家的至高的法律就是道德，它是人心呈现出来的规范，星空之中的永恒，是一种本体性。中国需要一种内在与外在统一的和谐，而儒家文化的中心概念即义、礼、智、信，强调天命和做人的道德。最近在儒学研究中有一种倾向，即政治儒学的研究。因为儒家重视人的伦理管理，用人的管理解决治理的问题。管理以伦理为基础，治理以管理为手段，这是一个整体化的涉及共同标准的问题。

总之，政治和道德是一个重要的问题。强调法治，并不能忽视人治、德治与理治，不能忽视法治与人治、德治与理治的关系。人的道德和心性是人类社会一切制度规范的根基，只有将德性和法治两者很好地结合起来才是人类社会得以健康发展的正确途径。

儒家伦理在生物技术中的应用

引　言

　　生物技术的发展是 20 世纪后期最引人注目的科学成就。它分为四个研究领域：对构成生物和人类生命成分的理论研究；绘制人类和其他物种的基因构造图；将研究成果应用于临床实践，诸如产前矫正、器官移植、人工授精以及基因调控；将生物医学技术运用到更为广泛的个人生活、社会生活和环境管理的领域中。我们无法否认这些进展预示着一个关于医学、药理学、医院护理、食物制造和人口控制的新时代即将到来，不仅个人而且整个人类都将因此受益。但是我们也不得不担忧，如果这些成就没有经过仔细的研究和严格的检查，不仅可能会被滥用，对个体的利益造成损害，而且可能会影响我们关于个体、家庭、群体和社会的价值观。生物技术的这四个领域是理论理性和实践理性共同作用的产物。在现代的科学精神下，对人和其他形式的生命的理论研究需要在实践理性下被重新认识和受到约束。因而对人甚至对动物都不应该进行任何非人道的实验。从万物在本性上都被看作神圣的和彼此联系的理学立场上，为了人类智力上的认知而在实验中牺牲人或者动物是难以设想的，更不用说接受了。在中国，实际利益和实践理性在很大程度上约束着理论理性，这也是中国未能发展出现代科学的原因之一。

　　非常明显的事实是，与现代人对伦理的考虑联系最紧密的不是理论分析，而是已有的理论成果在解决实际生死问题上的应用。生物伦理学就是在这之上发展起来的，因而它的主要问题是双重的：我们该如何在生物技术和生物医学的应用中评估道德价值和道德问题？生物技术和生物医学的技术将如何把新的价值引入到我们的伦理体系中，或者生命、生活的样式和形式中？

　　我们可以从义务论的观点，即有关义务和责任的观点来看待生物技术问题；我们也可以从人的权利的观点来看待它，但权利的概念需要首先被严格界定。并且我认为，正是在生物技术领域中，我们将不仅在目的上，而且在动机上重新考虑德性伦理的意义。

对当代生物技术的发展和它在医学和基因应用上的反思和批判，使得几个伦理体系间的互相批判呈现出一个圆圈状的循环结构；尽管义务论指出了德性伦理在目的论上的不足，但是它反过来又为功利主义所批评。对功利主义的批评产生了权利伦理。但是当把权利伦理应用于人的生命和死亡的生物医学治疗上时，我们会同时发现权利伦理在应用上的公正性及其局限，这是因为在应用权利伦理时，我们需要重新考虑德性和动机之间的相关性。

我的观点是，我们既不能以某一个孤立的原则或某一类的伦理体系为基础，用来对生物医疗知识的应用问题做出选择，也不应该将生物医疗的进展及其应用仅仅看作生物医疗技术这一个领域的事情。我们必须在一个广泛的、结合背景的整体立场上考虑这些问题，因为人在根本上是多种要素的结合，他不仅仅与个人有关，并且与他人以及整个社会有关。

因而，儒家伦理必须被视作综合的、一体的伦理体系。这样来看待儒家伦理是最为有效的，原因在于儒家伦理谈论的德性建立在生命的本体宇宙论基础上，义务建立在德性的基础上，效用又建立在义务的基础上。而唯一没有被适当对待的是人的权利。但是人的权利内在于人，并且人之所以能够个体化就在于他发现了他拥有成长和发展为一个完善的人的道德权利（这里我们看到了成为一个超人和成为一个圣人之间的关联），这是一个一般而完整的原则。基于这样的认识，我们将看到儒家关于人的存在和伦理的原则如何被吸收进有关生物医疗的道德决定和立法思考中。

谈到这里，我们应该对儒家伦理（Confucian ethics）和儒家道德（Confucian morality）做出一个区分。在西方哲学意义上，我所讲的儒家伦理包括儒家道德；相对地，在中国哲学意义上，我所讲的儒家道德（daode）包括儒家伦理（lunli）。在西方伦理学传统中，伦理起源于民族气质（ethos），而民族气质扎根于持有共同价值的共同体的生活实践中。因此伦理回答的是好与坏的问题，对于追求一种善和幸福的生活，它是本质性的问题。这是亚里士多德学派的传统，并为阿拉斯戴尔·麦金太尔认可，他以此反对现代的权利伦理。在亚里士多德的伦理系统中，善的概念支配着权利的概念，好人（good man）是其核心概念。但是从康德以来，伦理学的关注点转变为道德行为，道德行为的道德性开始支配好人的伦理学，因为道德的目的变成了道德行为，而道德行为对所有人都是必要和普遍的，并且在由自主个体组成的社会里，要达到和维持道德秩序和社会稳定性，道德行为是必不可少的。如何追求一种善和幸福的生活，以及如何培养和提高一个人的德性变成了与完成道德义务无关的事情，而道德义务是建立在绝对命令的道德理性的满足上的。努力行善和取得非凡的成就常常成为超过道德义务而不被要求的额外的美德，尽管康德把义务也看作美德。

站在儒家的立场上，道德的任务不是亚里士多德伦理意义上的寻找幸福或者安宁，而是成为圣人或者德性上得到发展的人，他获得了完满的能力使他能够意识到自己的道德天性，甚至能够使他人同他一样。在这个意义上，所有的德性都有目的论的含义。因此，关于德性的伦理将从义务的道德性转变为成为一个圣人，而人能够成为圣人的根据在于人的道德天性，它根源于天和地这两个终极本体。正是在这个意义上，我们才可以谈论"道"和"德"。在这个意义上，我们用道德（morality）来指中国哲学意义上的道德（daode）；相应地，伦理（ethics）代表人和人的关系的伦理原则，用它来指中国哲学意义上的伦理（lunli）。对儒家伦理而言，伦理（ethics）是个体道德发展的必要基础。但是伦理（ethics）依然包含着对个人对待父母、其他家庭成员以及社会成员的道德行为的要求。

在中国—西方道德交叉映射的情形下，儒家伦理（Confucian ethics）和儒家道德（Confucian morality）之间的区分是动机和目的紧密结合的话语整体内的不同的层次问题。做正义的事具有道德性，它包含在成为一个好人的伦理中，而成为一个好人的伦理又是形成自我变化和变化他人的道德观和道德能力的一部分。修身的伦理同时也是修身的道德，与此联系的是做正义的事情同时成为一个好人。因此我们可以说，对于儒家伦理，它的伦理和道德是重叠的，并且二者呈现为一个不断作用、变化和成为的过程。

儒家伦理的五项基本原则

我们将进一步在五个基本的洞察和观察上解释儒家伦理。

第一，基于我们对儒家伦理所具有的丰富结构的了解，我们不能将其仅仅定义为伦理的伦理，或者把它看作社群伦理的一个例子。原因很简单：生命有一个终极的目的，它不只是实现一个人的幸福或者安宁。人需要德性做一个道德高尚的人，过受人尊敬的生活。这些德性也包含了从周代传承下来的社群（community）的价值。这些德性的确象征着理想，这些理想将持有它们的人结合进拥有共同历史和文化传统的共同体中。但是除了来自历史的继承，这些德性也具有先验的来源：根据《中庸》，这些德性根植于由天这个终极实体规定的人性里；或者根据理学，这些德性是天理的具体化。在这种意义上，儒家伦理是本体伦理（onto-ethics）或者本体道德（onto-morality），这意味着它的道德原则不仅在伦理价值上，而且在道德理性上都是有效的。因而，儒家伦理必须与儒家人性的本体宇宙论和修身的方法论相结合。

第二，尽管儒家伦理中有德性伦理和社群主义的部分，但是儒家伦理并不能被局限为德性伦理和社群主义。因为它还有义务论的部分。这一部分显示在用命令的方式要求人们做出道德行为。例如孔子要求："己所不欲，勿施于人"（《论语·颜渊》）。当人们在道德行为中遇到道德危机时，这一要求无疑是义务论意义上的义务。我们确实可以认为儒家这个通过自省实现的互惠原则显示了对道德的普遍化原则的意识。但是对儒家思想来说，这个原则是具体化在个体有意的行为和做出选择的过程中的。此外，因为这个原则不是从个体的道德决定行为中抽象而来，因此它没有康德的形式主义的问题。的确，心灵的每一个道德行为都是独特的，但是它们都建立在道德的反省上，这一点却是普遍的。像黑格尔那样把这看作道德低下的表现是错误的。事实上，它所显示的正是特殊性中的普遍性以及普遍性中的特殊性。每一次道德意识都显示了根植于人的天性的真正的道德理解和道德决定。

第三，由于儒家伦理本质上是本体宇宙论的，所以儒家伦理强调动机和动力的重要性。孟子就认为，根源于人的道德天性的道德情感是极其重要的，它是德性的绝对的开端。当然，这并不意味着道德观念和道德目标不是道德行为的动机。它是指除了这些目的外，一个人仅凭道德情感的推动，就会做正义的事情。这就是孟子常说的人天性之中的"不忍人之心"（《孟子·公孙丑上》），它激发我们的道德行为。在这种认识下，儒家伦理不仅是目的论，也是真正的动机论。

第四，与认为儒家伦理没有对道德行为结果的实用性考虑这一想法相对的是，儒家伦理对此有着严肃的思考，它认为一个共同体或者社会的康乐和共同的善（common good）在于满足生活的基本需要。尽管孟子对义与利进行了区分，但是如果受益的是人民，他也并不反对利。他所谴责的是只考虑自己的利益而损害他人或者整个人民的幸福。义与利的分别是共同的善与个人利益之间的分别。在儒家伦理中，造福整个社会的物质财富、教育以及社会和谐这些公共利益永远处于优先地位和思考的核心。

第五，也许最终会有人质疑在儒家伦理中权利是否存在。但是正如我说过的，义务的意识就暗含着承担义务的人拥有内在权利。[①] 但是权利意识却只有被唤醒，权利才能作为行为的基础。在这里，我们也许不仅应该做出外在权利（explicit rights）和内在权利（implicit rights）之间的区分，还应该进一步在有权利的意识和明确将权利作为行动的原因二者之间做出区分。儒家伦理的确没有现代意义上的对权利的主张，也没有把权利当作行为的原因，这一点似乎是清楚的。但这并不意味着儒家伦理与权利冲突，或者不能将权利融合为它有关动机的和最终的结构中。将权利融合进儒家伦理，权利可以变为权利的义务、权利的德性或者甚至是权利的效用。

由上我们可以得出结论：儒家伦理在本质上是综合的和一体的，就像它在起源上所是一样。作为一个综合、一体的结构，以及与其他类型的伦理体系的内在相关和联系，我们也许可以认为儒家伦理形成的是一种开放的体系，它是自我调节的，并且在道德行为和好的生活的所有基本原则和主要观念之间是互相适应的，这要求它应该被作为一个整体应用到所有情形之中，或者以一个整体接受针对它的道德批判。这种情况下，儒家伦理的丰富内涵将会在所有的考虑中以及理论和实践或者原则和现实间，实现"反思的

---

① 参考我的文章 "Human Rights in Chinese History and Chinese Philosophy", in *Comparative Civilizations Review*, No. 1, 1979; Issued as Vol. 7, # 3 of *The Comparative Civilizations Bulletin*, 1~20 页。

平衡"（reflective equilibrium）和"创造性的融洽"（creative harmonization）。因此我们所讲的儒家道德行为概念包含着道德行为的来源—起源（source-origin）、目标—目的（objective-end）、社会责任（social responsibility）、分别对待的结果（difference-making consequences）以及个人自主的权利（rights from individual autonomy）。简言之，我们所讲的道德行为概念包含着它的来源（source）、目标（objectives）、社会责任（social responsibility）和个体自主（individual autonomy）。在这一表述下，儒家伦理将不仅与近代所有主要的伦理体系立场发生关联，并且它还将为所有的道德理论提供基础和前提性的统一。事实上，我们可以将儒家伦理下人的行为的四个方面，即动机、结果、义务和权利用下图表示①：

（一个运行着的社会所需要的）

从这里我们可以清楚地看到行为和人之间的二元性，并提出这样的问题，到底是人的行为决定和定义了人，还是人决定和定义了行为？我们看到我们不能将人从他的行为中脱离出来，也不能将行为与这个人脱离。在评价一个行为的道德价值时，我们必须公正地评价做出这一行为的人；而在评价一个人的道德善良时，我们也必须公正地评价这个人做过的行为。我们甚至需要引入一个过程概念，它将行为联系到人以及将人联系到行为。同样地，我们清楚地看到了行为或人的这四个方面的综合体，在本质上同时与这个行为以及做出这个行为的人相连。但是它们到底是如何联系的？每一个方面到底都起了什么作用？又是在什么样的秩序下它们形成了一次正义、平等和公平的道德判断？

设想一个两人之间建立合同或协议的例子。在建立契约的这个行为中，对这四个方面或要素存在着不同的联系和权衡方式。因此，如果决策的双方是中国人，信任、良好的关系、人格以及体贴这些因素会高于结果的因素，从而起到主要的作用。所以，德性的原则是伴随着效用和利益的原则的。在签约中，权利是被考虑的，但是同时被考虑进去的还有对关系和德性的考虑。只有当这些考虑是同时照顾到双方的，合约才会被认为是公平和平等的。这种公平和平等与建立在只考虑效用和权利基础上的公平和平等是不同的，后者完全忽视了其他两个因素，而这是美国商业交易中的惯例。简言之，无论是评价还是合约，在我们做出一个道德决定或者一个道德判断时，我们不得不组织关于行为或人的这四个方面的想法，并且在一种有机结合的方式下应用相应的道德原则。这种

---

① 见我的文章"Onto-Ethics as Integration of Virtues, Duties, Utilities and Rights", in *Dao: A Journal of Comparative Philosophy*, second issue, 158~184 页, 2002。

做法的终极标准是在道德判断和道德协议中寻找正义、公平和平等。我们可以将这种对道德的有意识的寻求看作正义道德原则，将这一预先假定的原则看作正义的原则。①

那么儒家的伦理原则及其应用是什么样式的呢？儒家伦理是整体性的，它希望在宏观的和预防的层面上解决一个人的生命和死亡问题。对个体而言，在做决定时，必须平衡作为自尊的仁的原则和作为关心他人的仁的原则。因而不论这里所说的生物技术是什么，它都必须受到严格的监控，权利和义务的主体也必须建立起来，这样生物技术才不会破坏最基本的德性以及处于首位的内在生命个体的公平感和公正感。同样假定的是原则的普遍性是必要的，以及必须考虑特殊背景和情境下的相对性，从而使普遍转化为个别。在一个共同体中，话语原则（discourse principle）对建立道德的一致是有益的，并且就我们能够保护每一个相关个体的公平、自由和平等来说，它也是可接受的。但是我们也应该就相关的感觉和情感，留给个人与公共权利相对的个人权利。②

在对儒家伦理的上述理解下，现在我们可以联系或者站在儒家伦理的立场上来考虑和讨论几个生物科技问题。既然生物科技所有主要的发展都是与生命状态可能的改善、维持、转变和变化以及人的健康和死亡相关的，那么我们就从生物科技对人的生命看法开始。

当生物科技问题面对儒家伦理

以下我们将联系上文理解的儒家伦理来讨论生物科技的一些问题。

繁衍后代和母亲身份权（motherhood claims）问题

就一般生命而言，儒家伦理是尊重生命的（pro-life），但这是基于保存和培育生命的哲学原则。但是儒家学说还有另一个方面，即"民胞物与"，这样人便能"与天地万物为一体"。这便是仁的态度，它可以在对人的生命、一般生命和它们的内在道德能力及目的的理解基础上而养成。人的生命需要人来关心。一般生命需要环境来维持，这可以理解为自然界的一种关心形式。关心是指以己度人并用适当的方式给予支持和协助。它还能促进被关心的生命或人的潜能的实现，而这有助于在人或其他生命形式内部达到和谐，以及人与他人、环境之间达到和谐。它就像是一种生命力量在发生作用，带来完整平衡的内心状态，我们将这种状态称作和谐。

---

① 我们看到罗尔斯的正义理论已经考虑到了这个"道德方阵"中的两个概念，即权利（他的第一原则）和效用（他的第二原则）。但是在我的公正理论中，我试图阐明的是它除了考虑到"道德方阵"中的权利和效用外，还考虑到了其他两个方面，但是并没有排除权利和效用。

② 对于如何将罗尔斯正义论的第二原则应用于医学，还存在着许多疑问。这些疑问与在医学上如何同时满足短期与长期的正义有关，以及在这种考虑下生物医疗技术将如何产生影响有关。

在对和谐的这种理解下，我们要看到和谐作为生命的创造力量和生命的道德本质，后者预设了包括自我成就和万物之间的和谐的道德目的，它必须在三个层面上得到实现：个人生活、社会生活以及宇宙生活。这就是生命如何获得了它的道德含义。正是基于这样的理解，德性及它实际上带来的效用、义务和权利必须被视作属于所有生命形式的，并且构成了一个彼此联系的整体，而它的实现还有待努力。①

由于儒家道德珍视繁衍后代的行为，不仅将其看作增进生命延续的过程，并且看作提升和谐生活品质（在认知、社会、道德和审美等方面）的过程；而且由于儒家道德重视有孩子的家庭生活，繁衍后代被看作获得幸福与家庭和谐的一个因素，因此对于那些已婚却没有能力生育孩子的夫妇，他们自然会受益于生物医疗的体外授精技术，这将是可以预期的，只要没有破坏原有的和谐以及这一新的和谐能够被引入。上述无疑是最好的例子，并且基于夫妻双方使用的都是自己的配子（即精子和卵子），我们不需要对这一行为有任何犹豫，因为这会保存这对夫妇的基因遗传，给这个家庭带来基本的和谐和一致。但是另一方面，在受孕和怀孕问题上，问题变成了我们是否允许代孕及之后的代理母亲（surrogate motherhood）问题。

关于这个问题，我们也可以做出一个区分：代孕中有基因的体外授精和没有基因的体外授精。前者指使用想要孩子的夫妇自己的配子，后者则指使用匿名捐赠者的配子。若不特别考虑二者哪一个在技术上更为有效，更一般的问题在于儒家道德是要推进还是宽容这一行为。与此相关，以香港从 1989 年以来对这一问题的讨论和辩论作为个案进行关注将是非常有趣的。

这些讨论和辩论是在香港科学协助人类生殖研究委员会引导下进行的，这一机构是香港政府于 1987 年建立的。同样值得关注的是，1977 年以来，香港的人工授精实践已有二十多年。1986 年，体外授精技术即被成功引进。这两种实践都没有在社会上引起争议，尽管仍然缺乏规范这类人类生殖技术的法典和明确说明这种方式下出生的孩子的法律地位的法典。基于上述事实，由于这种方式保护了家庭的和谐（同时在狭窄和宽泛的意义上）和社会的和谐，因而它被社会所接受这一点是能够预料的；尽管不存在一个已经在社会上建立起来的、人们知道的机构或者权力能够赋予和保证这些实践的合法性和道德性。显然，经过了一个长期的讨论和研究过程，香港当局在 1995 年设立了生殖科技临时管理局，在 1997 年起草了规范生殖技术的法案（《人类生殖技术法案》），并向立法机关提交了该法案等待正式立法。该法案中，非营利性的和有基因联系的代孕是允许的，而商业经营和无基因联系的授精代孕则是受到禁止的。

反思提案，提案似乎显示了推进帮助一对已婚夫妇获得孩子是公平和合理的，并且是符合儒家伦理的。它的非商业性和对基因遗传的要求同样是合乎儒家道德的。但是在

---

① 包括动物在内的所有生物都有要求生存、发展和终极实现的权利，因此任何人不应该被他人不正义地对待。

一篇严肃讨论的论文中，香港城市大学的两位人类和社会科学学者甚至对允许非商业性的、有基因遗传的代理受孕和代孕母亲提出了激烈的反对，原因在于即使提供卵子的母亲和代孕的母亲双方是自愿达成协议的，争议仍然可能产生。① 具体地说，提供卵子的母亲可能出于某些原因不接受这个孩子，而代孕的母亲可能会希望自己能拥有这个孩子而不顾之前的协议和安排。据此，一个重要的原则在于母亲身份必须建立在怀孕的基础上。尽管代孕的母亲并不提供卵子，然而怀胎十月已经本能地使她在最原始的感觉上成为了一个母亲。因此代孕母亲有首要的权利去拥有这个孩子，尽管她可能要破坏早先签订的协议，即为一个提供了卵子而期望得到孩子的其他女人怀孕。由于这个问题，两位学者强烈地反对这一提案，并且建议彻底地禁止代孕，无论是商业性的还是非商业性的，有基因联系的还是没有基因联系的。

从儒家道德的立场来看，怀孕一定会让代孕母亲在原始的感觉上成为母亲这一点并不十分明确，因为在儒家繁衍和生命的形而上学中暗含着阴阳交汇对繁衍后代的必要。血缘的原则要求提供卵子的母亲而非代孕的母亲成为原始意义上的母亲。因此在《易传》里有"一阴一阳之谓道"（《周易·系辞上》）。进一步地说，"大哉乾元，万物资始""至哉坤元，万物资生"（乾、坤两卦的象辞）。在坤的这种意义下，提供卵子的母亲为乾创造生命提供最初的资源，而代孕母亲则继续照料由提供卵子的母亲创造出来的生命。也许会有人争论代孕母亲同样发挥了阴的作用。就这一延长了的生命培育来看，代孕母亲仍然是非常重要且不可缺少的，在这个意义上，她将和提供卵子的母亲分有阴，而这将使一个新生命的成长成为可能。但是根据当代社会的现行标准，这两个母亲通常是不可能在同一个屋檐下生活的，因而看到存在于这两个母亲之间的潜在的维护权利的冲突是正确的。

同样，在这种情况下出生的孩子，将要由此承受分裂的忠诚感和被分割了的爱与尊敬（同样在这两名妇女必须在各自的家庭这一假定下），而他将因此在自己的个性形成中感到痛苦，看到这一点也是正确的。简言之，一个人必须随这两位学者阐明了母亲身份的定义以后，我们才能看到母亲身份是如何以及在什么样的语境下被正确理解的。其次，尽管可能会有人原则上同意两位学者基于儒家的立场对香港代孕母亲提案的反对，这一立场是指对代孕母亲的许可可能导致两个家庭之间的巨大的不和谐以及孩子的痛苦，但是这一根据还需要被谨慎地检查。换句话说，当说到"原则上同意"时，我们仍然需要再次检查这些反对意见的基础，因为儒家的保持和谐和推进康乐的原则可以理解为事前要求或者事后解决。尽管禁止代孕母亲是可取的，通过一项法律准许这一行为是不明智的，但是我们允许代孕母亲的存在同样是可取的，就像我们对于这种情况引发的

---

① 见陈浩文、陶黎宝华：《对香港应否全面禁止代母怀孕的道德探索》，见陶黎宝华、邱仁宗主编：《价值与社会》第一期，137~155 页，北京，中国社会科学出版社，1997。

争论最终会被合理地、人性地解决怀着期待和信心，允许养母和继母的存在一样。关于这个问题，我将在下文展开详细的讨论。

首先，尽管儒家伦理要求和提倡和谐，然而在繁殖后代的问题上，现代生物医学技术可能会引起对和谐的需求与对繁衍后代的需求之间的冲突。于是问题变成了哪一个原则更为重要，应当被当作首要的原则。然而，在儒家传统中没有根据说哪一个一定是首要的。在一些情况下，和谐的原则似乎比繁衍后代的原则重要。这意味着繁衍后代要建立在创造出更多而非更少的和谐基础上。但是这并不总是必然地，对于另一些情况，繁衍后代被认为是比保持家庭和谐更为重要的。孟子说过："不孝有三，无后为大"。正如我们常常看到的，在一个传统的儒家大家庭中，子嗣的延续往往成为家庭是否和谐的原因。正因为如此，我们不能规定这两个原则之间哪一个是更为重要的。事实上，它们是地位平等、同样重要的。如果在一个具体的情境中二者产生了冲突，我们应该努力去实现这两个原则间的和谐，也就是在对家庭和谐的需求和对延续子嗣的需求的不和谐上促进和创造出新的和谐。

当然，我们常常将本质上是描述性的经验概括说成是本质上是规定性的道德要求，而这无疑是范畴上的谬误。这不过是因为混淆了两个有区别的范畴，然后得出了错误的结论。此外，我们必须区分一般原则和具体情况，因为一般原则所主张的可能在具体情况中有所不同。因此我们必须考虑每一个特殊的、不同的案例的道德价值。这指向了我的第二个观察结论：生物医学技术的应用引起的未经试验的案例必须要经过一个时期的测试和试验。对生物医学技术应用于繁衍后代进行一个时期的测试和试验，这尽管意味着法律上的困境和道德上的冒险，但是我们仍然必须认清这个问题不是逻辑上无法解决的。因为事实上，一旦或者如果这种情况作为既成事实发生了，我们仍不得不在法律上和道德上解决这个难题和争论。我们不能不给出任何解决方案就忽视这一情况。在这种情形下，需要指出的是，为了寻求解决，儒家关于和谐的要求应该受到研究。那么对于两个母亲的情况，即提供卵子的母亲和代孕的母亲，可能的解决方法是什么？

不考虑细节，在儒家对和谐要求的立场上，我们可以提出以下可行的解决方案：

1. 在提供卵子的母亲想要孩子，而代孕的母亲按照最初约定好的没有提出对孩子的要求这种情况中，不存在法律或道德上的问题。

2. 在提供卵子的母亲因为某些原因不想要孩子，而代孕的母亲希望得到这个孩子或者同意拥有这个孩子的情况中，也不存在法律或道德上的问题。

3. 在提供卵子的母亲想要孩子，而代孕的母亲希望破坏合约而要求得到这个孩子的情况中，法院可以按照合同，就像按照其他合同一样做出判决；并且/或者在考虑了所有的因素后，站在孩子的立场上安排协商解决。这就要求我们经周密考虑后，制定出相关法律。

4. 在提供卵子的母亲和代孕的母亲出于相同或不同的原因都不愿意要这个孩子的情

况中，法院也不得不按照合同，就像按照其他合同一样做出判决；并且/或者在考虑了所有的因素后，站在孩子的立场上做出某些强制性的安排或者解决方案。比如，孩子可以放在养育他的家庭里或者被领养。

上述的分析显示了，提供卵子的母亲和代孕母亲之间的争论中的潜在冲突不是绝对地无法解决的。像人类的任何冲突一样，要获得一个公平合理、同时为双方接受并且在一个必需的程序中是可操作的解决方案，这既需要智慧也需要仁爱。事实上，3 和 4 的办法已经显示出了对善意的、周详的相关法律的需要，而且它们应该按照程序来制定。这适用于社会上所有的冲突。我们需要考虑立法是因为生活中的冲突已经成为生活中的现实或者事实。没有必要也没有原因回避这个问题，或者在遮掩下混淆这个问题。正是出于儒家在面对生活时的道德现实主义精神，作为潜在的法官和陪审员，我们必须有勇气和智慧来考虑所有关于冲突的艰难争议，并且为了合乎理性的清晰表达和双方的支持，提出我们最好的解决方案。

这样的道德任务可能会给一些个体带来困难，它可能会引起一定的社会代价，但是它也会引领我们探究一项迄今尚未经过试验的专项技术的应用将会在什么方面以及如何地影响我们。根据经验所得，我们可能将创造出一种解决冲突的新的模式，以及促成一种道德力量的形成，它将改变我们的实践，改善我们的社会，因为积极对待比消极对待要对整个社会和人性贡献得更多。在这种考虑下，在法律上和公共政策上对现代生物医学技术的应用进行规划，其中的道德风险就是值得尝试的。这里我想要表明的是，新的生物用药与技术的进展可以纳入儒家伦理的一体的系统中，这一系统包括繁衍后代与和谐，同时也包括对智慧和仁的考虑。这适用于我们当前关于人工授精和代孕的问题，它同样适用于克隆和包括人造生命的培育和物种混交的基因工程，后者是出于器官培育的医疗目的。我们并不需要提前制定严厉的法律或者提出强烈的道德禁令来对其进行公开声讨，特别是在迄今没有有力的经验证据或者理性的原因来支持相反的观点，而经验未给予教训之前。因此对于香港提案，我愿意看到它保持着开放，并将继续关注在香港的社会和文化背景下事态的进展。这无疑合乎儒家仁的原则，仁的内容被解释为只要没有未知的不公正和伤害，就要报以广泛的宽容。

死亡和安乐死的问题

儒家伦理对待死亡的态度是严肃的，它要求人们学习如何在德性的指引下面对死亡。在《论语》中，孔子哀叹弟子颜回和司马牛的死。对他而言，出生和死亡的问题（是否应该出生，或者何时出生，何时死去）不是由人的意志决定的，而是由命决定的。（《论语·颜渊》："死生有命，富贵在天"。）命的概念要在一个开放和宽泛的意义上理解：它是超越人的控制甚至人的知识（或者说人可以获得对它的知识却不能控制它）的一个或者多个因素，与人可以同时获得知识和控制的情况相对。在孟子那里，命是明确与性相对的，性指一个人塑造和决定自己行为和发展的能力，而命则是对人的能力、力量甚至潜能的先天限制。在这个意义上，命反映的是对人的生命的一般限制和界限，以及对人的能力的具体限制和界限。所以死亡的道德问题是一个人是否能够按照他的本性生活并充分发展他的本性的问题，也就是做自己的事情以及恰当地履行自己的伦理和道德义务。孔子说过："朝闻道，夕死可矣"（《论语·里仁》），并且建议君子"守死善道"（《论语·泰伯》）。他的弟子曾子说过"仁以为己任""死而后已"（《论语·泰伯》）。但是当孔子被问及死亡时，他说："不知生，焉知死？"（《论语·先进》）当然我们不可能像了解生那样了解死，但是要获得对生命深层的理解，一个人不能为死亡而焦虑。在这个意义上，死亡不该被恐惧。在这种态度和看待死亡的德性下，儒家道德将如何评价安乐死？

要回答这个问题，我们首先要记住儒家提倡仁这个一般和基础的原则和德性，这意味着不强迫人接受疼痛和痛苦。人们需要安乐死，是在生命因为苦痛而变得令人绝望时。一个人可以因为自己的痛苦而要求放弃生命而死亡吗？一个人能够宽容安乐死，并且从那些对他怀有深切关切和爱意的人那里，甚至是对他怀有同情的人那里要求它吗？两者都是艰难的问题。但是对人来说，人需要将抵抗死亡看作一种勇气。这一点已经被孟子明确指出过，他说："可以死，可以无死；死，伤勇"（《孟子·离娄下》）。① 这是想要活下去的意志和存在的勇气问题，而且是人们清醒和意志健全时的选择。但是当一个人承受着非常大的痛苦并且已经没有了做出选择的能力时，一个他亲近的人能够替他做出安乐死的决定吗？

再一次地，这里存在着道德不确定：一方面，仁作为生命的原则，不允许人们为他们爱的人选择死亡；但另一方面，当仁作为仁爱的原则在孟子那里进一步发展为"不忍人之情"的原则时，难道我们还能忍心亲眼看着我们爱的人承受如此不堪忍受的痛苦吗？我没有看到能够做出果断选择的方式，即使怀着不忍人之情。孟子就一头母牛还说过："见其生，不忍见其死。"（《孟子·梁惠王上》）也许如果我们将最痛苦的情况理解为一个人朝着逗留不去且更加痛苦的死亡时，那么根据儒家仁的观点，最好是采取安乐死。但是同样地这不能被当成一个一贯的原则广泛地应用到安乐死。安乐死也需要冒着道德风险经过一段长时间的试验。问题是无论是给自己还是给他人做决定，如何才能不违反仁的原则？这将是考验一个人的道德力量和道德智慧的问题，而且它会伴随着人的一生。

宰我，孔子的一个弟子，有一次对孔子说："三年之丧，期已久矣。君子三年不为礼，礼必坏；三年不为乐，乐必崩。旧谷既没，新谷既升，钻燧改火，期可已矣。"孔子是如何回答这个请求的？他说："食夫稻，衣夫锦，于女安乎？"宰我回答："安"。于

---

① 孟子的意思是不必死，而死也是伤害勇气的。朱熹在《孟子集注》中也表示子路殉死于魏是伤害勇气的。

是孔子说："女安，则为之"。当宰我离开后，孔子评论道："予之不仁也！"（《论语·阳货》）这段对话的要点是指出了存在着一些事情，是人不得不依靠他的道德情感和良心熬过去的。对话还显示出了孔子对他的弟子作为个体拥有的自由选择和自主原则的尊重，但是同时他也叹息真正的仁和礼在宰我身上的缺失。随着时间的流逝，在某种意义上宰我赢了，因为似乎已经没有人承受得起为双亲守丧三年。宰我是一个理性主义者，他从社会普遍的效用角度做出选择，而不仅仅听凭他的感情。但是我们必须尊重孔子对于子女孝行的深刻情感，因为他在其中看到的深度远远超过了理性和社会功利性的计算。

一个人伴着勇气和尊严而死，这永远是被儒家推崇的。它意味着人不应该让死亡剥夺尊严感和对生命的敬意；它是意志的一次活动。孟子说过存在着比仅仅活着更为珍贵的东西：为国家献身，为爱的人而死，为了避免受到侮辱或者无尽的、至死的凌辱；"所恶有甚于死者"。但是平常活着时，对抗死亡则是一种源自本性的倾向。因此，从孟子的观点来看，没有外在的原因而采用安乐死是难以接受的。但是如果死亡是不可避免和必要的，那么一个人应该以勇气和尊严接受死亡，因为在某种意义上这是命运。那么允许安乐死与这个意义上的命运和勇气就不一致了。

器官移植和克隆问题

器官移植的医疗实践已经进行了许多年，它是在捐赠的程序下运行的。如果一个志愿捐赠者没有出现，那么器官移植就无法进行。它深层的基本伦理在于捐赠者必须是自愿地捐出一个活体器官，出于他/她的慈善心或者他/她对某个人特别的爱或关切。这里面不应该有强迫的因素。这一点很重要，因为它表明了医疗活动如何必须建立在对动力和动机的考虑基础上，我们已表明的是它们只能源于对德性的珍视。当然行善的德行可能导致显见义务（aprima facie duty），因为人能够反问自己是否愿意这个行为成为普遍的规则或准则，在捐赠器官这个情况中，就是我是否愿意捐赠器官成为一个人人都应该做的行为。这样做需要道德意志，这点我曾在其他地方讨论过。① 如果一个人能够做这件事，那么仁的德性就变成了德性的义务，根据康德的说法，反过来它也是义务的德性。要注意，共同意志的形成需要一个过程，它从个体德性的义务转变成公共的义务、社会义务甚至是法律所规定的基本义务需要过程。尽管我可以将我的捐赠行为当作必需和普遍的规则或原则，但是我并不能控制所有人的意志，因为是由每个个体控制自己的意志的。哈贝马斯就是在这点上讨论伦理在一个民主社会里变得有意义。正是在公共意志形成的过程中，我们将看到对结果的考虑以及对社会和个人利益的权衡将如何开始起

---

① 见我的文章"Confucian Reflections on Habermasian Approaches：Moral Rationality and Inter-humanity"，in *Perspectives on Haberrmas*，Chicago & La Salle：Open Court Publishing，195~234 页，2000。

作用。或者说正是在这个进程中，对符合条件的人应该捐赠他的器官这个共同或普遍规则的思考和考虑开始发挥作用。

根据我之前的解释，功利主义原则无法单独地实行，在道德化或者道德形成的进程中，它不得不与其他的原则一起实行。一旦社会义务在普遍化的共同意志基础上得以建立，那么同时地，社会权利也被创造了出来。换言之，一项社会权利的产生，是当个人能够站在社会义务的立场上对权利提出要求时，而个人是与社会义务互相负有责任的。

现在让我们来看器官移植的问题，非常清楚的是，它的实践仍然处在最初的道德（即仁的德性）形成的阶段。在不考虑整个社会的情况下，我们可以指出购买或者出售人的器官是违背人的尊严的，而这是由于对行善和不做坏事德性的需要的普遍考虑。进一步思考，它与个人的社会义务和社会权利的最高利益相冲突，更不用说与整个社会的康乐相冲突。① 因此，根据一个社会里对道德实践的道德要求，反商业化的原则必须被遵守。上述理由同样针对所有提议将商业化引入现代生物医学技术应用的观点，比如对克隆、有基因或无基因的体外授精代孕以及基因治疗这些特定领域，后者还包括非医学性的基因修正。提高生命的质量是值得的，但是不在道德普遍化原则的约束下，为私人利益进行商业操纵，在道德上，无疑是错误的。在这一意义上，儒家仁与义的一般原则在广泛地应用着。

与之相关，我们来谈论由胚胎的干细胞培育新的身体部分的情况。研究已经发现胚胎干细胞是人胚胎发育中最早期的细胞，由它们产生出身体里所有的组织和器官。研究者相信从人的胚胎或胎儿中取出的这些细胞，能够在控制下生长出生病的心脏、肝脏或其他器官的替代品。研究还发现一些从成人的身体组织中取出的干细胞能够转化为其他类型的细胞，例如脑细胞变成血液细胞或者骨髓细胞变成肝脏细胞。这看上去似乎是有百利而无一害的技术，能够使千万人受益而不损害一人。但在更深入的思考下，器官移植同样可能会被商业化，因为谁会愿意将自己的干细胞捐给那些并不爱着和关心着的缺钱的陌生人？如果有人要从一个胎儿或者胚胎中取出干细胞，那么谁来做出决定，是胎儿、胚胎还是父母亲，还是细胞自己？显然地，胎儿、胚胎或者细胞都不能做决定，它将取决于父母亲或者监护人，而这无疑引向了对动机和结果的考虑。我不知道美国国会和一些反堕胎团体抨击这一项生物医疗创新的原因，但是我想站在反商业化的基础上反对它的广泛实践。然而，就和捐赠器官的情况一样，儒家道德会允许出于爱、关心和仁的动机捐赠干细胞。儒家道德进一步地建议这项技术接受长期的测试和试验也是同样合理的，这样社会中多数人共同的价值观就会形成，在我们把它看作一项义务或者一项完全由法律规范的功利行为之前。

① 这个观点需要被加以详细阐释，一个社会普遍的康乐建立在社会长期的运行以及一致上。违背这种运行和一致，对一个新的道德来说是种测试，但是要使一个新的发明或实践工作对社会产生出最大的利益或者显现出它对社会产生的最大利益，是需要一个长期的过程的。

这将引向我们对克隆问题的思考。如果我对克隆的理解正确的话，那么我们现在能够在技术上克隆任何一种生物物种。我们已经克隆了羊、牛、老鼠和猪等。但是我们还没有克隆人类。① 克隆人的生物技术无疑已经具备。但是为什么克隆人是一个如此严肃的问题，不考虑过所有的问题就不应该进行？也许在关于克隆人类的伦理上需要一个国际性的委员会来做决定，而且一旦授权了可以克隆人，即使是在实验的基础上，这个委任必须为克隆人类的所有后果承担责任。如此严肃的原因是十分明显的：我们必须考虑克隆人类涉及的方方面面的伦理：个体的、家庭的、群体的、社会的、经济的、政治的。我们还必须从德性伦理、义务伦理、功利伦理和权利伦理的立场考虑这个问题。这是因为我们将要创造出一个新的人，而它与之前的人类繁殖的基本活动是不一致的。反对意见已经揭示了克隆人类中包含的危险：克隆人将没有真正的父母，他们可能无法获得一个真正的身份，他们将对自身持着较低的尊重以及他们的寿命要比常人短。在人际关系上，他们可能不会被人爱，将永远被当作二等人，或者为了促进商业消费而成为被大量生产出的工具。极端的例子下，他们可能为了给政治家创造选票、为了给医药产业带来替代的器官以及为了给政治强人制造战争的原因而被利用。②

另一方面，克隆人类的提倡者有他们的与此对立的争论，他们一般主张法律将会解决大部分的问题。在这种积极的提议下，克隆人类将不仅为那些在繁殖后代上没有任何方法的人们提供一个孩子，而且也许还能再生或者保存天才们的基因。权衡克隆人类的利弊，关于克隆人类的伦理质疑的原因能够在一点上是相同的，但却无法完全相同。首先，如果我们要求克隆人类的权利，我们必须问这个权利指的是什么权利？谁拥有这个权利？它肯定不是一个自然的权利，我们的生命不需要依赖它而生存。在极端的例子里它可以是个权利，比如一个人用尽了其他繁殖后代的方法都没有成功，所以为了延续家族他必须考虑克隆。也许在这一点上儒家伦理会宽恕这一行为，考虑到延续血统是子女孝行的一个形式。但是一个人如何能保证这一目的就会实现？如果这一目的实现了，那么关于父母的概念将不得不重新定义。其次，如果我们以社会功利的立场考虑人类克隆，那么对克隆人类不加限制的政策将使一个社会或者整个世界受益，这一点是不确定的（因为克隆人类将影响到世界人口）。再次，如果我们从义务伦理的立场上来考虑克隆人类，我们将看到不论我们如何精确地定义，克隆都不会是一个我们能期待所有人都会承担的义务。此外，要克隆还是不要克隆是一个道德选择，它还需要考虑许多其他因素，并且要依靠科技的先行。最后，克隆人类既不是道德的也不是非道德的或者乍看上去的罪恶（vice prima facie），因此人们不能说它是道德善的一个形式。出于所有这些原因，如果克隆人类没有被彻底地禁止的话，那么它应该得到严格的限制。

---

① 据报道，事实上英国的一家私人实验室已经秘密地制造出了一个克隆人。

② 见最近出版的 Cloning：For and Against，edited by M. L. Rantala and Arthur J. Milgram，Chicago：Open Court Publishing，1998。

对于儒家伦理，还存在着另外一个超越逻辑的考虑：一个克隆人能够认识到他的道德天性并且成为一个有德性的人吗？关于这个问题，无疑我们还要考虑很多，但问题是一个克隆人将如何对他自己的存在做出回应以及如何保护他作为道德个体的权利。从宇宙本体论上来说，一个克隆人可能被理解为在他的产生中缺少阴阳的运动和平衡，因为阴阳的运动和平衡源自一个精子和一个卵子之间的吸引和融合。关于这点，可能有人会指出阴和阳仍然发挥着作用，因为克隆人必须在子宫里生长，因此他被一个代孕母亲照顾，而她不提供卵子，因为克隆不需要卵子。按照这种理解，不存在真正的形而上学基础对克隆孩子的道德天性提出质疑，因为他将按照基因长大，就像他的父亲按照基因长大一样。他将仍然具有道德天性，就像他的父亲具有一样，但是作为个体，他将拥有一个不同的身份，在一个特殊的环境下长大。对儒家伦理来说，障碍在于克隆孩子可能缺少一个由父亲和母亲组成的正常家庭，他可能会作为一个单身父亲或者单身母亲的孩子被养大，尽管他/她可以被当作儿子或者女儿被其他的人收养。再一次地，直到我们发展出一个完善的文化和生活的形态，它们包含了有关人类个体、家庭和社会的所有美德，那么在这之前，儒家对生命的本性以及限制的尊重就应该被遵守，甚至应该被极高地对待和尊重。

结　语

在现代和当代生物医疗技术带来的挑战下，人们需要知道这样的技术在哪里以及如何帮助解决了有关个体和社会的古老问题。同时保证了生命的繁衍与和谐伦理的原则是什么？

对新的生物技术具有的社会和个人价值进行测试和试验，普遍性与在和谐下寻求最好的结果无疑是两个非常重要的原则。为了保护公平、个人尊严以及自由，对于旨在满足人类繁衍生命和维持和谐目的的生物技术，我们当然始终需要在它的使用和应用上建立必要的义务和权利。因此，为了寻求社会上和政治上的理解，讨论和辩护的理性原则始终是交流和怀疑的途径。

儒家伦理提供了两个思考和考虑的基本洞识，在对生物技术和生物医疗做正式决定的时候，它们能够被用来作为基础：就对人作为道德实体的特殊性的理解而言，保持人性和人的尊严，以及平衡一个人类行为将要带来和已经带来的所有基本个人利益和社会利益并达到和谐。换言之，不论我们引入了什么样的生物科技，作为一个人，我们需要保持我们的道德天性（无论解释为实在性的还是非实在性的）和道德尊严。如果通过生物科技的创新，我们以我们的道德价值到达更高的生命等级，那么这就是为什么我们应该考虑将生物科技与修身和自我发展这项一生的规划结合起来的原因。但这并不是唯一的原因，我们也需要思考社会利益的总体，这样对生物医疗技术不同的使用安排才会是正当的。这里的两个思考是旨在引入生物医疗技术应用上的两个基础原则，即保存人类天性中的道德原则（the Principle of Moral Preservation in Human Nature）和人类社会中的社会和谐原则（the Principle of Social Harmonization in Human Community）。它们二者共同构成了儒家道德公平和公正的原则，用以评价生物医疗技术的发展和应用。

儒家伦理是整体性的，它希望在一个广泛和预防的层面上解决所有基本的问题和难题，包括生命繁衍、克隆、死亡和器官的培育及移植。为了整体地评价和解决一个相关的问题和难题，它要结合所有基本的价值，这些价值必须包括德性、义务、效用和权利。对于个体而言，在做选择的时候，作为自我尊重和关心的仁的原则必须与对和谐的考虑取得平衡。因此，像代孕母亲这样的情况，必须实行严格的监管，并且必须尝试性地建立起一个权利和义务的主体，这样的话，现代和当代的生物医疗技术的创新才不会破坏最基本的德性以及内在生命个体的公平感和公正感。

创造 21 世纪的人类命运：全球化经济发展与儒学及儒商的定位[*]

中国现代化的发展，首先要对全球化的经济发展新趋势做出深刻与前瞻性的了解，进而省思中国文化的潜力与优势何在，并积极开发此一潜力与优势，以适当与智慧的方式切入全球化经济发展的动态潮流之中，形成主导的力量；如此，则不但将对中国的现代化做出杰出的贡献，而且将对全球人类安身立命的福祉与人类社会和平繁荣的生活发挥潜移默化的促进作用。

一

什么是全球化的经济发展呢？回答是全球化的经济发展意在建立全球的统一经济市场，期使货畅其流而物尽其用。此一经济的全球化是一个世界经济发展、科技发展的大趋势，也是切合人类需要的历史发展大方向。但这一发展有其好处，也有其坏处。更重要的是，如果人类掌握的决策智慧与关切理性得到充分的发挥与运用，它就能使人类走上共生共存、和平繁荣及可持续发展之道。更进一步说，它的好处是将节省人类已有的生产资源，开拓人类的经济发展空间，促进财富宏观面的平均分配，使全球各地区逐渐形成各尽所能、各取所需的互补与互动的机动过程，同时提升市场的竞争力，刺激人类发明、发现的创造力，以及推行人类各行各业的协作力并维护彼此依存的活力。这是由于全球化的经济是以全人类为消费对象，以全球场所为市场，当然也假设全球每一个地区都有发展的动力与潜力，都能参与发展与竞争和合作，而且能够做出合乎理性、合乎公平的策略裁断与制度规则。

相反，如果人类不能克服纯粹自私自利、损人利己的动机与做法，而且处处维护既得的非法利益，不断追求罔顾他人的权力扩张，全球化只会带来少数族群的权力驾驭与

* 原载《孔子研究》，2000 年第 2 期。

财富集中，而大多数国家与大多数人群将沦于贫穷与不幸。因之，全球化经济的发展只是人类走向灾难的开始。一个明显的例子是，1997年东南亚的金融风暴显然是国际资本投机集团在自私自利、损人利己的动机下利用全球化的大环境制造的利益掠取，此一风暴所造成的东南亚的社会灾难是无法估计的。这一灾难的前因后果明显地说明全球化所蕴含的各种可能性，也说明了全球化是一个对人类社会可好可坏的理性工具化过程。同时也说明一点，全球化事实上是一个尚未完全界定的人类活动过程，此一活动过程一方面在寻求开放、寻求自由、寻求从因循历史的制度与个别国家的制约中走出来，为的是提高经济活力与社会福利，更好地使人类全面受益。因而，另一方面，它需要全人类用最好的共同智慧来界定与规范，需要人类各传统、各地区都能参与，都能受惠。然而却偏偏有投机者、阴谋家利用一己之所长、他人之所短，获取非法暴利。这虽然不是全球化这一过程的罪恶，但却把如何参与全球化、如何面对全球化的价值态度与经济行为的伦理问题暴露出来。

在这一正负双重角度对经济全球化的分析理解下，我们看出全球化的经济需要全球化的经济伦理来规范、来改善：规范新的结构，改善旧的条例；更需要一个全球化的人类整体伦理来引导、来批判：引导未来的方针，批判已有的建制。全球化提供了人类一个整饬行为、检视价值、发展人类创造潜能、通和人类族群、开拓人类善良根性、充实人类文明内涵、提升人类人格品质、建立人类共同远景与大同理想的大好机会。在这一大好的机会下，我们可以很容易地看到儒家及儒学作为一个文化理想、一套社会价值体系和一个人类整体伦理系统的密切相关性和重要性，更明确地说，儒家及儒学为人类社会的发展勾画出一个基本的价值信仰方向、社会蓝图、行为规范的思想系统。在现今经济全球化的网罗与趋向中，此一意向已能更鲜明地表彰出来。事实上，孔子提出儒学的基本思想之时也正当中国社会处于一个大变革的时代。孔子之能于斯时提出，正是因为孔子能深切体会到他所处时代的变革性，体会到人类历史有正负两面双重发展的可能性，因而在深度的历史反思与对人类前景的憧憬下，义不容辞、仁不容己地投入启蒙社会、教育年轻人的济世工作，并在他与弟子们的答问中充分地表达了他淑世的情怀，展现他仁德的智慧。孟子说孔子是圣之时者也，不只是说他能应时用世，也意指他掌握了变革的智慧，懂得通变之道，但又坚守其德教的宗旨、人生与社会的价值观及对人性修持进于至善的愿景。

基于以上的理解，儒家与儒学对于经济全球化的重要性与切时性可想而知。我们可以说人类经济全球化需要一个具有普及性的经济伦理，也为此更需要一个具有普及性的人类社会伦理，关于这点，理由也很简单，经济全球化是一个工具理性的实践过程，它必须以社会的总体需要为基础，也必须以达到社会的全面进化与发展为标的。因之，经济全球化只是人类社会和谐交流与人类文化平等沟通的一个基石，同时也是一个方面。它必须在人类共同的善意与共同的理想的认识下进行。正如经济离不开社会、政治与文化，经济全球化的活动与努力自然也离不开社会的交往、政治的商议与文化的融合。人类各地区能不能自经济全球化走向社会共同体化、政治协作化以及文化和谐化（而非如亨廷顿所说的文化冲突化）是需要历史来考验的，但明显可知的是，没有经济全球化与东西文化的充分融合与互解，东西方社会与政治的协作与良性互动是几乎难以想象的。欧洲经济共同体能够逐渐凝合成为欧洲社会与欧洲政治共同体，其巨大的凝合力无疑来自于欧洲各国的共同文化背景与历史渊源。这自然也说明经济发展的作用，经济全球化的作用，经济伦理的作用，全球经济伦理的作用，以及社会/文化伦理的作用与全球社会/文化伦理的作用。儒家哲学显然提供了最具普及性的社会/文化伦理。同时，儒家哲学与儒家社会/文化伦理也必须成为儒家经济伦理的基石与资源。

二

儒家伦理本身包含了强烈的全球化色彩。在儒家经典中，我可以举出三则具有纲领性质与鲜明目标的话作为人类普遍性的儒家伦理的说明。这些话也说明了什么是儒家哲学自始至终所坚持的重大与崇高的历史使命与文化理想。一则是《大学》说的：

> 大学之道，在明明德，在亲民，在止于至善。

此段话表明个人德性修持的重要性。只有在个人德性的修持的基础上，社会或社群才能亲和地发展。只有在此两者的基础上，人类才能追求与获致最高的善。西方伦理有直线的超越的个体化的发展趋势，寻求强调个人的权利与功利，漠视涉及全体的责任与德性，但什么是最高的善或至善呢？显然，它指的是人类全体既分享又共享的高品质、高德性的和合状态，它在全体的责任与德性中包含了个体的权利与利益。此一状态的最好说明则是《礼记·礼运》篇：

> 大道之行也，天下为公，选贤与能，讲信修睦。故人不独亲其亲，不独子其子，使老有所终，壮有所用，幼有所长，矜寡孤独废疾者皆有所养。男有分，女有归。货，恶其弃于地也，不必藏于己；力，恶其不出于身也，不必为己。是故谋闭而不兴，盗窃乱贼而不作，故外户而不闭，是谓大同。

虽然，人类对至善的理解是一种理想、一种憧憬（所谓愿景），但有此理想与憧憬，人类才有向上的努力与追求，才能发挥创造的意愿与动力。就现代人类已经开发出来的科技与已经积聚的经济财富来说，人类全体的共同努力已经能够达到超过小康趋向大同的局面。但为何我们所处的世界还是如此多灾多难，如此分崩离析，如此千疮百孔？这就必须要归之于人之为人的一般品质的种种缺陷、知识的缺陷、德性的缺陷、判断的缺陷、动力的缺陷等。人的爱他利他的道德精神还需要开发与有待发展。再者，如果社会伦理与人格发展的文化伦理都直接或间接涉及国家的发展与天下（全球人类）的和平繁荣，则每一个国家的领导人（有能的君子）都应该是一个既有德又有能的贤人或圣人（有德的君子），足以带动人群，激励人心。儒家圣贤的理想实际表明了儒家对一个人有君子之德与其可以发展到治国平天下境地的信念。虽然，此一境地不一定完美具体实现，这却是儒家对人的发展不断的要求与策勉。儒家甚至把此一理想的实现投射到远古的历史上，形成尧舜德治的范型。《尧典》说古尧帝是：

> 钦明文思安安，允恭克让，光被四表，格于上下。克明俊德，以亲九族；九族既睦，平章百姓；百姓昭明，协和万邦。黎民于变时雍。

这种从个人的修持发展到国家天下的治平过程显然是儒家的思维核心。可以说是根源于《论语》中孔子所说"修己以敬""修己以安人""修己以安百姓"的意思。在孔子看来，每个人都是可以修持成贤成圣的，因为每个人都有志于道、据于德、依于仁的能力。有了此一能力并发挥之、实践之与实现之，也就能启发他人，感化群伦，自然治平天下，犹如顺水行舟，易如反掌了。虽然，我们说这是一种理想或假设，但这一理想或假设却具有充分的逻辑性，因为如果人人都能有道德、讲仁义，基于道德共识建立的法制也就易教易行。尊重道德，尊重道德的决策与法制，天下就自然形成了道德的秩序，最有德的圣人只要南面而王即可。此一理想也最能鼓舞人心，因为它对人性有如此的信心，对德性的力量有如此的信念，在最自然的情况下自然也最能诉求于人的自然感情。孟子极力求证人性的本善也可说是在此一理想的感召下体悟到必须从人性的深处去发掘修己成己成人的动力根源。他称之为良知良能，因而进一步赋予了善性以自觉性以及与本体真实的相应性与连贯性。所谓合内外之道就在于内（性）之善与外（天）之本有一个整体中的内在的一贯性与连通性，这也可说是孔子晚年对子思的影响所及。在天命与心性、心性与道德统一的基础上（所谓天命之谓性、率性之谓道、修道之谓教（德）），儒家伦理之具有普遍性乃在其界定了人的本质的起点、人的发展本性的能力以及一系列的身体力行的具体实践过程。换言之，儒家伦理不只是伦理，不只是仁学，且是人学、人的本体学、人的道德创化学，且与天地的本体学与宇宙论息息相关，互为主客。关于此点，我在另处有所详述。

孔子所举之仁是儒家的中心概念。孔子解说仁为"爱人""克己复礼""己所不欲，勿施于人"。在仁的理念基础上，孔子提供了一个为人处世的行为准则。但仁在人性得于天命的基础上已具有本体论的意涵，与天地一体的宇宙论结合起来，就构成一种渗透万物的关切情怀与生命体验。此一情怀与体验既是性又是理，因为它可以内化为性、外化为理。这就是我前面提及的关切理性（英文可译为 rationality of common care）。张载说的"为天地立心，为生民立命，为往圣继绝学，为万世开太平"① 就生动地表现了这一

---

① 《张子全书》卷十四。

关切理性，甚至可说从一个儒家仁的情怀更具体地显示仁者的崇高抱负与使命感。

三

在以上讨论的基础上，我们不但看出儒家、儒学与儒家伦理的全球普遍性格，也可以进一层理解儒学之为关切理性之学的新解。我们可说凡是关切人生、关切人际伦常、关切人之自身发展与社会全体的合德合理的发展都是儒学，固无论其为自觉或不自觉。但儒学还要积极主动地实践此一发展，并力求达到一定的高尚品质的道德和谐之境。这一意义的儒学是综合历史儒学的精华而形成的。它的意义与重要性在于它标明了在人类走向全球化的过程中人的重要性与人的自觉和主动自我修持的重要性，没有以人的自觉为中心的关切理性，任何全球化的发展都有可能步入歧途。唯有人的责任与人的关切理性自觉，才能确保全球化的正当性与有效性，因为唯有此，吾人才能集聚众力在人的发展的起点、过程与追求的最终理念与理想上进行省察、检验与更新。

在全球化的经济发展中，儒家伦理扮演着一个既促进经济发展又平衡经济发展的角色，为了发展人的潜力，更为了发展群体的福祉，包含提供更好的生活环境与更好的教育机会，儒家伦理必须坚持方法与手段的合理性与合德性，即使经济能达到善的目标，但实行经济的条件与过程仍然要符合最基本的德性，也就是要重视人的目的性与人的德性尊严的维护。在此一原则的要求下，显然我们可以从儒家伦理的立场探讨生产力发展的条件、劳心与劳力工作建立的条件、维护工作场所安全的条件、报酬升降与人事奖惩的条件等经济伦理的实质问题。在经济分配的领域中，儒家伦理更要强调手段与过程的公平性与公正性。在这些重要的细节上，儒家伦理提供了一个关切理性的观点：是不是有人性与人道的关切？是不是能对人的关切做出理性的说明与策略性实施方式的安排？因之儒家伦理就在一般的经济伦理中发挥其关切理性的作用，形成了具有德性主义与人性主义特色的儒家经济伦理。

有了对儒学、儒家伦理、儒家经济伦理及其全球化定位的正确的现代理解，我们就不难看到"儒商"一词真正的含义了。什么样的从商者或企业管理者与负责者才可以称为儒商？我想在此可以区分两个意义或两个层次的儒商。第一种意义或第一个层次的儒商是从商者或企业管理人服膺与实践儒家的社会伦理与经济伦理，在一般的社会事务与特殊的经济事务上都能自觉及有恒或系统地履行与表现儒家关切社会和谐、文化创造活动的精神，对于经济事务更要强调儒者重人的风范、人性的关怀与人性的生活安排以及待人处世力求公平公正之道。所谓"重人"可说有三个意思：一是重人才，贤能并重，并鼓励教育提升；二是重人事制度，尤其不应因个人关系影响到人事的公正；三是重人际和谐关系，并以"和""合"为企业文化的主体，这也是我在我写的《C 理论：中国管理哲学》一书中一再强调的。

第二种意义或第二个层次的儒商则只在经济事务上着眼儒家的社会伦理与经济伦理，并将之转化为管理之用。但在一般的社会事务上却不甚在意是否自觉与恒常履行与表现儒家关切社会和谐与一般的人道淑世精神及文化创造活动。此一要求的重点是自觉与恒常甚至系统化。第一种意义或第一个层次的儒商对此一要求十分重视，并以之为从商与发展企业的动机与信条或终极目标。但第二种意义或第二个层次的儒商并不一定对此重视，但因能善用儒家伦理为管理之用，仍不失为商之儒者。尤其在交换行为与贸易行为上面，如能做到以诚信待人，无欺于老少，无愧于屋漏，不取不义之财，不曲世阿谀，可说做到了传统儒商的基本要求，当儒商之名而无愧了。当然，要做到此，从商者就不得不讲信修睦，甚至一日三省其身，修养其德行与正气，充实其内在的德性。至于明清之际传统的商人，于从商致富之后，附庸儒者的风雅，热衷琴棋诗画，甚至与儒者唱和诗词，却不一定就能当儒商之名，不但不可当第一种意义或第一个层次的儒商之名，也不可当第二种意义或第二个层次的儒商之名。也许我们可以另立第三种意义或第三个层次的儒商之名，以说明只重形式或徒具形式的儒商范畴。但我在此所提的儒商应是以实质与实际的实践为重。此点不可不辨，也不可不辩。自孔子到孟子到荀子都看重正名主义，所谓名实相符，不可以名乱实，不可以实乱名，亦不可以名乱名，以实乱实。基于儒家的此一重要传统，我们自然要为"儒商"一词郑重正名与定位了。

我在此还想就第一种意义与第二种意义的儒商发挥一些含义。第一种意义与第二种意义的儒商都可以是现代意义的资本家，拥有或负责大型的企业集团与公司。他们都能运用儒家的伦理与儒家的管理以扩展市场、业务与组织，因而可以以成功的企业家知名。他们是资本社会与市场经济的产物，并能对资本社会与市场经济的继续发展做出卓越的贡献。但由于他们有儒家的情怀并履行儒家的经济伦理，甚至因此而更有发展，我们称他们为儒家资本家也未尝不可。如果中国或其他国家的资本家都是儒家资本家，而且社会资本与国家资本也因儒家伦理而发展起来，有人提出儒家资本主义这一说法也未尝不可。儒家资本主义的重要论点是在儒家伦理与儒家管理是否能够引发资本主义。我曾为文说明区分儒学传统之用与儒学当代之用，历史上儒家或儒学并未引发资本主义，但在当代，儒家或儒学在经历西方文化与西方资本主义冲击之后，透过知识分子、政府与民间的协力，获得了一个新的面向（相），确有激发经济发展与资本主义发展之能力并有具体实现的例证。过去20年来，"亚洲四小龙"及中国经济的起飞就是一个最好的例证。我们甚至可说日本明治变法的成功也是得力于中国儒家的长期熏陶。只是日本接受西方帝国主义过了头，背离了儒家资本主义的经济伦理，并只运用了有限的儒家管理，以致导向了日本损人利己、极端残酷与自私的军国资本主义的发生，危害了亚洲与世界。

真正的儒家资本家是以社会为重，以社会的福祉为重，因之第一种意义的儒商不但在经济事务上履行儒家经济伦理，也在社会与文化事务上履行儒家社会伦理与儒家文化伦理，发挥儒者奉献于社会与文化的精神。因之第一种意义的儒商不仅是儒家资本家，能够发展财富与资本，也是社会与文化事业的积极支持者与捐助者。他不是一般的慈善家，不是因为减免税款而捐款，如在美国所常见者。他是自觉地、系统化地或有计划地就他最大的能力要为社会与文化做出贡献。他不但是知之者，也是好之者，因为为社会与文化做出贡献是他的儒家伦理的信仰或信条的一部分。这就是他与第二种意义的儒商大不同的地方。他不但是一个儒家资本家，因儒家而发皇，他也是一个儒家的社会主义者与文化主义者，为斯文而奋斗，为仁者之大道而奉献。

基于以上所述，我在此作一简短的结论。21 世纪人类的命运有赖于经济全球化的制度合理化与个人合德化的发展与实现。儒家与儒学既提供了一套经济伦理的价值，又提供了一套社会伦理的基石，不但有平衡经济与伦理的作用，也有促进经济导向人类社会与人类文化和谐发展的力量，更能带动人之为人的品质上的提升。儒家与儒学在经济伦理、社会伦理与文化伦理上的发展正是 21 世纪的人类所急迫需要的。无此，不但人类的共生共存、和平繁荣不能实现，而且人类的命运有向相反的方向发展的可能。改儒家与儒学有一个双重的使命：防止人类经济全球化的逆向发展和促进人类经济全球化的正向发展。作为参与全球化经济发展的儒家文化的代表者，无论是第一种意义或第二种意义的儒商都将在 21 世纪发挥无比的经济推动、社会演进与文化融合的作用。其历史责任的所在实不容赘言。

全球伦理与 21 世纪儒学的发展*

　　基于我对本次会议各小组讨论的一般理解，我对本次会议的总评价是：丰富多彩，不同而和，殊途同归，百虑一致。最重要的是与会学者都达成了基本的共识，确认儒学对 21 世纪人类社会的道德发展与世界和平的建立必然能做出重大的贡献。因此，我可以总结说本会开得非常成功。就我个人来说，我也受益匪浅，除听到了许多深刻的洞见外，更有机会与与会的同人交换了不少宝贵的意见。我深信如果这样既丰富而又有创新性的学术讨论能够持续不断地发展下去的话，举世瞩目的学术成果就会从此会中层出不穷，势将形成改变人类世界前景的良好影响。正如马克思曾经指出，我们的问题不在理解世界而是要改变世界。然而，在人类经济与社会全球化的今天，理解世界与改变世界是一样重要的。而且，改变世界必须始于理解世界，而我认为理解世界的最好方法就是在学术讨论中进行。

　　昨天，全国政协主席李瑞环在人民大会堂会见一些与会的学者时指出，儒家孔子学说是中国文化的基础，它深入普遍而潜移默化地植于每一个中国人的心灵和语言中。我很高兴李瑞环有此一番对儒学及孔子的非常精辟的评价。李瑞环又说黑格尔已对中国哲学有所闻，所以我们不必把当代哲学看成只是开始于西方的。这又可说是对中国哲学的一种重视。当然，这可能是我个人对李瑞环话的理解，但我认为从对这些话的理解中我们可以进一步反思孔子与西方哲学的关联，同时也可以借此彰显孔子思想独特的精神以及儒家哲学在 21 世纪中可以做出的重大贡献与发挥的重大影响。

　　如果我们将西方哲学追溯到黑格尔之前，即康德及莱布尼茨时期，可以看到西方的启蒙及理性精神曾受到孔子哲学的影响。进言之，以康德为例，康德对实践理性的重要性的认识及对其根植于人性或人心的自我立法的强调，就已隐约透露出孔子所谓"我欲仁，斯仁至矣"的思想。然而，康德只看到理性普遍性和必然性的形式，却忽视了这种

---

　　* 此文基于我在 1999 年北京国际儒学联合会召开的国际儒学研讨会上发表的论文改写而成。选自《成中英自选集》，335~349 页。

形式内含的实质及内容以及未能理解形式不可游离于实质的内容之外这个儒家论点。也许这正是中西哲学或康德与孔子的分野所在。此一分野也正好说明西方哲学的发展到了康德已渐有远离中国儒家哲学的趋势，不但逐渐形成对儒家哲学的纯理性批判的错解，也把西方哲学推向了物质客观主义与心灵主观主义的"二律背反"（antinomy）发展的处境。此即主、客两范畴与心、物两范畴各自愈来愈成为西方历史潮流中思想的对立面，而不只是一种笛卡儿所建立的思维方式与哲学观点而已。衡之于西方哲学自 19 世纪以来思想的发展，就可以印证此言之不虚。康德哲学中的"二律背反"就隐含着主客之间（即本体与现象之间）、心灵与物质之间（即道德自由与物理因果之间）存在着不可逾越的鸿沟。循本体与心灵一路发展的就是德国唯心主义与黑格尔精神哲学，循现象与物质一路发展的就是自然科学哲学与马克思唯物主义。两条路格格不入，除了冲突与对抗之外，除了科学的化约主义或心灵的抽象主义之外，是不是还有第三条路呢？如果有，这第三条路是什么呢？过去西方学者较少能提出这样的问题，因为他们跳不出二元思考的架构。而近代中国学者在崇尚西方现代与固守中国传统两大方向中徘徊，也未能正视此一问题的重要性。现在，在中西文化与哲学已有更多的沟通与理解基础上，却正是我们提出此一问题的大好时机。

显然，西方要经历自 17 世纪中叶到 20 世纪末叶超过三个世纪的思想摸索与文化探险才真正可以提出这个问题并了解其可能的含义了。何故？首先我们从中国传统文化的观点来看世界，不能不认识到西方文化所走的两条路正是西方现代化的动力所在：两条路的相互激荡导向了西方重视理性与科技发展的精神。因为只有在理性的辩驳讨论中才能体现以上观点的着力所在并一较长短，而科技的发展却正是最能吸引人、改善及掌握现实生活的途径。但科技的发展却又把人的价值中立化了或甚至消除了，人只是成为物，而失去精神价值的依傍，于是舍物欲的追求与市场的偶像或种族的偏见外，人的主体性就所剩无几或别无他物了。这是我们从 17 世纪中叶以来的西方社会的发展的观察中所得到的一些归纳的认识。当然，西方哲学家或神学家对精神价值哲学的锲而不舍的追求仍为西方人保留了一个神圣的殿堂，但这却不能是西方社会风格的一般写照。在此理解下，西方文化显然必须面对自然中大小宇宙的整合问题，人的心身分离造成的心理晕眩、人格分裂与行为失衡的病态问题，人文与科学、知识与价值的融合问题，理性片面化与中性化的后果问题，生化科技与人生的价值及意义关联问题，权力意志与道德理性的冲突问题。这些问题又导向更具体的环境保护问题、妇女解放与女权运动问题、族群权利确认与保护及发展问题、民权与人权/人性及德性的平衡发展问题、政治民主与经济正义/平等及自由的协调问题、国内民主与国际霸权的冲突解决问题等。

以上这些问题不是只在一般批判启蒙心态或倡导后现代主义的论说与声音中就能化解的。这些问题的发生象征着一个真正人类全球化的世纪的来临，它们将是人类全体不可逃避的问题。全球化在某一个意义上说是打开了"潘多拉的盒子"，让所有的人类问题都暴露出来，这将是人类面临的最大的挑战。只有解决了这些问题，人类才能成为真正的强者、道德的强者和智力的强者。但要解决这些问题，人类必须自我考验、自我警惕、自我鞭策，而且人类必须要开放自我，吸收他人之长，反省自我之短。更重要的是，每一个人尤其不能单纯地从一个既定的角度来观察与理解问题，要真正掌握人类问题的缘起与要害就必须具备充分的正确的历史知识与开阔的理性的世界眼光。中国不可能径自到西方取经就能解决中国的问题，西方也绝不可能径自到中国取经就可以解决西方的问题。我们要追其源头并要找寻一个中西文化与思想的契合点来作为一个新的起点。这就是我说的第三条路的含义所在。

在 20 世纪的今天，我们已看到西方理性主义的成就带来了科技和经济的发展，带来了民主与法制，从而为西方世界创造了财富和强盛。然而在另一方面，我们也看到了西方强权的利益争夺为世界带来了两次全面性的浩劫，甚至直至今日我们仍不能不感受到未来科技战争阴影的威胁。如果 18 世纪以来西方理性主义能够全面接受孔子所主张的"己所不欲，勿施于人"的人道精神以及孔子所强调的"推己及人""和而不同"的胸怀来善待邻邦，那么人类的和平与繁荣可能已早成天下大势与世界定局。

西方理性主义为何有如此大的威力而孔子思想却为何不能导致科技及经济成果？我认为答案应该是：理性的精致系统将人潜在的知识能力发挥出来，所以能达到一个不断追求的价值目标。然而人们却往往忘记，此一理性的精致系统也只是人类生活的工具和文明建设的手段而已，而并非人类终极的生活价值目标。也许在此一意义下，我们更能够掌握孔子的智慧：生活是不能封闭在任何一种或一个理性系统之中的，因为生活永远是要开放的，而人也永远是一个开放的存在，并应不断地在人性的一致与人心互通的基础上追求理性的开放；但人不只要在理性中生活，而且要面对实际的生命需求和生命价值，创造出更好的理性。孔子要求人"志于道，据于德，依于仁，游于艺"，并要求君子"毋意，毋必，毋固，毋我"，并为"不器"。这些言论显然旨在提醒人不可忘怀人的生活及人本身的存在，因为人性实体的开放和生命的智慧正是德性之源。这些言论也正是孔子在 2 500 年后仍能生动感人地长存于历史并影响世界的缘故。今天我们不仅要把孔子的智慧与卓见理性地重建和释放出来，而且还要进一步将此种活生生的生命智慧用来创造时代所需的新理性精神。换言之，我们不能把孔子的智慧与过时的旧制度混为一谈，而是要能把握孔子的智慧，既能出乎其中又能超乎其外，从而用它来为人类解除种种束缚，开启种种美好价值和创造广大悉被的和谐。此即孔孟所谓仁者之道，亦即是有道者之仁。

就目前世界发展形势来看，我们显然面临人类生活全球化的生机和危机。此所谓"全球化"是指"全球人类社群的一体化"，基本上意涵着人类经济生活的一体化、人类政治生活的一体化、人类社会生活的一体化。此一全球化的过程体现了人类必须进入一个新的全球系统与过程，从而满足全人类的全面需求，亦即以最小的人类资源来满足最大的人类需求。为达到此，除实现经济全球化、政治全球化以及社会全球化外，实无更好的途径。这样的时代将是一个人类文化创新的时代、人类族群参与发展的时代和人类自我转化的时代。此一时代也将把全球化与地方化有机地统合起来以满足多元文化、个别社群诸种福利的需求。同时，这样的时代又将是一个激烈竞争和无情兼并的时代，优胜劣败已形成了新的世界潜流。若要避免世界人类社群的贫富与强弱两极分化，如何消除权力的宰制与如何建立公义的机制就成了人类面临的最大的发展课题。无疑，在这样的大环境中，人类唯有克服宰制欲、征服欲和占有欲才是正确的抉择。为此，我们也必须从儒家的观点提出全球伦理化的设想。

首先，我们必须要认识：经济全球化需要一个全球经济伦理，政治全球化需要一个全球政治伦理，社会全球化需要一个全球社会伦理。然而，什么是全球伦理的模型典范？我们又将如何发展此一模型典范呢？这就需要特别指出，任何伦理实践典范不是凭空产生的，而是在生活实际与生活实践中寻求的，也就是必须在今天的现实世界中实现的。哪一种思维方式、哪一种行为方式或哪一种生活方式更具有生命力和典范性，哪一种思维方式、哪一种行为方式或哪一种生活方式就更具有对全球人类的吸引力与说服性。人类全体需要向大同世界迈进，因为和谐的大同世界令人向往，而战争纷扰的乱世却令人却步。因之，我认为全球伦理的发展既当求之于不同的文化大传统的内在精神，也当诉之于一个现实的世界文化共识是否能够实现于具体的全球的社群和国家之中。

在此，我想举出人类三大文化传统与世界社群以阐述全球伦理理论的可行性。一是欧洲传统，它由理性主义发展为欧洲共同体；二是美国传统，它由实用主义发展为利益集团；三是中国传统，它由儒家哲学发展为天人合一、性理兼顾、知行并重的道义社会。中国传统提供了一个强化和谐的社会图景，显然更能满足人类社会全球化的需要，也因之为人类经济全球化与人类政治全球化提供了一个道德基础。然而，问题却在于如何实现和完善这种人类社会的和谐。特别是：如何结合科技及经济、民主与自由的发展来达到此一人类全球伦理的理想及终极目标？我想从以下两个方面来简略地阐述这一问题。

第一，中国儒家文化不仅是世界多元文化中的一元，而且是世界东西两元文化结构中的一个重要选择。如果当代西方文化以"非此即彼、彼此对立"为中心典范，中国文化似乎从来就以"彼此兼顾、对立互补"为中心典范。因之，中国文化（在政治与社会上以儒家为代表）代表了一个人类整体文化的和谐化理想，为世界多元文化所分享，并提供了一个更切实可行的生活理性的框架。这就是说中国儒家文化既可成为人类多元文化的最大公约数，也可成为其最小公倍数。因此，中国儒家文化将是一个十分可欲的未来世界文化，或至少是一个十分可欲的潜在的世界文化。《易传》所谓天下"日用而不知"，因而，这就需要中国的学者与全球的文化人不断地阐明和发挥中国儒家文化的宝贵精华。第二，讲求儒家文化及其孔子思想正是要讲求（不只是不必要放弃）合情合理的及合乎实际的理性科学方法与知识的发展，因为建立和谐统一的社群本身就是理性工具和科学知识的发展，是实现终极人生价值的手段。儒家思想过去所产生的问题是为了现实的权力而放弃了并无知于如何进行理性的知识的探求，以致造成中国近 200 年来长期的落后与积弱的局面。今天，中国又处在一个价值选择的阶段，表面上似乎徘徊于传统思想与科技现代化之间。然而，深入地看，从传统中精华化了的儒学，作为经济伦理或者是科技伦理以及全面的生命和生活伦理，都与现代科学的发展与民主的发展完全没有冲突的。相反，它却原来就潜存于此两价值之中，无论在历史上或理论上都提供了发展科学与发展民主一些人性上的根据。但在西方，理性主义的形式限制了西方的科技与民主，使其无法去自我超越、自我转化和自我完善，故而产生了科技与价值、知识与智慧、知识与价值的内在矛盾，并因此常常陷入进退两难的困境之中。

一般言之，儒家伦理是以人性和仁心为起点，以全体人类的至善目标为终点。过去它缺乏实现其理想的中间一段的过程。如今，我们可以看清这中间的一段正是经济上公平与自由的竞争，政治上民主与法制的发展，科技上知识与价值的同步。如果我们不忘却这一过程的起点与终点，这中间的一段也应是一个可以持续发展的过程。简言之，我们必须将起点、过程和终点有机地融合为一体，才能推展人类伦理的全球化，也方能达到中国儒学自身发展的目的。为此，人类需要有一个广大而深入的"人的再自觉"，这一"人的再自觉"并不只是意味着中国文化的复兴，而且意味着全球人类文化的复兴。因为它不只是与中国人息息相关，也是与全球人类息息相关。它将是东西方文化共同努力以达到的一个新的文艺复兴。这一"人的再自觉"将标示人类德性与人类知识充分的结合，使人类全体都能认识到人类生活与人类生命存在的价值的内在性、发展的相互性、多元的差异性、学习的开放性与基本行为规范的普及性。这一自觉从而能够面对世界上的任何危机，并使之转化为生机，进而使世界人类产生一个脱胎换骨的变化，或可称之为"全球伦理的进化"或"全球道德的进化"。所以，探讨儒家的精神，发扬孔子的思想应是当前人类的共同课题，也应是东西方文化共同价值理想的最佳选择。以下就儒家伦理学的重建进行一个知性的分析与探讨。

儒家伦理学有一定实现道德真理的内在程序，即是先从整体的人的德性着手，不做违反人性之事，并以发挥人的善性及善的德性为一般行为的规范。但人为社会的存在，应担当促进社会发展的职责，甚至也有进入合法的国家机构负担及履行公共事务的责任。在这种社会职责及国家责任的要求下，儒家伦理也就表现为一种责任伦理，也就是说，儒家的德性自然依具体的职责具体化为不同的责任。履行这些责任就是实现德性的一个管道，但这不是说儒家整体个人的德性伦理就不运行了。事实上，任何责任必须以德性的运行为背景方具有人的特质，否则责任的履行也可看作一个机械对功能必然性的执行。任何责任也都需要人的理性的整体判断，而且是在具体的事物状态中取得适当的理解后所做的判断，并能对此判断负起责任。有了具体责任的意识，方能进一步考察履行责任的可能行动的后果问题。所谓后果问题就涉及任何责任履行中及其后的利害问题。凡行一事必有其利弊，只是利弊有其大小、隐显及远近的分别。形式上的理性程序往往是取大略小，重显轻隐，看近忽远，但如深入理性结构分析，则有不能不就整体的平衡要求及更广范围与更大时空做出负责任的后果判断。在此一理解下，如问儒家伦理是不是也是后果主义的功利主义，或以最大的社会公利为决定责任的准绳，回答是：儒家有社会功利主义的一面，但却并非以功利为决定责任的唯一准绳。责任是就名分与职责定的，在一般履行的轨道上有其经验与实践的有效性，并且为系统性所保障，故行为后果的认定是长期评估的成果。然而基于具体的情况做具体的后果衡量以作为行动的参考确实是必要的，因而整体与分别功利后果的考察也是必要的。

儒家伦理学中最受批评的是缺乏个人的权利意识与对人权的忽视。对于这两个批评比较持平的看法是儒家伦理根本上就预设了人的生存与发展的平等权利，因而每个人都要有免于受他人与政府迫害的权利。儒家尤其重视人民大众，以之为天之所生，具有天生的生存繁衍的权利，有待稳定的生活环境与条件的实现，除却饥饿，并得以教化成为有德之人，各自寻求自我实现，庶几完成人之为人的人生过程。这就不能不需要一个保护生民的有为有守的政治权威。无论孔子或孟子均是以修己达人、建立德政为立说宗旨。此即说明人的权利是与生俱有的，而所谓政府或君主的存在则只在于保护人的权利而已。但儒家并未突出个人的权利以别于群体的权利，也未对个别权利进行分别与论说。这是受古代制度和知识的限制，而非缺少权利意识。即使如此，儒家的人权观也有其内在的特色：个人要在人与人的伦理关系中发展其德性，故个人的权利也当以伦理的价值为基础，而不能有悖于伦理。当然，人的伦理可因社会分工与工业科技的发展而有结构上的改变，但人权不离伦理与群体性仍是儒家权利观的中心思想。如此说来，儒家伦理学的人权观可说已包含在《中庸》说的"尽己之性"以"尽人之性"的意思中。"尽人之性"可说为"实现与满足人的发展权利"，而此则必须以能"实现与满足一己的发展权利"为前提，也就是以"仁以为己任"为前提。这可说为人的德性的、责任的、理性的与生命的要求，是与德性伦理与责任伦理同步的。我称之为"隐含的人权主义"（hidden or implicit rightism）。此一"隐含的人权主义"表现的是：充分地发展德性与责任就是发展了人权，而政府应该保护此一发展，亦即保护了人权。这一看法正是受到儒家思想影响的启蒙时代哲学家洛克的观点。我们甚至可以说洛克这一思想就是受到孔孟思想影响的结果。对于这一点，我想在此稍加发挥。

约翰·洛克（1632—1704）生于欧洲科学革命之后启蒙时代的早期，可说是第一个从一个兼顾理性的观点来讨论人的教育问题与政府管理人民问题的近代西方哲学家。他认为教育的主要目的是发展与建立人的"德性、智慧、教养与学问"，而其中最重要者为德性。德性也是一种理性或合理性。教育在力求受教者学习到以人的理性与人心的尊严为判断是非的标准。洛克并强调用具体事例和对具体人物行为的评价来教导学生。其至他也劝做父母者用古老传统教育子女之余也多加运用理性。在这些有关教育的言论中，洛克已反映了孔子儒家的教育观点。在政府管理事务上，洛克提出的根本问题是：政治权威的合法性自何而来？政府权威的功能为何？在他于 1680—1682 年所著述的《公民政府两论》（*Two Treatises of Government*）中，他首先在第一论中批判神权论，在第二论中他揭橥人天生就具有某些自然的权利与责任。这是他的人性具有独立于后天法制的"自然权利说"或"自然律说"。所谓自然律就是自然理性，其内容乃是人的相互平等性与自主性的自觉，此一自觉要求人在其个人生命、身体健康、自由活动、私有财产上不受任何他人的侵害。此即意涵着人人具有个人生命、身体自由与私有财产方面的权利。而所谓政府的职能则在保护这些个人的权利，而这也正是政府获得与具有权威性的理由。更有甚者，洛克还论证人民享有对失却公义的权威抵制或抵抗的权利。他认为政府与人民的关系应建立在一个"信"（trust）字上面。当一个权威任意滥权，置人民于水深火热之中，人民则奋而起之，收回其原有之自由，建立新的立法，取得其所应享有的安全与安定。这些观点显然又与孔子、孟子的"民为贵、君为轻"的民本思想及孔孟的"以德为政"的王道思想与人性理论不谋而合。洛克所用的语言也是与孔孟的论说若合符节的，只是他结合了自然律的思想，把人性所蕴含的德性转化为天生的自然的权利罢了。当然这一个转化很重要，因为这乃是把一个"隐含的人权观"明白地朗显为一个"彰明的人权观"，从而为西方的民主思想、人权思想、法律或法制思想奠定了哲学的基础。

这里要指出的是：洛克的教育与政治思想非常有可能来自对中国的儒家孔孟之道的吸收。这是因为在 17 世纪中叶表达孔孟思想的四书已通过耶稣会士拉丁文的阐述，传遍了欧洲主要大国如英国、法国与德国等。洛克势必接触到此一儒家思想的潮流。较后受到此一潮流影响的还有英国的休谟，德国的莱布尼茨，法国的孟德斯鸠、卢梭与著名的百科全书派的狄德罗和伏尔泰。这些思想家在 18 世纪的欧洲风起云涌地著书立说，会聚成为巨大的力量，强有力地引导了欧洲文化的现代化，为西方国家的富强开辟了阳光大道。但就其根源，却是儒家教育与政治思想的教化与启发所导致。中国文化未能充分运用与发挥儒家的教育与政治的精华思想，固有其历史上的因缘，以致 17 世纪之后，中国积弱，一蹶不振，反受西方强权之害，但西方世界饮水不思源，宁非历史的讽刺？我们回顾这段历史，实不能不痛定思痛，痛加检讨，更不可不记取历史的教训，坚定脚步，用理性改造现实，结合古今，融合中西，不但重建中华文化之魂，且要把中国文化的精华体现为全球人类的智慧，为全球人类的和平繁荣坚忍奋斗。从这个观点看，儒家伦理学的理性重建与发挥显然实乃 21 世纪中国文化人责无旁贷的第一等事。

基于上述洛克思想发展的线索，儒家伦理学显然内含非常丰富的自然人权层面。作为现代化的伦理架构，此一内涵的人权层面必须朗化为明确的人权意识，并为面对现代社会民智的进步、经济的发展把人权规范化，不能只隐藏在德性主义与责任主义的一般名言之下。一个现代化的儒家伦理建设工程可说正在于把人权伦理与公利伦理的价值彰显出来，与德性伦理与责任伦理平等并列为四大原理。此一建设工程也在区分个人与社会、文化与法律的应用层面，在处理公共事务的现实上，必须把人权伦理与公利伦理放在首位，并以之为基本法律立法的根据，同时又在不违反并促进人权精神与公益的原则下，维护及鼓励德性伦理与责任伦理的发展。很明显的是，任何良好的法律都必须凭借良好的德性习惯与责任观念来执行，因之在法律执行与个人行为实践的层次上，德性伦理与责任伦理有不可取代的重要性与根本性。两者的存在将保障一个社会与社群的可持续发展的稳定与团结精神，并为新的立足于人权与公利的立法提供一个永久的资源与基础。因之，德性与责任的教育应是一个社会长期发展计划的最重要成分。从这些方面的分析来看，21 世纪的儒家伦理学将是一个综合多项伦理价值、整合人类不同生活层次的整体伦理学。这个伦理学的最大的特色将是寻求具体生活中整体性的正义与公平行为并为之负责。这是就公行为与私行为两方面来说的。任何一个公行为必须考虑到多种伦理因素与价值，在一个负责并有论证解说的正确判断下进行。同样，一个个人的私行为也必须考虑到多种伦理因素与价值，也在一个负责并有论证解说的正确判断下进行。伦理的行为必然是一个综合与创造的道德的判断，也因之是一个多面负责任的行为。至于如何才能做到一个良好的道德推理，获得一个正确的道德判断，这就不能不涉及"观念的省思平衡""价值的和谐创造"的主观要求和"人际的论说沟通""社群的一般共识"的客观要求等问题。有关此等问题，我必须另文讨论。

儒家伦理学在 21 世纪将有一个新的面貌，不但将体现在其内涵价值的多元化与其整体精神的和谐化，也将体现在其寻求整体平衡与和谐的判断与推理精神上面。这也正是一个多变与创新的时代和全球化的世界所需求的。新的面貌不妨碍儒家原初的道德理念与伦理理想，而其所谓新也正是生命力的充沛与结构的健全化，所谓"周虽旧邦，其命维新"。只有在这一个新的面貌与新的生命力和体质的发展下，儒家伦理才能成为全球伦理的核心部分以及形成构筑全球伦理的主要动力。

基于以上的了解，我们的结论是，在人类 21 世纪的未来生活中，科技、经济以及民主的发展将与儒家的宇宙观、价值观和伦理学互动、互通、互存，儒家的发展也将被证明为人类走向全球化与伦理化的一个根本动力。我认为，这应是实现当代儒学发展最关键的认识。

后现代语境中的儒家本体伦理学发展[*]

为什么儒学在后现代还需要有一新的发展？

什么是后现代？我认为"后现代"这个术语可以用来表示时间过程中的一个时代和一个社会。后现代社会是由现代社会在时间过程中自行转化发展而来的。人们或许会质疑它是怎样发展而来的，以及为什么会发展到这个阶段。不必思索过多，客观地说，既然现代性的发展已经到了尽头，后现代也就随之而来。这里可以引用一种历史辩证法的观点，即当一种情境超越了自己的极限时，便会自动转化成另一种情境。而我认为，这实际上指出了一个关于人类意志的更深层的辩证法：当现代社会以科学知识和技术的形式赋予人类理性的力量时，人就可能成为科技力量的奴隶，为它所控制，并因此失去自由和自由意志；而另一方面，人也可以掌握科技，根据自己的意愿来使用它，而不是被它控制，这样他就能够探寻并重新获得自我的独立意志和自由精神。

在这个辩证的分析中，我们可以看到后现代的两面性：人可以被科学与技术所控制，也可以反过来控制它们。从这两个方面可以看出后现代黑暗的一面：一个人的生活可能会枯燥无味或者充满意义，因为他的生活在很大程度上已经成为现代文明轮轴系统中的一部分。对于大多数人来说，世界是单调而又枯燥的，他们的生活处在被科技所限制与覆盖的状态中。而另一方面，对于少数人而言，他们的自由源于对技术的控制，他们可以使之服务于一己的私欲，也可以支配其他人，所以他们能够按照自己的意愿行动。当然，建立在支配科技的能力之上的自由并不是真正的自由或精神上的自由，因为这种自由使人面对与他人竞争去掌握最新科技的焦虑与紧张。在这个分析中可以看到，后现代对人类而言，并不是一个理想的状态。但仍不能否认的是，虽然这个世界或多或少是由科技、自由市场、机器和制度所控制的，但人仍然可以在不危害他人的前提下，

* 原载《中国文化研究》，2007 年第 1 期。

尝试通过个人行动来实现个体的自由。当然这可能是肤浅的自由，因为这种自由来自于国家和警察所维持的法律与安全的普遍性秩序。然而，一个人的内心却仍然可以向往一种能与他人共享，以及进行精神理解与交往的自由。这也是当代著名女政治学家汉娜·阿伦特所追求的能充分实现个人自由的公共空间的理想。阿伦特所说的实现自由的公共空间正是后现代或后极权主义下的产物。它是经历了对现代性下产生的集权主义的强力批判而产生的。①

因此在后现代社会中，虽然许多事物，如教育、经济和宗教正在私有化、多元化，但如果人不进行自我的精神修养，以及通过这种修养丰富自己，并达到对自己真实身份与精神根源的认知，那么就不会有任何的精神自由。再者，如果一个群体中每个人不都能修持到一定高度的精神自由，彼此相知或共同互信，也就难以实现一个属于该社群的自由的公共空间。此外，人们相互间的关系是为常规、传统和法律所制约的，但这种关系却更多地被看作一种必要性，而不被认为是一种价值。因此，后现代社会并非能全然脱离现代性，而有其内在的匮缺。如此描述、分析后现代性，并没有要诋毁其优点的意图，但是我仍想要指出它的问题以及在人类精神上尚待解决的问题。

我们可能需要基于现代性和后现代性的主要价值和规范，对照一下现代性的极端形式和后现代性的理想状态。

	现代性	后现代性
1.	理性	情感
2.	普遍	个别
3.	公共/共同社群	隐私/公民社会
4.	社会法律	个人自由（权利）
5.	科学和技术	艺术和人文

这就是为什么要摒弃或超越过去的现代性社会传统，因为它已经成为向前发展的阻碍。在某种意义上，现代化是一个失去历史意识的进程，而文化的价值也随之消逝。现代化也是一个为了获得效率和效益而受抽象理性和科学知识引导的过程。因此，它与查尔斯·皮尔士的实用主义信条不谋而合：效果是评判一个观念的最好途径。而这不可避免地致使了在经济活动和市场中追求最大利润的口号，以及一种金钱功利主义，即将所有事物都当作商品来衡量其价值。随着现代社会越来越向一体化社会和自由市场靠拢，这里已经只剩下统领人们行为、调节人与人之间关系的法律与合约。于是我们不可避免地遗失了社群，而人与人之间的关系也成为商业和政治的网络。

那么这就是现代社会抑或一个已经失去完美理性指导的社会吗？或者因为它已经开

---

① 参考 Hannah Arendt 所著 *The Origins of Totalitarianism*，New York：Harcourt Brace Jovanovich，1951。

始意识到对隐私与自由的需求，从而已转向了后现代社会？或者它致力于解构、摧毁现代性秩序，因此就可以达到解放个人或国家的目标吗？从这个分析中可以清晰地看到，后现代是与现代性密不可分的：它是一种用来处理如何实现后现代价值观问题的状态和态度。而现有的后现代情形是，人开始追寻自身的利益，而在利用现代性得到利益之外，却没有意识到还有更深层的价值存在。我们对儒学发展的研究，意味着我们能更加认真地对待"人"（此处指具有人性的人，下同）的概念，并探寻出一种新的理解和觉悟，以此来平衡现代性并使之最终转化为更加人文的、人性化的居住空间。

在这样一个人类社会中，需要进一步加强人的发展，而这也就是我们还需要儒学的理由。实现人的发展的途径有以下几点：

一、通过"人"的自我整合来整合人性：在现代社会中，后现代个人①所经历的最大的困难就是他逐渐丧失了作为人类社会一员的道德身份以及自我意识的道德主体。现代社会的人格构成发生了变化，开始隶属于现代社会中不同的功能性组织。新的身份要求他遵守组织的规则，因此他在社会、政治或职业的游戏中维持自己的生存和成功，并成为一个称职的公民、经理或职员。而他所遗失的却是与自然和人性相关的自我或自我身份。一旦他不能很好地适应工作或不适应工作，甚至是失去工作时，他将会感到一无所有。而他实际上已经沦为一套理性界定的功能性关系。

儒学倡导在后现代社会中，人要回归到其本身，因此人需要面对一个本真的自我，即在自然界和与他人的关系中被赋予的自我。他需要具体地、有机地、创造性地认识自我；他需要对自己的有着时间和历史根源的存在有一种深度的认识；他需要认识到自己生存在人类基本的关系中，是文化和传统中的一员。但为了能认识到自我的这种新身份，他需要了解这个世界以及自己在这个世界中所处的位置，这样他才能感到自己是一个有知觉力、有情感、真正有爱心的人：他有一种由人类关系所赋予的、而不是为这种关系所限定的本性独立的意识。由此我们可以联想到《大学》中儒家关于"自省"的一句箴言："意诚而后心正"。

那么怎样才能做到"意诚"呢？需要完全意识到人是与自我的本源相关联的，同时也是作为人类社会之本源的一个自我。这一深植于人脑海中的自我意识，使他能够在与被称之为"道"的终极实在或原始实在的原始创生力的关系中进行自我的创生。这也就是"诚"，使自己真诚可信。当一个人在对世界与形势的洞见中来做自己想要做的事情时，他便不会再是盲目的而是带有智性地去追寻其目标。事实上，"诚"是基于一个人对世界的洞见而变得独立自由的。缺少了"诚"，一个人的"信"自然也不复存在，而这个"信"是一个人道德行为的保证。这是因为道德行为源自一种对实在的深层认识，而正是这种实在支撑并延续了所有的生命形式。自由意志的行为必须是一种正确的行

---

① 此处指现代社会里的个人具有后现代性，而后现代性与现代性是有冲突的。

为，并以善的意识为行动的目标。一个人会根据道德标准来衡量自己的行为，因此应当对人的思想予以指导，并使其向道德的方向发展。

如果人的思想需要朝道德方向发展，那么人应当进行自我修养，使自己成为一个真正的道德主体和"人"。修身从而维持自我原始的善，使自己返回到自由、有创生力的状态。可以称这种状态为"天人合一"或有自我创生和自我转变的神圣性。而需要提及的是，第一，它是在人的意识和思想内部进行的一个过程，但它也与外在的观察以及知识的实践密不可分。第二，这是一个永不停息的过程，这样人才能在不同的地点和时间里不断更新自我，在一种持续的状态中寻找创生力。第三，为了扩展和延续，这个过程也是不可间断的，这样人才能将自己与家庭、与社会以及与人类社会紧密联系起来：实际上，正是在不断自我修养的基础上，这种扩展才是可能的、有意义的。第四，即最后一点，修身的最终目标是建立一种身份意识并领悟道德意志或道德本身，从而使自然创生力达到更高的实现。人诞生于天地，又在创生性的意识参与中回归天地，从而完成了一次开放性循环的完美发展。整个过程可以被描述为本体伦理的，因为人是本体性地参与并创造性地引导了一种伦理关系的发展，发展并履行了社会与自我内在的"善"。

《大学》中自我创生性的扩展体现在家庭、国家和世界中的具体的关系里。这是道德的实践，是一种对道德洞见之明察的探求。《大学》没有对创生性本身的自我整合进行探讨，而我所做的是在意识觉醒和意识参与的意义上，将《大学》和《中庸》关于人的意志的完满实现过程以及人对自然和天的感知过程进行整理。这两个过程构成了内在洞察力与外在创造力的理想组合，意味着人已经实现了一种真正的自我意识，同时也完成了与他人之道德转变相关联的角色与使命。

二、在社群中发展人际关系：如前所述，人不是一组关系的构成，他既不是现代意义上的团体或组织中的一员，也不属于传统意义上的五类基本的人际关系。对成员和关系来说，重要的是自我和社群能够在发展中相互作用，并相互依存。个人并不因社群而被贬低，反之亦然。后现代社会中，这种相互关系十分重要，它构成了善的伦理观和道德发展的基础。儒家"仁"的观念可以以这种形式来理解，因为在"仁"中，人发现了对他人和社会的关爱，同时也发现了自身中源于终极实在的超越性，而人也因此能够不断地维持自己作为道德主体的身份。①

三、维持一种对人类社群的理想：我们必须注意怎样理解道德意识的动机和目标，以及它们是如何配合并相互支持的。能够看出，"仁"的觉醒是个人和社群发展的根源及目标。

四、自然和终极的再生与重获：基于普遍的"仁"的理念，人能够体验生活的最终

---

① 见我的文章"A Confucian Theory of Selfhood：Self-cultivation and Free Will"（《儒家的自我理论：修身与自由意志》），见 *Komparative Philosophe*，*Begegnugen ziwishen Oestlichen und westlichen Denkwegen*（《比较哲学：中西方文化之间的碰撞》），Rolf Ebrfeld 等编，München，Wilhelm Fink Verlag，124~147 页，1998。

目的，并在本体性修养的意识上发现与终极的关系。我们可以在精神实现和自我超越的意义上将其称为"宗教体验"。这个无疑是非常重要的，因为作为个体，我们都需要面对生与死。而化解人们在生死问题上的忧虑意识的超越性，是人们必须承认和建立的。有的人可能会依据传统儒家的"天"或"道"来定义人的自我超越性。"天"或"道"是驻扎在人的深层体验中的人格化的本性。然而，它却没有被作为一种客观的宗教信仰，而是被视为一种生活的深刻体验方式或超越生死的实在。从这种意义上讲，儒学不是宗教，但它却体现了宗教精神或生活信仰。儒家学说中更令人受启发的是，宗教情感和经验必须由个人亲自体会到，因此也是一种私人性与个体性的认知。

终极意义上的宗教，必须是私人化、个人化并属于自我的。而基于此的对待宗教及世界上所有的宗教的多元主义路向也必须相对私人化，这样每个人才能通过自我的修身来实现自我超越和自我拯救。这意味着，即使是有组织的世界性宗教，也应当坚持差异性和多样化，要学会互相尊重彼此宗教习俗的差异性和多样化。这就是后现代宗教的发展方向，必须要认识到儒家宗教情感是差异与多样的，因此也是自我与个体之道德发展的其中一个样式或范式。

五、创造性地生活，把科学作为生活的艺术：我们仍然生活在一个充满科学技术以及商业政治的世界中，但是深层的精神和道德身份使我们能够通过独立的精神和有意义的活动来应对人生。我们不仅能够应对现代性，还应当在不丧失自我尊严和道德意志的前提下，将现代性转化为个人价值的世界。科学应当成为实现道德目标的艺术和方法。而后现代性目前正作为一个能动者，使其自身和现代性创造性地转化为一个服务于人类社会和人类自我的统一体。

克服对文本意图的方法论偏见和盲目性

受后现代氛围影响，由于没有看到儒家哲学对后现代性问题的创新性回应，一些西方现代学者试图解构儒家道德话语，以达到消解儒学或儒家道德哲学的影响或吸引力的目的。具体地说，西方的一些学者认为，没有证据能够表明儒学中包含有道德意志，正是这导致了儒学中权利主旨的缺失。[①] 这种立场可以追溯到传教士和新儒家的哲学论辩，他们相信人性中原始的善会在人类行恶时阻止其做出自由的决定。其他一些人试图通过消解本体论或自我形而上学的重要性以及使道德和文化传统相对化，将本体论从作为整体的道德论中分离出来。他们可能认为，儒学，尤其是儒家伦理学并没有被传统的儒家学者进行理论化的阐述，而现代的儒家学者也不能代替他们对文本进行自由的诠释。有

---

① 例如，亨利·罗斯蒙特（Henry Rosemont）在他的一些文章中谈到儒家哲学缺乏一种意志的概念。他的这种观点可能源自其他汉学家，如倪德卫（David Nivison）。

一个这方面的典例，西方的著名伦理学家阿拉斯戴尔·麦金太尔（Alasdair MacIntyre）从儒家文本出发对儒家伦理学进行了评论。他说："早期儒家的前理论心理学遗留了许多未解决的问题。将它与其他文化中的前理论心理学比较时会发现，在对人类的见解上，将它与一些得到了充分发展的理论，如亚里士多德和康德的理论进行类比是一种错误。"①

当然，孔子乃至孟子都没有写过关于人性和人类心灵的现代式论文。但是他们所使用的语言以及他们所作的陈述毫无疑问地显示了，他们已经持有一种想法和观点，这些想法和观点应当被看作理论化的而不是前理论化的，是有着哲学意义而不是心理学意义的。这是一个理解在讨论语境中语言使用的问题，也是一个理解他们谈论的主旨的问题，它们使我们看到一种理论性的洞察力和观点是怎样建立的以及是否建立起来了。这不是一个使用多少词语的问题，也不是写作方式的问题。这种写作风格在孟子的时代就已经广泛流传，但却与一百年后得到发展的荀子的写作风格不甚相同。然而，这种由弟子记录其话语的写作风格并不妨碍我们基于对文本和主旨的正确理解，从文本阅读中获取理论化的含义和参考。虽然思想的精华隐藏在不同形式的修辞语句中，但每个修辞都能将话语的生动精神传递给读者。

事实上，孟子曾指出怎样获得这种洞察力。孟子云："故说诗者，不以文害辞，不以辞害志。以意逆志，是为得之。"② 孟子用他称为的"意"来洞察"辞"中所载的"志"。同理，可以得到"意"的相关、正确的理解。在这个清晰的语境中，"意"是对情形与主题的前理解，它们是以人的一般经验为依据的。没有"意"，人就不能通过对语言的反应去洞察文中所载的"志"，也就不能基于"志"从"文"中建构出潜在的"辞"来。正是通过这种方式，孟子能够破译古代诗歌的正确或相关方面的意义。孔子也曾引用《易经》来表明自己的观点，他所说的"观其德义"正是他对古代占卜术的一种提升。③

这种阅读文本的方法基本上是一种本体论的方法，因为它包含了一种读者主体与文本客体或作者客体互动的需求，这样读者才能感知文本的内容和意义。为了达到这种结果，首先，需要熟练掌握语言，即"文"；其次，需要知道文中所含的意旨，即"辞"；再次，根据所读到的"辞"，构建出"意"；最后，从潜在的"辞"中通过"意"探寻到"志"。"志"是论述或文中所需要表达出的要点，需要清晰明确地表达出来，以达到讨论或重构的目的。

① 见阿拉斯戴尔·麦金太尔："Questions for Confucians: Reflections on the Essays in Comparative Study of Self, Autonomy and Community"（《质问儒家学者：对自我、自治与社群比较研究的省思》），见 Confucian Ethics（《儒家伦理》），Kwong-loi Shun, David Wong 主编，剑桥，剑桥大学出版社，206 页，2004。
② 《孟子·万章上》，288 页，长春，吉林文史出版社，2004。
③ 参见邓球柏：《帛书周易校释》，"要"篇第三节，481 页，长沙，湖南出版社，1987。

　　有人可能会将这个过程称为一种建构，但它不是一种随意的建构，而是在与文本互动时，将作者文本的意义和意图呈现出来，因此不应简单、任意地抛弃或忽视它们。这个过程使阐释和翻译成为可能。不应简单地将它归为前理论或者心理学，这样做只是因为没有把握到它的理论意义。正相反，这个理解文本的过程包含了一种理论化的思想，以便达到理论化思想的层次并将要传达的内容的真实意图表述清楚。人需要将自己的思想与文中的思想进行交流以达到一种建构或重建，而这种建构或重建仅仅是一个使用某些常规性或优选性语言来表达思想的问题。更为本质、重要的是领悟到所陈述的主旨和那些与之共生的观念（"意"），这个"意"又连接并揭示出了所陈述的主旨（"志"）。这一意义重获的方式，我们可以将之称为本体诠释学。借此，本体论理解也就成为方法性的，对这种方法论的探索也就成为对作为实体要义与真实主旨的文本实在的理解过程。

　　而令人遗憾的是，由于缺乏这种本体诠释学的洞察，一些西方学者和中国学者在将儒家经典和其他古典文献转译为现代文本时，不能领悟到其中的真实含义和哲学意义，因此不能把握其当代意义，从而走向了误解、误读或解构。而在后现代社会里，虽然我们允许这种误解、误读的发生，但同时我们也必须使正确的理解有同等的话语权，让两者进行对话，以确保改进理解、增进视野的共享与融合。

　　综上所述可以看出，麦金太尔未能领会语言和文中的意旨，也未能在如何理解一些角度截然不同的话语的问题上建立一种合理的前理解。建立在对亚里士多德和康德思想的理解基础之上的前理解和偏见使他先入为主地对儒家理论观点持有偏见。但是这并不妨碍有另一种前理解的存在，即以另一种方式来诠释亚里士多德和康德的思想，通过这种方式，我们可以看到亚里士多德或康德的思想和儒学之间存在一种类比或共同点。即使如他所说，他未能将那样一种惹人恼怒的观点清楚地表达出来，他也需要一些回应，这样他才能获得一些洞见或者拓展他的视野、修正自己的理解方法论。这就是在后现代社会中，平等对话和相互回应在文化反思和哲学评论中如此重要的原因。

　　在我的一篇文章《儒家的自我理论：修身与自由意志》[①] 中，我使用《论语》中"自"和"己"的术语重构了儒家自我的概念，并借助于对"辞"和"志"的洞察确认了一种自由意志的存在。而我所做的是以一种哲学的方法来阅读文本，并以我的理解来重构我所读到的内容。与康德和亚里士多德的比较也使用得恰如其分。[②] 我认为，在儒家关于"性"（nature）的概念中产生的"自我省思的意志"（也被用做"内自省"和

----

　　① 见我的文章 "A Confucian Theory of Selfhood：Self-cultivation and Free Will"（《儒家的自我理论：修身与自由意志》），124～147 页。

　　② 见我的文章 "Virtue and Law：A Confucian-Kantian Reflections on Mutuality and Complementarity"（《德与法：谈儒学与康德哲学的相关性与互补性》），摘自 *Structuren der Macht：Studies Zum Politischen Denken Chinas*（《力量的结构：中国政治思想研究》），Konrad Wegmann，Martin Kittlaus 编，Muenster，LIT-Verlag，291～333 页，2005。

"内自讼"）有着重要的理论意义，并指出它是自由的，因此也是善的，因其源于创生力的表现而非来自于性善的制约：人性的善存在于自由意志中，也因此存在于自律意识的觉醒中，这与康德所设想的人类意志的自律是一致的。明显地，利玛窦和 17 世纪的其他传教士未能认识到这一点。因为他们没有认识到，所有人类都有一种共同的起源或开始，这意味着人类能够对整体的世界进行思考并关爱它，并将这种意识作为在行为和实践中进行自我改善的动机。而今天这一点是更容易理解的，因为我们对人性有了更好的了解，而因此具有了在备选物中选择的能力。而正是有了这种了解，我们能够站在一个更好的位置上对中国哲学进行研究，包括之前我们进行的儒学和康德理论的比较。而从中汲取的教训是，在后现代社会中，我们能够认识过去的错误，我们也有同等的机会来做出正确的认识。如果持有这种态度，一个哲学学者就既能够做到自省，同时也能体谅别人以及古代传统哲学家。后现代的方法就是承认过去是可以重生的，并于现在得到修正，从而通过一种对话式思考或是与他人尤其是其他传统的对话呈现一种视野广阔的新的表现形式。

为什么要理解儒学发展的五个阶段？

存在着一种承认并再次确认人性是一种道德意识的认识危机，而孔子的原始自省观则可以给这种观念予以回应，即人性是一种可扩展的道德关怀意识，从自我推及他人，再到整个人类世界。而在后现代社会里我们所面临的危险是，我们可能会落入自满的自我中心主义，盲目地依从于金钱、权力、科学和技术这些现代性的产物。因此，怎样在一切形式的个人主义和科学至上主义之上，建立一种更高水平的人类的独立意识及相应的人文精神，是儒家在后现代社会中重新唤醒人性和人的创生性的本质所在。可以设想的是，每个人都可以回到一种普遍的、内在的自由状态，这种状态同时也是一种相互关联的状态。这既不是一种由外部强加的普遍性，也不是一种内在互不关联的个体单一性，以及由此引起列维纳斯提出的那种总体变化。

下面我将讨论，孔孟关于道德本体论（我也将它称为本体伦理学）话语所经历的五个发展阶段，而现在它已经到达了一个后后现代的新新儒学阶段。可以说，这种新新儒学能够克服普遍的强加性危机和不相关性危机，以至于能从创生的内在自由中产生出一种人性的和谐，反之亦然（其包括的本地全球化和全球地方化是一种一致的却有着生产性竞争的过程）。①

---

① 我第一次使用这种表述是在 20 世纪末由双月刊《中国文化》编辑梁燕城对我进行的一个关于现代儒学的采访中提到的。采访以对话的形式发表，名为《中国哲学的后现代建构——有关后后现代与本体诠释学的对话》，刊于《中国文化》1998 年第一期第五卷，4~15 页。同时参考我的文章《第五阶段儒学的发展与新新儒学的定位》，见《新儒·新新儒》，魏萼等主编，3~20 页，台北，文史哲出版社，2002。

　　五四运动以后，中国的知识分子和学者期望自己的国家现代化，因此也希望摒弃导致近代以来使中国蒙受耻辱和战败的文化传统。儒学由此被指责为作为一个国家、一个族群的中国的发展的主要障碍。为什么中国没有科学？为什么中国没有民主？这被归之于落后的儒家封建制度和儒家道德思想。由于来不及冷静地反思和分析中国落后的真正原因，儒学成为了替罪羊。这并不是说，儒学不应承担任何责任。我认为，许多儒学家应当承担一些责任，而儒学作为一个整体是否也难辞其咎则需要依据我们对儒学的意义的探寻，以及认识到儒学是怎样被使用与实践的。不难看出，儒学并不是一种僵化的体系，其功能是提供一种道德的指导，使人能够获得一种现实生活的意识，从而发展出一种对现实生活的判断能力及处理问题的策略。它也是一种与他人相处并关爱他人的观念。这种观念会妨碍人们追求知识和科学吗？作为一种哲学，儒学非常严肃认真地对待知识和学习，因为儒家的修身观认为，知识和学习对于发展一个人的美德和诚实是至关重要的。①

　　如果儒学被定义为思想封闭、落后、愚昧、顽固、守旧，那么将很难看到儒家文本中真正讲了些什么样的思想。而事实是，当这种定义被确定时，儒家哲学系统的核心价值就失去了。而一个更好的看法是，中国人在上个世纪丢失了儒家精神，由此致使欧洲民族国家和日本有机可乘，对中国进行了军事侵略和其他方面的侵犯。这正意味着，失去儒家精神的中国人变得弱小了，因此给了列强侵略中国的机会。如果回顾历史，我们能够看到，儒家精神的丧失可以追溯到明末清初，那时，中国闭关锁国，统治者往往只是从私利方面考虑而不是根据当时的形势，做出了愚蠢的政治决策。在南宋也有类似的情形，如果宋高宗能够更加努力、机智地尝试收复失地，将会有更多成功的机会。明朝末年，如果崇祯皇帝能够更为开放地对待公共事务，他就不会犯战略性错误，导致自我力量的削弱而因此在入侵的满人面前毫无防备。对于清朝来说，如果统治者能够更关心世界事务，关心民生，不浪费前期积累的资源，中国在面临现代世界时的命运也会有所改变。因此可以认为，正是由于遗失了儒家精神，才造成了国家和人民的无能和软弱，直至 1900 年八国联军洗劫北京。

　　那么什么是儒家精神呢？我想根据儒学发展的五个阶段来对它进行描述，并指出，儒家精神已经获得了发展，但其后就或多或少地丧失了。儒家精神是人类生命的精神，它将人类经济和政治的发展视为引导人类自身和社会与广袤的世界相融合的道德发展。这是一种作为人类创生力更新与复兴的积极精神，从而构建出一个和平与和谐的全球化世界。

　　儒学发展的第一个阶段是儒学经典。孔子唤醒了作为一个人对所有人的爱与关怀的

---

　　① 《大学》谈到"格物""致知"是"意诚""心正"的基础。《中庸》也提出"博学之，审问之，慎思之，明辨之，笃行之"。《论语》《孟子》也对此进行了强调。

能力。"仁"的发现使我们能够将人定义为人，也使我们能够在人类世界里不断超越、更新自我。它是一个新的自我的形成与改善，是整个社会形成与改善的基础。孔子视"仁"为所有道德德性的源头，因此，"仁"能够被视为最基本的道德意识。孔子关于人的最重要的箴言是："己所不欲，勿施于人""己欲立而立人，己欲达而达人"。这两句话是透过人自我的反思与对他人的认知而发展出来的，可以说，是我们心中的良知和仁的道德意识的作用。所以，孔子说："我欲仁，斯仁至矣。"基于良知与仁，我们自然产生对他人的爱与关怀。所以，孔子又说，仁者，"爱人"。正是在以"仁"为目标的不断的自我修养，以及随之而来的道德德性的发展中，我们臻于自我的道德完善。

对于孔子来说，"仁"也是政治统治的基础。政治统治的成败在于统治者是否悟到仁政为民的道理。在"仁"的原则和视野下，孟子开始谈及道德情操的来源——人性，它为发展"仁""义""礼""智""信"这些道德德性奠定了基础。这种对人性中道德情操来源的洞察为儒家伦理发展提供了必要的基础，而这可以追溯至我们所称是子思所著的《中庸》。而出土的竹简也已经提供了十分翔实的证据。《中庸》云："天命之谓性"，而一篇竹简文中的"性自命出"也表现了对人性来源的相同看法。①

事实上，孟子也已经对"命"和"性"进行了重要的区分："性"是人类自身的积极力量，而"命"是人类存在的限制与被动接受者。从这个区分中可以看到，我们所有的天赋中都有"命"和"性"的方面，它们也都反映了人类存在和自我的两个方面。孟子看到，人的欲念和身体更多的是由身体性的或外在的因素而非精神性的或内在的因素所决定的，因此"命"多于"性"；然而，如果人的心灵或道德意识能够为自我所决定，那么则是"性"多于"命"。因此，关于人类自身的状况可以描述如下：我们一出生下来就是身心合一的，而我们的身体受到生理属性和遗传因素即"命"的影响，但同时我们的心灵却能从这些因素中提升出来，成为自我决定的，因而有了自然创生和自我决定的力量，即"性"。借此可以看出，人类的生命同时具有上天赋予的力量及身体对之的限制。但应当看到，"命"是"性"的基础，而"命"的存在依赖于"性"的发展。因此，人类的发展要求我们尽可能努力地发展我们的"性"，使我们不被"命"所主导或控制。人类自身的最终实现即是"命"中之"性"的充分实现，也因此能在心灵与行动中超越"命"。②

关于道德实践，孟子强调"义"或正义在具体情境中体现的重要性。对他来说，正义既是特殊的也是一般的。这要求我们将"仁"扩展到所有的事物上，或许也包括动物的身上，这样我们才能在行为和对待这些事物的态度中真正体现"义"。"仁"是一个大的构架，"义"是一种道德行动，是为"礼"和"智"的发展而增进的。这种道德实践

---

① 这种竹简文也称为"竹简"，1993 年于湖北省荆州地区出土。

② 关于孟子的"性"与"命"的详解，请参照我在《中国哲学百科》中所撰《孟子》一篇，Antonio Cua 编，纽约，Routeledge 出版社，440~448 页，2002。

的结果就是诚实或"信"，它体现在一个整体化的社会中，在这个社会里，互相关爱已经成为一种制度规划及道德规范教育。通过实践善与道德的方式来实现仁政的宏伟构想，是古典儒学的核心教义。但我们不能忘记，为了能够使整个理念有效可行，我们需要采取措施来控制那些由自然欲望和文明习性引发的行为。荀子从他的时代及观察中认识到了在实践中贯彻这一理念的需求，并提倡一种学习和修身的开放过程，以便有目的地消除自然倾向的极端化并在履行"礼"上达到一种平衡与集中。①

荀子的学说在《礼记》的一部分里，尤其是在"大学"章节里有很好的体现。我并没有从孟子和荀子的学说中看到任何不相容的理论，相反，我认为荀子的立场是基于历史经验和哲学思考对孟子立场的一种必然性发展。从本体论上讲，孟子完成了孔子所未完成的，发展了本体伦理学的基本观念，并在自我修养的过程中建立人天之间的原始同一以及最终的天人合一。但作为一种社会实践，很清楚的是，在公元前3世纪中期，中国需要一种更实用、更具法制性的政治纲领，诚如荀子提出的在开放式学习和精英式管理的基础上建立一种道德社会和有效政府。

从孔子、孟子和荀子的学说中，我们看到儒家伦理的主体是一种本体伦理、实践伦理和制度伦理：前两者是要求于人类个体的发展，而后者则要求在一种受伦理教化、不遗弃伦理道德的政治权力下发展社群和社会。

儒学发展的第二个阶段在汉朝时期，其发展可以说是一种本体伦理学宇宙哲学方面的进步性发展。它的哲学意义是十分重要的，但却引入了形式主义和数字命理学，由此束缚而非解放了人的思想。因此就失去了原始儒学在古典时期的视野，并导致了对发展新道教和中国式佛教的需求。在儒学发展的第三个阶段中，我们看到了宋明理学中本体宇宙哲学和本体伦理学系统的演进。可以说这个发展足以表明，宋明理学在儒家本体伦理的系统性和分析性思想上做出了巨大贡献，它还为儒家的"善"提供了关于个人内心经验的有力明证。它强调沉思，因此在一种需要与道教和佛教竞争的新的语境里，巩固了儒家的社会观和政治观。

宋明理学的缺点是缺乏实践活动及对重大问题参与的动力。我们可以从北宋王安石变法及南宋朱熹的学者化与内敛性姿态上看到这种不足。当然，我们可以引作为道德活动家的王阳明为例，他能够在政治和军事活动中实践他的信条，然而，他的整体思想却引起了更为沉思性和个人化的实践，由此将实在禅悟为空。而这种对社会政治的关注与关怀最终还是并入了皇权的官僚构架。

在第四阶段，儒学又十分活跃地回到了知识探讨的面向上，而这种活力在清初的政治压力中又失去了。儒学哲学家和学者又开始沉湎于科举考试，顾不上去推动社会和政

---

① 见我的文章 "Virtue and Law: A Confucian-Kantian Reflections on Mutuality and Complementarity"（《德与法：谈儒学与康德哲学的相关性与互补性》），摘自 *Structuren der Macht: Studies Zum Politischen Denken Chinas*（《力量的结构：中国政治思想研究》），Konrad Wegmann，Martin Kittlaus 编，291~333 页。

治改革以及进行像孔子、孟子和荀子时期的那种教育了。当然当时也没有进行改革活动的成熟条件，因为皇权高度集中，而儒学也不是一种独立于政治权力之外的有组织的宗教。正是在这个意义上，我们看到了与古典时期相比，儒学原始精神的流失。这种精神可能需要一段漫长的时间才能恢复，而这种精神的复兴将会使儒学成为人类精神和知识的发展动力。而不幸的是，中国在之后的150年里命运衰落，而没有机会去反思儒学发展的这一方面。

在1919年的五四运动之后，儒学进入了第五个发展阶段。我们可以看到古典儒学在后现代社会里有着重要的作用。这不是说古典儒学自身可以发展，相反，它需要借鉴其他阶段发展中的教训，吸收每个阶段的精华，这样它才能在现代社会中成为一种真正的积极力量，更好地把握后现代的问题。

我想要说的是，中国现在进入了一个伟大的时刻，而这个伟大的时刻需要一种伟大的苏醒：一种个人、社会和制度发展需求的觉醒，这种发展是开放、创新的，是一种包含知性学习和道德觉醒的发展，从而在理论和实践上实现统一和互动。在这个时代的背景下，理解儒学不只是进行文本诠释学的工作，而是还要开展本体诠释学的研究。我们需要以心灵与思想的深度来阅读文本，这样才能不仅对文本有新颖独到的见解，而且还能在一个重建和建构的系统中，特别是在那些世界哲学重要话语的光照下，对其进行阐发，发展我们的认识。正是基于这种努力，通过我们自己的精神理解，儒家精神能够得以振兴繁荣。这是一个非常必要的努力，也需要及时实践，而不是像一些西方人所言的不宜过早或过多，他们的这种偏见源于欧洲中心主义的观念及对中国传统的误解。在这种语境下，我们可以看到，儒家"仁"和"智"精神的复兴允许并鼓励了科学和民主乃至宗教的存在与发展。这种发展使得科学、民主和宗教能够在一个充满关怀与智慧的人类社会中找到其核心与基础。①

结语：儒学本体论和道德论能够被解构吗？

儒家道德哲学的有效性在于将人类看作植根于世界实在中的创生性本体。将人类看作创生性的也就意味着，人体现并包含了某种基本的改善自我的能力及与天地并美的德性，而这种能力和德性的体现，超越了世界上所有其他可知的事物。人类的存在显示了实在的一种深层的宇宙本体论特征。但这并不意味原始实在是以人类为中心的，这只是表明原始实在拥有提高人类水平的创生性。这也不表明终极实在是以人类为中心的，而是人类反映了终极实在的价值，在世界万物和宇宙的变化与转变中，人的可能性更多地见证了终极实在的创生性。

―――――――――――

① 见《新儒·新新儒》序言，"儒学三意与新新儒学的发展高峰"，3~6页。

　　这也意味着人类的构形并不确然地就等同于世界上其他事物的构形。因此我们可以说，人性既不是固定的本质，也不是单纯的未确定的本质。相反，我们必须看到，人类的创生性存在于确定性中的不确定的表现中，这样人才能看到包含自我超越和自我修养的变化和转换。就此，我们能够证实原初的讨论的，也就是孟子已喻示的人性存在价值的观点。人性或"性"正是人类区别于其他实体的特征，而这种区别还包括了人类的创生性及其适应或超越的能力。

　　关于"人"的道德本性的第二个观点是，如果我们将道德意识看作一种自然的发展或特定的现象，那么我们必须看到，有一种关于能够建立或形成道德意识的主体或道德主体的设想：道德意识引导道德行为，正如意识引导有目的性动作一样，因为意识主体和道德意识已经获得一种身份，而在这种身份里，意识已经产生并形成一种以关联和行动为目的的力量。因此我们可以说，人性是意识产生的基础、原因或来源。我们也能看到，孟子是怎样通过对人产生的道德情操或道德情感的观察得到"人性"的观点的。

　　由此可见，只是通过显示那些没有客观证明的材料而去试图解构一种道德话语，显然是错误的。通过客体和本质与人的行为的分离来解构人性，也同样是错误的。我们的道德话语可能会变得混乱而因此一直都需要整理，但不应当将它解构为虚无。因为，作为一个道德存在，我们需要面对自身的现实和身份，需要用一种语言或其他的语言来表达自己的道德感受和想法。因此我们必须将道德看成人类本体的问题，并将人性看成人类道德的问题。在后现代社会里，我们需要一个新的开始，所以在解构中我们要同时采取解构与建构的方法。而我们也同样需要对道德和人性进行解构中的建构，因为我们的目的不是返回到一种虚无、混沌的状态，而是要创造或启发一种新的秩序，我们不能让自己简单化地良莠不分一起抛弃。相反地，解构中的建构能使我们重新看到人类存在的创生性本体的重要性：它是道德意识与道德性的创生性基础，从而使我们能够对后现代进行现代性的研究，也能够对现代进行后现代性的研究。

文明对话的价值层次：自我批判、理性认知、伦理整合与价值创新 *

文明的挑战

21 世纪带给人类的挑战是多方面的与多角度的。基于 20 世纪的两次世界大战与美苏两大集团的冷战历史经验的总结，世界上的政治、经济与社会组织面临了解体与重组的双重挑战。这就是人类文明的挑战。自亨廷顿 1993 年发表《文明的冲突》的文章以来，人们关心的是文明的冲突，而未能认识到文明的挑战。事实上，有了文明的挑战才可能有文明的冲突。但我认为我们可以有文明的挑战，却不必非有文明的冲突与战争不可。① 也可以这样说，正因为有文明的挑战，我们应该而且能够超越个别的文明，用和平的手段去实现文明的普遍性，而且是在个别的文明中去实现文明的普遍性；使文明的个别性或特殊性与文明的普遍性有效地与有机地结合起来，达到世界大同一体、人类多元并行的理想境地。但人类的难题是如何去实现此一理想的境地，是否有理由相信我们可以实现此一理想境地。实现这一理想的境地我们应该克服些什么？应该认识些什么？

首先我们要问什么是文明的挑战？文明以什么方式来表示其存在、力量与繁荣？我有两方面的观察：一是文明的挑战离不开现代国家的挑战，一是文明的挑战离不开价值信仰的挑战。② 广义的文明是人类社群所代表的历史传统所成就与包含的一切。世界上人类已形成广大的社群与历史传统，分为东西两大集团，再集结为不同的以国家为基础的政经权力中心。显然，文明必须借助国家的政经实体来实现与表现其巨大力量与影

---

* 此文原发表于"21 世纪文明对话：诠释与沟通国际学术研讨会"，吉隆坡，2001 年 12 月。

① 针对亨廷顿 1993 年发表的《文明的冲突》一文，我提出了"文明和谐"的概念并论证了其现实有效性。问题在于人之为人能否化解冲突为和谐，转化自我陷溺的文明质碍为自我超越的文化精神。

② 这即是一种文明的挑战。人类必须消除偏见，在大同的理念中承认差异、圆融差异，达到一个更高的价值世界。见拙文《论文明冲突与文化融合》，载《传统与现代季刊》，1994 年冬季号，278~301 页。此即国家的权力能否合理化，宗教的权威能否明智化，以符合一个全球化的人性化的人类生活世界。这又意味着一种超越与包含。

响。当今西方的欧美国家正是西方文明的代言人与推广者。而东方的中国与印度则是东方文明的代表。欧美国家虽极其接近，但仍有历史与地缘的差异；中印虽同处亚洲，却更有文化趋向的分歧。如果我们仔细分析，我们当不难警觉到世界上的国家往往建立在同类族群与同类文明的基础上，对文明差异极难容忍；为数不少的国家虽然结合了不同类的文明于一体，容忍了少数族群的存在，但其中的冲突与矛盾却是层出不穷。这类事实在欧美与东亚国家的各类文明的分析中可以看到，也在一些最近的宗教社群的冲突事件中见其端倪。至于苏联解体后独立的俄罗斯，其志趣实穿梭于东西两大文明之间，尤其显示其历史与传统跨越欧亚大陆的特质。阿拉伯民族建立的中东多国呈现了伊斯兰宗教信仰的多彩多姿。在这些国家中我们看到了东西两大文明的对立、矛盾、互容、混杂与融合的各种状态，也看到了人类文明再生、创新与发展的契机。由此可见，文明的挑战构成了人类社群发展的历史与现代世界国家建立与发展的动力。总的来说，文明的挑战来自人类的过去，来自人类的未来，也来自人类的现在①；来自人类社群，来自人类所在的外在环境，来自人类的发明与创造，来自人类的制度与行为，来自人类的价值信仰与宗教，自然也来自人类兼为生物与人的性向与心灵。

基于这些面向，我们必须说文明的挑战强烈地代表了人类社群发展的偏向：来自过去，因为历史的积怨与不平、历史的傲慢与成见并不因新事件的发生而消失；来自现在，因为现实的政策与状态趋向往往制造问题而非化解问题；来自未来，因为人们对未来的恐惧大于希望、迷惑大于信念。来自人类族群，因为人类族群基于生存竞争、互不协调；来自外在环境，因为科技进步使人类群体与个人行为大量冲击环境、破坏环境，环境也因之反弹、造成灾害；来自人类心灵，因为人类心灵有的高举相对、各行其是，有的坚持己信、刚愎自用，有的迷于科技、罔顾人性，有的放任自我、不愿反思及人。这些可以说是文明的挑战属于负面的东西②。但我们也可以举出文明的挑战所包含正面的东西。

文明的理性

文明挑战中所包含的正面的东西，可称之为文明的理性，每一个文明传统多有其所以建立与传承之道。此道即所谓生活与行为的价值目标与准则，也是一套思维方式与认

---

① 从一个历史发展的观点看，我们大致可区分人类社会发展的形式为前现代、现代、后现代、前后现代、后前现代与后后现代。此等形态的形成即由于历史的影响力来自于过去、现在与未来。

② 西方未来学者，如 Irwin Toffler Megafuture，Paul Kennedy（"Preparing for the Twenty-first Century"），Herman Bryant Maynard & Susan E. Mehrtens（*The Fourth Wave：Business in the 21st Century*）等均对未来抱美好的冀望，并对人类的发展充满信心，但往往忽视了人性中负面的因子，故对如何修持人性之善德未有充分的注意。基督教警惕人性中的阴暗面与叛逆性，要求信仰上帝，恐惧上帝，但此一信仰受到物质文明的冲击，已逐渐沦丧。对人性的善恶必须进行一个全面的再认识。

知及评价方式。依此目标与准则，一个族群或社群可以生存、发展与繁荣下去；依此一思维与认知、评价方式，此一族群或社群可形成一个具有特色的文化。当然，此所谓道是逐渐发展出来的，是经过长期的经验由自然走向自觉的。在这过程中，人类的理性透过一个族群的智慧与英雄人物（所谓圣贤与领导者）逐渐彰显与扩展开来，凝聚了一个民族，创造了一个文化，发出了人类文明的光芒。并且这个过程导致一个思想集大成、行止树立价值楷模的人物，一个担当重任、突破难关及发展瓶颈、开物成务的领导人物，一个界定价值理想与人生信念、指示人生价值与意义的精神人物，或一个建立知识与智慧通道并启示终极真理的哲理人物的出现。这代表了人类本质上的基本需要是道德行为、生活改进、福祉提升、精神归依与智慧开发。这种需要是整体性的，也就是从个人的质及于群体的量、从群体的众及于个人的独，并不是满足于一时一地或一人或一国。也就可说是人性的普遍内涵，也可说是文明理性的内涵。① 我们可以用下列图表显明之：

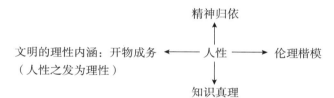

这些人性发展的方向事实上界定了人之为人的道理，也规划了人的社群发展的方向，为人类文化奠定了一个不可磨灭的基础。这种人性的界定，也可以说是一种人性的自觉，是由个人自我规范而启发了一个社群的自我规范。因之它不只是一种理想或信念，而且是一种成就与实现，具有生动活泼、具体实际的生活意义。这样成就的人就是人的精神导师、文明的创造者与智慧的启蒙人。如果他们有组织、有系统地去推动他们的道路与修己成人的智慧，建立一个美好和谐的人文伦理社会，他们就成为人文与道德的示范。如果他们矢志追求真理，掌握真实知识，并批判传统、破除偏执与蔽见，为人类带来知识之光与知识之利，他们就是人类智性与理性的导师与令人神志清爽的哲学家。从这样的理解中，我们可以看到人类文明的曙光来之不易，以及其内涵的重大意义。

德国哲学家雅斯贝尔斯（Karl Jaspers），称历史上文明突放曙光的时代为轴心时代。这一时代，是人类文明的大幅提升与文明英雄人物出现的时代。在公元前6—前5世纪，中国出现了孔子，古希腊出现了苏格拉底，印度出现了释迦牟尼。如果把中东文化的精神发展定位于1世纪初，基督无疑是另一个伟大的人类精神导师。这四个文明之光的人

---

① 人性的内涵是在不同的境遇下突出地表现其真实的面向，由此而发展出来的文明价值，也就有实现与满足人性需要的特性。将之组合为一整体，自然也就较能见到人性的全貌，同时也就能够展现人类文明合乎人性的理性向度。

物分别代表了道德、知识与精神的至高境界，并为这个至高境界提供了完美的典范。在这些文明之光的孕育下，新一代的宗教、哲学、文化、道德领导人物也往往与时并起，维护了或革新了旧的价值典范，或建立了新的价值标杆。有关这些典范、标杆与境界，我们可以提出几个重要的考察：（1）道德并不排除知识与精神，正如知识不排除道德与精神、精神不必排除道德与知识一样。但在文明实际的发展中，道德的偏向就有可能取代知识与精神的发展。同样地，精神的发展也就会限制了知识或道德伦理的合理的发挥。① 当然，这就构成了四个不同文明的发展：中国道德文明的发展，古希腊理性文明的发展，印度出世宗教精神文明的发展与希伯来超越宗教精神文明的发展。（2）四种文明传统的发展在源头上是相互融合与依持的，四者也在人性的基础上是一体的。基于此，四者在现实的发展中也具有互补互动的功能，更需要发挥四者和合的功能，以求得整体的人性与理性平衡发展的效果。（3）四者各自是文明理性发展的根本基础，故形成了一种统合的整体，促使文明向更大与更多的整合发展。西方近代科学的发展，可以视为古希腊理性文明的直接成就。（4）精神文明的发展可以有不同的走向：有基督教超越上帝的设置，也有佛教空化人生的说理。对超越上帝的认识也有基督教三位一体之神与伊斯兰教的崇高独一无限之神的分别。故精神性的具体发展实具有无穷延展的空间，在文明的理性中不必局限于人类历史经验的一端。此一可多样化、可延伸的性能，自然也可以用在知识与伦理或道德上面。知识的发展，显然已从物质客观的园地发展到社会群体的范围，现在更延伸及价值精神的现象。伦理更是如此：由传统的德性伦理进展到现代的理性责任伦理，再随着社会的发展进展到功利伦理，在 20 世纪最后发展了整合个人与少数人的权利伦理②。（5）在历史的长河中，文明功能的混合与融合，也是常常发生的事：在中国，儒家道德就已形成了一种非宗教的宗教，是透过教育与政府行政来达到的，具有完全的精神安顿性。当然，其本质仍在于教化与人文化成为知行合一，把传统的宗教化解为主观的精神境界。现代的科学，也形成一种制度与思维判断决策的文化，具有取代传统宗教信仰能力，也因之可看成一种对科学深刻信仰的宗教，科学的宗教③。

在以上分析的理解中，我们可以看到人类当前的危机，在于知识、精神与伦理的分

---

① 固然我们可以划分一般性的社会道德与宗教性的精神道德，把两者看作不同的领域，但两者的内在联系也是不可漠视的。有此联系，才有内外调适平衡发展的可能。同样，知识与道德固然可以看成实然与应然的两个层次，它们也有内在的关联——人的行为，不但可以符合实际，而且能够转化现实为理想。

② 权利伦理在当前并未发展完全，相反地往往阻碍了人们进德修业、善尽职责的良知明觉，外务于寻求权与利。实则权利伦理是正义之学，不可不从人之为人的个体性与群体性两方面入手以求理解与发挥。当代伦理学家如 MacIntyre、Sandel 等标举社群主义以取代自由主义可看作对权利伦理的误用的一种针砭。

③ 当然笃信科学为一切真理，排除一切传统的精神信仰，甚至以为科学的作用就在反宗教信仰，此可谓之以科学为宗教，即是科学宗教之一例。但我们也可以提出科学的宗教观，认识宗教的文化价值，并认定科学的知识能够促进宗教的洁化与发展，因之并不反对宗教的存在。

离与分裂。这也是三者内部或内涵的无法超越自身以见整体的危机，以致愈趋极端，形成对立与对抗。在重知识传统中，遗失或忽视精神与伦理，但在伦理传统中却不看重知识，缺少探索精神空间与知识空间的双重动力；在精神传统中，往往轻视人间的关系伦理、人文修养与智性的科学文化。这也就成为当今世界各大文明的瓶颈之所在。我们可以就中国传统文化，说明偏向伦理的问题。我们可以就当代美国文化，说明偏向科学的问题。当然，我们也可以就一些固守基本教义的宗教团体，说明偏向宗教精神价值的问题。这也是人类文明之光的理性的盲点。全球化的人类经济与社会，是否能够进行三大领域的价值的整合，并在自身的领域中进行相应的内部整合，正是对人类社会全球化与人类文明全球化的严峻考验，也是人类文明步向另一高峰与轴心时代的考验，更是整体观念的人性更进一步跃升的考验。①

要通过这个考验，人类不得不自我反省以求自我批判与自我超越。如果不进行自我反省，人类不足以认知自身及自身之长与自身之短；如果不进行自我批判，人类不足以舍短取长，尤其不足以谦虚以学、开放以知；如果不进行自我超越，人类不足以发挥其存在深处的创造力、亲和力与融合力。这三种力，是很重要的。没有创造力，如何推陈出新？没有亲和力，如何感通对方或第二者，又如何体认他者或第三者？没有融合力，则如何吸收与转化差异，形成新的整体与沟通？这些都是文明对话根本要克服的课题，也是文明视野交汇的条件，更是文明对话之为文明对话之可能与实质之所在。否则，如何方能有文明对话？简答之，文明对话在文明理性净化自己的发用下方有可能。

《论语·子罕》里说："子绝四：毋意，毋必，毋固，毋我。"意是私心，必是自以为是，固是固执，我是主观自大。孔子去此四者，显示的是自我反省、自我批判与自我超越的重要性。因为，如果一个人蔽于成见、固执私心、傲慢以为是，或局限于己知与小慧，他又如何与对立者对话，又如何与第三者会通？去此四者，可看作与人建立对话、进行交流的先决条件。

对话的文明

文明的存在有主体与客体两个方面：文明的主体是人，因为是人创造了文明。作为主体的文明，实现于人的心灵与思维，但人的心灵与思维，则表现在人的语言中。语言是人的存在的一种重要方式与延伸。语言具有表达性与沟通性，但却局限于理解与应用

① 在目前全球化的经济发展过程中不同的社群将有机会进行内部价值的整合。但这也是一种竞争，自然会导向某一文化圈里文明的提升。此即新轴心时代的开始。但是否人类由此进行整体的整合，却是不可视为必然之事。全球化本身，就有许多负面的因素尚待克服。福山（Francis Fukuyama）最近撰文仍执"历史"终将走向以欧美自由主义为模范或模式的终结，似嫌过分乐观。请参见福山"The Real Enemy"，*Newsweek*，Special Davos Edition（December 2001—February 2002），54~59 页。我们必须注意，自由主义往往只是人类价值的最低或最小整合，而非人类价值的最高或最大整合。

一语言的社群中，而成为一种群体意识。对于另一语言的应用者，此一群体意识的语言，往往只是但闻其声不解其意，语言的表达性与沟通性也就荡然无存。这说明语言在应用上的相对性与有限性。文明的客体，是人类可以分享和参与的经验与科学的知识、历史的记录、文艺与文学的创作。当然，人们也可以分享和参与伦理规范、宗教信仰、哲学智慧与价值观点。但这些文明的客观内涵，却受到心灵与文化主观形式的限制，而必须经过理解、认知与体会，才能达到分享和参与。理解、认知与体会，都是心灵的活动，是与语言分不开的。文明的客体就是语言的外在性，或者语言之所指涉。此一外在性的基点，就是此一现实的活生生世界。此处要表明的是：语言在文明世界中不可磨灭的及不可取代的重要地位。

伽达默尔（Gadamer）说：语言是沟通的媒体，而不只是工具。① 心灵的明光，必须透过语言来散发，而语言也正是心灵自然创发与化合出来的表征符号，也脱离不了心灵，因而可视为心灵存在的形式与表征，而不只是媒体而已。总之，语言具备心灵的形式、表征、媒体与工具等作用。如果我们细察之，语言的作用还不尽于此。我们必须进一步理解语言为一开放的系统。说其为系统，是说它具有一套整体的表达与应用规则，能把声音与符号结合为意义的单元与话语，实现可以理解与沟通的意义。语言就成为这个心灵理解另一个心灵的媒介与桥梁。语言的系统性，又包含了与显示了语言的创造性。语言的每一个表达，都有它的特殊性与具体性，即使所表达的意义或理念是一般的与抽象的。语言的创造性，也就是心灵的创造性。心灵的创造性是人存在的一个条件与功能，是与人之为人密切联系在一起的"人性"，或可名之"人之天性"，因其来自于天或自然。

正因为人的心灵有创造性，人创造了语言，使语言随着人的创造性而不断地创造和发展，形成诗歌与文学，进而描写事实、记载历史、陈述理论与知识、列举信条，甚至表明或隐喻不可言说的、至高至上的本体精神境界。这又说明了语言的历史性、知识性与本体性。在这种意义上，我们当然可以问语言如何扩充、超越、成就或完成它自己。对此，我们可以提出两个观察。一个是之前已指出的，语言一开始就是心灵的产物，而为心灵的形式与内涵；另一个是语言一开始就以指谓的方式（《周易·系辞上传》："辞也者，各指其所之。"）与外在的事物结合在一起，而为事物呈现的载体。海德格尔（Heidegger）甚至说："语言是存在的居所"，也就是说在语言中可以找到存在的事物②。这一点，也就标明了语言也是一个人或一个族群的心灵世界与外在的事物世界的媒介与

---

① 见伽达默尔：*Truth and Method*（New York：The Contimuum Publishing，1975）一书，第 3 部分第 1 节，345~351 页。

② 海德格尔以人类语言为显露存在的方式，但语言的局限性同样也局限了存在的显露，尤其是把语言本质化之后。故海氏要求回到诗的语言，以还原或显露更深的真实。可以肯定的是：语言的意义的应用显然有界定真实及转化生活世界的功能。

桥梁。

　　个人存在是独特的，但有了共同的语言就把独特的个人结合在一起，形成了一个可以分享与参与的历史、知识与价值世界，进而形成了一个文明的传统。多元的文明传统隐含着多元的语言系统与文字系统。但每一个语言与文字系统，都反映了也预设了一个可以创造语言、分享文明成果与参与共同生活的人类心灵。同时，每一个语言与文字系统也都反映了和预设了一个可认知与指涉的世界客体及其事物。因之，在不同的互不透明、相互隐藏的语言系统中，却存在着已经相互联合与同质的两端：人类的心灵及其本性，世界的事物及其关系。有了这两个基点或端点，我们可以有理由地说：人类的文明（作为主体的心灵与作为客体的文明内涵）都有根本上的一致与理想上的统一。因之，语言的互译性，是本然存在的。相互翻译的可能性，是基于人心与人性的基本共同性与世界基本客观性的存在。由于语言的独特性与历史性，也许个别的一对一的单项相应是不必存在的，但集合大多数的、与话语整合的意义却是可以相应的。这就是扩大或缩小范围、提高或降低层次的相应。人必须在这种相应的过程中，去建立沟通与理解。

　　在语言的沟通与理解中，文明才有对话的可能。一个人或一个思想家，没有自己的思考与理解信念是无法对话的；但他囿于自我，不能跳出自我以理解对方，也是无法对话的。理解对方外在的观、内在的求，再大心以观、小心以求，再洞察同异、圆融其内外，然后才能问我之所有与所思能否包含与接受彼之所有与所思。如不能包含与接受，则要在一个更深的平面，或更高的层次，进一步思考彼之所有与所思之真理性，而进行融合的工作。整个的过程是自我批判、自我建立、认知对立、理解对方与圆融彼此，而推之于行为上的尊重、容纳与和谐并行。在先秦哲学中，庄子把不同系统的对话看成"彼亦一是非，此亦一是非"（《齐物论》），而彼此是永远无法定出是非的，只能放弃争是非（所谓"争胜"并非口头的逞强或权势的宰制）而相忘于江湖。① 但这种消极的或超越的对话态度，是无法全然用在当今人类面临的文明之争与文明的挑战的处境中的，因为许多人类的问题，必须正面去解决、正面去对待。因之，一个社群的决策管理与领导者或意见领袖，甚至一般个人，都必须随时从事"冲突解决"的工作。对此一工作的基本态度或策略，应该是进行深度的对话，或从深度对话的角度来正面解决问题。以上对对话的文明的理解，就是说明这个过程。这个过程也就是《周易·系辞上传》所说的"化而裁之，存乎变。推而行之，存乎通。神而明之，存乎其人。默而成之，不言而信，存乎德行"②。所谓"化"就是融合、融化、转化，不只是彼而且是己，这就是创造的变化。至于发挥推行，更需要通知彼此，不必争胜于一事或一时。是否能做到这

---

　　① 但庄子也提出另一面的沟通可能，即是"道通为一"的精神境界。以道为整体，而投身其中，与天地精神游，观鱼而知鱼乐，也可不辩而辩了。

　　② 这段话很深入地说明了人的思维、知识、修持与行为的创造性。所谓神明而变通之，修德进业而实现之，用之于管理亦然。

点，真正的关键还是在人，尤其在人是否能以自身的行止与实践来发挥道德的影响力、亲和力及说服力。

我想仍就对话的语言性再加深思。对话不是单纯的语言行为，而是一个持续复杂的运用语言、理解语言与开发语言的过程。对话必须在对自身语言的深度理解下进行，也必须在对对方的语言有深度的理解下进行。因为对话是理解，是在不同层次上的相互理解与沟通。对话本身就是一种文明，它是心灵自身理解的文明。说它是文明，是在指出"对话"一词的深度含义中的智慧与感通，因为它代表了对人心与人性的深度理解，也代表了对世界事物与整体的宇宙的理解与透视。基于此两端的理解与认识，对话是必然有意义的，也必然有成果的。它代表了在多元的文明传统与语言系统中探索与找寻一个共同的客观世界与心灵的共通世界。又在这一个共同与共通的主客相应的世界上开发出多元的文明传统与语言系统。对话是不断地去扩充一个共同与共通的主客相应世界，又不断地去发掘更多的多元意义宇宙。伽达默尔所说的"视域融合"只有在此一探索与发掘中才有意义与价值。而对话的目的性与活动性却不只限于此一"视域融合"，而应展现为文明的理性的整合与价值的创造。

理性的整合

从历史的角度看，人类文明的开始就是人类理性的启蒙。也可以说，人类理性的启蒙，决定了人类文明的大体。至于文明发展的方向，则受到诸多环境和人际关系、历史事件等因素的影响和制约。但即使如此，理性之光，仍在文化的陈迹中透露出来。就以上说的四大文明论之，无论是开物成务的设施、知识真理的追求、伦理楷模的建立，或精神依归的指标，都显示了人类文明的光辉。这也就说明了文明的理性，是多元与多样的。它体现在生活与历史的、具体的发展及实践中。但我们也不能不注意到多元的理性体现与实践，仍然具有内在的、理性的规范性与应然性。此即为理性是价值而不只是知识，是理想品质而不只是现实成就，是整体而不只是分殊，是体验而不只是逻辑。因为理性最终要反映与体现认知"所以为人"的整体的人性。此一整体的人性不能静态地从外在理解，而必须是动态地就自我加以反思，从内在理解。

中国文明传统的主流——儒家，可说对此一整体的人性进行了最深刻与最宽广的理解与体会。孔子把这种对人的理解名之为"仁"。我释"仁"之义为三："仁"的第一义是人是自反之知，自反以见人之"大体"与"本体"，能在有限中把握无限，在内在中超越内在，因而能约束"自我"，突显"大我"。这就是孔子说的"我欲仁，斯仁至矣"，孟子说的"反身而诚"的精义所在，而仁的内涵乃在于"己所不欲，勿施于人""己欲达而达人，己欲立而立人"。有了"仁"的理想与能力，"仁"之第二义在实践仁的行为，这就是实践的推己及人，并在不同的关系与处境中实践不同的德行。孔子标举出来的诸多德行就是对人的世界差异性的体认而进行的融合活动。"德"带来的成效就是和合同异与和谐化生，使人的生活能延伸与发展下去。孔子重视知人、知礼、知天命，都可看成仁的力行的功夫。《中庸》与《孟子》更发挥为"尽心""尽性""知性""知天"之说。《说卦》与《大学》同时讲"穷理致知"可视为对"尽"之一义的补足。（我们可以说"尽"是内向的，"穷"是外向的。）"仁"之第三义是成人成己于道的统一。仁的功能在促进人类社群和谐而充实地发展，形成人己与个群之间的开创与实践性的互动及互成，达到人性深处的质与量、现实与理想的统一，显示至高的本体真理，这就是所谓"吾道一以贯之"的道。孔子说的"道"是合和内外之道，故时措之宜的道。人的最高发展就在实践的基础上实现与体认这个"道"①。

　　人类历史的发展，不一定遵循人性理想的轨迹。多元一体的人类文明的理性，由于历史的因素而走上科学技术主导一切的途径。这是西方近代自18世纪以来启蒙运动的结果。这也可以看成西方文明的知识真理的价值在18世纪以来猛烈发展的结果。此一发展，最初借助中东文明的宗教精神价值，较后则成为对精神文明实际的批判与挑战。科学的知识主义，又引发了更成功的高科技工程，对人类的世界进行了技术性的改造，并造成了人类生存环境的危机。这是利用科技开物成务的结果。在此一过程中，伦理楷模与价值综合逐步失落。精神价值的迷失和扬弃，已为人类社会带来意想不到的冲击与前所未有的伤害。当前世界恐怖主义的发生与反恐怖主义的推行都显示了技术不能代替正义、科学不能代替伦理、物质文明不能代替精神文明、地区部分文明不能代替人类整体文明的明显事实与道理。

　　西方文化近代的科学启蒙主义，导向了科学理性主导一切、规划一切。这是一种危机，一种人类文明的危机。这种危机的核心在求一元化的外在统合，而忘怀人类文明内在的多样与多元所启示的丰富的多层面与多方位的价值整体性，也就是人性的整体性。这就是人性的丰富的创造力的内涵。科学启蒙以前，我们已看到东西四大文明的文明价值。如今对科学理性的批判，不在放弃科学理性，走相对主义与现象主义的后现代的道路，而在重新认识人类文明的价值的一体多元。"一体"是指人性普存的创造性的潜能与寻求整体的需求，或可名之为"内在的德"；"多元"是指人类历史所呈现的文明传统与其成就，足以启发人性的理解与自觉，或可名之为"外在的文"②。人类未来的希望就在于以德成文，以文启德。孔子说："文王既没，文不在兹乎。"又说："天生德于予。"孔子的乐观主义自然也反映了孔子对人的本体之性与人类文明的信心。当今，东西文化传统的典籍仍在，只是现代人往往只是一个面向，欠缺"德"的多元素养，生活与人格往往失衡也都源此。但人性是多面的与多层次的，人需要的价值也是多面的与多

---

① 此处道可看成一个机体相关变通发展的实现自我与社会潜力的系统。

② "文"是文明也是文化，表现为典章制度，也表现为为了消除矛盾、实现和谐的修持管理之道。

层次的。吸收不同文明的优点，以发展一个完整的人性与人格，也可说是现代人必须看重的自修以自强之道。

一体多元的人类文明需要人类文明传统的合作共励的精神，更需要深入人心与人性的理解与对话智慧。人类文明的理性的多元必须加以承认。更重要的是对现有人类东西四大文明价值的整合，使其息息相关，相互交流，逐渐形成一个一体多元的机体开放系统。这不仅是截长补短的互补问题，而且是体现一个容纳差异而又能超越差异的宽大思想与文化活动空间。在这个思想与文化活动空间里，人类个人与社群不但具有理论认知，而且还具有实践理性、创造价值的自由能力。

创造价值：理论与实践

创造文明的价值并不是一件容易的事。但我们的社群生活与个人生活却也离不开价值的创造。我所谓"价值的创造"是认清价值与实现或实践价值。现代人的生活太过空洞化或平面化，现代人的教育也太过偏向于现代的实证主义与实用主义。欠缺了人文价值素养的培护，不但对人类文明的理性没有适度的认知，就连自身所属的文明传统精神也往往欠缺体会。这样的人，又如何能够展现文明的对话呢？人类文明的理性又如何能发展为一整体呢？显然，这涉及现代人的教育问题。现代人的教育，必须从事大幅度的改革，才能因应一个全球文明发展的需要。改革的重点之一，必须是汇合人类文明的智慧，以实现一个整体的人性。此即在人性中找到分殊的理性，在理性中培育整体的人性。当然，这包括了预设语言的沟通、思想的诠释、文字的译传与学术的交流等文化活动。有了这些，但没有教育的大幅与持续的推广，人类文明的更新与人类社会品质的提升仍将难以实现。①

美国的知识界有倡导公共知识分子之说。但所谓"公共知识分子"，并非独立的专业，乃是专业的知识分子掌握公共事务的课题与问题，面对社会大众的发言。当然，这些发言，将有助于社会的教育与群众智慧的提升。但面对全球化的政经与文化发展，一个社会更需要的是心胸开阔、眼光远大、理性平衡、智慧充实的社会与政治领袖、教育家与思想家。从这个角度看，这个理想似乎更接近儒家的看法。在乱世，儒家所希冀的是一个"内圣外王"的圣贤出现，这样的圣贤能够化乱为治，化战争为和平。今天我们所面对的世界，在这 21 世纪的关头，不能说是治世，不能说是太平。这是一个治、乱之间的时代，是一个表面繁荣、内含危机的世界。一如"9·11"恐怖事件毫无预警地发生，人类文明的危机与坠落也可能是旦夕之间的事。作为现代人，能不追求生活的价值化、人生意义的整体化吗？能不在生活的每一瞬间，实现生活的价值、人性的整体的

---

① 教育的品质也在于是否能培育与维护及推广人性的理性化与理性的人为评价标准。教育的重要性可想而知。

美善与真实吗？

要做到这一点，就不能不憬悟人的存在的整体性，并从文明的理性中去理解此一人性的整体性。要从这个整体性中去认知与体会人的真实与世界的道理，力求此一整体性的保和与实现。这自然涉及个人与集体的价值实践的问题。实践是在生活中去体会与判断，而不拘于成见、不拘于一隅。知而不行不可谓之真知，行而不知不可谓之真行。这不只是明儒王阳明的哲学命题，这更是作为现代人创造和改造文明的价值的不二法门。

21 世纪的新探索：天道、人性与文明 *

21 世纪即将到来，但它对现代的人类究竟有何意义？它是现代人类的处境的延伸，还是包含着无以避免的危机以及难以想象的机遇，抑或它是过去历史的重复与人类愚昧的重演？在此我不想学历史学家检视历史的资料提出历史的回顾，也不想扮演神学预言家的角色宣示未来的祸福，当然我也不想引用未来学者的言论以预测未来的大趋势。我认为更重要的是：我们要掌握当前人类的处境，深思人类所面对的难题，开门见山、直截了当地说出人类心灵深沉的忧患与期盼、疑惑与信念、失落与依持。这是要同时综合对历史的回顾、对未来的透视以及对人类当前的处境的认识来做到的。唯有在此理解下，21 世纪才有新的内涵、新的价值意义可言，21 世纪才能和人之为人的真理密切关联起来。

人的根本问题是人性问题，值此世纪之交的时刻，对此一问题的检讨极为重要，因为在 20 世纪里，人性的丑恶的形象已暴露无遗，足以使人类对人性丧失信心与信念。在 20 世纪有两次世界大战：杀人无算，毁伤无数，其中纳粹与日本军阀的屠杀残害无辜之酷烈在人类历史上可说是空前绝伦、绝无仅有。如果人有善良之性，为何有此惨剧？但如果说人性只是自私好斗、弱肉强食，我们又如何面对多少圣洁无私、牺牲自我的仁人志士？显然，我们无法只就孟荀的人性善恶之争来判断战争中被扭曲的人性。显然，如果一个文化重视功利与物质，一个社会充满偏见，一个国家用心于暴力或一个制度掩盖着或保障着不平与不义，人性的善也很难不变得脆弱可欺。相反地，如果一个文化重视理性与道德，一个社会开放而无歧视，一个国家正直而重道义，一个制度明智而讲究公平，即使人性有很大的自私成分，人性的自私也较难发展为群体性的大恶。从这里看出人性之为天生的所予是与后天的社会制度与文化精神相互激荡、相互平衡的。在

---

　*　原载香港中文大学崇基学院金禧校庆文集《儒耶对话新里程——宗教与中国社会研究丛书》（二）（赖品超、李景雄编）。

社会的力量与个人的力量相互权衡之下，似乎社会的力量更胜一筹。然而我们又必须注意，良好的社会往往是个人的善的积累，如果没有个人的善和理性作基础，社会又如何能开创其良好的制度并继续改善之。因之，良好社会的维持仍必须是以善为其基础的。如果没有这个善，再好的制度也可以逐渐衰退腐败以至完全堕落。从这个角度看，人性之善作为一个源泉是维护及改进一个社会制度的根本。人性之善不但不能不存在，而且必须要以极大的潜力来实现善之为善，如此方能解说人类历史是向前迈进的，人类的前途是充满希望的。

我在这里并不想评述 20 世纪来有关人性论的种类与细节。大致来说，在儒家的影响下，中国文化与社会走的是人性本善的道路，而在基督教的影响下，西方走的是人性本恶的道路。这里我要指出：儒家的本善论就孔子来说本来实有两面，一是善为仁义，一是善为礼乐，分别为孟子与荀子所代表。孟子讲性善为人所熟知。荀子表面上反对孟子大讲性恶论，但他确信人之心具有反思的理性能力并能成其"大清明"之圣智，岂不是仍以人能自行开发出后天的善？人的后天的善是人从经验的教训中认知的价值理性（以价值为理性，即是能认清价值之所在，并能合理地对之追求与遵从）。因之，荀子可说为后天的性善论者，孟子则可说为先天的性善论者。两者与基督教的思想相较，又都可说为内在的性善论者。在基督教的《旧约》，上帝造人是上帝的善意，但人违反了上帝的意旨，是人利用其自由所犯的恶（违反上帝意旨为恶，亦可说是违反人当初对上帝的承诺，对上帝不敬、不义、不信与不当），故其恶可视为先天的，甚至超越的，这种先天的性恶论自然是与荀子大为不同的。人之不敬、不义、不信、不当之根本乃在人之自大、自以为是与以自我为中心。因之，此一不当可以视为是人的本质上的或本体上的不完善所致（因为他是上帝以尘土所造）。而其弥补则自然有待于人之创造者上帝的原赎（宽恕）。

与之相较，中国的儒家的性善是内在于人性的深处的，是以直接秉承天之所命的形式而存在的。故《中庸》说"天命之谓性"。楚墓竹简子思学派说得更为明白："性自命出。"性是内在而命是超越，故儒家人性论中之性是既超越又内在，而且不存在着不敬、不义、不信、不当的问题（因为中国并无《创世记》的言论说明人天有所隔）。这里所谓性还要作另一层义疏：性既是能动性又是潜能性，故是与天之生生之德相联系的。这在孟子辨之甚明：性是自然的能力，是人可以深造于天道以自得的，故可顺着其源头以无尽发展的。故就人之性说："君子深造之以道，欲其自得之也。自得之，则居之安。居之安，则资之深。资之深，则取之左右逢其源。"（《孟子》4b—14）命却是一种受限制的状态，只能为人所接受。而且，性有高下，四端之心所显露的性，是可以无穷推广与发展的，其结果可以保父母妻子，嘉惠天下，但耳目食色之性却是不可尽情去耽溺的，如无限制必然导致自我覆亡、社会败坏。这是人性的智心所能分辨而认知的，因认知而又能体行的，故是非之心的智心也是善性之一端。①

基督教与儒家有关人性论的分歧导向了外向救赎论与内在修持论之差别。差别的前提是：人渎犯上帝与人受命于天。这是两个不同的命题，如果把历史性与信仰性放在一边，两者的考验与印证却是要在人的实际行为中去找寻的。正如我们所看到的 20 世纪的人类历史所显现的，两个命题都可以找到自圆其说的印证，以人性之恶论证人性之恶，或以人性之善论证人性之善；以人性之恶论证人有原罪，或以人性之善论证人有原善。但所谓善恶的标准又是什么？这里我们就不能不提出文明的概念。文明可以看成人性的创造性发展的成果，表现为物质的建设，也表现为精神的成就。物质与经济的建设固然可以福利人生，提高人们的生活，但也可能促进物欲，腐蚀生活，造成文明的衰落。精神的成就作为真善美等价值的表现与理解却能提升人的价值观，可视为文明的明面。文明正所以文以明之，不但彰显人性的智慧与美善，也能启迪他人、教化来者，故文明就其影响而言也可以说为文以化之的文化。由此，人性的善恶，是可观其文明与文化的正负面的效应与影响来做论定的。但性善论与性恶论两者的是非却显然是无法绝对判断的。也许两者的差别正是终极宗教（宗教涵括道德与一切）与终极道德（道德涵括宗教与一切）的差别，前者要靠一个特殊的神学信仰，面对人的终极需要来约束人的物质私欲，后者则要靠一个宇宙发生论的道德掌握人的价值理性来激发人的精神力量。前者的中心思想是上帝，后者的中心思想是天道。就其终极面来说，两者都是宗教，两者都是道德。因为两者都涉及人生的整体、人性的修持与价值选择的最后标准。也许我们可以说两者是两种生活方式、两种形上语言；两者可以有共同面，也可以有相异面；两者可以和而不同，不同而和，甚至对立互补，对立攻错，从而促进文明与文化的发展与向更好的方向转化。

我们可以说，人既有信仰的需要也有道德的能力，两者并不相互抵消。理论上，两者可以成为或看作一个成熟人格的两种面貌。当然我们也不能否认两者也可以发生冲突，相互诋毁。这就要看一个人能不能"大其心""尽其性"来做出层次与方面的差别以及层次与方面的综合。我们对能够延伸为良好道德而又不妨碍他人信仰的信仰必须容忍，同样我们对发展为良好信仰而又不失其为道德的道德更可大加欣赏。信仰并不能全面决定道德，正如道德并不能全面决定信仰一样。经过人类 20 世纪科学的洗礼，宗教的信不能不包含科学的真而又必须符合道德的善，道德的善也必须尊重科学的真而不排除宗教的信，但宗教的信却又不必化约为科学的真与道德的善。当然，科学的真与道德

---

① 在哲学心理学中，人的意识不能化约为人的脑细胞活动。同样人性所表现的智、思、知、忆、信、情、欲、觉、感等心灵与心态的活动，虽受生理与神经细胞的整体支撑，但却不能化约为生理与神经细胞的活动，更不可能从基因的排列中得到信息。因之，人心与人性绝不限于单一静止的结构，而必须是整体性、动态性、关系性的生命存在，包含着丰富的内涵与创造的潜力。此一观点也解决了意志自由的问题：统一的精神与人性不受生理与物质的控制，直接成为认知可能性与抉择可能性的力量。

的善也不能取代宗教的信的终极关怀。我们可以把科学与道德看作人类文明中共同的需要，也可以看作人性在人类求生存繁荣的文化历史过程中的合理选择，因而说明了人性所蕴含的整体的善。我们是不是也能对宗教做如是观呢？我们不能不认知每一宗教具有普遍化与特殊化的倾向，更有其历史与形上学的特点，因之每一宗教也企图在时间过程中去解决其普遍性与特殊性的矛盾。这说明了宗教之所以存在的人性基础与其历史性根源之所在：解救科学与道德不能明显解决的精神支撑问题，为人生的杠杆提供了一个用力的支点，来担负其生命发展的重量。

不可忽略的是：透过对人类 20 世纪历史的反思，道德与科学已成为人类文明走向 21 世纪与未来的人类共同的需要。对于宗教我们要问，宗教在不违反道德与不否定科学的基础上，是不是也可以看成人类走向未来的共同的需要？我们从文化观察，回答也必须是肯定的。因为它涉及终极的价值、终极的个人存在的意义与生命的完全实现的问题。既然宗教不能化约为道德与科学，而后者也不能取代宗教或决定宗教，宗教作为终极信念反能以科学与道德的精神基础的面貌出现，为科学及道德提供一个主观性的或形而上学的基础。在此理解中，我们却又不能不区分宗教中纯粹的信仰与宗教中神学和形而上学的理论，两者可以分别看作人性中有关情性与理性的需要，并分别为内在及特殊的与外在及普遍的两个方面。两者也可以看作知与行的两面，两者有其对立性也有其互动性，形成了宗教在理念上与行为上的发展，包含天道/上帝概念的发展与礼法制度/宗教制度的发展。在这一意义上，宗教是人性表现的一个普遍特征，也是追求道德与科学的统一及人性的完整发展的一种人性根源与人性理想的活动，这种活动是以统一性、整体性、终极性与依托性为最高价值的。

在此基础上，我们可以论说 21 世纪是道德、宗教与科学相互融合的世纪，我们也可以论说不同的宗教文化在 21 世纪可能的融合与交汇，比如基督教与佛教、基督教与儒教、佛教与道教，甚至道教与基督教的融合与交汇。在这一论说的基础上，我们是可以看到基督教化的儒家或儒家化的基督教信徒的出现，对于后者，事实上，早期来华的耶稣会士如利玛窦等人就是最好的例子。所谓儒家化就是采取了儒家的一般生活与社会价值观，重视儒行而不只是穿戴儒服而已，但是我们要指出儒家化可以有更深一层的意思，以儒家的本体论与宇宙论来界定与充实上帝的特性，譬如在一定的条件下，用太极与天道来重新思考与诠释西方宗教的上帝之性与能，当然这在利玛窦是绝对做不到的，而且是要大加排斥的，但这不必看作不可能的发展。21 世纪是一个全球化的世纪，也必然是一个多元文化分立而又相互融合的世纪。因之，上帝理念与天道理念的融合也正是宗教可以发展的一个文明方向。至于说到基督教化的儒家，明末的信教者当然也是一个具体的例子。但在今日，由于儒家的典范已失其明显的行为标志与影响，基督教化的华人或亚洲人往往就成为全盘基督教化的信徒了：从基督教中得其终极信仰，从基督教中得其终极道德，而且还往往走向了基督教的基本教义派，但我们不能否认一个发展的具有普遍性的宗教意识仍必须在时间过程中进行科学的真的检验与道德的善的检验，也就是人性求真与求善的检验。在这个检验之中人类也可以更新与发现信的真理与信的美善，为人类已有的真与善带来更丰富的内涵，但人类也可以超越狭隘的信仰教条，创造新的理性与智性的文明，一如西方之自黑暗的中世纪走出，走向文艺复兴，走向宗教改革，走向科学启蒙时代与现代化的世纪。至于现代人要走向何处，也正是我们在对人性的反思中所要探索与解答的问题。

基于以上所论述，首先我们可以对人性的概念做出一个更广泛的说明：人性是人类整体在人类历史过程中所展现的求真、求善、求全、求信的努力与成就，它是基于历史的表现可以被归属于人类的价值理性与潜能，它的表现的方式是多元与多层次的：它可以表现为个人本能的恻隐之心或同情心，也可以表现为人的正义感与是非心，但它也可以表现在人的理性反思的能力与理性的批判能力上；当然，它更可以表现在人的集体性的与总体性的抉择判断的思维上，最后它还能表现在人对至善与全美的真理的意识憧憬与追求上。这些都是人类文明的结晶，也就是人类之性向的创造的发展的成果。我们要说个人的人性是不完美的，但它却包含了为善之端，它必须在社会文化道德宗教的激励下逐渐发挥它坚持与成就更大的善的能力。在这个意义上，人性与社会甚至与宇宙形成了一种互动的关系，并实现为既有历史性又有开发性的动态的人类文明的创造力。我们可以总结说：人性是一个文明力量的开端，一个实现文明、改进文明的过程，更是一个对文明框架至善至美的理想的终极愿景。

其次，20世纪的历史提供了一个我们反省人性的机会，21世纪将是人类重建与重振光明的人性的机会，但这个机会将是一个非常严峻的挑战与考验，因为21世纪的人类将具有更大的科技、经济与组织力量，这个力量将可综合地或分别地使用来创造更大的人类福祉，但它也可综合地或分别地使用来毁灭人类的文明与生命。这个力量基本体现在三大方面：一是掌握毁灭性武器以控制全球人类的能力，见之于目前光学武器与高速计算机的研究；二是改变生命本质及控制生命的能力，见之于目前人体细胞与遗传基因的研究；三是集结及运用广泛的系统化的经济政治组织与媒体宣传伎俩的能力，见之于当前经济财团、政治集团与宗教团体的影响与操作形势。如果可以突破这些种种可以为善也可以为恶的设施发明与建制来坚持整体的善的标准，来实现文明大同的景观，不为权力所败坏，也不为利益所迷惑，来实际地而且持续地追求善的实行与文明的创造，就是21世纪的人性所面临的最大挑战与考验，也将是人类必须勇往向前探索的道路。

人性有其本体的根源性的问题，也有其价值的创造性的问题。人性的根源与其创造的能力与方向是理解人性的钥匙，如果人性的根源是天道，人性所创造的价值是文明，天道、人性与文明的贯通就表明了人性自身价值之所在。如何求其贯通将是21世纪人类的新探索，也将是原罪论的基督神学与原善论的孔孟荀儒家仁学的新探索。

审美与诠释*

　　这一卷的《本体与诠释》，内容是非常丰富与多样的，但却明确地有一个关于美学的诠释研究的主题。在对美学的重要范畴与观念的本体与诠释的探索下，我们也同时再度进行了何谓本体、何谓诠释、何谓本体的诠释以及如何进行本体的诠释等问题的研究。这些都是探索不完、与时俱进的问题。因之，我们的探索也应是、也将是无止境的，和时间并行的。作为人我们就是本体自身，也是诠释自身，也是时间自身，诠释美与艺术就是诠释人、诠释人的本体与时间的本体。中国哲学一向注重美的体验与美的表达，但成为"学"却是 20 世纪的事。在西方，也有同样的情形，古典希腊即有美的体验与反思，甚至凝结为亚里士多德的诗学，但成为现代重视诠释与系统论述的美学却仍是在较晚的 18 世纪中叶。

　　在本书序列建立的体例上，我们重视诠释学与中国哲学的交叉研究，也重视诠释学与西方哲学，尤其是与现代意义下的语言哲学及语言的哲学与逻辑分析的交叉研究。在这些交叉研究中，本卷也有数篇十分突出的论文，如 Robert Neville 论述当代儒家思想的扩展形态，表述了作者对儒学基于和谐概念分析的形上学理解，这与我多年强调的和谐辩证法形上学若合相通。又如伽达默尔的《言词与图像》译文，更是具有启发意义：伽氏所谓真理乃是生动活泼的存在实现的过程，而所谓言词与图像只是这一过程的两种互动的方式。伽氏用的 energeia（能量）尤能表达中文中所说的"气韵生动""气势滂湃"的意思，把美之为生动与奔放的一面非常活泼地表现出来。在这种动态的表述中，优美与崇高也能融合为一体了。对自然之美的体会与对艺术创造的体验，不正有这样的特质吗？陈望衡的《试论中华民族的审美传统》一文，也是极为精要的，如能把中华审美传统的五要点综合为一整体将更为精彩。潘德荣的《看不到希望的希望哲学》则对当前流行的新实用主义进行了建设性的探讨，显然对重建涵括偶然性在内的形上学与人论有所裨益。杨宏声的论文对海德格尔的诗歌的探讨也是当前难得一见的佳作。最后我要提到

---

　　* 录自《美学研究与诠释》，上海，上海人民出版社，2007。

William Hasker 的论文《开放神论与对〈圣经〉的诠释》（译文），它涉及当前极为重要的文本的诠释如何引入与依赖本体的诠释的问题。我将在下面另行探讨。

本卷引起我的兴趣的主题很多，但我目前拟就美学的主题与基督教对《圣经》的诠释涉及本体的诠释部分进行以下两个评论：

一、作为人，我们能体验美，我们能创造艺术。但什么是美呢？什么是艺术呢？美与艺术有一个重要的不同：美是经验与体验，呈现的是心灵与真实的自然和谐一致与相互震荡及共鸣；艺术是创作与活动，呈现的是人的自觉的设计或意向与理想的价值的结合及其完成。相较之下，美是自然发生的艺术，而艺术却是人为的具有目的性与意向性的美。在此理解下，美的本体是自然，以及自然呈现的真实，而艺术的本体却是人或是人化的自然。人能经验美并创造艺术，说明美与艺术都具有本体性，也都根植在人与天地宇宙乃至人与天地万物的互通为一的基础上。这也说明我们可以也必须用本体的概念来说明美与艺术，这也就是我说的本体美学（onto-aesthetics）的含义。美与艺术如能就自然的本体与人的本体来说明就能说明美与艺术是什么，以及美之所以为美与艺术之所以为艺术。基于此一理解，我和陈望衡教授的对话才有更深刻的意义。在两天的对话中我感受最深刻的是陈教授很能认识及体会我的美学本体观以及我对美的诠释，当然这也是由于他一向重视与探索美的本质问题而企求在一个本体论的基础上诠释美之为美。当然他也向我提出了一些非常尖锐的问题，其中一个就是本体如只存在于诠释与理解之中，我们又如何去理解所谓先验的本体呢？能不能说先验的本体呢？

对这两个问题，我当时的回答只是指出本体是统一主客的，但也是变动不居的，是就宇宙的本体说的，而我自然也预设了人对宇宙本体的前解。我们不可以把宇宙本体看成绝对不可知的物自体。由此理解，人类可以探索宇宙本体的客观内涵以及发展人的存在的主体内涵是基于一个人天合一的整体观的潜识与前解的。宇宙的可探索性与人的可发展性就说明了人与自然真实的内在的联系与本质上的统一了。所谓先验的本体也不全然是先验的。而所谓逻辑性的存在也只是因逻辑推理的需要而假设，与基于部分经验而引申为可经验而尚未实际经验的先验的存在是不同的。我说的本体同时是逻辑的界定的与经验的界定的：它代表了整体的人或个别的人对自我与宇宙原初的根源的合一的存在意识。我用"观"这个字来表述此一合一的可实现性，因之"观"也可说为美的经验的开始，它是宇宙本体呈现自身的开始。在这个理解下，中国传统的美学体验与思考对人类现代美学的重释与重建具有重大的意义。明显地，此一重释与重建的工作目前尚在肇始阶段。

观是自然的包容与展现，尚未进入体系的思考的层次，但作为本体原始的呈现，观经过感觉与思考成为有本有体的意识，也就成为本体的意识，对事物或宇宙观的体验就成为美的体验了。我想强调说明一点：人的本体意识可以透过反思形成对象化的知觉与知识，也能在集体的经验基础上组合成为语言，成为"对本体的诠释"与"自本体的诠释"或"相互诠释"的能力与活动，甚至在人的目的性的引导下形成技术与信息操作。在另一方面，从知识与知觉回归到观，摆脱知识与知觉的意向性与意志的主导性（而非知识的架构与意志的自觉），美感就油然而生了。故美是本体的自然呈现，可以同时包含客体与主体，说它是境界可以，说它是意境也未尝不可。基于境界的启发或意向的导引，创造艺术也就成为美的自我实现了。艺术的追求也可以发展成技术与信息。要认识的很重要的一点是：人是多功能多层次的开放体系，可说同时或不同时有不同的需要与面临不同的要求，理智的、认知的、道德的以及审美的要求。我们不可以为一个单纯的目的而弃置其他的功能与需要。但毫无疑义，我们需要美，正如同我们需要善与真一样，因为人生需要这些才能成为真正的人生。基于此，我诠释现代艺术中所表达的丑与恶为对美与善的呼唤与企求，因而也就间接地表现了人性中深沉的美与善。我对环境美学（environmental aesthetics）的重视不但是由于伦理的要求，也是由于对美感的要求，因为这都是生命自身所需求的元素。

二、传统基督教对上帝的理解是基于思想以及意想一个完美存在的主体的可能，所谓完美指的是全知、全能与全善的性质，所谓主体指的是能思、能决、能行的自由与自主。因之，上帝被想象为一个超于人格的纯粹自由意志与绝对精神，并具有绝对创造力的创造者。但问题在于这个思想或意想是否有实际的对象与之响应。问题也就是：思想是否决定存在？完美的思想是否决定完美的存有？Anselm 的存有论论证（ontological argument）是从概念推论到存有，实应称之为概念论论证（conceptualist argument）。真正存有论的论证应从存有开始，然后将存有或存有的体验与认识概念化为一套义理或理论。如果不先做先验的概念假设，能否从人的经验与体验中肯定一个终极的存在者呢？从感觉经验中是得不到上帝的概念的。从人对生命的体验中也不一定得到西方基督教的神学中肯定的上帝的概念。但如果我们结合对世界整体的观察经验与对自我的内在体验（可称之为性情论或心性论），却可以得出宇宙万物的发生是有本有源的合理结论，也可以假定宇宙万物与自我是同根同源的。**我们只能在经验与体验的基础上建立我们的终极存在或存有观念与观点**。**这就是本体诠释学的本体论的观点**。当然这并不排除基督教有神论的观点，但这个观点带来的却是超越本体论的观点。

本体是完全建立在体验与经验的基础上的最基本的诠释，所求的是经验观察的开放与实在，整体性与目的性（价值性）的体验，以及理论说明的一致性与紧密性，在本体作为有本有源的整体体验基础上自然也不排除思想建构上帝作为原始终极对象的可能，但却非必要。本体诠释应从开放的经验与整体的体验中决定本体存有的属性与内涵，达到理解与认知的效果。在这种理解下，显然 Hasker 论文所描述的开放神学成为可能。但要指出的是，Hasker 并未明显地指出，甚至可说并未指出此已开放的神学的方法论与本体论的基础，这是要在本体诠释学所包含的本体哲学与方法哲学的概念下才成为可能的。本体诠释学作为方法学的一个要求是求得理论与文字或文本的一致，而且要求这个一致是简易的，是既最大地合于已存事实又合乎人的深刻的体验的。只有基于此三者的要求得出的结论才是同时具有不变、变易、简易的原理，并进一步去考虑交易与和易的可能。

另外一点要指出的是：Hasker 所描述的开放神学中的上帝实际更接近周易哲学所阐述的太极本体宇宙论：终极的存有是不变的变化者，也同时是变化的不变者，而且它是以简易的方式与模式呈现出来的。所谓简易指的就是可能实现为现实的原理，无此简易即无现实的自然与自然的现实，虽然此一现实的自然中并未实现所有的完美或避免各种矛盾与冲突。但不能忘记现实的各种矛盾与冲突也是基于非完全的整体的某种一致而产生的，也隐含遵从简易的原理的趋势，为了未来排除依存的矛盾与冲突，必须不断以趋向终极的和谐为目标，并以不断地交换方式来持续地维护平衡。相对于前者，我提出了和易的概念，相对于后者我提出了交易的概念。结合不易、变易、简易、和易及交易，我们也就得到一个更为完整的本体的概念。基督教格外引进基督耶稣作为历史的见证并作为上帝的保证，实际上是具有一定的人格主义思考的先验特色的。但问题却出现在如何本体地理解绝对超越的上帝道成肉身与耶稣的死而复活。这个问题显然是信与不信的问题，而非知与不知的问题。本体的诠释必须面对理解预设信仰与信仰预设理解之区别。Hasker 有见于《旧约》中有关上帝后悔与不后悔的说词，认定上帝不必预知未来，却是与时俱变的，不能超越时空之外的。这是应用现实的人的后悔的经验作为推论的基础。这是本体的诠释的一个精要的说明。

本卷编成，我要特别感谢潘德荣教授与陈望衡教授，由于他们热情的参与和投入，我们才能把这本思想丰富、启人入胜的《本体与诠释》第六辑呈现在读者的眼前。

序于二〇〇六年八月八日
上海华东师范大学　逸夫楼

"本体美学"的重要启示*

　　关于美学在中国的发展与中国美学的发展，经过我多年的思考，得到一个重要的结论：对于美的理解，中国的美学家与哲学家可说比西方的美学家与哲学家更具有开放性、包含性与探索性；这也就说明美学在中国所受到的关注何以比在西方要大得多。在古代，此一关注是透过文人与士大夫普遍的诗词创作而表现出来的，例如理学家朱熹、心学家王阳明都能透过他们的美学创作诗词而表达他们的哲学。在近现代，中国哲学研究者关注美学、阐扬美学，也是蔚为壮观。当然这仍然是一个现象，因之仍然需要作出深度的说明与诠释。我的说明与诠释是：在中国哲学中，美是离不开善的，离开善的美不能说是真美；而善也是离不开美的，离开美的善不能说是真善；美善或善美是内在地联系在一起的。在善的理解下，天下之物莫不美，因为天下之物莫不善。善又离不开真实的世界，而真实是大化流行，是万物毕呈的生命发生、发皇与繁荣的过程，是生生不已的过程，是人所尊贵、所希冀、所喜愉的价值，故而美善就在其中矣。孟子说"可欲之谓善，充实之谓美"，就是对此理解的自觉。《周易》的《坤卦·文言传》有言："君子黄中通理，正位居体，美在其中，而畅于四支，发于事业，美之至也。"不但美在其中，善也在其中，乐也在其中，因为这是一个最具有活力的心灵与身体结合的和谐状态。

　　这里我先提出两个基本原则：一是美在感之中的原则。美一般被看作表象的感觉经验，但美显然并不限于表象感觉经验，且应内在于感觉与感觉的反思，甚至为表象之感的气质与精神。二是美是由多重关系决定的原则。故要体验美、感受美，就必须要考虑上下左右的环境与状态以及一个潜在的流程，在此流程中我们可以把定点的非美变成不定点的美，把静态的不美转化为动态的美。画龙要点睛，往往在一个既定的框架形式中开发与凸显出一个生气饱满的管道与窗口，立刻就能唤起美的遐思与共鸣。因此，我们又有了第三个美的原则：美在凝集生气与开发生气。即使是静物，我们要肯定与寻找的

---

　　*　录自《美学、文学与艺术》，杭州，浙江大学出版社，2011。

美，仍在其形式所包含的生气以及它可能展现的生命的姿态。我们甚至能问一个静物在说什么，一个动物在做什么。我们必须在物象的生气中体验一个真正生气充实的整体以及一个可以具备激动人心的灵明，让人们能够激荡内心或沉思永恒以获得性灵的快乐。这应该是美的经验的神化力量，同时具有净化力及激动力，也同时具有超越性与实质性。美点化了也提升了现实，但又回到了现实。美的现实化与理想化并行，可以称之为中国美学的第四个原则。

以上四个美学的基本原则与人的本体的自觉及人对世界本体的体验与经验有密切关系。事实上，正因为我对人的生命本体与天地创发万物过程的体验，我说的"自"本体的诠释与"对"本体的诠释包含了美学这一层面，而且可以透过美的发生、发现与创造来说明。美作为本体的体验显然是属于本体的，也是属于诠释学的，它同时包含了体验与理解，具有个体性也具有人与人之间的共通性。因之，我们也可以称这四个原则所代表的美学为本体美学（onto-aesthetics）。显然，中国美学是本体美学，且为其最突出与优秀的代表。

"本体美学"中最重要的问题是主观的"观"与客观的"象"如何融合为一体而呈现为主客一体的观象之态。主观的、原初的美只是感觉（aesthesis），它必须透过心灵的感情与想象作用并运用理性认知概念中所含的意义以及经验（记忆）所沉淀的形象来进行一个吸取、一个延伸，使它像胚胎或种子一样能够扩充与机体化，成为一个有生命的整体形象，充满在人心中，也可以透过视觉洋溢在人的环境空间与时间之中，表现为无尽的视野。这可称为观的状态，这也显示了第五个美的原则：美在观中，依此人可以以大观小，也可以以小观大。① 就主体的我来说，我的感觉已蜕化为包含主体情智的综合直感（synthetic intuition）或整体的心灵综合感受（syn-aesthesis）。在此感受中智、情、意、感已形成为一体，故不排除它同时具有对世界事物的理解、感情与感觉，并激发一种对自我的热情与对世界的喜悦。这也就是中国传统美学所说的因情生境、因境生情的体验，并标示出美感在主体的我的心灵的综合开发与包含延伸的现象。进一步，我们还要问：美或美感在客体世界中的地位又如何呢？我在此也想指出客体的事物在主体的感觉的观照与凝注下，也进行着另一种展开与延伸：事物的表里精粗逐渐透露出来了，它的深层的结构也显露出来了，甚至它的来龙去脉也露出了端倪。由于时间的开放性与空间的包容性，事物也由表象进入到真相，从静态转变为动态，成为一个开放于未来与过去的存在，而不限于现在那一瞬间。这有如一个精密照相机镜头在一定时间的曝光下，能把最隐秘的东西或远处的星辰与暗中的物象摄影出来一样。当然，人们可以说我们要

① 参见我的论"观"的论文：《论观的哲学意义与易的本体诠释学》，收录于我所著《易学本体论》，77~105页，北京，北京大学出版社，2006。画家、画论家刘继潮教授引述此文，据此以说明中国山水画远近自若、生动描绘山水人物、不受西方定点透视方法控制的理论原理，参见其所著论文：《观和看的文化分野：对中西绘画史的意义》，收录于《笔墨之外》，58~86页，合肥，安徽美术出版社，2008。

的正是那一瞬间的感觉，那一瞬间的感觉正是美的焦点。不错，我们可以很重视那一瞬间的美、那一瞬间的神秘，而我们也能捕捉那一瞬间的感觉，像捕捉日食的最后一刻，日出与日落的最后一刻。因为我们可以客观化那一瞬间的经历与体验，而给予它一个定位与形象，因为那一瞬间也是属于时间的一瞬间，是有客观的基础的。凡是有客观基础的现象我们都能捕捉，我们有此能力。我们也可以深入那一瞬间的象，可以扩伸那一瞬间到时间的深处而体会它根源的存性，因为它是属于这个世界的一个发生，而不只是属于我的主观的自己而已。我将此一原则定名为美学的第六原则：美感与美是人与世界本体的根源发生而具有永恒的生命意义。

在以上主客融合的理解下，aesthesis 既是感又是境，所感与所历之境可以深浅大小自如，但却永远彼此相应，因而 aesthesis 可以从纯粹的感觉转化成为美的感觉。在此理解下，我要提出下列美学的表述与要求：主体的开发不因情意的参与而失其客体性，客体的显露不因境界的出现而失其主体性。我提出此一命题的原因是：中国美学十分重视境界的呈现，但对境界的理解却十分模糊，往往把境界看成主观心灵的投现。此一理解如果从佛学唯识论的观点自然是说得通，但从中国哲学的本体学的眼光看却是不足的。境因情而起，但同时情也是因境（此境也因此可名为景）而生。此情此境都有各自更属于自己的因缘与背景，因之也具有相对独立的存在状态，也就是有其相对对立的主体性与客体性。在此理解下，因其各自的动力与潜能，双方才能够相互激发，相互转化，相互提升，带向一个极为纯净的境地。当然，两者也可以因各自的因素而丧失其情境相应互动的内在关联而陷入混乱与失落，成为无境之情或无情之境，甚至麻木不仁。如此，这将是人类不幸的处境，对此处境的描述与表达，固然也包含了一个情境的情结，可以成为美学的对象，但它的目标在唤起人们的思虑与注意，使人们从一个扭曲的美感中感受到一个存在的问题。此一表达的手法可名之为"问题美学"。我在德国柏林一个博物馆的冬夜的展出中看到的"废弃的厕所"正好说明此一问题美学的意向。因此我一再强调，问题美学的终极目标仍是在本体的失落中寻找本体。

此一美学发生与发展的过程在哲学上解决了康德、黑格尔、海德格尔与伽达默尔之间有关美与艺术各自有所偏重的矛盾。康德指出美感是一种非范畴决定性的判断是非常正确的。美感不应只是感，也是判断，这正说明美感是一个开放的自由开发的心灵活动，不受制于任何先行概念的约束；也就是一种心灵发现与体验的自由。但美感仍然可以在历史、哲学以及认知科学的认知基础上体现其丰富的内涵而发展起多元的形式。此点正是伽达默尔所强调的，他把美感从感受提升为知觉与知识。当然这也是海德格尔把美看成发现的、透露的真理的理由。黑格尔重视创作艺术的自由精神，开拓了美感的发展途径。但海德格尔与伽达默尔的意见以及黑格尔的观点也都不必脱离康德的美感判断之论，要点在于重新扩大诠释康德美感判断的内涵与其所以形成的可能性。我提出的在主客之间融合及互动的美的发生与发现过程正好说明此一可能性，故为四者之综合创新。

正因为美感的经验可以因为人的修养与选择的多样而具有丰富多元的内涵，柏拉图重视感觉的向上提升成为智慧而反对知觉的向下沉沦成为浮象与欲念，因而要把诗人驱逐于理想国之外。但柏拉图看到的只是他所担忧的那种诗人。他可能未想到还有更多的诗人是在追求美中之善、善中之美。中国美学中多是这样的诗人，形成了中国美学的传统，名为礼乐教化、诗书传家。诗人的诗唤醒了人们心中之善、心中之美，即使是诗中所表现的悱恻哀苦之情，也能带来人心的同情共感而有启发与警惕的作用。古希腊的悲剧与中国元曲的正面美学价值也在于此。显然，亚里士多德对悲剧的理解远胜于柏拉图而更接近中国美学的精神。

基于以上所阐述的本体美学精神，我们可以看到美学教育的重要。美学教育的重要性在于激发及培养人心与人性中的美善之情，使人更能看重生命，发现与体现生命，更能爱惜自我与他人，以及人我之间的内在联系，也因之更具有欣赏与创造艺术的能力。我常常强调美感与艺术的一体性。深度的美感不但能够带动艺术创发的愿望，而且也提供一个艺术创发的内在标准。事实上，就我说的主客互动与融合的美感深化原则来说，美感的动态性与发展性就是一种艺术，也就是一个在一定形象下参与和表达为语言或某一符号的过程。此一发生、发现与创造的过程在人类的诗歌、音乐、绘画等活动中可说表露无遗。美学教育自然必须以此为起点，然后推广到其他文明层次，包含文学、历史、哲学与宗教等。

本辑《本体与诠释》论文集是经过一段时间的思考而筹划出来的，最后由我邀请上海社会科学院杨宏声君、华东师范大学潘德荣君、台北大学赖贤宗君共同担任执行主编。三君对美学很有研究，又都是诗人，很有创意地把此集发展得极为充实。我对此表示欣赏，也对他们表达感谢。我也在此感谢本辑的其他作者。此辑收集了我早期的美学与文学论文，并将篇幅较长的美学讲义另收为集《美的深处：本体美学》（浙江大学出版社 2011 年版），对理解我的美学思想，甚至我的本体学与本体诠释学不无帮助。是为序。

中国美学中美的动态化过程：诗画交融的创造性和谐 *

虽然美只是个单称概念，但我们对美的体验大多时候却是错综复杂的。我们体验到的美就像是寓多于一的协调整体。即使事物本身并不存在一种和谐而统一的关系，为了称之为美，我们也必须将其视为这样的一个和谐统一体。康德将这种体验自然美时产生的感受称为自然的合目的性。然而，关于这一美的定义或解释仍然存在着许多问题：自然美是自然界事物的客观属性呢，还是审美主体精神的一种属性？我们应该将美视为人类心中的一种感觉呢，还是应该把自然的合目的性看作美的本质属性？康德给出的答案是模棱两可的。他认为美是客观的，但同时又是主观的，需要主体去体验。自然美之所以是合目的性的，是因为没有了合目的性，我们在自然中便无从发现美。但同时他认为还存在着另一种审美体验：崇高。我们不能完全排除崇高有其合目的性，除非美与崇高毫无共通之处。反之，如果在美与崇高的体验中我们发现有某种目的性存在并发挥了作用，那么我们就有理由认为美与崇高之间存在着某种共通之处或相同点。

与其他在豁达和谐的主体心灵看来富于意味的审美体验一样，美和崇高同样是人类在情感和感觉上对自然和外界事物做出的反应。这些反应并不能脱离人类的情感以及激发它们的各种形状、大小和颜色。人类情感是特定的、有明确区别的，因此相应的美的（或与审美相关的）物体和事件也是特殊的、有分别的，它们引起的体验可能包括心灵/精神/身体上的愉悦、情感的自由游戏、精神上的自由、痛苦的解脱免除、冲突的消弭解脱、自我意识的丰富、超脱俗务困扰等。我们可将这种独特的对美和崇高的审美情感看作一种精神发现和人类对自身的一种欣赏，而它们则可以作为判断或辨别美与崇高及其价值的标志或准则。

鉴于康德在这两个审美范畴的阐释上尚有模棱两可甚至是互相抵触的地方，我们会认识到美与崇高的实在不是纯粹客观的，也不是纯粹主观的，而是一种自然的刺激—反

　＊　原载《世界哲学》，2004 年第 2 期。

应关系，是主客体互相作用而产生的一个创造性过程。由此我们不得不承认美是当主体敞开心胸去观赏自然，同时自然也敞开怀抱等待着主体来观赏时，主客体之间发生的一种富有创造性的过程。美是将主客体统一起来的事件。换言之，当一个人眼中看出的是和谐的自然时，他就会体验到自然之美。这也意味着主体必须处于某种特定的心态之中，而客体也必须处于我们称之为"和谐"的状态中。唯有这样主体遇到客体时才会产生美，因为即使主体的心境再平和、感觉再敏锐，也不可能将自然全部视为美的。当我看到四周躺满腐烂的动物尸体的断崖时，我体验到的既不是美也不是崇高。当我看到被污染的海水将死鱼的尸体冲上海滩时，我的实际心情是为大自然感到心痛和抑郁。这种感觉如此强烈以至我再没有游泳的兴致，尽管我在此之前是多么渴望、盼望能有一次美妙惬意的海边散步或快乐的海水浴，一如孔子所赞许的浴于沂水后漫步于轻风之中的那种享受。可见自然有些地方是美的，有些却不尽然。我们爬山时常有这种事情发生：一些山景在我们眼中是美的，而另一些则被视为平淡无奇甚至是无美可言。

另一方面，如果我们心态不对的话，就无从发现风景美之所在，这种情况并不少见。我们或许过于激动，过于忧虑担忧，过于悲伤，或者心神过于不集中，以致抬头仰望蓝天白云时也不会留意到那飘掠而过的美丽的云朵。威廉·华兹华斯是在亲眼见到云的美丽时才写出了赞美云朵的诗篇，陶渊明也是在采菊时见到南山之美才挥笔写下了歌咏悠然自在的田园生活的名句。

由此我们可以看出只有在主体心灵和客体自然均处于一种适合的状态时，两者才能互相作用从而产生美感。在此意义上美无疑是一个结果、一个事件、一种互动，它以主客体之间的统一和谐为前提，因此可以称之为主体（心灵与客体）自然的创造性统一与动态化和谐。接下来的问题就是：我们如何说明、描述主体（心灵与客体）自然应具备的条件，以利于美及类似感受的产生。在我看来，美就是我们从自然或人那里体验到和谐、统一、无功利的快感、清新及生动时所用的词。美是我们总结对某些物体和事件的体验的特点时所用的术语。我将这些特点归结为"和"这样一个中国文字，它描述的是整体内不同部分之间的相辅相成及杂多因素的和谐统一。我们在描述这种杂多因素的和谐统一时必须先假定或承认其整体的存在。但是这一杂多因素的和谐统一过程应被视为一种复杂的或简单的体验。正是在这一意义上，我们才不得不把和谐看作杂多因素构成和谐统一体的动态化过程，而不是一个静态的结构。由于和谐具有创造性这一本质属性，而美的发生又是整体表现出来的属性，美就不能只用一个条件来定义，除非用于美的定义的这一概念也同样复杂，能涵盖美要求的所有要素。由此可见，美的概念必须是一个开放的概念，它应该允许依据不同的审美体验在不同的审美理论中对美有不同的描述或定义。

美一旦被描述成为主客体之间创造性的互相作用所产生的一种和谐统一的体验，那这种体验就是直观、直觉的，从而看上去就像是一件简单、自发性的事实。在这种意义上，美就意味着真，因为真这一属性就是指我们对现实的体验。当然这并不意味着只要在体验中是真实的或实在的就一定是美的。正如 G. E. 莫尔（G. E. Moore）所宣称的那样，作为现实存在的一个简单而自发的属性，美仍然可以通过分析来领会。面对某个自然事物，我们经常要进行仔细的观察后才能领略到它的美。在观赏山水、浮云、日升日落时更是这样，越静观就越着迷。我们在观赏美丽的风景时，往往要再三品味、流连其间，而后再观其整体。这种自由游戏的感受意义非凡、关系重大，因为不经过如此专心致志、分析品味的审美思考，我们便无法描述出景色的美来。徐志摩描写英国剑桥的晨暮的散文《我所知道的康桥》或欧阳修在《醉翁亭记》中对山色的描写就很好地说明了这一点。

当我们说美的体验无比复杂时，我们是否就表示单一的物体就不美呢？是否一朵花、一颗星或一片枫叶就不能被视为美的呢？要回答这个问题，首先我们要区分开一朵花、一片叶这种单个物体与具有某一形状或颜色的单个物体（即所谓的"感觉材料"）。一朵花并不亚于一个复杂的综合体，花并不是一个单一的实体，叶子也一样。即使是一颗纯色的钻石或一堆白雪，我们也不能简单地将其视为一堆雪、一颗钻石或一种白色物体。我们所看到的应该是它们所呈现出来的美妙形式，或者是我们下意识地把它们和大脑深处的思想进行对比时它们所呈现出来的和谐形式。换句话说，我们视之为自然美或艺术美的一个物体应该是处于被追求或被判断的情境之中。我们若只将事物看作某一特定的颜色、大小或形状而不是将其与其他颜色、大小及形状相比较，就难以领会它的美。正是通过这种方式我们才能发现简单的形式、形状、颜色或大小或所有这些因素的结合体中所蕴含的那种素朴的美（正如我们在现代艺术中看到的那样）。这就意味着我们感觉到自然界的事物或风景是美的，是因为它们有着简单的形式、形状、颜色和大小，并且以一种创造性的和谐方式组合在一起。我也许只觉得某一种形状是有意思的、美的，而别的形状相比之下则不是那么有趣、好看，就像我们在沙滩上捡贝壳一样。这就是说美分不同的类型：复杂的和简单的，代表着主客体之间不同的和谐统一过程。

在从主客体之间的动态和谐和相互作用的创造性意义上对美进行了大体上的说明后，我们现在可以接着探究以下中国的审美体验。我想声明的是，所有中国美学的术语都可以依据它是否指明了或有意要指明主客体的和谐状态或主客体之间和谐互动的过程来进行分类。通过观察我认识到并坚持认为尽管用于主体和客体的术语必须借助于动态和谐这一过程来理解，但从分析的角度来看，这些术语分别是描述和指示哪些主体状态和客体状态的呢？我们如何才能正确地理解在动态和谐的过程中的这些状态呢？

当然我们也许会说中国传统诗歌往往表达感受、反思客观世界时的主体和谐，从而让人能够发现或体验到客体的和谐，而中国画则往往代表着一种客体和谐（或称自然事物的和谐），从而使人发现或创造出主体心灵上的和谐。这种区分的重要性在于它沿袭了自唐朝以来的二分法，即将传统的中国画与中国诗歌看作主客体和谐统一过程这一连续体的两极。而这一连续体的关键在于无论是诗还是画，都必须追求一种主体（在语言上）与客体之间动态和谐统一的关系，并以此作为欣赏的前提或分析的依据。这种关系常被称为"情景合一"。

这种区分和阐释在我看来是解释中国美学的重要任务，因为它是中国美学有别于西方美学的独特之处。粗略地说，诗歌在西方美学的传统中是心灵丧失平衡后强烈感情的爆发，因此是诗人静观并超然于世外时的想象与激情的表现。另一方面，西方绘画是以"有意味的形式"忠实地记录自然和世间的和谐或不和谐（一如毕加索笔下的战争场面）。但是，诗与画的联系无论是从诗来讲，还是从画来看，却是若有若无。诗人多半不是画家，画家也多半不是诗人。就文化视角而言，中国美学与西方美学在这一点上是不尽相同的。明代以后，中国美学中文人画的出现使诗与画的统一成为可能，诗人与画家合二为一，在哲学意义上主客观的和谐也得以达到动态化的和谐统一。到了现代，我们发现情感与形式之间的不和谐及分裂在西方美学中竟是愈演愈烈。当代西方诗歌已经在荒原上迷失了，但仍努力地试图通过借用外来文化的形象来复兴自己，而绘画则演变为后现代的，即解构人们熟悉的形式和秩序，以残缺不全的形状的形式表现怪异荒诞的冲突和紧张，警示人类这一时代的不和谐。当代中国美学的处境也不容乐观。随着人类进入高科技、经济和商业大行其道的时代，我们面临的问题越来越严重，出现了普遍缺乏生命力和创造力的情况。主客体动态统一中原有的洞察力和想象力也已失去或者即将失去。首先，主体在面对瞬息万变的客观世界时缺乏和谐统一的心态。就世界本身来讲，过度的污染和开发破坏了自然内在的和谐，并将其置于人类肆意而为的改造和毁灭之下。主体如果没有一个和谐统一的心灵的话，客观的美和崇高又从何谈起？主体若没有一个充满和谐和创造力的环境，又怎会有平和的审美心境？从这两个问题中还能再引出两个更严肃的问题，即现代中国美学何去何从？中国诗歌与绘画出路在哪里？

不要为已丢失的传统哀悼，也不要强求或期盼某一标准的复兴，让我们略感欣慰的是我们以上的反思和分析有助于形成对美和崇高的审美认识，建立一个东西方人类审美体验的比较性—多元化的体系。我们甚至可以同时从跨解释学、跨文化以及跨本体论的角度出发，更深层地去认识自然的本质和人类精神的本质。

依笔者之见，描述主体心境可以用"感"和"味"；描述客体自然状态可以用"象"和"景"，以及后来出现的"境"这一概念。让人迷惑的是这种所谓的"境"究竟是属于自然存在（道）的一部分还是主体精神体验的一部分。我们也有"神""妙""清逸""潇洒"等词来描述能引发美的体验的主体精神与客体自然之间的和谐互动过程。中国美学中美既可以从主体精神对客体自然的感受来定义，也可以从客体自然对主体精神的作用，甚至往往是以主客体之间的创造性过程来定义。这些定义代表着不同时期审美体验不同的侧重点，反映出中国美学不同的发展过程。但总的来说，将这三个定义综合统一起来，能够得出一个在中国美学基础上对美的更好、更全面的定义，由此，主体、客体及两者间的创造性的和谐统一关系或过程也就统一为一个整体。

　　有了上述对中国美学中美的动态化过程和结构的分析和认识，我们不仅可以阐释中国诗、画中的美感和美的情景（及其区别），还可以尝试将对美的结构的理解应用于西方古典及当代审美和艺术作品中对审美意识、审美形式的描述。西方艺术和美学中象征的或具体的客体化趋势可与中国艺术审美或诗歌美学中的和谐的主体化或和谐的过程化进行很好的对比。

本体美学的研究方法[*]

　　按语：2012 年 6 月 7 日晚，华东师范大学中文系博士生导师朱志荣教授在上海交通大学闵行校区拜访了当代著名文化学者——美国夏威夷大学的成中英教授，并就本体美学的研究方法等问题请教了成先生。成中英教授祖籍湖北阳新，生于江苏南京，1955 年毕业于台湾大学外文系，1958 年获华盛顿大学哲学与逻辑学硕士学位，1963 年获得哈佛大学哲学博士学位，20 世纪 70 年代任台湾大学哲学系教授兼系主任暨哲学研究所所长，自 1983 年起，执教于美国夏威夷大学哲学系，同时兼任多所大学的客座教授，并作为海外儒学研究的代表人物，长年致力于在西方世界推介中国哲学，致力于中国哲学走向世界并做出了巨大贡献，是《中国哲学季刊》的创立者和主编，国际中国哲学学会、国际易经学会、中国哲学高级研究中心、远东高级研究学院等国际性学术组织的创立者和主席，国际中国管理与现代伦理文教基金会的奠基人。创立美国国际东西方大学并兼校董会总监和校长，兼任东西方文化中心传播研究所高级顾问、美国耶鲁大学哲学客座教授、美国纽约市立大学哲学客座教授、日本国际基督教大学客座教授，以及中国台湾大学哲学系主任兼哲学研究所所长、中国人民大学客座教授、北京大学客座教授、西安交通大学客座教授、上海师范大学兼职教授和博士生导师。成中英教授致力于中西哲学比较、儒家哲学及本体诠释学研究，为中国哲学发展贡献颇多。本刊编辑部特刊发本次访谈，希望通过本次对话，让学界进一步了解成中英教授的美学思想及其所倡导的美学研究方法，为实现中国特色社会主义文化的大繁荣大发展，以及进一步推动实现中华民族的伟大复兴贡献力量。下面是具体的访谈内容，以飨读者。

　　1. 朱志荣（以下简称"朱"）：成先生，您好！很高兴能与您围绕本体美学的研究方法问题进行一次对话。您作为新儒学研究的代表人物，致力于将哲学的本体诠释学方法具体运用到美学中，倡导中国的本体美学。能否谈谈您的中国本体美学的思想？以及

---

　　*　原载《艺术百家》，2012 年第 5 期。

您认为本体诠释学方法有怎样的价值和意义？

成中英（以下简称"成"）：一般人认为美学是对美的欣赏或一种直觉。那么什么是美？我觉得可以从两方面来看。一方面，我们说美学不只是美的学问，它是艺术的基础甚至是人类文明发展的基础，这里的原因何在？另一方面，有人说美学在哲学中并不是最重要的学科，比如形上学、本体学，或者是知识论、伦理学等，这些都是最根本的。我们一般都有一种真善美的认识，作为哲学学科来说，它是一个比较边缘的学科。但有另外一点需要指出，在中国汉语系统里，对美的强调，尤其在哲学中，比西方要强调得多，把美学当作主要的、重要的学科来看待，是什么原因？在深度思考上，美与其他价值，尤其跟真、善这两个有密切关系。在英文系统中，倒不一定把美（beauty）与善连在一块。我指出这个现象，这是什么道理？

我们为什么要提出本体美学这个概念呢？为什么要把美学建筑在对本体的认识基础上呢？这是因为，作为一个学科来说，我们应该有一个自觉地对本体的了解，但作为一个人类经验的现象来说，我个人认为，在自觉地对本体的认识中会看到，其实美学是可以、应该而且事实上也有一种本体论的基础，但这不太为人们所特别强调。

在英文系统中，美的对象的系统性，说它的存在性，用现象学的眼光看，美的现象有它存在的一种本质。我说的是本体，还是要从人类对美的基本的感受说起，西方强调这种美的 ontology 或 aesthetics，基本是在讨论 aesthetic objects，就是美感、审美对象、对美的存在物的认识。柏拉图就是最好的例子，他认为就有美的形式、美的对象，美是一个理式（Idea）、一个 essence，是一个完美的理式（Idea）。《柏拉图对话录》中追求美的理想，其实是一种本质的存在。本质和本体差别在于，本质是对象化的，本体是基于人对对象化的感受，它有客观意义，因为在我对本体的认识里面，我们看到人作为宇宙的一部分，有一种内在的感受能力，透过经验，透过反思，形成一种可以用来描述经验的语言或符号，来达到对自己经验的描述。其中有一部分是美的经验，那么美的经验显然更是属于人的存在的内涵的。所以这里我觉得应该将本质论美学和本体论美学分开来，西方比较强调本质论美学，中国是本体论美学。这个本体论概念我认为由来甚久，从《周易》开始，从元亨利贞开始，是宇宙本体论，涉及人的、基于价值的概念，它既是成就，又是发展，又是价值的状态。人可以享有这样的状态，那么人的行为、人的处境、人的想法所珍贵的就是所谓本体的存在。《易经》的《坤卦·文言传》中的"黄中通理""正位居体""美在其中""畅于四支"可能受孔子的启发，你在宇宙的位置很对，你能够感受一切，然后你又能够跟宇宙沟通，能够和天地上下交流，然后你的四肢就能感到一种宇宙的活力和生命力，就是"美在其中"了。美是一种体验，是一种身心的体验，双方都很放松，都很畅通，身心一体又与宇宙万物畅通。这只是一种更形象的、理想的说法。当我们畅通，我们看着美景，看良辰美景，看春花秋月，宇宙中每个人都能通过那个感通点，感到和宇宙有一种沟通，而且宇宙就在我们的心中表达出来，我们感受到一种什么样的存在。那种感受是一种知觉。这种身心和谐、内外整体和谐，又好像与当前的一种情景能够融合。这就是本体的美。本质的美是要通过理念把它当作一个对象。而本体的美是从内发射出来，成为一种身体和生命存在的状态。这就是本体的美和本质的美的区别。

我想本体美学有两点特别突出，一是强调一种从人的内在深度感受发展出来的知觉和情感。至于是哪一种知觉、哪一种情感，可以继续研究。而这并不一定是主观的。本体论是指人的本体和宇宙的本体在深处是一体的，人是宇宙的一部分。至于宇宙通过什么机制创造出来，是另外一个问题。人是宇宙创造出来的。但我们不要忘记我们是人，宇宙的本就是人的本，人的本就是宇宙的本。那么在这种基础上，我们有一种深刻的感受，显然也不只是主观的吧。主观只是局限在表层的一种知觉上，没有超越知觉。事实上，有时也不需要超越。知觉上内外打通，人与宇宙贯通，感觉宇宙为你而感，那么那种美的感受我们就叫作美感，有高度和谐感和高度欣悦性的感受。美的感受不是纯粹主观的，是宇宙本身的表达，在这一点上就是客观的。

康德说每个人都有人性，每个人在主观上都可能一致，基于对人性的判断和信任，我们说它们也可以共通。这也可以说是知识论的说法。我们说得更深一点，我们在与宇宙的共通中达到一种深度，当然也可以说也许没有达到这样一种深度，你当然就不能打动人。那你的本体感还没有这样的深度，并不是说你在理论上不可以找到这样的深度。所以可以这样来解释，为什么美感还有这样大的差别，为什么主观的比如说趣味、情趣、志趣、风格等不同，那是从经验背景的特殊性来说的。这是很清楚的，因为即使万物都生于宇宙，但只有人对宇宙的感受，我们认为是一种美的感受。但鸟类、鱼类，以及猫狗等动物，它们有没有美的感受？在我们认为美的环境中，它们有没有感到这是一种美？显然它们的感受跟我们不一样。它们没有一种感觉的机能，它们没有达到一种可以和宇宙沟通的深度。动物之间有差异，鸟类、鱼类的感受，也有这样的差异。我们说鱼感到快乐，也是庄子说的。如果真的能和鱼对话，它们听得懂庄子的话，也许它们会说这是对的，我就是快乐的。所以动物有这样的差异，人和人之间也有这样的差异。你感觉没办法掌握住人的纯粹性，某种美的境界、某种感受，或细致的、精密的地方，不同的文化传统在这方面会有不同的体验。如日本人对樱花有一种体验，樱花之美在于它是一种哀愁。中国人对梅花、桃花、牡丹花，就像周敦颐说的，有不同的感受。一般的人会喜欢牡丹，因为一般人有对富有的追求、对生活舒适的追求；还有一种清高的人欣赏竹子的美，竹子有节，所以是一种高风亮节；还有人欣赏幽谷的兰花那种清高和孤芳独赏。甚至有人喜欢菊花，是君子，有一种幽香、深沉的美。中国人对梅花情有独钟，梅花是不是我们的国花？但中国人对梅花的确是有感情，中国人喜欢在坚韧的情况之下，还能够挺拔起来，创造出灿烂的辉煌。这样的话，可见本体的感受一定是多元的，美有层次和深度的差别，那么也反映出志趣和生命的理想。我觉得本体美是一种非常重要的认识，但我们在美学的修养上没有去谈这个问题。

美是需要修养的，那怎么去修养？那事实上就涉及道德性的意义和本体性的意义、知识性的意义。美是一种综合体，它反映着一个人的知识、生活状态，修养的程度反映着他的一种志节——这些都是美的内涵。我们看到一个问题，要用委婉或夸张的方式将其表达出来，这也是一种感受，在一种广义的美上也是一种美。所以在对待美的概念上，要把它当作 flexible，就是一种比较不定的、上下左右可以伸缩的、可以寄予体验或感情的、有一种高度包容性的又能够曲化的、能区分各种类别的这样一种复杂系统。并没有这样那样的定型，人是一种有生命的动物，在宇宙中与过去有延续性、能不断发展，在人与人之间有不断的交流。在这样的层面上，东西方不同的美都能彼此欣赏，古今之美也不会因为"古"而不能去欣赏它，因为其中包含着意识的或心灵的感受。其作用，你后来问到心理的作用，我等一下加强地说一下，当然里面也涉及诠释性的东西，因为你要表述这种美的时候，你不得不提到这种本体性的内涵。

总体来说，本体美学是基于本体诠释学的，首先也基于本体的意识。它的价值何在？就在于更深地去拓展了美的深度、广度及变化度和各种层次，否则美的研究过于死板，美学缺乏活力，有时甚至变为一种形式上的美，或者成为对个别的、具体美的说明，而不是对整个生命的体验有更多更丰富的说明，于是就会抽象化了。西方的美学有时读起来比较枯燥，原因就在于它会变成一种对象化的本质主义，或者就变成非常具体的、非常特殊化的经验陈述。这种情况事实上没有得到完整的表露。只有透过中国人的讲述，那种人生的整体性、生命的整体性、人的生命的本体性、宇宙生命的本体性相互激荡或抑制，在那种状态之下再界定中国美学，那么美学就变得活泼而多彩，而且能激发更多的创造力。当然，这种创造力还在不断尝试中。

2. 朱：您能谈谈中国美学研究在继承中国传统与借鉴和运用西方方法时，需要注意哪些问题吗？

成：今天中国的创造力还跟不上西方的创造力。至少在中国过去很多时候，中国美学的创造力可能在世界上是非常丰沛的。比如说在西方中世纪的时候，从古希腊以后 3 世纪，到 14 世纪文艺复兴的中间，不是说没有美学，也有美的创造，但中国是从汉代以后 3 世纪，到宋元明（10~17 世纪），那就丰富得不得了。汉代是很好的表达，李泽厚对汉代美学的描述是不错的，我看汉代的石刻、汉俑等，其表达的生命力多彩多姿，可以说是令人惊叹的，是非常珍贵的美学的思考。但现在没人想到这些，比较美学还不发达，这只能在本体论美学的基础上去发达，这是很值得探讨的。所以我说，本体论美学一定要在本体诠释学的基础上发展，可以分成两个层次，其中之一便是本体性的体验，说明它真实的基础，它真实的实感，这是本体的。

那么诠释呢？是整体地给它一个开源的阐述，它为什么这样，它的机制在什么地方，为什么说是一种本体论美学，因为它本身就在这宇宙之中，你本身就达到这样一种修养，所以无论从汉代的赋，或者说远一点，从《诗经》到汉，从汉到唐、唐到宋、宋到元曲，到明代的小品，到清代的古文，汉诗汉赋、魏晋短歌、唐诗宋词元曲、明代哲理诗和小品、清代小说和戏曲，都代表一种本体实现，这样一种文化思维上的表达，我认为是很重要的，体现了内在的本体性的美学活动。说明这样一点与别的文化进行有益的比较，这就是诠释。诠释就是给它一种开源性的说明，彰显我们对对象的美感。在这一点上，本体诠释学对美学的发展有一种很深刻的意义。

本体诠释学和本体美学是相补的、相互激荡的，让我们更好地回到本体的境界。至少我在这个本体美学、本体诠释学的帮助下建立一种本体美学的境界、一种认识，我觉得是有重要性的。它能让我们认识到，美是本体的，美的不同差别是可以诠释的；而这诠释是在本体的认识或再认识的基础上的。同时，本体美学也提供了美的一个定义，美就是有一个内涵，就是有一个原初的感受，发展成熟了成为一个整体，包括内外（人的身、心，大环境、小环境产生的一种互动的感受），这样的话，美学就一方面跟别的哲学有一种互动。美在什么地方？美在这个地方也包含着一种价值，包含着一种认识。

美本身就是一种认识，这一点伽达默尔（Hans-Georg Gadamer）抓得很准。它比较像一种对事物、世界的认识，或者在某种基础上面才能认识。人没有认识，就没有人的美感，猪啊狗啊鸟啊鱼啊，它们的认识能力有限，所以它们表达美也是比较有限的。它们是我们感觉中的一种对象，但是它们本身内在的美，从本体的美看来，是比较低层次的。这样的话是不是对本体论美学有了定义？这样的话就把中西美学、古今美学都放进去了。

过去讲美，在中国人这里的确也是不错，有一个很好的传统，从王国维就开始了。当然我很欣赏王国维在《人间词话》中分别"有我之境"和"无我之境"，且把"无我之境"看得更高一点，但我认为这是两个不同的形态，不能说哪个更高。"有我"非常重要，只有在"有我"的基础上，才能进一步发展"无我之境"。有我之境就提醒我们是在一个现实的宇宙中，我们的生命的实感甚至可以作为道德教训；无我之境完全就走入道家的、禅学的一种解脱了，悠然自化。当然这是一种境界，但体现在美学中的是对人生的悲痛、悲悯，一种激情，甚至一种义愤填膺的忧国之心。这些其实又何尝不是一种生命的表达？也代表一种价值，从认识论、从人类学的意义上，都是很有价值的，集体地能够实现更好的善。不能说美的最高境界一定是能超脱出来，无我之境固然是超脱，因为中国有道家、禅学的倾向，但从中国文化的主流儒家的情况来说，那有我之境是非常深刻的本体意识，只有在有我之境中才能产生忧患意识、悲悯意识，这我觉得很重要。这种无奈、这种崇高，像《正气歌》中所说的崇高的美。所以我们今天谈论中国美学，没有更深刻的本体学方法，我们就会局限在其中，有没有可以把它扩展的、可以重新诠释的方案？没有，就等于一直在重塑过去。

王国维之后，近代我们一方面在分析地去了解美学心理学、文艺心理学，如朱光潜做的；一方面在生命体验上，宗白华强调的是生命美感，我的老师方东美以前也是。不过他们还都停留在现象学的层面，我们要挖掘现象美学、现象本体学、生命现象学、现象生命美学，最后是本体美学，在这样的意义上是很重要的，有一个很好的沟通，特别在全球化、东西方交流的背景下，可以看出人和人之间、人和动物之间的差异。我想这是具有很大的意义的。

3. 朱：是的。中国美学的研究绕不开与西方的沟通借鉴和全球化的视野。那么，在研究视角上，您的本体美学与目前的中国国内美学研究有哪些不同之处呢？

成：当前国内的美学研究，我觉得基本只是重复过去的范畴，比较索然无味，缺少对美深度的体验，在理论上不能突破，在理论上没有提出问题或面对这些问题。为什么美可以变成一种规划性的东西？如环境美学，是对环境美的一种认识，那么环境为什么是美？当然跟生态有关系，跟我们自己的生态有关系，这也是一种本体美学，这样环境美学就可以和环境人类学连在一块儿，因为理论上（你认识）的美，以及它所产生的问题，或者说没有达到的一种境界或理想，那么你才能产生一种为什么你要这么云做，这样会让你考虑美和善的问题。因为美和善在深层上是一体的，因为人不只是看，只是听，只是感觉，他还要做，要怎么做，要达到一种改善的目标，改善自己、超越自己的目标。从这个层面上看的话，美和善是积极相关的生命整体的一种活动，生命整体本身的原子就是本体。这就是我的思考，基于我自己长期观察和体验发展出来的。你钻进去就会发现，要把美学更进一步跟哲学结合在一起，过去太把美学边缘化了，就变成只是重复过去，提不出新的意思来。而中西方更难在一定角度上进行沟通，找不到一个可以沟通的角度，变成一个很大的问题。这就是我的本体美学的概念以及基于这个概念的结合本体诠释学的方法论，或者说本体学说明的道理。这三样东西，事实上是一件事有三个面，本体学、本体美学、本体诠释学。这也不是三个面，因为一涉及本体，就有我说的本体知、用、行的问题。在本体上体现的是本体美学，在知识上是艺术创造的一些规范，可以产生现在的一些美学，如工业美学、实践美学啊，或者是对环境规划的美学等，激活一种我们认为是能实现人的整体或整体人的行为方式，是美的行为学或行为美学，行为美学就是一种伦理学，一种伦理的善学，这样我们就更好地将伦理学等这些学科在一定的阶段一定的层次上面、在整体中联系起来，不是将其化而为一，而是能有区别但是又整合在一个整体之中。

那么你这第三个问题，我并不是说这是人类体验或审美的感受，毕竟是本体和万物的一种同一，这"同一"很大程度上是一种本体的说法，在感受上来讲，是说我们这个具体的感受里面，美的感受，体现在人的情感和知觉的形式里面，这就是说审美经验是具体的，真理变成具体的东西就是美，美变成一种抽象的东西就是真理的一部分。透过这具体的体验，作为一种可以从诠释的眼光来看它的含义，从诠释的眼光来挖掘它的含义，从而说它是人跟万物的有机统一。刚才我说，是人的生命之本、基于生命的本，接受教育产生文化，形成美感的机制而产生美感，这个美感本身就有象征性，其实是宇宙内在挖掘出来或涌现出来的东西。

康德在这方面很有意思，柏拉图也注意到这一点，美往往具有一种激情，或美是一种敏感。我们看到万物的美，是因为万物的美能刺激我的一种灵性，让我看到"啊呀，这是美"！有时候我们可以灵性到某种程度，平时觉得不美的东西到那个时候觉得很美，所以主客是互通的，客观可以换成主观的深度的美的感受，我深度的感受也可以一下子让世界转化、点化成为美好。我们在朋友之间、亲人之间、男女恋爱的感情之间，有时有一种感受，感受出来就是这个世界真美，一旦有了这样的感受就觉得万物都美；即使是动物，看到鸟去喂它的小鸟，就觉得很美。我们把人的感情也附会到动物身上。同样，动物作为体会的对象，它的表现就会被我们体会为人的感受的表达和显示。这是视具体情况来说的，美是本体和现象、形象的合一。

即使是马克思主义也是一样的。比如说，毛主席说社会、劳动的美，也就是考虑到社会本身的体验，具有启发审美的意义。真的要讲的话还是要回到本体美学中，来说明为什么劳动是美、奉献是美。这个美必须有目的性，是内在的目的性，实现一种内在的价值，这价值是一种很具体的价值。感受出来就是一种情愫，就是一种知觉、一种感通，也是一种体验，所以不能分开地说。一般"天人合一"是从知识、是从本体学的角度来说的。实现了天人合一的境界，我认为还是通过实际的知识上的真理挖掘出来的，看到天地，欻，天地。"天地"这两个字，怎么体现天地，万物运转，寂然无声，却又是那样生生不息，这就是一种天地体验。人们感觉到万象森严，此时无声胜有声，是庄子的境界，一种天籁。它也是天人合一，它又是美学的，即使不从美学的情况来看，它也是本体的。但根据具体情况来看，它是美学的。庄子更喜欢从具体的情况来说，老子则更喜欢从抽象的概念来说明。美学和一般所说的本质的天人合一，或者是道德上的天人合一，比如说做一件你应该做的事，而且做的事情呈现出人们都应该遵守的原理，那就是一种天人合一出现了。康德就有这样的体验，他心中的道德令和天上的星空——他是从实践理性批判的角度上，而不是从判断力批判的角度来看的——是一种道德境界。如说人生就可以这样去做了，"从心所欲，不逾矩"，或者孟子说的养天地浩然之气，这浩然之气就产生一种正气，正如文天祥所说的，"留取丹心照汗青"。这就产生一种壮烈，是一种自我超越的典型。有所"诚"，达到一种天人合一。所以天人合一，不是空洞的，既可以从美学的角度看，也可以从道德的角度看，两者既有相通的地方，也有不同的地方。从抽象的角度考虑，生命就是从天地开始，然后回归天地。在这中间你能不能做到知识上的、伦理上的、道德上的、美学上的人天、内外的沟通、贯通，那是你的功夫的问题。

我刚才也讲了诠释在审美过程中的价值问题，这属于第二层次、第二层面，它经过反省、经过理解，所以美的经验在前面，美的经验有一个本，这个本是经过长期修养得来的。人天生是不是有一种美感呢？当然不能反对。如泰山，它是在我们生命里长大的。你比如一般人去看毕加索的雕刻，或者是画，我不认为他会获得什么美；或者看中国吴道子或八大山人的山水画，他可能不太会觉得美，不知道什么山什么水，所以美有一种很深刻的文化素养在里面，是一种心理上锻炼出来的能力，这就体现在心理的锻炼，文化的修养是经验集聚、反思、认识中产生的。所以有知觉、有体验，才有理解，最后才是诠释。诠释的目标是让你有更深的理解，有更多的体验，然后有更多的知觉、更深的领悟。所以诠释和其他经验也是连在一块儿的，所以在某种意义上说它非常重要，是创造出美的，从美走向艺术，走向人的主动的美的追求。创作有时候也是有各种变化的，每个创作都代表时代的意义，我们不能拘束在创作的时代意义上，至少我个人不会有这样的感觉。当然这是一种典型，有的美的典型只能在特殊的意义下思考，有的典型跟多数美的活动距离比较远，如后现代，prospective... 你到巴黎现代美术馆去看看，那一种无名的线条和颜色，有的能唤醒我的某一种感觉，有的能给我一种提醒，有的我就的确没什么感觉，当然我不否认创作者本身有感觉或他人有感觉，这其中有很多细微的差异，必须要某些条件才能实现。为什么我们把它看作一种典型呢？因为我们基于一种开放的、容忍的、欢迎的表达，在一定的条件下我们认为是有一种可能的启发性。如达利（Salvador Domingo Felipe Jacinto Dali）画的钟表，是在流动的。

4. 朱：我注意到您在美学研究中，特别注重借鉴和运用现象学等西方美学方法。您能谈谈中国美学研究在借鉴和运用这些方法时，需要注意哪些问题吗？

成：这当然是一个重要的问题。现象学，就现象来说，是一种事物表现的情致，也是通过人的感受和知觉来实现的，但是这种知觉形式能掌握一些非常深刻的细节和各种可能性。所以西方的现象学，重视具体的多种可能性、具体特征，在中国美学中不是特别强调这些。因为中国美学重视整体的、宏观的、变化的、模糊的认知和体验。所以在现代社会中，人的生活处境是有多样性的，也很特殊，从现象学的要求来说，还是可以作为本体哲学的重要部分，我可以把现象学看作本体学的一部分。现象学离不开本体学，那么现象学是不是能接受本体学，这还是个问题，但在海德格尔这一块，他不同意胡塞尔，他对人的本体有不那么清楚的认识，这是本体学内在的问题，只看到本体内在的的问题。当然后来他慢慢超脱出来，也说明中国美学作为本体美学来看，因为它有本体学的传统，对天地万物的认识，具有一种本体性的认识，所以也是现象，也是本体。《周易》就是最好的说明，其卦象就是本体发展的说明，一种可能的形式，但相异于不同的本体状态，对于不同的本体状态有所说明、有所表露。

所以在技术上、在微观的认识上，我觉得现象学有很重要的启发意义。因为现在的生活不只是宏观和模糊就够了，我们还是要重视微观的东西，重视特殊性的认识，让对美的认识不拘一格。比如对身体之美的认识，在中国是把人的身体，把人的典型都盖起来，当然兵马俑中我们看到不同的人的形象，比较丰富，而我们对女性则有一种传统上的保守，所以对身体美学、对人的身体描述的美，我们缺少这样的传统，这就可以借鉴现象学，不是做不到。一个女性的美，在她的表情上，不只是形态，很值得从现象学上说明。可以发展对人的认识，甚至是个别对物的认识，如竹、鱼、虾等。还有更多的物的认识，如毕加索用各种方式去掌握，这就是一种现象美学。所以在这方面要丰富，将本体美学变成现象美学，把现象美学变成对现代和后现代的现象的把握，但必须在本体的基础上面。

5. 朱：您谈到反省，谈到知觉，谈到体验，我想听听您对此更为深入的看法，即如何理解人的心灵在审美活动中的独特地位？相比人的心灵在认识活动中的地位而言，又有哪些差异？

成：理解人的心理，这就很重要，我刚才提到过，美感是需要先决条件的。我们现在重视蔡元培所提倡的，美学教育很重要，因为美是需要教育培养的。小孩儿不给他学习音乐，以后就不可能有一种兴趣或欣赏能力；虽然不是绝对没有。但显然，有些家庭基于培养专长，让孩子学习小提琴、钢琴或芭蕾，但即使不是专长，也让人的心理有一种可能性的展开，让他对美的事物有一种敏感度，同时美的心情也能赋予事物一种能力。这样的一种教养，通过对人类文化符号的理解，进而掌握历史的文化内涵，这可说是一种人类认识文化价值的方法，用之来进行体验与反思是很需要的。这就说明人的学习能力中有一种审美的能力。这种审美能力可以经过教养发展起来。也许他先天就有。心灵，康德第一判断，心灵被统一起来就是一种知觉，即使没被统一起来也是一种感觉，也是一种心灵的作用，我自己对心灵的美的认识和研究中，我不把心灵分割化，心灵本身也是统一的。心灵有很多作用，知的作用，感的作用，有情的作用，甚至我说它有物的作用，这些都是心灵作用。如果把这些作用打通、贯通，将其提升，这是哲学修养的问题，要达到更高的境界，也许柏拉图就想培养这样一种"哲王"的心灵。在中国圣人的观念中，也需要有这样的心灵，能体验外物的变化，又能够自己创造发挥和实现，提升诚信的价值。这就是心灵的价值，需要培养，需要关心，成为统觉，第二步成为感通，第三步成为理解，第四步成为诠释。第一步也可以叫作知觉，然后感通，感情，就是对事物不同经验内外的感受，这样就能够形成判断能力，表达能力出来了，诠释能力出来了，理解能力出来了，融合能力也出来了。所以在审美活动过程中，这些都是必需的。所以审美的活动事实上就是心灵的活动，就是心灵的重要的表达。我刚才说的是审美，事实上，心灵所有的活动都可以说是审美活动，或者是审美活动的基础。审美活动是就其成果来说，就其实现的方式来说，是就一直实现在知识的具体知觉或一种具体的感受来说的。从知觉来说，它有形式的问题，具体我们的感觉总是会为形状、大小、颜色，受它们的格调和布局所影响。说到感通，我们掌握它的形式和结构之后，因为它的形式和结构是基于其内涵出来的，我们产生一种感觉或感情，这情和感是相连在一块儿的，是心灵状态的提升。感是看待外物，情是发自内在，人的内在创造力通过感情得到提升，那么这种感情就变成美的最原始的表达。这样的美在我的《本体美学》中提到我不能同意康德的一点就是，康德认为，美的主观的感受是自由的、愉快的、和谐的。不单纯只是快乐，而是自由、和谐、快乐。这三样东西都存在的话，显然就是美感。甚至只要里面有一个存在，我觉得就可以叫作美感。快乐，是快乐之美；和谐，是和谐之美。自由，比如庄子逍遥自在，不是美吗？还有一种充实，也可以说是美。我刚才说《易经》里说的"黄中通理""正位居体""美在其中""畅于四支"，所以充实、自由不矛盾。我最近也在想，无论西方东方体验到美的两种形式"充实""空灵"，其实是一样东西，就是心灵中内在的状态，并不是说"空灵"在那个状态下体现出来就是美，是一种自由，是无拘无束的灵动。但是这种灵动不能永远都是灵动，会产生一种融合世界的能力，是一种充实，再通过对话成为自由，就是阴和阳的转化。所以人和世界就是一体的，是生命本体的变化的现象而已，还有高远等。这样，空灵、充实这两个极端的表述之间的差别就不存在了。所以这样的话，心灵活动非常重要，因为这心灵活动本身是互通的，所以美学不但具有本体性，还具有认知性，世界就是这个样子。还有一种启发性，我们怎么做，它也能启发成为一种伦理。就是不但在伦理中有美感，在启发中也有美感，自己做到很空灵，以后就要追求这种空灵，整体去更好地修饰自己。我觉得很充实，那么怎样变为一种可持续的充实，这样的话有一种悟性的对自我的要求，这是可能的。对纯粹经验来讲，这个美在那一刻、那个时候就足够了，但并不表示生命就足够了，还需要通过诱导美的经验来实现更多的美的经验。所以美是心灵的价值，心灵是一种转换的机制。它可以将经验转化成为知觉、知识，把知识转化成为理解，把理解转化成为诠释的能力，再建构或开启新的可能性。

认识活动的地位是很重要的，这是不言而喻的。纯粹的认识论，是就认识的对象而言的。审美活动作为一种我们说的心灵活动，是整体的，它包含认知活动，但是不限于认知活动，从整体的感受来说，从本到体的发展过程来说，远比认知活动还要丰富。但是它不一定有认知活动的精确性和那种固定性，认知活动的发展就是要把客观世界凝聚成规律性的认识，或是理论性的笼罩，如果理解审美活动中的诠释，应该可以比较了解。

6. 朱：在您的理论体系中，将"诠释"提到很重要的位置。那么，如何理解审美活动中的"诠释"？这个"诠释"和美学研究中的"诠释"又有哪些区别与联系？

成：美学中的诠释是一种潜在的诠释。审美中的诠释是潜在的诠释，审美本身就是诠释，是已经发生的诠释，这种诠释没有知觉的诠释，从研究的眼光来看，它就包含在一种感觉经验和情感经验之中，一种可说明性，一种理路。美学研究对美学经验要诠释。如看了名家的画，美学研究就说我要看它的结构、形式，甚至这个人为什么画这幅画，他的遭遇是什么，他自己说自己画的风格怎么形成的。这就是研究诠释。美学中的诠释事实上是一种构成性的存在，研究中的诠释就是规则性的说明。这两者之间当然有联系。我们从人的再发展的需要来说，不管说什么激情也好，什么感受也好，我们给它一种合乎理性的说明，让我们更多的人能够掌握，我们自己也能更好地去认识，更好地去欣赏，甚至去发挥我们已有的感受能力，或者更好地去保存或开发或教育的能力，也就是说有保全、提携、继承、开发的作用。任何东西诠释都是必须有的，语言中要给它一个理性的形式，有的时候理性的形式让人知道不但事物之所然、自然、本然，或者一种当然，还要知道它的所以然，更好地去掌握本然和当然。

7. 朱：刚才听了您就定义、方法、意义等全面阐释了您的本体美学及美学研究的看法。我想进一步追问一下，您认为在美的本体中，"本"与"体"的关系是怎样的呢？

成：美的本体论中的本和体的关系是什么，这是最基本的概念。从诠释学的本体来了解，然后再说美的本体是什么。本的意思就是一种根源，体就是一种体系意识、整体意识。存在本身就有一个开始点，开始点要作为一个真正的存在物，要成为一个体，不能是空无一物，连起点都没有。世界上最基本的存在是物，最基本的物就是原子，它有某种固定性，而次于原子的基本粒子自然也是存在物，但它没有固定性。只有有相对固定性的物才能成为一种我们客观认知的对象，这种对象就是我所谓的体。体是一个有结构性的、有内涵性的存在，而且是一个具有整体性的个体。这个个体有其存在的起点，其具有的变化发展的潜力，来自于其内含的起点。就像人从小长大，有这样的力量把人从生命的原点，从胚胎婴儿发展成为成熟的个体，是一个发生的过程。这是一般性的本体，从本体学的角度来看，美的本体呢？美也是从一个最原始的经验和感受发展成为一个更完整、更生动的体验、感受、经验、知觉，所以它在我们的感觉中，是无动于衷到全心投入。正如《周易》所说，寂然不动，感而遂通，到通的程度，体就开始出来了。如果没有这个体，通什么呢？通灵？灵也是。当我把灵这个字提出来，它也是物了。它成为性，是性体；它成为灵，是灵体；它成为心，就是心体。也就是说这是整体的东西，是一种根源。我们不能讲体而不讲本，传统我们只讲体和用的关系，讲体也讲用，就会发挥作用。我喜欢本体和体用连起来讲，讲本体用，在最高的发展中有自觉和知识的发生，所以本体知用。用还不够，要讲行，所以叫本体知用行。

在美学上也是一样，只是美学的本，基本上是一种感受，一种生命的感受，它形成生命的整体的知觉，那时你就有感了，那时就是一种美的状态。美的状态是一种感觉，是和谐的，是自由的，是实体的，是充实的。这不是一件事要有本体，都要有本体。就好像《周易》说的"正位居体"，位不正，人不在体中，心不在焉。心在焉，心在体中，本体从宇宙创造力变成心的创造力，心灵的创造力。"正位居体"，所以"美在其中"。本体更好的状态发挥，就是一种美。美就在本体之中，是我们对本体体验出来的，并不是另一种东西我们叫作美。美不是外在的，而是内在的。

这就说明美的动态性，本的动态性，体的动态性，本体是一种发展的过程。所以美也是一种发展的过程。这当中可以产生不同的现象和形象。一个画家可以画出不同的版本。先画的不满意可以一而再，再而三地画。但从第三者来看第一个不见得比第三个差，他认为是好的也不见得比第一个好。就好比你写字（calligraphy），你写了许多字，也不一定后写的比前者好，或者前者一定比后者好，只是发展中产生不同的形象。美学本身具有一种灵活度。

8. 朱：那么，什么是美的本体的道呢？"道"与美的境界的关系是什么呢？

成：道的意思，本体就是道，动态地说，从本到体就是一个道的过程，整个宇宙都不断地在从原始的创造力形成新的体制、新的世界。这个过程就是道。道在这个意义上兼含本和体，但这不是就本和体来说，是就过程来说。但过程离不开本体，本体也离不开过程，这个就是道。从这个角度上来看，美作为一个活动，不是单纯指一个境界，是一个道的存在，在这个道的存在中有从本到体的动力，这样的话，我们不能只讲美的境界也要讲美的活动、美的过程，一种创造性的行为和活动。这样能更好地彰显本体美学作为一个道的实现过程。

9. 朱：非常精彩。从比较的态度来看，您认为中国美学中儒、道、佛诸家在感受方式与西方美学有哪些异同？

成：我在书中也提到这个问题。既然美是本体的，儒、道、佛是不同的本体，但在我看来，这些本体体验也不是不可以沟通的。基本上在儒家中，在生命的体验之下，产生一种自觉，尽量使生命的体验所包含的可能性实现出来。实现出来后能产生一种社会文明，达到一种生命整体的实现。这种整体的实现，具有所谓内在的德、外在的道，产生整体或群体、不同个体，强调个体与个体的关系、个体与整体的关系、个体与自身的关系，相互和谐和对应。这样，儒家强调的美更偏向于充实、更偏向于对称、更偏向于和谐。那么道家呢？产生的美学往往是自由美学，它也强调本体的发展，但它所说的本体发展成为个体，往往拘束在个体之中，成为群体，往往受群体的压迫，甚至变成一种冲突的可能。所以在春秋战国时代，个体产生的贪欲，群体之间产生的彼此的嫉妒或者征战、争斗，都是对生命本身有害的。所以它会产生本体的不愉快，就要求解脱出来，将其自由化。道家认为自由化最好的发展方向是自然，因为自然里面看到许多无形的东西，本身实现的是自然的和谐。佛学比道家更进一步地去建立认识，因为自然生命从本到体的发生不能否定，但从一种悟性来说，或从反思的、沉思的体会来说，是不是有一个从无到有、还没有发生的过程，或者所谓发生的东西都看作一种幻觉。那么因此产生一种空的境界，所以佛学要追求的空，从禅宗的角度看是空灵，但从原始佛学看，是空寂、寂灭，这从生命体验看，是一种不自觉的诠释。用生老病死诠释，它的本体诠释就是产生幻觉，然后执着，我们不要执着，我们有灵，我们悟出轮回，就不但拥有自由而且能超越出来。这种境界就是涅槃、成佛。道家当然看重自然，看到人和人的对立、人和社会的纷争，所以产生对道的诠释。而儒家是就对生命的历史文明的发展，既看到纷争与痛苦，但也不否认它的美好，甚至说美好将来还可以维持，美好中所掺杂的痌苦和问题都可以超越。

西方美学有很多差别，早期就是本质性，它将现有不好的东西去掉，去描写一个标准的美的典型。如女性的美、古希腊雕刻、维纳斯，至少已经把中国的很多美感理出一个典型，还有莱辛的《拉奥孔》。文艺复兴也是找这样的典型，如名家的创作也是追求典型。当然这些典型有其独特性，如《蒙娜丽莎》抓住女性神秘的美。正因为掌握很多，也就很难找到起源于诠释的能力。到现代更重视现实和问题。过去重视理想的典型，现在更重视现实，是一种现实的表达。受到本质主义的影响，就将其看作本质的存在。它不再追问人的本体的存在是什么，不追问人的本体和宇宙的本体是什么观点，因为它有上帝的假设，有一种纯粹属于感性的东西。对康德来说，这是对各种东西的感受，对大小、对自我产生一种特殊的感觉，这种感觉没有功利主义，也没有道德的压抑，但有一种共同性，这还是从现实来说的。后来的美学到现在，又存在一种问题，它可能不看作一种问题，存在一种形式，各种怪异的手法，美是要追求不同。我认为都是本质主义的表达，跟中国的儒、道、佛重视本体的感受不一样。本质包含在本体之中，本体就不必要本质化。从本体学来讲，人们因为本质主义反对形象学，我认为本体认识主张形象学。

10. 朱：最后一个问题，也想听听您的意见。或许和西方"美"与"真"的密切联系不同，中国美学更讲求"美"与"善"的相通。那么，您是怎样在宏观的视野下，看待中国美学中"美"与"道德"的关系？

成：我想在现象学意义上，我们可以很容易地掌握美和道德的关系。善本身就是一种价值，在根本的基础上，美、善、真都是合一的。体现一样东西，很自觉地体会的话，会有相应的感情，比如说喜欢就是美，如果能带动你去做一件事情，一种自我充实，又能够对人有一种提携、帮助，这就是善。这和宇宙的存在在本体上是合一的。在中国来说美和善是合一的，是可以转换的，不能转换的话，那么美就不是美，善就不成其为善。比如有人奉献、有人牺牲，很美吗？不是奉献、牺牲这个过程美，而是整个这个形象美。它带动我们去给他一个新的形象。纪念一些民族英雄，或纪念一些奉献、牺牲的人们，或受苦受难的人们，我们对他们以一种理想的形式表达出来，反映我们对他们的欣赏和认识，价值的认识，那就是美，所以善启发美。那么美能不能有善呢？美是一种情绪，一种知觉，是从本到体中间发展的一种知觉。那么这样的美的感觉，带来一种身心平衡和内外沟通，它就一定有一种启发性，让我们觉得对生命有希望，要做一些对生命有帮助的事情。让我们愿意去更好地帮助他人、接受他人，让我们没有一些功利主义的负担，或者一些经验上是非的偏见，那就是善。但我们不能否定有些美只是形式上的，只是一种装饰，要和 ornament 分开，或者只是造成一种闭塞，这种美还能叫它美，是有限的美，不能称之为善。但中国人不太往美而不善的方面想。从本体来讲，假如是本体的，就是美和善合一的。是非本体的，它就只是一个表象，没有涉及人的本体的发展，很可能美跟善是隔绝的。如那喀索斯（Narcissos），迷恋自己，自我封闭，你不能说这是善，或者说为了达到某种美，要做在行为上伤害人的事，那么这样形成的美，就是像吸血鬼吸人之血来丰富自己，这就不是善。美是一个整体，当我们知道这样的美的成果是以牺牲他人的美、他人的生命而形成的，那我们会觉得这只是一个空洞的形式，它没有我们可以沟通的内涵。那我怎么称之为美呢？这只是呈现一个问题而已。美善不能统一是一个问题，但这不一定，我这强调的一点就是，善而后美，也可以是美而后善，并不一定孰先孰后。孔子也没说一定要"美而后善"，只说"尽美矣，未尽善也"，那么我认为，尽善而没有尽美，尽善是我们的责任，比如某个人他能够善，有没有人写一首诗来纪念他呢？陈寅恪为了写柳如是的传记，是给她一个形式，就是美。就像古希腊神话里有很多恐怖的东西，但用悲剧写出来，它有教育意义，就给它一个美的形式，甚至不善的东西也能变成美，但有善的目标在里面，一定离不开善的。或者本来就是善的，有一个痛苦的经验，也会给它美的形式，让善还原到美的形式，让我们了解这个善，认识这个善，所以美是一种认识的形式，可以帮助认识善。所以美和道德的联系非常密切。

图书在版编目（CIP）数据

成中英文集. 第九卷, 伦理与美学/成中英著. —北京: 中国人民大学出版社, 2017.5
ISBN 978-7-300-23719-0

Ⅰ.①成…　Ⅱ.①成…　Ⅲ.①哲学-文集②伦理学-文集③美学-文集　Ⅳ.①B-53②B82-53③B83-53

中国版本图书馆 CIP 数据核字（2016）第 285580 号

成中英文集·第九卷
伦理与美学
成中英　著
Lunli yu Meixue

出版发行	中国人民大学出版社		
社　　址	北京中关村大街 31 号	邮政编码	100080
电　　话	010 - 62511242（总编室）	010 - 62511770（质管部）	
	010 - 82501766（邮购部）	010 - 62514148（门市部）	
	010 - 62515195（发行公司）	010 - 62515275（盗版举报）	
网　　址	http://www.crup.com.cn		
	http://www.ttrnet.com（人大教研网）		
经　　销	新华书店		
印　　刷	涿州市星河印刷有限公司		
规　　格	185 mm×260 mm　16 开本	版　　次	2017 年 5 月第 1 版
印　　张	23 插页 3	印　　次	2017 年 5 月第 1 次印刷
字　　数	470 000	定　　价	98.00 元

版权所有　侵权必究　印装差错　负责调换